U0223648

国家出版基金资助项目

现代数学中的著名定理纵横谈丛书

丛书主编　王梓坤

DIRICHLET DIVISOR PROBLEM

Dirichlet除数问题

刘培杰数学工作室　编

内 容 简 介

本书从一道全国高中联赛压轴题的解法谈起，详细地介绍了 Dirichlet 除数问题的各种研究方法及结果，并在本书的结尾补充了其他类型的除数问题作为拓展.

本书适合于大、中学生及数学爱好者阅读和收藏.

图书在版编目(CIP)数据

Dirichlet 除数问题/刘培杰数学工作室编. —哈尔滨:哈尔滨工业大学出版社，2021.1

(现代数学中的著名定理纵横谈丛书)

ISBN 978－7－5603－8756－7

Ⅰ.①D… Ⅱ.①刘… Ⅲ.①解析数论一研究 Ⅳ.①O156.4

中国版本图书馆 CIP 数据核字(2020)第 064315 号

策划编辑 刘培杰 张永芹
责任编辑 杜莹雪
封面设计 孙茵艾
出版发行 哈尔滨工业大学出版社
社 址 哈尔滨市南岗区复华四道街 10 号 邮编 150006
传 真 0451－86414749
网 址 http://hitpress.hit.edu.cn
印 刷 黑龙江艺德印刷有限责任公司
开 本 787mm×960mm 1/16 印张 25 字数 269 千字
版 次 2021 年 1 月第 1 版 2021 年 1 月第 1 次印刷
书 号 ISBN 978－7－5603－8756－7
定 价 98.00 元

代序

读书的乐趣

你最喜爱什么——书籍.

你经常去哪里——书店.

你最大的乐趣是什么——读书.

这是友人提出的问题和我的回答.真的,我这一辈子算是和书籍,特别是好书结下了不解之缘.有人说,读书要费那么大的劲,又发不了财,读它做什么?我却至今不悔,不仅不悔,反而情趣越来越浓.想当年,我也曾爱打球,也曾爱下棋,对操琴也有兴趣,还登台伴奏过.但后来却都一一断交,“终身不复鼓琴”.那原因便是怕花费时间,玩物丧志,误了我的大事——求学.这当然过激了一些.剩下来唯有读书一事,自幼至今,无日少废,谓之书痴也可,谓之书橱也可,管它呢,人各有志,不可相强.我的一生大志,便是教书,而当教师,不多读书是不行的.

读好书是一种乐趣,一种情操;一种向全世界古往今来的伟人和名人求教的方法,一种和他们展开讨论的方式;一封出席各种活动、体验各种生活、结识各种人物的邀请信;一张迈进科学宫殿和未知世界的入场券;一股改造自己、丰富自己的强大力量.书籍是全人类有史以来共同创造的财富,是永不枯竭的智慧的源泉.失意时读书,可以使人重整旗鼓;得意时读书,可以使人头脑清醒;疑难时读书,可以得到解答或启示;年轻人读书,可明奋进之道;年老人读书,能知健神之理.浩浩乎!洋洋乎!如临大海,或波涛汹涌,或清风微拂,取之不尽,用之不竭.吾于读书,无疑义矣,三日不读,则头脑麻木,心摇摇无主.

潜能需要激发

我和书籍结缘,开始于一次非常偶然的机会.大概是八九岁吧,家里穷得揭不开锅,我每天从早到晚都要去田园里帮工.一天,偶然从旧木柜阴湿的角落里,找到一本蜡光纸的小书,自然很破了.屋内光线暗淡,又是黄昏时分,只好拿到大门外去看.封面已经脱落,扉页上写的是《薛仁贵征东》.管它呢,且往下看.第一回的标题已忘记,只是那首开卷诗不知为什么至今仍记忆犹新:

日出遥遥一点红,飘飘四海影无踪.

三岁孩童千两价,保主跨海去征东.

第一句指山东,二、三两句分别点出薛仁贵(雪、人贵).那时识字很少,半看半猜,居然引起了我极大的兴趣,同时也教我认识了许多生字.这是我有生以来独立看的第一本书.尝到甜头以后,我便千方百计去找书,向小朋友借,到亲友家找,居然断断续续看了《薛丁山征西》《彭公案》《二度梅》等,樊梨花便成了我心中的女英雄.我真入迷了.从此,放牛也罢,车水也罢,我总要带一本书,还练出了边走田间小路边读书的本领,读得津津有味,不知人间别有他事.

当我们安静下来回想往事时,往往会发现一些偶然的小事却影响了自己的一生.如果不是找到那本《薛仁贵征东》,我的好学心也许激发不起来.我这一生,也许会走另一条路.人的潜能,好比一座汽油库,星星之火,可以使它雷声隆隆、光照天地;但若少了这粒火星,它便会成为一潭死水,永归沉寂.

抄,总抄得起

好不容易上了中学,做完功课还有点时间,便常光顾图书馆.好书借了实在舍不得还,但买不到也买不起,便下决心动手抄书.抄,总抄得起.我抄过林语堂写的《高级英文法》,抄过英文的《英文典大全》,还抄过《孙子兵法》,这本书实在爱得狠了,竟一口气抄了两份.人们虽知抄书之苦,未知抄书之益,抄完毫末俱见,一览无余,胜读十遍.

始于精于一,返于精于博

关于康有为的教学法,他的弟子梁启超说:"康先生之教,专标专精、涉猎二条,无专精则不能成,无涉猎则不能通也."可见康有为强烈要求学生把专精和广博(即"涉猎")相结合.

在先后次序上,我认为要从精于一开始.首先应集中精力学好专业,并在专业的科研中做出成绩,然后逐步扩大领域,力求多方面的精.年轻时,我曾精读杜布(J. L. Doob)的《随机过程论》,哈尔莫斯(P. R. Halmos)的《测度论》等世界数学名著,使我终身受益.简言之,即"始于精于一,返于精于博".正如中国革命一样,必须先有一块根据地,站稳后再开创几块,最后连成一片.

丰富我文采,澡雪我精神

辛苦了一周,人相当疲劳了,每到星期六,我便到旧书店走走,这已成为生活中的一部分,多年如此.一次,偶然看到一套《纲鉴易知录》,编者之一便是选编《古文观止》的吴楚材.这部书提纲挈领地讲中国历史,上自盘古氏,直到明末,记事简明,文字古雅,又富于故事性,便把这部书从头到尾读了一遍.从此启发了我读史书的兴趣.

我爱读中国的古典小说,例如《三国演义》和《东周列国志》.我常对人说,这两部书简直是世界上政治阴谋诡计大全.即以近年来极时髦的人质问题(伊朗人质、劫机人质等),这些书中早就有了,秦始皇的父亲便是受害者,堪称"人质之父".

《庄子》超尘绝俗,不屑于名利.其中"秋水""解牛"诸篇,诚绝唱也.《论语》束身严谨,勇于面世,"己所不欲,勿施于人",有长者之风.司马迁的《报任少卿书》,读之我心两伤,既伤少卿,又伤司马;我不知道少卿是否收到这封信,希望有人做点研究.我也爱读鲁迅的杂文,果戈理、梅里美的小说.我非常敬重文天祥、秋瑾的人品,常记他们的诗句:"人生自古谁无死,留取丹心照汗青""休言女子非英物,夜夜龙泉壁上鸣".唐诗、宋词、《西厢记》《牡丹亭》,丰富我文采,澡雪我精神,其中精粹,实是人间神品.

读了邓拓的《燕山夜话》,既叹服其广博,也使我动了写《科学发现纵横谈》的心.不料这本小册子竟给我招来了上千封鼓励信.以后人们便写出了许许多多的“纵横谈”.

从学生时代起，我就喜读方法论方面的论著. 我想，做什么事情都要讲究方法，追求效率、效果和效益，方法好能事半而功倍. 我很留心一些著名科学家、文学家写的心得体会和经验. 我曾惊讶为什么巴尔扎克在 51 年短短的一生中能写出上百本书，并从他的传记中去寻找答案. 文史哲和科学的海洋无边无际，先哲们的明智之光沐浴着人们的心灵，我衷心感谢他们的恩惠.

读书的另一面

以上我谈了读书的好处，现在要回过头来说说事情的另一面.

读书要选择. 世上有各种各样的书：有的不值一看，有的只值看 20 分钟，有的可看 5 年，有的可保存一辈子，有的将永远不朽. 即使是不朽的超级名著，由于我们的精力与时间有限，也必须加以选择. 决不要看坏书，对一般书，要学会速读.

读书要多思考. 应该想想，作者说得对吗？完全吗？适合今天的情况吗？从书本中迅速获得效果的好办法是有的放矢地读书，带着问题去读，或偏重某一方面去读. 这时我们的思维处于主动寻找的地位，就像猎人追找猎物一样主动，很快就能找到答案，或者发现书中的问题.

有的书浏览即止，有的要读出声来，有的要心头记住，有的要笔头记录. 对重要的专业书或名著，要勤做笔记，“不动笔墨不读书”. 动脑加动手，手脑并用，既可加深理解，又可避忘备查，特别是自己的灵感，更要及时抓住. 清代章学诚在《文史通义》中说：“札记之功必不可少，如不札记，则无穷妙绪如雨珠落大海矣.”

许多大事业、大作品，都是长期积累和短期突击相结合的产物. 涓涓不息，将成江河；无此涓涓，何来江河？

爱好读书是许多伟人的共同特性，不仅学者专家如此，一些大政治家、大军事家也如此. 曹操、康熙、拿破仑、毛泽东都是手不释卷，嗜书如命的人. 他们的巨大成就与毕生刻苦自学密切相关.

王梓坤

目录

第一编 研究 Dirichlet 除数问题的解析方法及早期成果综述

第二编　三维除数问题

第三编　k 维除数问题

第四编　其他类型的除数问题

第一编

研究 Dirichlet 除数问题的解析方法及早期成果综述

先来介绍一下书名中提到的 Dirichlet.

迪利克雷(1805—1859),德国数学家.生于迪伦,卒于格丁根.他能说流利的德语和法语,日后成为这两个民族之间的数学、数学家之间的极好的联系人.他从小爱好数学,中学毕业后,父母希望他能攻读法律,但他却选择了数学.1822 年到当时数学研究中心巴黎,进入法兰西学院和巴黎理学院学习.1823 年夏,被费伊聘为家庭教师.费伊曾是拿破仑时代的英雄,在国民议会中很有声望,迪利克雷因此接触到许多学者名流.Dirichlet 的第一篇数学论文(1825)是关于数论方面的,这是他长期钻研高斯的《算术探究》的结果.其中,他运用代数数论的方法处理丢番图方程 $x^5+y^5=Az^5$,进而证明了费马方程 $x^n+y^n=z^n$ 当 $n=5$ 时无整数解.这是继费马本人(证明了 $n=4$ 的情况)和欧拉(证明了 $n=3$ 的情况)之后,对于费马大定理问题的一次突破.1825 年 11 月,费伊将军去世.第二年,德国准备实行发展科学技术的计划,Dirichlet 于是回国.先后任教于布雷斯劳(Breslau)大学和柏林军事学院(1828).1828 年,被任命为柏林大学的特别教授(1839 年升任教授),这时他才 23 岁,以后的 27 年里,他一直在柏林大学从事研究和教学,对德国数学的发展起了较大的推动作用.1831 年被选为普鲁士科学院院士.他在数论方面关于费马大定理问题,又给出了 $n=14$ 无整数解的证明;还探讨了二次型、多项式的素因子、二次和双二次互反律等问题.1837 年,他发表了第一篇解析数论论文,证明了在任何算术序列 $a,a+b,a+$

$2b,\cdots,a+nb,\cdots$（其中 a 与 b 互素）中，必定存在无穷多个素数. 这就是著名的Dirichlet定理，证明中所用到的级数 $\sum_{n=1}^{\infty} a_n n^{-z}$（$a_n,z$ 皆为复数）通称 Dirichlet 级数.

在数论方面，Dirichlet 花了许多精力对高斯的名著《算术研究》进行整理和研究，并且作出了创新. 由于高斯的著作远远超出了当时一般人的水平，以致学术界对这些著作也采取敬而远之的态度，真正的理解者不多. 而 Dirichlet 却别开生面地应用解析方法来研究高斯的理论，从而开创了解析数论的新领域.

1837 年，他通过引进 Dirichlet 级数证明了勒让德猜想，也称之为Dirichlet定理：在首项与公差互素的算术级数中存在无穷多个素数.

1839 年，他完成了著名的《数论讲义》(*Vorlesungen über Zahlentheorie*)，但 1863 年才出第一版，随后多次再版. 这份讲义经过戴德金整理及增补附录，通过诺特的发展而成为布尔巴基的思想源泉之一.

1840 年，他用解析法计算出二次域 $k=Q(\sqrt{m})$ 的理想类的个数. 二次域的数论，就是高斯与他根据有理整系数的二元二次型的理论发展起来的. 他定义了与二元二次型相关联的 Dirichlet 级数，也考虑了展布在具有给定判别式 D 的全体二元二次型的类上的Dirichlet 级数的和，即等价于二次域的 Dirichletξ 函数. Dirichlet 给出了二元二次型类数的公式，这就是现在的二次域的狭义类数公式.

1841 年，他证明了关于在复数 $a+b\mathrm{i}$ 的级数中的素数的一个定理. 在此之前，他还证明了序列 $\{a+nb \mid n\in\mathbf{N}\}$ 的素数的倒数之和是发散的，推广了欧拉的有

关结果.

1849 年,他研究了几何数论中的格点问题,并得到由 $uv \leqslant x, u \geqslant 1, v \geqslant 1$ 所围成的闭区域的格点个数的公式,即

$$D(x) = x\log x + (2c - 1)x + O(\sqrt{x})$$

其中 c 为欧拉常数.

另外,Dirichlet 还阐明了代数数域的单位群的结构.其中使用了"若在 n 个抽样中,存在 $n+1$ 个对象,则至少在 1 个抽样中,至少含有 2 个对象"这个原理,也就是所谓 Dirichlet 抽样法,而通常又称之为抽屉原理或鸽笼原理.

在分析学方面,Dirichlet 是较早参与分析基础严密化的工作的数学家.他首次严格地定义函数的概念,在题为《用正弦和余弦级数表示完全任意的函数》(*Uber die Darstellung ganzwillkürlicher Functionen durch Sinus-und Cosinusreihen*)的论文中,他给出了单值函数的定义,这也是现在最常用的,即若对于 $x \in [a,b]$ 上的每一个值有唯一的一个 y 值与它对应,则 y 是 x 的一个函数,而且他认为,整个区间上 y 是按照一种还是多种规律依赖于 x,或者 y 依赖于 x 是否可用数学运算来表达,那是无关紧要的,函数的本质在于对应.他有意识地在数学中突出概念的作用,以代替单纯的计算.1829 年他给出了著名的 Dirichlet 函数

$$f(x) = \begin{cases} 1, & \text{当 } x \text{ 为有理数} \\ 0, & \text{当 } x \text{ 为无理数} \end{cases}$$

这是难用通常解析式表示的函数.这标志着数学从研究"算"到研究"概念、性质、结构"的转变,所以有人称

Dirichlet 是现代数学的真正的始祖.

1829 年,他在研究傅里叶级数的一篇基本论文《关于三角级数的收敛性》中,证明了代表函数 $f(x)$ 的傅里叶级数是收敛的,且收敛于 $f(x)$ 的第一组充分条件. 他的证明方法是,直接求 n 项和并研究当 $n \to \infty$ 时的情形. 他证明了:对于任给的 x 值,若 $f(x)$ 在该 x 处连续,则级数的和就是 $f(x)$;若不连续,则级数的和为

$$(f(x-0)+f(x+0))/2$$

在证明中还需仔细讨论当 n 无限增加时积分

$$\int_0^a f(x)\,\frac{\sin nx}{\sin x}\mathrm{d}x, a>0$$

$$\int_0^b f(x)\,\frac{\sin nx}{\sin x}\mathrm{d}x, b>a>0$$

的极限值. 这些积分至今还称为 Dirichlet 积分.

1837 年,Dirichlet 还证明了,对于一个绝对收敛的级数,可以组合或重排它的项,而不改变级数的和. 又另举例说明,任何一个条件收敛的级数的项可以重排,使其和不相同.

在位势论方面,他提出了著名的 Dirichlet 问题:在 $\mathbf{R}^n(n \geqslant 2)$ 内,若 D 的边界 S 为紧的,求 D 内的调和级数,使它在 S 上取已给的连续函数值. 也利用 Dirichlet 原理给出了古典 Dirichlet 问题的解,由此引起了一般区域的 Dirichlet 问题,以及更一般的 Dirichlet 问题.

Dirichlet 对自己的老师高斯非常钦佩,在他身边总是带着高斯的名著《算术研究》,即使出外旅游也不例外. 1849 年 7 月 16 日,哥廷根大学举办了高斯因《算术研究》获得博士学位 50 周年的庆典. 庆典上高斯竟用自己的手稿点燃烟斗,在场的 Dirichlet 急忙夺过老

师的手稿，视为至宝而终身珍藏. Dirichlet 去世后，人们从他的论文稿中找到了高斯的这份手稿.

Dirichlet 一生只热心于数学事业，对于个人和家庭都是漫不经心的. 他对孩子也只有数学般的刻板，他的儿子常说："啊，我的爸爸吗？他什么也不懂." 他的一个调皮的侄子说得更有趣："我六、七岁时，从我叔叔的数学"健身房"里所受到的一些指教，是我一生中最可怕的一些回忆." 甚至有这样的传说：他的第一个孩子出世时，向岳父写的信中只写上了一个式子：$2+1=3$.

再介绍一下所谓的除数问题：它其实是一个数论中的格点问题.

格点(lattice point)，又称整点，指坐标都是整数的点，格点问题就是研究一些特殊区域甚至一般区域中的格点个数的问题. 格点问题起源于以下两个问题的研究：(1) Dirichlet 除数问题，即求 $x>1$ 时 $D_2(x)=$ 区域 $\{1\leqslant u\leqslant x, 1\leqslant v\leqslant x, uv\leqslant x\}$ 上的格点数. 1849 年，Dirichlet 证明了

$$D_2(x)=x\ln x+(2r-1)x+\Delta(x)$$

这里 r 为欧拉常数，$\Delta(x)=O(\sqrt{x})$，这一问题的目的是要求出使余项估计 $\Delta(x)=O(x^{\lambda})$ 成立的 λ 的下确界 θ；(2) 圆内格点问题：设 $x>1$，$A_2(x)=$ 圆内 $\mu^2+v^2\leqslant x$ 上的格点数. 高斯证明了

$$A_2(x)=\pi x+R(x)$$

这里 $R(x)=O(\sqrt{x})$. 求使余项估计 $R(x)=O(x^{\lambda})$ 成立的 λ 的下确界 α 的问题，被称为圆内格点问题或高斯圆问题. 1903 年，Г. Ф. 沃罗诺伊证明了 $\theta\leqslant 1/3$；1906 年，谢尔品斯基证明了 $\alpha\leqslant 1/3$；20 世纪 30 年代，

J. G. 科普特证明了$\alpha\leqslant 37/112$，$\theta\leqslant 27/82$；1934—1935年，E. C. 蒂奇马什证明了$\alpha\leqslant 15/46$；1942年，华罗庚证明了$\alpha\leqslant 13/40$；1963年，陈景润、尹文霖证明了$\alpha\leqslant 12/37$；1950年迟宗陶证明了$\theta\leqslant 15/46$，1953年H. 里歇证明了同样的结果；1963年，尹文霖进而证明了$\theta\leqslant 12/37$；1985年，Г. A. 科列斯尼克证明了$\theta\leqslant 139/429$；1985年，W. G. 诺瓦克证明了$\alpha\leqslant 139/429$. 在下限方面，1916年，哈代已证明了$\alpha\geqslant 1/4$；1940年，A. E. 英厄姆证明了$\theta\geqslant 1/4$. 人们还猜测$\theta=\alpha=1/4$，但至今未能证明. 由此直接推广出k维除数问题、球内格点问题以及k维椭球内的格点问题等.

科普图书忌"高举高打"，这样虽然显得高大上，但实际上并没有多少读者会在其中获益. 而"顶天立地"是一个好的方式，即通过一个接地气的初等数学的例子将读者自然地带入到高等研究的仙境.

有人说：数学奥林匹克就是微型的数学研究，许多奥数问题都有极深的高等背景，比如本书的格点问题. 我们先看一个简单的问题：

(1) 设$a>0$，曲线$y=ax^3$过格点(n,m)，记$1\leqslant x\leqslant n$对应的曲线段上的格点数为N. 证明：$N=\sum_{k=1}^{n}[ak^3]+\sum_{k=1}^{m}\left[\sqrt[3]{\frac{k}{a}}\right]-mn$；

(2) 设a是一个正整数，证明：$\sum_{k=1}^{an^3}\left[\sqrt[3]{\frac{k}{a}}\right]=n+\frac{a}{4}(n-1)n^2(3n+1)$.

证明 (1) 考虑区域$0<x\leqslant n$，$0<y\leqslant m$，且该区域上的格点为nm个. 该区域由区域E：$0<x\leqslant n$，$0<y<ax^3$，以及区域F：$0<y\leqslant m$，$0<x\leqslant\sqrt[3]{\frac{y}{a}}$

组成.

在区域 E 上，直线段 $x=k(k\in\mathbf{N}^*,1\leqslant k\leqslant n)$ 上的格点为 $[ak^3]$ 个，所以区域 E 上的格点数为 $\sum_{k=1}^{n}[ak^3]$.

同理区域 F 上的格点数为 $\sum_{k=1}^{m}\left[\sqrt[3]{\frac{k}{a}}\right]$.

由容斥原理，$N=\sum_{k=1}^{n}[ak^3]+\sum_{k=1}^{m}\left[\sqrt[3]{\frac{k}{a}}\right]-mn$.

(2) 当 a 是一个正整数时，曲线 $y=ax^3$ 上的点 $(k,ak^3)(k\in\mathbf{N}^*,1\leqslant k\leqslant n)$ 都是格点，所以(1) 中的 $N=n$. 同时，$m=an^3$. 将以上数据代入(1) 得

$$\begin{aligned}\sum_{k=1}^{an^3}\left[\sqrt[3]{\frac{k}{a}}\right]&=an^4-a\sum_{k=1}^{n}k^3+n\\&=n+\frac{a}{4}(n-1)n^2(3n+1)\end{aligned}$$

本题的优点是初等、一看就会. 但缺点是太初等，缺少想象空间. 所以我们再举一例.

从一道全国高中联考压轴题的解法谈起

第1章

1 引 言

在2007年的全国高中联赛中有如下试题：

试题 对每个正整数 n，定义函数

$$f(n)=\begin{cases}0, & \text{当 } n \text{ 为平方数}\\ \left[\dfrac{1}{\{\sqrt{n}\}}\right], & \text{当 } n \text{ 不为平方数}\end{cases}$$

（其中 $[x]$ 表示不超过 x 的最大整数，$\{x\}=x-[x]$）. 试求：$\sum\limits_{k=1}^{240} f(k)$ 的值.

解 对任意 $a,k\in\mathbf{N}_+$，若 $k^2<a<(k+1)^2$，则 $1\leqslant a-k^2\leqslant 2k$. 设 $\sqrt{a}=k+\theta$，$0<\theta<1$，则

$$\frac{1}{\{\sqrt{a}\}}=\frac{1}{\theta}=\frac{1}{\sqrt{a}-k}=\frac{\sqrt{a}+k}{a-k^2}=\frac{2k+\theta}{a-k^2}$$

$$<\frac{2k}{a-k^2}+1$$

所以 $\left[\frac{1}{\{\sqrt{a}\}}\right]=\left[\frac{2k}{a-k^2}\right]$. 让 a 跑遍区间 $(k^2,(k+1)^2)$ 中的所有整数，则 $\sum\limits_{k^2<a<(k+1)^2}\left[\frac{1}{\{a\}}\right]=\sum\limits_{i=1}^{2k}\left[\frac{2k}{i}\right]$，于是

$$\sum_{a=1}^{(n+1)^2} f(a)=\sum_{k=1}^{n}\sum_{i=1}^{2k}\left[\frac{2k}{i}\right] \qquad ①$$

下面计算 $\sum\limits_{i=1}^{2k}\left[\frac{2k}{i}\right]$：画一张 $2k\times 2k$ 的表(表 1)，第 i 行中，凡是 i 的倍数处填写"＊"号，则这行的"＊"号共 $\left[\frac{2k}{i}\right]$ 个，全表的"＊"号共 $\sum\limits_{i=1}^{2k}\left[\frac{2k}{i}\right]$ 个；另一方面，按列收集"＊"号数：第 j 列中，若 j 有 $T(j)$ 个正因数，则该列便有 $T(j)$ 个"＊"号，故全表的"＊"号个数共 $\sum\limits_{j=1}^{2k}T(j)$ 个. 因此 $\sum\limits_{i=1}^{2k}\left[\frac{2k}{i}\right]=\sum\limits_{j=1}^{2k}T(j)$. 则

表 1

i \ j	1	2	3	4	5	6
1	*	*	*	*	*	*
2		*		*		*
3			*			*
4				*		
5					*	
6						*

$$\begin{aligned}\sum_{a=1}^{(n+1)^2} f(a) &= \sum_{k=1}^{n}\sum_{j=1}^{2k} T(j) \\ &= n[T(1)+T(2)]+ \\ &\quad (n-1)[T(3)+T(4)]+\cdots+ \\ &\quad [T(2n-1)+T(2n)] \end{aligned} \tag{②}$$

因此

$$\sum_{k=1}^{16^2} f(k) = \sum_{k=1}^{15}(16-k)[T(2k-1)+T(2k)] \tag{③}$$

记 $a_k=T(2k-1)+T(2k)$，$k=1,2,\cdots,15$，易得 a_k 的取值情况如表 2.

表 2

k	1	2	3	4	5	6	7	8	9	10	11	12	13	14	15
a_k	3	5	6	6	7	8	6	9	8	8	8	10	7	10	10

因此

$$\sum_{k=1}^{256} f(k) = \sum_{k=1}^{15}(16-k)a_k = 783 \tag{④}$$

据定义 $f(256)=f(16^2)=0$. 又当 $k\in\{241,242,\cdots,255\}$ 时，设 $k=15^2+r(16\leqslant r\leqslant 30)$，$\sqrt{k}-15=\sqrt{15^2+r}-15=\dfrac{r}{\sqrt{15^2+r}+15}$，$\dfrac{r}{31}<\dfrac{r}{\sqrt{15^2+r}+15}<\dfrac{r}{30}$，$1\leqslant\dfrac{30}{r}<\dfrac{1}{\{\sqrt{15^2+r}\}}<\dfrac{31}{r}<2$，则

$$\left[\frac{1}{\{\sqrt{k}\}}\right]=1, k\in\{241,242,\cdots,255\} \tag{⑤}$$

从而 $\sum\limits_{k=1}^{240} f(k)=783-\sum\limits_{k=241}^{256} f(k)=783-15=768$.

单墫教授评价说：加试的第三题并不难，却有点繁. 在得到 $\sum\limits_{i=1}^{2k}\left[\dfrac{2k}{i}\right]$ 后应想一想它的几何意义. 它表示

双曲线 $xy=2k$ 与坐标轴之间的整点的个数，即

$$\sum_{i=1}^{2k}\left[\frac{2k}{i}\right]=\sum_{xy\leqslant 2k}1=\sum_{h=1}^{2k}\sum_{xy=h}1=\sum_{h=1}^{2k}d(h)$$

其中 $d(h)$ 表示 h 的（正）因数的个数（也就是“标准答案”中的 $\tau(h)$，但 $d(h)$ 或 $\tau(h)$ 是数论中的标准记号）. 这样问题就与数论中著名的除数（即因数）问题挂上了钩，但 $\sum_{h=1}^{2k}d(h)$ 迄今没有简单公式加以表示. 由和号变换

$$\begin{aligned}\sum_{k=1}^{n}\sum_{h=1}^{2k}d(h)&=\sum_{h=1}^{2n}d(h)\sum_{\frac{h}{2}\leqslant k\leqslant n}1\\&=\sum_{h=1}^{2n}d(h)\left(n-\left[\frac{h-1}{2}\right]\right)\\&=n\sum_{h=1}^{2n}d(h)-\sum_{h=1}^{2n}\left[\frac{h-1}{2}\right]d(h)\end{aligned}$$

剩下的就只有将 $n=15$ 代入计算了，幸好 n 还不太大！

2 $d(n)$ 的平均阶

本节我们将推导除数函数 $d(n)$ 的部分和的 Dirichlet 渐近公式.

定理 对所有 $x\geqslant 1$，我们有

$$\sum_{n\leqslant x}d(n)=x\log x+(2C-1)x+O(\sqrt{x})\qquad ①$$

其中 C 是欧拉常数.

证明 因为 $d(n)=\sum_{d\mid n}1$，所以我们有

$$\sum_{n\leqslant x}d(n)=\sum_{n\leqslant x}\sum_{d\mid n}1$$

上式是在 n 与 d 上展开的双重求和式. 因为 $d\mid n$,所以我们写 $n=qd$,并对所有的 $q,d,qd\leqslant x$ 展开这个和式,于是有

$$\sum_{n\leqslant x}d(n)=\sum_{\substack{q,d\\qd\leqslant x}}1 \qquad ②$$

这说明和式能在 qd 平面内的一些格点上展开,如图 1 所示.(格点就是坐标为整数的点.)双曲线 $qd=n$ 上有格点,所以式 ② 中的和就是计算对应于 $n=1,2,\cdots,[x]$ 的双曲线 $qd=n$ 上的格点的个数. 对于每一个固定的 $d\leqslant x$,我们首先计算水平线段 $1\leqslant q\leqslant \frac{x}{d}$ 上的格点的个数,然后对所有的 $d\leqslant x$ 求和,因而式 ② 变为

$$\sum_{n\leqslant x}d(n)=\sum_{d\leqslant x}\sum_{q\leqslant\frac{x}{d}}1 \qquad ③$$

由

$$\sum_{q\leqslant\frac{x}{d}}1=\frac{x}{d}+O(1)$$

我们得

$$\begin{aligned}\sum_{n\leqslant x}d(n)&=\sum_{d\leqslant x}\left\{\frac{x}{d}+O(1)\right\}=x\sum_{d\leqslant x}\frac{1}{d}+O(x)\\&=x\left\{\log x+C+O\left(\frac{1}{x}\right)\right\}+O(x)\\&=x\log x+O(x)\end{aligned}$$

这是式 ① 的一个弱的形式,由此得出

$$\sum_{n\leqslant x}d(n)\sim x\log x \quad (x\to\infty)$$

这给出 $d(n)$ 的平均阶为 $\log n$.

为了证明更精确的公式 ①，我们回到和式 ②，计算在双曲线区域内格点的个数并利用它在直线 $q=d$ 区域内的对称性. 在这个区域内格点的总数等于在直线 $q=d$ 下面的格点数的 2 倍加上平分线段上的格点数.

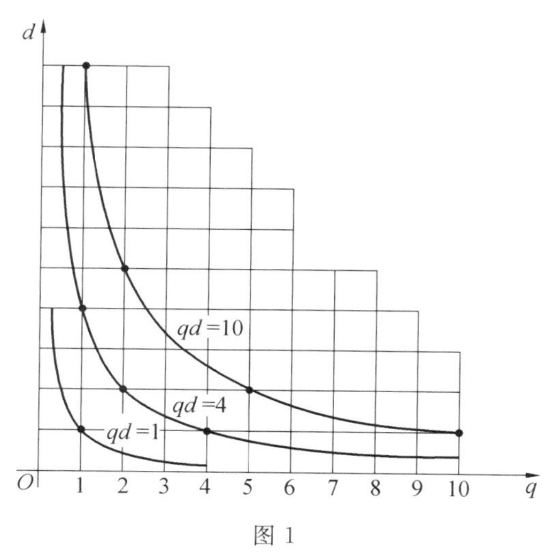

图 1

借助图 2，我们看出

$$\sum_{n\leqslant x}d(n)=2\sum_{d\leqslant\sqrt{x}}\left\{\left[\frac{x}{d}\right]-d\right\}+[\sqrt{x}]$$

于是我们利用 $[y]=y+O(1)$ 得

$$\begin{aligned}\sum_{n\leqslant x}d(n)&=2\sum_{d\leqslant\sqrt{x}}\left\{\frac{x}{d}-d-O(1)\right\}+O(\sqrt{x})\\&=2x\sum_{d\leqslant\sqrt{x}}\frac{1}{d}-2\sum_{d\leqslant\sqrt{x}}d+O(\sqrt{x})\\&=2x\left\{\log\sqrt{x}+C+O\left(\frac{1}{\sqrt{x}}\right)\right\}-\end{aligned}$$

$$2\left\{\frac{x}{2}+O(\sqrt{x})\right\}+O(\sqrt{x})$$
$$=x\log x+2(C-1)x+O(\sqrt{x})$$

Dirichlet 公式的证明完成.

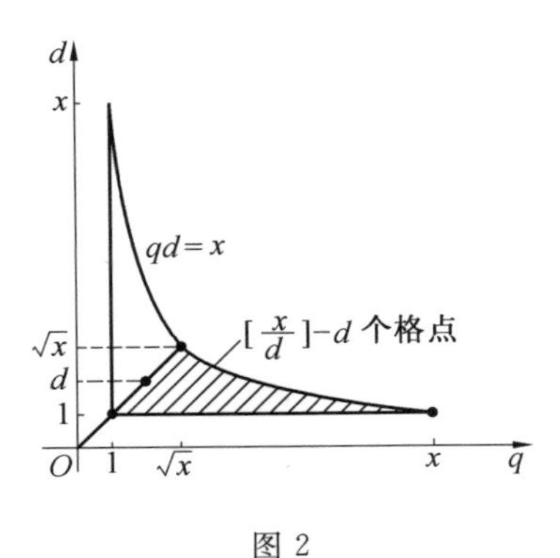

图 2

注 误差项 $O(\sqrt{x})$ 还能改进. 1903 年沃罗诺伊(Вороной) 证明误差是 $O(x^{\frac{1}{3}}\log x)$, 1922 年范德科皮特(Van der Corput) 改进为 $O\{x^{\frac{33}{100}}\}$, 到目前为止最好的估计是 $O(x^{\frac{12}{37}+\varepsilon})$, $\varepsilon>0$, 它是由科列斯尼克(Kolesnik) 在 1969 年得到的. 确定误差项 $O(x^{\theta})$ 的所有 θ 的下确界的问题与 Dirichlet 除数问题一样是一个尚未解决的问题. 1915 年哈代与朗道证明了 $\theta\geqslant\frac{1}{4}$.

3 Dirichlet 除数问题的综述

一、问题与研究方法

除数函数 $d(n)$ 的分布是十分不规则的, 当 n 为素

数时它等于 2,而熟知的一个初等结果是

$$\overline{\lim_{n\to\infty}}(\log n)^{-1}(\log\log n)\log d(n)=\log 2 \qquad ①$$

数论中的一个著名问题就是研究除数函数 $d(n)$ 的和

$$D_2(x)=\sum_{n\leqslant x}d(n)\quad (x\geqslant 1) \qquad ②$$

要求出 $D_2(x)$ 的主项,尽可能好地估计它的余项. 这一问题通常称为 Dirichlet 除数问题,是本章所要讨论的内容. 容易看出

$$D_2(x)=\sum_{uv\leqslant x}1 \qquad ③$$

所以,$D_2(x)$ 表示区域:$uv\leqslant x,u\geqslant 1,v\geqslant 1$ 中的整点(坐标均为整数的点,也称为格点)数目. 研究某些特殊区域甚至一般区域中的整点的个数的问题称为整点问题(或格点问题),整点问题是数论中的一个重要的研究课题,而除数问题正是一种特殊的整点问题.

研究 Dirichlet 除数问题主要有两种途径,而最终都归结为某种指数和估计.

第一种途径是从式 ③ 出发计算区域中的整点个数,把问题转化为讨论算术函数 $f(n)=\frac{x}{n}$ 的分数部分的平均分布,进而利用傅里叶级数把问题变为指数和估计. 利用双曲型求和法,由式 ③ 得

$$\begin{aligned}D_2(x)&=2\sum_{1\leqslant u\leqslant\sqrt{x}}\sum_{1\leqslant v\leqslant\frac{x}{u}}1-[\sqrt{x}]^2\\&=2\sum_{1\leqslant u\leqslant\sqrt{x}}\left[\frac{x}{u}\right]-[\sqrt{x}]^2\\&=2x\sum_{1\leqslant u\leqslant\sqrt{x}}\frac{1}{u}-2\sum_{1\leqslant u\leqslant\sqrt{x}}\left\{\frac{x}{u}\right\}-[\sqrt{x}]^2 \qquad ④\end{aligned}$$

可有

$$\sum_{1\leqslant u\leqslant\sqrt{x}}\frac{1}{u}=\log[\sqrt{x}]+\gamma+(2[\sqrt{x}])^{-1}+O(x^{-1}) \quad ⑤$$

由以上两式可得

$$D_2(x)=x(\log x+2\gamma-1)+\Delta_2(x) \quad ⑥$$

$$\Delta_2(x)=\sqrt{x}-2\sum_{1\leqslant u\leqslant\sqrt{x}}\left\{\frac{x}{u}\right\}+O(1) \quad ⑦$$

这样，就得到了 Dirichlet(1849 年) 所证明的结果

$$\Delta_2(x)\ll x^{\frac{1}{2}} \quad ⑧$$

为了改进 $\Delta_2(x)$ 的上界估计，就需要用傅里叶级数展开来讨论式 ⑦ 中的和式.

第二种途径是利用佩龙(Perron) 公式来表示式 ② 中的和式. 取 $a(n)=d(n)$, $s_0=0$, $A(s)=\zeta^2(s)$, $\sigma_a=1$, $b>1$, $T\geqslant 1$, x 为半奇数[①]，我们有

$$\sum_{n\leqslant x}d(n)=\frac{1}{2\pi\mathrm{i}}\int_{b-\mathrm{i}T}^{b+\mathrm{i}T}\zeta^2(s)\frac{x^s}{s}\mathrm{d}s+O\left(\frac{x^b}{T(b-1)^2}+\frac{x^{1+\varepsilon}}{T}\right) \quad ⑨$$

设 $a>0$，考虑以 $b\pm\mathrm{i}T$, $-a\pm\mathrm{i}T$ 为顶点的正向围道，由柯西积分定理得

$$\frac{1}{2\pi\mathrm{i}}\int_{b-\mathrm{i}T}^{b+\mathrm{i}T}\zeta^2(s)\frac{x^s}{s}\mathrm{d}s=x(\log x+2\gamma-1)+\zeta^2(0)+\frac{1}{2\pi\mathrm{i}}\cdot\left(\int_{b-\mathrm{i}T}^{-a-\mathrm{i}T}+\int_{-a-\mathrm{i}T}^{-a+\mathrm{i}T}+\int_{-a+\mathrm{i}T}^{b+\mathrm{i}T}\right)\zeta^2(s)\frac{x^s}{s}\mathrm{d}s \quad ⑩$$

等号右边前两项分别为在 $s=1,0$ 处的留数.

由于 $\zeta(b+\mathrm{i}t)\ll(b-1)^{-1}$, $\zeta(-a+\mathrm{i}t)\ll a^{-1}(|t|+1)^{a+\frac{1}{2}}$，故推出：当 $-a\leqslant\sigma\leqslant b$, $|t|\geqslant 1$ 时

---

① 这个限制是没有影响的，事实上可用 $[x]+\frac{1}{2}$ 代替 x.

$$\zeta(\sigma+\mathrm{i}t) \ll |t|^{\left(a+\frac{1}{2}\right)(b-\sigma)(a+b)^{-1}} \tag{11}$$

远小于和 a,b 有关的常数，由式 ⑪ 即得

$$\int_{-a\pm\mathrm{i}T}^{b\pm\mathrm{i}T} \zeta^2(s)\frac{x^s}{s}\mathrm{d}s \ll T^{2a}x^{-a}+x^bT^{-1} \tag{12}$$

由此及式 ⑨⑩ 得到，对任意 $x \geqslant 1, a > 0$[①] 有

$$\sum_{n\leqslant x} d(n) = x(\log x + 2\gamma - 1) + \Delta_2(x) \tag{13}$$

$$\Delta_2(x) = \frac{1}{2\pi\mathrm{i}}\int_{-a-\mathrm{i}T}^{-a+\mathrm{i}T} \zeta^2(s)\frac{x^s}{s}\mathrm{d}s + O(T^{2a}x^{-a}+x^bT^{-1}+x^{\varepsilon}) \tag{14}$$

余项 $\Delta_2(x)$ 可表示为

$$\Delta_2(x) = \frac{1}{2\pi\mathrm{i}}\sum_{n=1}^{+\infty} d(n)\int_{-a-\mathrm{i}T}^{-a+\mathrm{i}T} \frac{A^2(s)}{n^{1-s}}\cdot\frac{x^s}{s}\mathrm{d}s + O(T^{2a}x^{-a}+x^bT^{-1}+x^{\varepsilon}) \tag{15}$$

为了改进 $\Delta_2(x)$ 的估计，就要进一步研究等号右边的积分，利用渐近公式和指数积分的计算，式 ⑮ 等号右边也被归为某种指数和估计.

Dirichlet 除数问题有各种推广和变形，本章所讨论的研究 Dirichlet 除数问题的两种方法，可用于许多其他的积性数论函数的平均分布问题和整点问题，特别是可用于讨论高斯圆内整点问题. 设 $x > 2, A_2(x)$ 表示圆 $u^2+v^2 \leqslant x$ 上的格点数，则

$$R_2(x) = A_2(x) - \pi x \tag{16}$$

类似于 $\Delta_2(x)$，就可以讨论 $R_2(x)$ 的估计. 这就是圆内整点问题.

已经证明，估计 $\Delta_2(x) \ll x^{\frac{1}{4}}, A_2(x) \ll x^{\frac{1}{4}}$ 不可能

---

① 不难看出，式 ⑬⑭ 对 $a > -1$ 都成立，但式 ⑮ 必须要满足 $a > 0$.

成立，猜测对任意 $\varepsilon>0$ 有

$$\Delta_2(x)\ll x^{\frac{1}{4}+\varepsilon},A_2(x)\ll x^{\frac{1}{4}+\varepsilon} \tag{17}$$

这是两个没有解决的著名问题.

二、第一种方法

先证明两个引理：

引理 1 设 r 是正整数，$0<\Delta<\frac{1}{4}$，以及 $\Delta\leqslant\beta-\alpha\leqslant 1-\Delta$. 再设 $\delta=\frac{\Delta}{2r}$，$h_0(x)$ 是以 1 为周期的函数，满足

$$h_0(x)=\begin{cases}1,\alpha<x<\beta\\ \frac{1}{2},x=\alpha,\beta\\ 0,\beta<x<1+\alpha\end{cases} \tag{18}$$

再设

$$h_j(x)=\frac{1}{2\delta}\int_{-\delta}^{\delta}h_{j-1}(x+t)\mathrm{d}t\quad(j=1,2,\cdots,r) \tag{19}$$

那么，对任意的 $1\leqslant j\leqslant r$，$h_j(x)$ 是以 1 为周期的函数，满足

$$\begin{cases}h_j(x)=1,\alpha+j\delta\leqslant x\leqslant\beta-j\delta\\ 0<h_j(x)<1,\ |x-\alpha|<j\delta,\ |x-\beta|<j\delta\\ h_j(x)=0,\beta+j\delta\leqslant x\leqslant 1+\alpha-j\delta\end{cases} \tag{20}$$

且有傅里叶级数展开式

$$\begin{cases}h_j(x)=\beta-\alpha+\sum\limits_{m\neq 0}a_{m,j}e(mx)\\ |a_{m,j}|\leqslant\min\left(\beta-\alpha,\frac{1}{\pi|m|},\frac{1}{\pi|m|}\left(\frac{r}{\pi|m|\Delta}\right)^j\right)\end{cases} \tag{21}$$

证明　熟知 $h_0(x)$ 有傅里叶级数展开式

$$\begin{cases} h_0(x)=a_{0,0}+\sum\limits_{m\neq 0}a_{m,0}e(mx) \\ a_{0,0}=\int_0^1 h_0(x)\mathrm{d}x=\beta-\alpha \\ a_{m,0}=\int_0^1 h_0(x)e(-mx)\mathrm{d}x \\ \quad =\dfrac{\mathrm{i}}{2\pi m}(e(-m\beta)-e(-m\alpha))\quad (m\neq 0) \end{cases} \tag{22}$$

由式 ⑲ 及式 ㉒ 即得(逐项积分)

$$h_1(x)=\frac{1}{2\delta}\int_{-\delta}^{\delta}h_0(x+t)\mathrm{d}t=\beta-\alpha+\sum_{m\neq 0}a_{m,1}e(mx)$$

$$a_{m,1}=\mathrm{i}\,\frac{e(-m\beta)-e(-m\alpha)}{2\pi m}\left(\frac{e(m\delta)-e(-m\delta)}{4\pi\mathrm{i}m\delta}\right)$$

$$m\neq 0$$

这就证明了式 ㉑ 对 $j=1$ 成立.类似的,逐项积分 j 次就得

$$h_j(x)=\frac{1}{2\delta}\int_{-\delta}^{\delta}h_{j-1}(x+t)\mathrm{d}t=\beta-\alpha+\sum_{m\neq 0}a_{m,j}e(mx)$$

$$a_{m,j}=\mathrm{i}\,\frac{e(-m\beta)-e(-m\alpha)}{2\pi m}\left(\frac{e(m\delta)-e(-m\delta)}{4\pi\mathrm{i}m\delta}\right)^j$$

$$m\neq 0$$

这就证明了式 ㉑ 对 $j\geqslant 1$ 都成立.式 ⑳ 直接由 $h_0(x)$ 的定义及式 ⑲ 推出.我们记 $h(x)=h_r(x)$.

引理 2　设 r 是正整数,$0<\Delta<\frac{1}{8}$,$\Delta\leqslant\beta-\alpha\leqslant 1-\Delta$,以及 $h(x)=h_r(x)$ 是引理 1 中给定的函数.再设 $\lambda_1,\lambda_2,\cdots,\lambda_Q$ 是一串实数,$0\leqslant\lambda_j<1$,$1\leqslant j\leqslant Q$,以及 $H(\alpha,\beta)=\sum\limits_{j=1}^{Q}h(\lambda_j)$.如果对任意满足条件的 α,β 都有

$$H(\alpha,\beta)=(\beta-\alpha)Q+O(R) \tag{23}$$

这里 R 及大 O 和常数 α,β 无关，那么

$$S=\sum_{j=1}^{Q}\lambda_j=\frac{Q}{2}+O(R)+O(\Delta Q) \tag{24}$$

证明 先假设 β,α 只满足 $0<\beta-\alpha\leqslant 1$，不妨设 $0\leqslant\alpha<\beta\leqslant 1$. 记 $D(\alpha,\beta)=\sum\limits_{\alpha\leqslant\lambda_j<\beta}1$. 当 $2\Delta<\beta-\alpha\leqslant 1-2\Delta$ 时，显然有

$$H\left(\alpha+\frac{\Delta}{2},\beta-\frac{\Delta}{2}\right)\leqslant D(\alpha,\beta)\leqslant H\left(\alpha-\frac{\Delta}{2},\beta+\frac{\Delta}{2}\right)$$

由此及式 ㉓ 得

$$D(\alpha,\beta)=(\beta-\alpha)Q+O(R)+O(\Delta Q) \tag{25}$$

当 $0<\beta-\alpha<2\Delta$ 时，有

$$D(\alpha,\beta)=D(\alpha,\alpha+1-2\Delta)-D(\beta,\alpha+1-2\Delta) \tag{26}$$

因为 $0<\Delta<\frac{1}{8}$，所以这时有

$$2\Delta<(\alpha+1-2\Delta)-\alpha\leqslant 1-2\Delta$$

$$2\Delta<(\alpha+1-2\Delta)-\beta\leqslant 1-2\Delta$$

因此，上式对式 ㉖ 等号右边两项都成立，故这时式 ㉕ 也成立. 当 $1-2\Delta<\beta-\alpha<1$ 时，则有

$$D(\alpha,\beta)=D\left(\alpha,\alpha+\frac{1}{2}\right)+D\left(\alpha+\frac{1}{2},\beta\right)$$

同样可以推出式 ㉕ 也成立. 因而，对任意的 $0<\beta-\alpha\leqslant 1$，式 ㉕ 均成立.

设 $0<u\leqslant 1$，记 $D(u)=D(0,u)$. 取 $f(u)=u$，$u_1=0,u_2=1,b(n)=1$，并以 $D(u)$ 代替 $B_\lambda(u)$ 及式 ⑧ 可得

$$S=\int_0^1 u\mathrm{d}D(u)=D(1)-\int_0^1 D(u)\mathrm{d}u$$

$$=Q-\int_0^1\{Qu+O(R)+O(\Delta Q)\}\mathrm{d}u$$

$$=\frac{Q}{2}+O(R)+O(\Delta Q)$$

这就证明了式 ㉔.

由引理 2 知，对和式 $\sum\limits_{a<u\leqslant 2a}\left\{\frac{x}{u}\right\}$ 的讨论可转化为讨论和式

$$H(\alpha,\beta)=\sum_{a<u\leqslant 2a}h\left(\left\{\frac{x}{u}\right\}\right)=\sum_{a<u\leqslant 2a}h\left(\frac{x}{u}\right) \quad ㉗$$

最后一步用到了 $h(x)$ 的周期为 1. 进而由式 ㉑ $(j=r)$ 知（记 $a_m=a_{m,r}$）

$$H(\alpha,\beta)=(\beta-\alpha)[a]+\sum_{m\neq 0}a_m\sum_{a<u\leqslant 2a}e\left(\frac{mx}{u}\right) \quad ㉘$$

其中

$$|a_m|\leqslant\min\left(\beta-\alpha,\frac{1}{\pi|m|},\frac{1}{\pi|m|}\left(\frac{r}{\pi|m|\Delta}\right)^r\right)$$
$$m\neq 0 \quad ㉙$$

应该指出的是，决定函数 $h(x)$ 的参数 Δ,r 是可以和 a 有关的. 这样，为了得到渐近公式 ㉓，就要估计式 ㉘ 等号右边的和式 —— 二重指数和.

利用最简单的范德科皮特方法就可以证明沃罗诺伊的结果.

定理 1　$\Delta_2(x)\ll x^{\frac{1}{3}}\log x$.

证明　设 x 充分大，正整数 K 满足

$$2^{-K-1}x^{\frac{1}{2}}<x^{\frac{1}{3}}\log x\leqslant 2^{-K}x^{\frac{1}{2}} \quad ㉚$$

记 $C_k=2^{-k-1}x^{\frac{1}{2}}$，得

$$\Delta_2(x)=\sqrt{x}-2\sum_{k=0}^{K}\sum_{C_k<u\leqslant 2C_k}\left\{\frac{x}{u}\right\}+O(x^{\frac{1}{3}}\log x) \quad ㉛$$

现取 $\Delta^{-1}=x^{-\frac{1}{3}}C_k$，$r=3$，$h(x)$ 是引理 1 中的函数，以及 $H(\alpha,\beta)$ 由式 ㉘ 给出 $(a=C_k)$. 下面来估计和式

$$I=\sum_{m\neq 0}a_m\sum_{C_k<u\leqslant 2C_k}e\left(\frac{mx}{u}\right)$$
$$=\sum_{1\leqslant |m|\leqslant \Delta^{-1}}a_m\sum_{C_k<u\leqslant 2C_k}e\left(\frac{mx}{u}\right)+\sum_{|m|>\Delta^{-1}}a_m\sum_{C_k<u\leqslant 2C_k}e\left(\frac{mx}{u}\right)$$
$$=I_1+I_2 \tag{32}$$

取 $f(u)=\frac{mx}{u}$ 知

$$\sum_{C_k<u\leqslant 2C_k}e\left(\frac{mx}{u}\right)\ll x^{\frac{1}{2}}C_k^{-\frac{1}{2}}m^{\frac{1}{2}} \tag{33}$$

由此及式 ㉙ 得(注意 $r=3,\Delta^{-1}=x^{-\frac{1}{3}}C_k$)

$$I_2\ll x^{\frac{1}{2}}C_k^{-\frac{1}{2}}\sum_{m>\Delta^{-1}}\frac{m^{\frac{1}{2}}}{\pi m}\left(\frac{r}{\pi m\Delta}\right)^r$$
$$\ll x^{\frac{1}{2}}C_k^{-\frac{1}{2}}\Delta^{-\frac{1}{2}}\ll x^{\frac{1}{3}}$$
$$I_1\ll x^{\frac{1}{2}}C_k^{-\frac{1}{2}}\sum_{m\leqslant \Delta^{-1}}m^{\frac{1}{2}}m^{-1}\ll x^{\frac{1}{2}}C_k^{-\frac{1}{2}}\Delta^{-\frac{1}{2}}\ll x^{\frac{1}{3}}$$

因此,由以上两式,式 ㉜ 及 ㉘ 得到

$$H(\alpha,\beta)=(\beta-\alpha)[C_k]+O(x^{\frac{1}{3}})=(\beta-\alpha)C_k+O(x^{\frac{1}{3}}) \tag{34}$$

由此及引理 2 推出

$$\sum_{C_k<u\leqslant 2C_k}\left\{\frac{x}{u}\right\}=\frac{C_k}{2}+O(x^{\frac{1}{3}}) \tag{35}$$

把上式代入式 ㉛,利用式 ㉚ 就证明了定理 1.

进一步利用范德科皮特的方法可以证明:

定理 2 $\Delta_2(x)\ll x^{\frac{1}{3}-\frac{1}{246}}\log^2 x$.

证明 设 x 充分大,$\delta<\frac{1}{3}$ 是待定正数,正整数 K 满足

$$2^{-K-1}x^{\frac{1}{2}}<x^{\delta}\log^2 x\leqslant 2^{-K}x^{\frac{1}{2}} \tag{36}$$

记 $C_k=2^{-k-1}x^{\frac{1}{2}}$，得

$$\Delta_2(x)=\sqrt{x}-2\sum_{k=0}^{K}\sum_{C_k<u\leqslant 2C_k}\left\{\frac{x}{u}\right\}+O(x^{\delta}\log^2 x) \quad ㊲$$

设 $b_1,b_2,\cdots$ 是一些可计算出来的或适当选取的正数，为了简单起见，我们不写出它们的值. 取 $\Delta^{-1}=x^{-\delta}C_k(\log x)^{b_1}$，$r=[\log x]$，$h(x)$ 是引理 1 中的函数，$H(\alpha,\beta)$ 由式 ㉘ 给出($a=C_k$). 由引理 2 知为了计算 $\sum\limits_{C_k<u\leqslant 2C_k}\left\{\frac{x}{u}\right\}$，就要估计和式

$$\begin{aligned}I&=\sum_{m\neq 0}a_m\sum_{C_k<u\leqslant 2C_k}e\left(\frac{mx}{u}\right)\\&=\sum_{1\leqslant|m|\leqslant\Delta^{-1}\log x}a_m\sum_{C_k<u\leqslant 2C_k}e\left(\frac{mx}{u}\right)+\\&\quad\sum_{|m|>\Delta^{-1}\log x}a_m\sum_{C_k<u\leqslant 2C_k}e\left(\frac{mx}{u}\right)\\&=I_1+I_2\end{aligned} \quad ㊳$$

由式 ㉙ 可得(注意 $r=[\log x]$)

$$I_2\ll C_k\sum_{m>\Delta^{-1}\log x}\frac{1}{m}\left(\frac{\Delta^{-1}r}{\pi m}\right)^r\ll x^{\frac{1}{2}}\ \frac{1}{r}\left(\frac{\Delta^{-1}r}{\pi\Delta^{-1}\log x}\right)^r\ll 1 \quad ㊴$$

下面分两种情况来估计 I_1：

(1) $x^{\delta}\log^2 x<2C_k\leqslant x^{\lambda}$，$\lambda=\min\left(\frac{7\delta}{3}-\frac{1}{3},\frac{6\delta}{7}+\frac{1}{7}\right)$.

这里要求 $\delta>\frac{1}{4}$. 取 $f(u)=\frac{mx}{u}$，$k=3$ 知

$$\sum_{C_k<u\leqslant 2C_k}e\left(\frac{mx}{u}\right)\ll C_k(mxC_k^{-4})^{\frac{1}{6}}+C_k^{\frac{1}{2}}(mxC_k^{-4})^{-\frac{1}{6}} \quad ㊵$$

由此及式 ㉙ 和 Δ 的取值得

$$I_1\ll\sum_{m\leqslant\Delta^{-1}\log x}m^{-1}\{(mxC_k^2)^{\frac{1}{6}}+(mxC_k^{-7})^{-\frac{1}{6}}\}$$

$$\ll (x^{1-\delta}C_k^3)^{\frac{1}{6}}(\log x)^{b_2}+(x^{-1}C_k^7)^{\frac{1}{6}}$$

$$\ll x^{\delta}\log x \tag{41}$$

最后一步用到了对 C_k 的限制，及适当选取 b_1.

(2)$x^{\lambda}<2C_k\leqslant x^{\frac{1}{2}}$. 利用反转公式取 $f(u)=-\frac{mx}{u}, a=C_k, b=2C_k$，这时 $f'(u)=\frac{mx}{u^2}$，且

$$\alpha=\frac{mxC_k^{-2}}{4}, \beta=mxC_k^{-2}, u_v=\sqrt{\frac{mx}{v}}$$

$$f(u_v)=-\sqrt{mxv}, f''(u)=-\frac{2mx}{u^3}, f''(u_v)=-2(mx)^{-\frac{1}{2}}v^{\frac{3}{2}}$$

$$\lambda_2=\frac{mxC_k^{-3}}{4}, \lambda_3=mxC_k^{-4}$$

得

$$\sum_{C_k<u\leqslant 2C_k}e\left(\frac{mx}{u}\right)=\frac{1+\mathrm{i}}{2}(mx)^{\frac{1}{4}}\sum_{\frac{mxC_k^{-2}}{4}<v\leqslant mxC_k^{-2}}v^{-\frac{3}{4}}\cdot e(2\sqrt{mxv})+O\left(\left(\frac{C_k^3}{mx}\right)^{\frac{1}{2}}\right) \tag{42}$$

对任意的 $\frac{mxC_k^{-2}}{4}<y\leqslant mxC_k^{-2}$，取 $f(v)=2\sqrt{mxv}$，$a=\frac{mxC_k^{-2}}{4}, b=y, k=5$. 这时

$$f^{(5)}(v)=\left(\frac{105}{16}\right)(mx)^{\frac{1}{2}}v^{-\frac{9}{2}}, \lambda_5=\left(\frac{105}{16}\right)(mx)^{-4}C_k^9$$

可得

$$\sum_{\frac{mxC_k^{-2}}{4}<v\leqslant y}e(2\sqrt{mxv})\ll (mx)^{\frac{13}{15}}C_k^{-\frac{17}{10}}+(mx)^{\frac{121}{120}}C_k^{-\frac{41}{20}} \tag{43}$$

因而得到

$$\sum_{C_k<u\leqslant 2C_k} e\left(\frac{mx}{u}\right)$$

$$\ll (mx)^{\frac{11}{30}} C_k^{-\frac{1}{5}} + (mx)^{\frac{61}{120}} C_k^{-\frac{11}{20}} + (mx)^{-\frac{1}{2}} C_k^{\frac{3}{2}} \qquad ㊹$$

由此及式 ㉙ 推出

$$I_1 \ll \sum_{m\leqslant \Delta^{-1}\log x} m^{-1}\{(mx)^{\frac{11}{30}} C_k^{-\frac{1}{5}} + (mx)^{\frac{61}{120}} C_k^{-\frac{11}{20}} + (mx)^{-\frac{1}{2}} C_k^{\frac{3}{2}}\}$$

$$\leqslant (x^{1-\delta})^{\frac{11}{30}} C_k^{\frac{1}{6}} (\log x)^{b_3} +$$

$$(x^{1-\delta})^{\frac{61}{120}} C_k^{-\frac{1}{24}} (\log x)^{b_4} + x^{-\frac{1}{2}} C_k^{\frac{3}{2}}$$

对适当选取的 b_1，为使这时有

$$I_1 \ll x^{\delta} \log x \qquad ㊺$$

就必须满足条件

$$x^{\frac{61-181\delta}{5}} \ll C_k \ll x^{\frac{41\delta-11}{5}}$$

由上式及 C_k 可取 $x^{\frac{1}{2}}$ 推出，δ 应满足 $\frac{41\delta-11}{5} \geqslant \frac{1}{2}$，即 $\delta \geqslant \frac{27}{82} = \frac{1}{3} - \frac{1}{246}$. 现取 $\delta = \frac{27}{82}$，容易验证这时有 $\lambda > \frac{61-181\delta}{5}$. 这就证明了当取 $\delta = \frac{27}{82}$ 时，情形(2) 中的估计式 ㊺ 也成立.

综合以上讨论，就证明了当取 $\delta = \frac{27}{82}$ 时有 $I \ll x^{\frac{27}{82}} \log x$. 由此及式 ㉘ 就得到

$$H(\alpha,\beta) = (\beta-\alpha) C_k + O(x^{\frac{27}{82}} \log x)$$

进而由引理 2 得到

$$\sum_{C_k<u\leqslant 2C_k} \left\{\frac{x}{u}\right\} = \frac{C_k}{2} + O(x^{\frac{27}{82}} \log x)$$

把上式代入式 ㊲ 并利用式 ㊱ 就证明了所要的结果.

三、第二种方法

接下来我们将从关系式 ⑮ 出发，通过估算其中的指数积分求出等号右边和式的主要部分，得到 $\Delta_2(x)$ 的一个渐近公式(定理 3)—— 其主要部分是一个指数和，这样，利用范德科皮特的方法估计指数和就可得到 $\Delta_2(x)$ 的上界估计. 我们将用这样的方法来证明和前面所得到的实质上是同样的结果.

定理 3 设 $x > N$，N 是正整数. 那么，对任给的 $\varepsilon > 0$ 有

$$\Delta_2(x) = (\pi\sqrt{2})^{-1} x^{\frac{1}{4}} \sum_{n=1}^{N} d(n) n^{-\frac{3}{4}} \cos\left(4\pi\sqrt{nx} - \frac{\pi}{4}\right) + O(x^{\frac{1}{6}} N^{\frac{1}{6}+\varepsilon}) + O(x^{\frac{1}{2}+\varepsilon} N^{-\frac{1}{2}}) \quad ㊻$$

其中 O 和 ε 有关.

证明 取 $b=1+\varepsilon$，$a=\varepsilon$，$T^2=4\pi^2 x\left(N+\dfrac{1}{2}\right)$，得到

$$\begin{aligned}\Delta_2(x) = & \frac{1}{2\pi i}\sum_{n=1}^{+\infty} d(n)\int_{-\varepsilon-iT}^{-\varepsilon+iT} \frac{A^2(s)}{n^{1-s}} \cdot \frac{x^s}{s} ds + \\ & O(x^{\varepsilon}) + O(x^{\frac{1}{2}+\varepsilon} N^{-\frac{1}{2}}) \\ = & \frac{1}{2\pi i}\sum_{n\leqslant N} d(n)\int_{-\varepsilon-iT}^{-\varepsilon+iT} \frac{A^2(s)}{n^{1-s}} \cdot \frac{x^s}{s} ds + \\ & \frac{1}{2\pi i}\sum_{n>N} d(n)\int_{-\varepsilon-iT}^{-\varepsilon+iT} \frac{A^2(s)}{n^{1-s}} \cdot \frac{x^s}{s} ds + \\ & O(x^{\varepsilon}) + O(x^{\frac{1}{2}+\varepsilon} N^{-\frac{1}{2}}) \\ = & \frac{1}{2\pi i}\sum\nolimits_1 + \frac{1}{2\pi i}\sum\nolimits_2 + O(x^{\varepsilon}) + O(x^{\frac{1}{2}+\varepsilon} N^{-\frac{1}{2}})\end{aligned} \quad ㊼$$

先估计 $\sum_2$，有

$$\begin{aligned}\sum\nolimits_2 &= \mathrm{i}x^{-\varepsilon}\sum_{n>N}\frac{d(n)}{n^{1+\varepsilon}}\int_{-T}^{T}\frac{A^2(-\varepsilon+\mathrm{i}t)}{-\varepsilon+\mathrm{i}t}(nx)^{\mathrm{i}t}\mathrm{d}t\\ &= \mathrm{i}x^{-\varepsilon}\sum_{n>N}\frac{d(n)}{n^{1+\varepsilon}}\left\{\int_1^T+\int_{-T}^{-1}+\int_{-1}^{1}\right\}\\ &= \mathrm{i}x^{-\varepsilon}\sum_{n>N}\frac{d(n)}{n^{1+\varepsilon}}\{I_1(n)+I_2(n)+I_3(n)\} \qquad (48)\end{aligned}$$

得

$$I_1(n)=(2\pi)^{-1-2\varepsilon}\int_1^T \mathrm{e}^{\mathrm{i}F(t)}\{t^{2\varepsilon}+O(t^{2\varepsilon-1})\}\mathrm{d}t$$

其中

$$F(t)=2t(-\log t+\log(2\pi)+1)+t\log(nx)$$

$$F'(t)=2\log\left(\frac{2\pi\sqrt{nx}}{t}\right) \qquad (49)$$

当 $1\leqslant t\leqslant T$ 时，$F'(t)\geqslant\log\left(\frac{n}{N+\frac{1}{2}}\right)$，当 $n>N$ 时

$$I_1(n)\ll T^{2\varepsilon}\left(\log\left(\frac{n}{N+\frac{1}{2}}\right)\right)^{-1}+T^{2\varepsilon}$$

由此及 $d(n)\ll n^{\frac{\varepsilon}{2}}$ 得

$$\begin{aligned}&x^{-\varepsilon}\sum_{n>N}\frac{d(n)}{n^{1+\varepsilon}}I_1(n)\\ &\ll N^{\varepsilon}\left\{\sum_{n>2N}\frac{1}{n^{1+\frac{\varepsilon}{2}}}+\sum_{N<n\leqslant 2N}\frac{N}{n^{1+\frac{\varepsilon}{2}}(n-N)}\right\}\\ &\ll N^{\varepsilon}\end{aligned}$$

取共轭即得

$$x^{-\varepsilon}\sum_{n>N}\frac{d(n)}{n^{1+\varepsilon}}I_2(n)\ll N^{\varepsilon}$$

此外显然有 $I_3(n)\ll 1$，由此及以上两式，从式 (48) 得

$$\sum\nolimits_2 \ll N^{\varepsilon} \tag{50}$$

现在来计算 $\sum\nolimits_1$，这是主要部分. 注意到 $A(0)=0$，由柯西积分定理知

$$\int_{-\varepsilon-\mathrm{i}T}^{-\varepsilon+\mathrm{i}T}\frac{A^2(s)}{n^{1-s}}\cdot\frac{x^s}{s}\mathrm{d}s=\int_{-\mathrm{i}T}^{\mathrm{i}T}\frac{A^2(s)}{n^{1-s}}\cdot\frac{x^s}{s}\mathrm{d}s+\int_{-\varepsilon-\mathrm{i}T}^{-\mathrm{i}T}\frac{A^2(s)}{n^{1-s}}\cdot\frac{x^s}{s}\mathrm{d}s+\int_{\mathrm{i}T}^{-\varepsilon+\mathrm{i}T}\frac{A^2(s)}{n^{1-s}}\cdot\frac{x^s}{s}\mathrm{d}s$$
$$=J_0(n)+J_1(n)+J_2(n) \tag{51}$$

先计算 $J_0(n)$，以下均有 $n\leqslant N$

$$J_0(n)=\frac{1}{n}\int_{-T}^{T}A^2(\mathrm{i}t)t^{-1}(nx)^{\mathrm{i}t}\mathrm{d}t$$
$$=\frac{2\mathrm{i}}{n}\mathrm{Im}\left\{\int_0^T A^2(\mathrm{i}t)t^{-1}(nx)^{\mathrm{i}t}\mathrm{d}t\right\}$$

设 $F(t)$ 由式 (49) 给出，则

$$J_0(n)=\frac{\mathrm{i}}{\pi n}\mathrm{Re}\left\{\int_1^T \mathrm{e}^{\mathrm{i}F(t)}\mathrm{d}t\right\}+O(\log T)$$
$$=\frac{\mathrm{i}}{\pi n}\mathrm{Re}\left\{\int_1^{\pi\sqrt{nx}}+\int_{\pi\sqrt{nx}}^{4\pi\sqrt{nx}}+\int_{4\pi\sqrt{nx}}^{T}\right\}+O(\log T)$$
$$=\frac{\mathrm{i}}{\pi n}\mathrm{Re}\{J_{01}(n)+J_{02}(n)+J_{03}(n)\}+O(\log T)$$

得

$$J_{02}(n)=\sqrt{\pi}\,\mathrm{e}^{-\frac{\pi\mathrm{i}}{4}+4\pi\mathrm{i}\sqrt{nx}}(2\pi\sqrt{nx})^{\frac{1}{2}}+O((nx)^{\frac{1}{6}})$$

$$J_{01}(n)\ll 1,\ J_{03}(n)\ll 1+\log^{-1}\left(\frac{N+\frac{1}{2}}{n}\right)$$

因此

$$J_0(n)=\sqrt{2}\,\mathrm{i}x^{\frac{1}{4}}n^{-\frac{3}{4}}\cos\left(4\pi\sqrt{nx}-\frac{\pi}{4}\right)+O(n^{-\frac{5}{6}}x^{\frac{1}{6}})+$$
$$O(n^{-1}\log T)+O\left(n^{-1}\log^{-1}\left(\frac{N+\frac{1}{2}}{n}\right)\right)$$

可得

$$J_1(n) \ll \frac{1}{n}\int_{-\varepsilon}^{0}\left(\frac{nx}{T^2}\right)^{\sigma}\mathrm{d}\sigma \ll \frac{1}{n}\left(\frac{T^2}{nx}\right)^{\varepsilon}$$

$$J_2(n) \ll \frac{1}{n}\left(\frac{T^2}{nx}\right)^{\varepsilon}$$

由以上三式及式 ⑤① 得到

$$\frac{1}{2\pi\mathrm{i}}\sum\nolimits_1 = (\sqrt{2}\pi)^{-1}x^{\frac{1}{4}}\sum_{n\leqslant N}n^{-\frac{3}{4}}d(n)\cos\left(4\pi\sqrt{nx}-\frac{\pi}{4}\right)+ O(x^{\frac{1}{6}}N^{\frac{1}{6}+\varepsilon}) \tag{52}$$

由式 ④⑦⑤⓪ 及 ⑤② 就证明了所要的结果.

取 $N=[x^{\frac{1}{3}}]$，由定理 3 就推出：

定理 4[①]　对任给的 $\varepsilon>0$，$\Delta_2(x)\ll x^{\frac{1}{3}+\varepsilon}$.

这里与定理 1 不同的是以 x^{ε} 代替原来的 $\log x$，而这一点是不重要的. 从式 ④⑥ 容易看出，对 $\Delta_2(x)$ 的估计就是要估计指数和

$$\begin{aligned} S(N,x) &= \sum_{n=1}^{N} d(n)n^{-\frac{3}{4}}e(2\sqrt{nx}) \\ &= \sum_{1\leqslant uv\leqslant N}(uv)^{-\frac{3}{4}}e(2\sqrt{uvx}) \quad (N<x) \end{aligned} \tag{53}$$

这是两个变数的指数和. 我们要用范德科皮特的方法进一步来估计式 ⑤③，证明下面相应的定理：

定理 5　对任给的 $\varepsilon>0$，$\Delta_2(x)\ll x^{\frac{1}{3}-\frac{1}{246}+\varepsilon}$.

证明　有

$$\sum_{a<v\leqslant 2a}e(2\sqrt{uxv})\ll (ux)^{\frac{1}{60}}a^{\frac{17}{20}}+(ux)^{-\frac{1}{60}}a^{\frac{41}{40}}$$

---

① 证明这个结果并不需要定理 3 中的渐近公式，直接估计式 ④⑦ 等号右边每个积分的上界即可.

进而有

$$\sum_{v\leqslant V}e(2\sqrt{uxv})=\sum_{r}\sum_{2^{-r-1}V<v\leqslant 2^{-r}V}e(2\sqrt{uxv})$$
$$\ll (ux)^{\frac{1}{60}}V^{\frac{17}{20}}+(ux)^{-\frac{1}{60}}V^{\frac{41}{40}}$$

由此得到

$$\begin{aligned}
&I(y)\sum_{n\leqslant y}d(n)e(2\sqrt{nx})\\
=&\sum_{1\leqslant uv\leqslant y}e(2\sqrt{uvx})\\
=&2\sum_{u\leqslant\sqrt{y}}\sum_{v\leqslant\frac{y}{u}}e(2\sqrt{uvx})-\sum_{u\leqslant\sqrt{y}}\sum_{v\leqslant\sqrt{y}}e(2\sqrt{uvx})\\
\leqslant&\sum_{u\leqslant\sqrt{y}}\left\{(ux)^{\frac{1}{60}}\left(\frac{y}{u}\right)^{\frac{17}{20}}+(ux)^{-\frac{1}{60}}\left(\frac{y}{u}\right)^{\frac{41}{40}}\right\}+\\
&\sum_{u\leqslant\sqrt{y}}\left\{(ux)^{\frac{1}{60}}y^{\frac{17}{40}}+(ux)^{-\frac{1}{60}}y^{\frac{41}{80}}\right\}\\
\leqslant&x^{\frac{1}{60}}y^{\frac{14}{15}}+x^{-\frac{1}{60}}y^{\frac{41}{40}}
\end{aligned}$$

进而有

$$S(N,x)=\int_1^N y^{-\frac{3}{4}}\mathrm{d}I(y)+O(1)$$
$$\leqslant x^{\frac{1}{60}}N^{\frac{14}{15}-\frac{3}{4}}+x^{-\frac{1}{60}}N^{\frac{41}{40}-\frac{3}{4}}$$

由此及式 ㊻ 得到

$$\Delta_2(x)\ll N^{\frac{11}{60}}x^{\frac{4}{15}}+N^{\frac{11}{40}}x^{\frac{7}{30}}+x^{\frac{1}{6}}N^{\frac{1}{6}+\varepsilon}+x^{\frac{1}{2}+\varepsilon}N^{-\frac{1}{2}}$$

取 $N=[x^{\frac{14}{41}}]$，由上式即得所要结果.

注 1　目前关于 $\Delta_2(x)$ 的上界估计的最好结果是

$$\Delta_2(x)\ll x^{\frac{35}{108}}\log^2 x$$

关于圆内整点问题也得到了同样结果

$$R_2(x)\ll x^{\frac{35}{108}+\varepsilon}$$

ε 为任意小的正数，$R_2(x)$ 见式 ⑯. 科列斯尼克指出他得到的上述关于除数问题的结果还可改进为

$$\Delta_2(x) \ll x^{\frac{139}{429}+\varepsilon}$$

整点问题的关键在于估计某种形式的外尔指数和，而这种指数和同估计 $\zeta\left(\frac{1}{2}+\mathrm{i}t\right)$ 的阶中出现的指数和是相似的，所以对 $\zeta\left(\frac{1}{2}+\mathrm{i}t\right)$ 的阶的估计的改进必然导致整点问题的结果的改进，也就是由证明估计

$$\zeta\left(\frac{1}{2}+\mathrm{i}t\right) \ll |t|^{\lambda+\varepsilon}$$

的方法，应该可以得到估计

$$\Delta_2(x) \ll x^{2\lambda+\varepsilon}, R_2(x) \ll x^{2\lambda+\varepsilon}$$

ε 为任意小的正数. 邦别里(Bombieri) 和伊万涅茨(Iwaniec) 已证明 $\zeta\left(\frac{1}{2}+\mathrm{i}t\right) \ll |t|^{\frac{9}{56}+\varepsilon}$. 因此对这两个整点问题应该可以有相应的改进[①].

注 2　容易证明：存在正数 c，使得有无穷多个 x 满足 $|\Delta_2(x)| > cx^{\frac{1}{4}}$，及无穷多个 y 满足 $|R_2(x)| > cy^{\frac{1}{4}}$. 这种结果称为 Ω 结果，记作 $\Delta_2(x)=\Omega(x^{\frac{1}{4}})$，$R_2(x)=\Omega(x^{\frac{1}{4}})$. 这个结果已被改进.

注 3　对于 $\Delta_2(x)$ 和 $R_2(x)$ 都有级数表示式. $\Delta_2(x)$ 的表示式就是著名的沃罗诺伊公式，定理 3 实质上就是取这个级数的前 N 项得到的渐近公式. 但这里是直接证明定理 3 的，并没有利用沃罗诺伊公式(因为后者的证明较复杂，要用到贝塞尔(Bessel) 函数)，这样可简单些，不过由此在渐近公式 ㊻ 中多出了项 $O(x^{\frac{1}{6}}N^{\frac{1}{6}+\varepsilon})$，但这并不影响除数问题的结果.

---

① 邦别里和伊万涅茨证明了：$\Delta_2(x) \ll x^{\frac{7}{22}+\varepsilon}$，$R_2(x) \ll x^{\frac{7}{22}+\varepsilon}$.

4　除数问题的推广

用 $d_k(n)$ 表示将 n 分解为 k 个因子乘积的方法数，又令

$$D_k(x)=\sum_{n\leqslant x}d_k(n)$$

则有

$$D_k(x)=\frac{1}{2\pi i}\int_{c-i\infty}^{c+i\infty}\zeta^k(w)\frac{x^w}{w}dw\quad(c>1)$$

$w=1$ 为一个 k 级极点，其上的留数形如 $xP_k(\log x)$，此处 P_k 为 $k-1$ 次多项式. 我们记

$$D_k(x)=xP_k(\log x)+\Delta_k(x)$$

对于 $k=2$，我们回到了上面研究过的除数问题. 我们定义 α_k 为使

$$\Delta_k(x)=O(x^{\vartheta})$$

成立的数 ϑ 的下极限，其值如下

$$\alpha_k\leqslant\frac{k-1}{k+1}\quad(k=2,3,4,\cdots)\quad(沃罗诺伊，朗道)$$

$$\alpha_k\leqslant\frac{k-1}{k+2}\quad(k=4,5,\cdots)\quad(哈代—李特伍德)$$

$$\alpha_7\leqslant\frac{71}{107},\alpha_8\leqslant\frac{41}{59},\alpha_9\leqslant\frac{31}{43},\alpha_{10}\leqslant\frac{26}{35},\alpha_{11}\leqslant\frac{19}{25}\quad(董光昌)$$

$$\alpha_3\leqslant\frac{37}{75}\quad(阿特金森(Atkinson))$$

$$\alpha_k\geqslant\frac{k-1}{2k}\quad(哈代)$$

猜想的结果是

$$\alpha_k=\frac{k-1}{2k}$$

用 β_k 表示 $\Delta_k(x)$ 的平均阶，即对任何 $\varepsilon > 0$，使

$$\frac{1}{x}\int_0^x \Delta_k^2(y)\mathrm{d}y = O(x^{2\beta_k+\varepsilon})$$

成立的最小的数. 显然有

$$\beta_k \leqslant \alpha_k$$

蒂奇马什(Titchmarsh) 证明了

$$\beta_k \geqslant \frac{k-1}{2k}$$

还有其他的结果

$$\beta_3 = \frac{1}{3}(\text{克拉默(Cramér)}), \beta_4 \leqslant \frac{23}{54}(\text{董光昌}), \beta_5 \leqslant \frac{1}{2}$$

$$\beta_6 \leqslant \frac{35}{62}, \beta_7 \leqslant \frac{11}{18}, \beta_8 \leqslant \frac{149}{230}$$

5　一个除数问题

设 $d_k(n)$ 为将整数 n 分解为 k 个因子之积的方法数. 众所周知

$$\sum_{n\leqslant x} d_k(n) = xP_k(\log x) + \Delta_k(x)$$

于此，$P_k(\log x)$ 为 $\log x$ 的 $k-1$ 次多项式，而

$$\Delta_k(x) = O(x^{\alpha})$$

对某一 $\alpha < 1$ 成立. 令 α_k 为使得上式成立的 α 的下确界.

沃罗诺伊及哈代 — 李特伍德曾分别证明

$$\alpha_k \leqslant \frac{k-1}{k+1}, \alpha_k \leqslant \max\left(\frac{1}{2}, \frac{k-1}{k+2}\right)$$

对 $k=2,3,\cdots$ 成立. 对于 $k=3$，上述结果又被瓦尔菲施(Walfisz) 及阿特金森分别改进为

$$\alpha_3 \leqslant \frac{43}{87}, \alpha_3 \leqslant \frac{37}{75}$$

本节的主要目的在于证明

$$\alpha_3 \leqslant \frac{14}{29} \qquad (*)$$

记

$$\alpha = \frac{15}{29}, X = \frac{x^{\frac{16}{29}}}{8\pi^3}, h = x^{-\frac{1}{3}} X^{\frac{11}{12}}$$

$$h_0 = x^{\frac{7}{87}}, k = x^{-\frac{1}{3}} h^{\frac{11}{4}}, g(r) = \left[\frac{1}{h}\sqrt{\frac{X}{r}}\right]$$

我们知道

$$\Delta_3(x) = \frac{x^{\frac{1}{3}}}{\pi\sqrt{3}} \sum_{n \leqslant X} \frac{d_3(n)}{n^{\frac{2}{3}}} \cos 6\pi(nx)^{\frac{1}{3}} + O(x^{1+\delta-\alpha})$$

于此，δ 为任一给定的正数. 要想证明（$*$），我们只需证明

$$S = \sum_{r \leqslant X^{\frac{1}{3}}} r^{-\frac{2}{3}} \sum_{q \leqslant \sqrt{\frac{X}{r}}} q^{-\frac{2}{3}} \sum_{p \leqslant \frac{X}{rq}} p^{-\frac{2}{3}} e^{6\pi i (pqrx)^{\frac{1}{3}}} = O(X^{\frac{13}{48}})$$

即可. 虽然我们的问题在形式上与球内整点问题有若干相似之处，但由于我们的求和区域远较球形区域来得不规则，所以问题处理起来变得复杂得多. 在估计 S 时，我们将这个和数分成若干部分和，即

$$S = \sum_{r \leqslant X^{\frac{1}{3}}} \sum_{q \leqslant \sqrt{\frac{X}{r}}} \sum_{p \leqslant \sqrt{\frac{X}{r}}} + \sum_{r \leqslant X^{\frac{1}{3}}} \sum_{q \leqslant \sqrt{\frac{X}{r}}} \sum_{\sqrt{\frac{X}{r}} < p \leqslant \frac{X}{rq}} = \sum\nolimits_1 + \sum\nolimits_2$$

$$\sum\nolimits_1 = \sum_{r \leqslant h} \sum_{q \leqslant h} \sum_{p \leqslant h} + \sum_{r \leqslant X^{\frac{1}{3}}} \sum_{q \leqslant \sqrt{\frac{X}{r}}} \sum_{h < p \leqslant g(r)h} + \sum_{q \leqslant h} \sum_{p \leqslant h} \sum_{h < r \leqslant X^{\frac{1}{3}}} +$$

$$\sum_{r \leqslant X^{\frac{1}{3}}} \sum_{p \leqslant h} \sum_{h < q \leqslant \sqrt{\frac{X}{r}}} + \sum_{r \leqslant X^{\frac{1}{3}}} \sum_{g(r)h < p \leqslant \sqrt{\frac{X}{r}}} \sum_{q \leqslant h} +$$

$$\sum_{r \leqslant X^{\frac{1}{3}}} \sum_{g(r)h < p \leqslant \sqrt{\frac{X}{r}}} \sum_{h < q \leqslant g(r)h} + \sum_{r \leqslant X^{\frac{1}{3}}} \sum_{g(r)h < p \leqslant \sqrt{\frac{X}{r}}} \sum_{g(r)h < q \leqslant \sqrt{\frac{X}{r}}}$$

$$\sum_2=\sum_{r\leqslant X^{\frac{1}{3}}}\sum_{h<q\leqslant\sqrt{\frac{X}{r}}}\sum_{\sqrt{\frac{X}{r}}<p\leqslant\frac{X}{rq}}+\sum_{q\leqslant h}\sum_{r\leqslant X^{\frac{3}{16}}}\sum_{\frac{1}{q}X^{\frac{13}{16}}<p\leqslant\frac{X}{rq}}+$$
$$\sum_{q\leqslant h}\sum_{\frac{1}{q}X^{\frac{2}{3}}<p\leqslant\frac{1}{q}X^{\frac{13}{16}}}\sum_{\left(\left[\frac{X}{h_0p^2}\right]+1\right)h_0<r\leqslant\frac{X}{pq}}+$$
$$\sum_{q\leqslant h}\sum_{X^{\frac{1}{3}}<p\leqslant\frac{1}{q}X^{\frac{2}{3}}}\sum_{\left(\left[\frac{X}{h_0p^2}\right]+1\right)h_0<r\leqslant X^{\frac{1}{3}}}+$$
$$\sum_{q\leqslant h}\sum_{p_n<p\leqslant\frac{1}{q}X^{\frac{13}{16}}}\sum_{\frac{X}{p^2}<r\leqslant\left(\left[\frac{X}{h_0p^2}\right]+1\right)h_0}+$$
$$\sum_{q\leqslant h}\sum_{X^{\frac{1}{3}}<p\leqslant p_n}\sum_{\frac{X}{p^2}<r\leqslant X^{\frac{1}{3}}}$$

于此，p_n 为满足条件

$$\frac{X}{p_n^2}=nh_0\leqslant X^{\frac{1}{3}}<(n+1)h_0$$

的数.

在估计这些和数时，我们所使用的主要是范德科皮特的方法，并结合了维诺格拉多夫所引进的一个新方法.

6　关于三维除数问题

令 $d_3(n)$ 表示 $n=pqr$ 的解数，$D_3(x)=\sum\limits_{n\leqslant x}d_3(n)$，又令 $P(x)$ 表示某确定的二次多项式，众所周知

$$D_3(x)=xP(\log x)+\Delta_3(x)$$

令 θ 为使 $\Delta_3(x)$ 满足 $\Delta_3(x)\ll x^{\alpha}$ 的 α 的下确界，沃罗诺伊、瓦尔菲施、阿特金森及越民义先生分别证明了

$$\theta\leqslant\frac{1}{2},\theta\leqslant\frac{43}{87},\theta\leqslant\frac{37}{75},\theta\leqslant\frac{14}{29}$$

本节的主要目的在于证明

$$\theta \leqslant \frac{10}{21}$$

证明方法主要采用维诺格拉多夫的等差级数分和法.

引理 设 $f(x)$ 是具有二阶连续导数的实函数,又设

$$\lambda_2 \leqslant | f''(x) | \leqslant h\lambda_2$$

若 $b-a \geqslant 1$,则有

$$\sum_{a<n\leqslant b} e^{2\pi i f(n)} = O\{h(b-a)\lambda_2^{\frac{1}{2}}\} + O(\lambda_2^{-\frac{1}{2}})$$

我们知道

$$\Delta_3(x) = \frac{x^{\frac{1}{3}}}{\pi\sqrt{3}} \sum_{n\leqslant X} \frac{d_3(n)}{n^{\frac{2}{3}}} \cos\{6\pi(nx)^{\frac{1}{3}}\} + O(x^{\frac{2}{3}+\varepsilon} X^{-\frac{1}{3}}) \tag{①}$$

式中 X 是可以任意选定的正参数.

令 D 为满足下列条件

$$1 \leqslant P < p \leqslant 2P, 1 \leqslant Q < q \leqslant 2Q, 1 \leqslant R < r \leqslant 2R \tag{②}$$

的区域,且 P,Q,R 满足①

$$AP < Q < AR \tag{③}$$

又设 D^* 是区域 D 与区域 $pqr \leqslant X$ 的共同子域.由①不难看出关键问题在于估计三角和 Ω,即

$$\Omega = \sum_{(pqr)\in D^*} e^{2\pi i (xpqr)^{\frac{1}{3}}} \tag{④}$$

现在让我们来估计 Ω.由④有

---

① 我们用 A 表示一个正的常数,在每次出现时所表示的值(甚至在同一公式中)可能与前面的不同.仿此,我们用 ε 表示一个可以任意小的正数.

$$\Omega \leqslant \sum_{RQ < t \leqslant 4RQ} \left| \tau(t) \sum_{P < p \leqslant \min(2P, Xt^{-1})} \mathrm{e}^{2\pi \mathrm{i}(xtp)^{\frac{1}{3}}} \right| \quad ⑤$$

式中 $\tau(t)$ 表示 $t=mn$ 的解的个数. 由施瓦茨(Schwarz)不等式有

$$\begin{aligned}\Omega^2 &\ll (RQ)^{1+\varepsilon} \sum_{RQ < t \leqslant 4RQ} \left| \sum_{P < p \leqslant \min(2P, Xt^{-1})} \mathrm{e}^{2\pi \mathrm{i}(xtp)^{\frac{1}{3}}} \right|^2 \\ &\ll (RQ)^{1+\varepsilon} \sum_{RQ < t \leqslant 4RQ} \sum_{P < p, p' \leqslant \min(2P, Xt^{-1})} \mathrm{e}^{2\pi \mathrm{i}(xt)^{\frac{1}{3}}(p^{\frac{1}{3}} - p'^{\frac{1}{3}})}\end{aligned} \quad ⑥$$

令

$$\xi = p - p' \quad ⑦$$

于是有

$$P^{-\frac{2}{3}} \xi \ll p^{\frac{1}{3}} - p'^{\frac{1}{3}} = 3\int_{p}^{p'} y^{\frac{1}{3}-1} \mathrm{d}y \ll P^{-\frac{2}{3}} \xi \quad ⑧$$

由 ⑥ 得

$$\begin{aligned}\Omega^2 \ll\ & (RQ)^{2+\varepsilon} P + \\ & (RQ)^{1+\varepsilon} \sum_{p} \sum_{\xi \neq 0} \left| \sum_{RQ < t \leqslant \min(4RQ, Xp^{-1}, Xp'^{-1})} \mathrm{e}^{2\pi \mathrm{i}(xt)^{\frac{1}{3}}(p^{\frac{1}{3}} - p'^{\frac{1}{3}})} \right|\end{aligned} \quad ⑨$$

由引理得

$$\begin{aligned}\Omega^2 \ll\ & (RQ)^{2+\varepsilon} P + (PQR)^{1+\varepsilon} \sum_{\xi=1}^{p} \{ RQ(x^{\frac{1}{3}} P^{-\frac{2}{3}} \xi (RQ)^{-\frac{5}{3}})^{\frac{1}{2}} + \\ & (x^{\frac{1}{3}} P^{-\frac{2}{3}} \xi (RQ)^{-\frac{5}{3}})^{-\frac{1}{2}} \} \\ \ll\ & (PQR)^{2+\varepsilon} P^{-1} + x^{\frac{1}{6}} (PQR)^{\frac{3}{2}} + x^{-\frac{1}{6}} (PQR)^{\frac{11}{6}}\end{aligned} \quad ⑩$$

上式最后一步用到了 $P \ll Q \ll R$.

下面我们用等差级数分和法给出 Ω 的另一种估值. 令

$$Q_{lh} = \sum_{\substack{(pqr) \in D^* \\ PQ + lh < pq \leqslant PQ + (l+1)h}} \mathrm{e}^{2\pi \mathrm{i}(xpqr)^{\frac{1}{3}}} \quad ⑪$$

其中 h 满足条件

$$1 \leqslant h \leqslant 3PQ \qquad (*)$$

仿前有

$$\Omega_{lh}^2 \ll R \sum_{\substack{r \\ PQ+lh<t,t'\leqslant PQ+(l+1)h}} \sum_{\substack{t \\ rt\leqslant X}} \sum_{\substack{t' \\ rt'\leqslant X}} \tau(t)\tau(t')\mathrm{e}^{2\pi\mathrm{i}(xr)^{\frac{1}{3}}(t^{\frac{1}{3}}-t'^{\frac{1}{3}})} \qquad ⑫$$

仿 ⑩,得到

$$\begin{aligned}\Omega_{lh}^2 &\ll R^2(PQ)^{\varepsilon}h + R(PQ)^{\varepsilon}\sum_{\tau}\sum_{\eta=1}^{h}\{R(x^{\frac{1}{3}}(PQ)^{-\frac{2}{3}}\eta R^{-\frac{5}{3}})^{\frac{1}{2}} + \\ &\quad (x^{\frac{1}{3}}(PQ)^{-\frac{2}{3}}\eta R^{-\frac{5}{3}})^{-\frac{1}{2}}\} \\ &\leqslant R^2(PQ)^{\varepsilon}h + R^{\frac{7}{6}}x^{\frac{1}{6}}(PQ)^{-\frac{1}{3}+\varepsilon}h^{\frac{5}{2}} + \\ &\quad x^{-\frac{1}{6}}(PQ)^{\frac{1}{3}+\varepsilon}R^{\frac{11}{6}}h^{\frac{3}{2}}\end{aligned} \qquad ⑬$$

由 ④ 有

$$\begin{aligned}\Omega^2 &\ll (PQR)^{2+\varepsilon}h^{-1} + x^{\frac{1}{6}}(PQ)^{\frac{5}{3}+\varepsilon}R^{\frac{7}{6}}h^{\frac{1}{2}} + \\ &\quad x^{-\frac{1}{6}}(PQ)^{\frac{7}{3}+\varepsilon}R^{\frac{11}{6}}h^{-\frac{1}{2}}\end{aligned} \qquad ⑭$$

取

$$h = x^{-\frac{1}{9}}(PQ)^{\frac{2}{9}}R^{\frac{5}{9}} \qquad ⑮$$

则当条件(*)满足时,即有

$$\Omega^2 \ll x^{\frac{1}{9}}(PQR)^{\frac{16}{9}+\varepsilon}R^{-\frac{1}{3}} + x^{-\frac{1}{9}}(PQ)^{\frac{20}{9}+\varepsilon}R^{\frac{14}{9}+\varepsilon} \qquad ⑯$$

又当 $h<1$ 时,⑭ 显然成立.故只需验证较弱条件

$$h \leqslant 3PQ \qquad (**)$$

为方便计,引入下列符号

$$X = x^{\frac{4}{7}}, P_0 = x^{-\frac{2}{21}}(PQR)^{\frac{1}{3}}, R^* = cx^{\frac{1}{12}}(PQR)^{\frac{7}{12}}$$

式中 c 为一个充分小的常数.

我们分别从下列情形处理 Ω.在讨论中,不妨假设

$$PQR \geqslant x^{\frac{3}{7}}$$

否则,显然估值 $\Omega \ll PQR$,即导致所需结果.

(1)$P \geqslant P_0$. 由 ⑩ 得

$$\Omega \ll (PQR)^{1+\varepsilon} P_0^{-\frac{1}{2}} \ll x^{\frac{1}{21}} (PQR)^{\frac{5}{6}+\varepsilon}$$

(2)$P \leqslant P_0, R \leqslant R^*$. 由 $R \leqslant R^*$ 证得条件($*$ $*$). 又由式③得 $R \geqslant \{(PQR)P^{-1}\}^{\frac{1}{2}}$,结合式⑯及 $P \leqslant P_0$ 有

$$\Omega \ll x^{\frac{1}{18}} (PQR)^{\frac{8}{9}+\varepsilon-\frac{1}{12}} p_0^{\frac{1}{12}} \ll x^{\frac{1}{21}} (PQR)^{\frac{5}{6}+\varepsilon}$$

(3)$R \geqslant R^*$. 此时有

$$\Omega \leqslant \sum_{p} \sum_{q} \left| \sum_{r} e^{2\pi i (xpqr)^{\frac{1}{3}}} \right|_{(pqr) \in D^*}$$

由引理得

$$\Omega \ll (PQR)^{\frac{7}{6}} x^{\frac{1}{6}} R^{-1} \ll x^{\frac{1}{12}} (PQR)^{\frac{7}{12}} \ll x^{\frac{1}{21}} (PQR)^{\frac{5}{6}+\varepsilon}$$

现在我们可以确定 $\Delta_3(x)$ 的上界,由式①,经对数分和法,将求和区域分成 $O(\log x)$ 个形如 D^* 的子域. 又

$$\Omega^* = \sum_{(pqr) \in D^*} e^{6\pi i (xpqr)^{\frac{1}{3}}}$$

与 Ω 具有相同的估值. 于是由分部求和法,最后得到

$$\Delta_3(x) \leqslant x^{\frac{10}{21}+\varepsilon}$$

这就是所要求的结果.

除数问题的早期结果

第 2 章

1　一般除数问题的初步结果

我们用 $\tau(n)$ 表示 n 的除数个数，并设

$$D(x)=\sum_{n\leqslant x}\tau(n)$$

所谓 Dirichlet 除数问题就是研究当 $x\to\infty$ 时，$D(x)$ 的渐近性质的问题. Dirichlet 曾证明过下面的定理：

定理 1　$D(x)=x\log x+(2\gamma-1)x+O(x^{\frac{1}{2}})$.

这个定理见于许多初等数论书中，这里不予证明. 我们常令

$$D(x)=x\log x+(2\gamma-1)x+\Delta(x)$$

因此，定理 1 等于说

$$\Delta(x)=O(x^{\frac{1}{2}}) \tag{①}$$

关于 $\Delta(x)$ 的进一步估计留待以后讨论.

我们又用 $\tau_k(n)$ 表示把 n 分解成 k 个因数的乘积时不同表示方法的个数(要考虑到因数的次序),并令

$$D_k(x)=\sum_{n\leqslant x}\tau_k(n)$$

Dirichlet 也曾考虑到关于 $D_k(x)$ 的问题.

函数 $D_k(x)$ 与 $\zeta(s)$ 是有密切关系的.我们知道

$$\zeta^k(s)=\sum_{n=1}^{+\infty}\frac{\tau_k(n)}{n^s}\quad(\sigma>1)$$

$$\frac{1}{2\pi\mathrm{i}}\int_{c-\mathrm{i}\infty}^{c+\mathrm{i}\infty}\frac{x^w}{w}\mathrm{d}w=\begin{cases}1,x>1\\0,x<1\end{cases}\quad(c>0)$$

因此,当 x 不是整数时

$$D_k(x)=\frac{1}{2\pi\mathrm{i}}\int_{c-\mathrm{i}\infty}^{c+\mathrm{i}\infty}\zeta^k(w)\frac{x^w}{w}\mathrm{d}w\quad(c>1)$$

积分函数在 $w=1$ 时有一个 k 级极点,其对应的留数是 $xP_k(\log x)$,而 $P_k(\log x)$ 是 $\log x$ 的 $k-1$ 次多项式.令

$$D_k(x)=xP_k(\log x)+\Delta_k(x)\quad(x>0)$$

则 $\Delta_2(x)=\Delta(x)$.

关于 $\Delta_k(x)$ 的初等结果有:

定理 2　$\Delta_k(x)=O(x^{1-\frac{1}{k}}\log^{k-2}x)\ (k=2,3,\cdots)$.

证明　由定理 1,上式当 $k=2$ 时成立.今用归纳法假设对于 Δ_{k-1},公式成立.我们要证明对于 Δ_k,公式也成立.

我们容易看到

$$\begin{aligned}D_k(x)&=\sum_{n_1n_2\cdots n_k\leqslant x}1=\sum_{mn\leqslant x}\tau_{k-1}(n)\\&=\sum_{m\leqslant x^{\frac{1}{k}}}\sum_{n\leqslant\frac{x}{m}}\tau_{k-1}(n)+\sum_{x^{\frac{1}{k}}<m\leqslant x}\sum_{n\leqslant\frac{x}{m}}\tau_{k-1}(n)\end{aligned}$$

$$= \sum_{m \leqslant x^{\frac{1}{k}}} \sum_{n \leqslant \frac{x}{m}} \tau_{k-1}(n) + \sum_{n \leqslant x^{1-\frac{1}{k}}} \tau_{k-1}(n) \sum_{x^{\frac{1}{k}} < m \leqslant \frac{x}{n}} 1$$

$$= \sum_{m \leqslant x^{\frac{1}{k}}} D_{k-1}\left(\frac{x}{m}\right) +$$

$$\sum_{n \leqslant x^{1-\frac{1}{k}}} \left\{\frac{x}{n} - x^{\frac{1}{k}} + O(1)\right\} \tau_{k-1}(n)$$

$$= \sum_{m \leqslant x^{\frac{1}{k}}} D_{k-1}\left(\frac{x}{m}\right) + x \sum_{n \leqslant x^{1-\frac{1}{k}}} \frac{\tau_{k-1}(n)}{n} -$$

$$x^{\frac{1}{k}} D_{k-1}(x^{1-\frac{1}{k}}) + O\{D_{k-1}(x^{1-\frac{1}{k}})\} \qquad ②$$

为方便计，我们用 $p_k(z)$，$q_k(z)$，$r_k(z)$ 及 $s_k(z)$ 表示 z 的不超过 $k-1$ 次的多项式，则由欧拉求和公式

$$\sum_{1 < m \leqslant \xi} \frac{\log^{k-2} m}{m}$$

$$= \int_1^{\xi} \frac{\log^{k-2} x}{x} \mathrm{d}x +$$

$$\int_1^{\xi} \frac{x - [x] - \frac{1}{2}}{x^2} (k - 2 - \log x) \log^{k-3} x \mathrm{d}x +$$

$$O\left(\frac{\log^{k-2} \xi}{\xi}\right)$$

$$= p_k(\log \xi) + O\left(\frac{\log^{k-2} \xi}{\xi}\right)$$

故

$$\sum_{m \leqslant x^{\frac{1}{k}}} \frac{x}{m} P_{k-1}\left(\log \frac{x}{m}\right) = x q_k(\log x) + O(x^{1-\frac{1}{k}} \log^{k-2} x)$$

又由归纳法的假设

$$\sum_{m \leqslant x^{\frac{1}{k}}} \Delta_{k-1}\left(\frac{x}{m}\right) = O\left\{x^{1-\frac{1}{k-1}} \log^{k-3} x \sum_{m \leqslant x^{\frac{1}{k}}} \frac{1}{m^{1-\frac{1}{k-1}}}\right\}$$

$$= O\{x^{1-\frac{1}{k-1}} \log^{k-3} x \cdot x^{\frac{1}{k(k-1)}}\}$$

$$=O(x^{1-\frac{1}{k}}\log^{k-3}x)$$

以上估计了式 ② 等号右边的第一项，至于第二项，则可写成

$$x\sum_{n\leqslant x^{1-\frac{1}{k}}}\frac{D_{k-1}(n)-D_{k-1}(n-1)}{n}$$

$$=x\sum_{n\leqslant x^{1-\frac{1}{k}}}\frac{D_{k-1}(n)}{n(n+1)}+\frac{xD_{k-1}(N)}{N+1}$$

其中 $N=[x^{1-\frac{1}{k}}]$，我们有

$$x\sum_{n\leqslant x^{1-\frac{1}{k}}}\frac{P_{k-1}(\log n)}{n+1}+x\frac{NP_{k-1}(\log N)}{N+1}$$

$$=xr_k(\log x)+O(x^{\frac{1}{k}}\log^{k-2}x)$$

而

$$x\sum_{n\leqslant x^{1-\frac{1}{k}}}\frac{\Delta_{k-1}(n)}{n(n+1)}+\frac{x\Delta_{k-1}(N)}{N+1}$$

$$=Cx-x\sum_{n>x^{1-\frac{1}{k}}}\frac{\Delta_{k-1}(n)}{n(n+1)}+\frac{x\Delta_{k-1}(N)}{N+1}$$

$$=Cx-x\sum_{n>x^{1-\frac{1}{k}}}O\left\{\frac{\log^{k-3}n}{n^{1+\frac{1}{k-1}}}\right\}+O(xN^{-\frac{1}{k-1}}\log^{k-3}N)$$

$$=Cx+O(x^{1-\frac{1}{k}}\log^{k-3}x)$$

最后（C 表示某一常数）

$$x^{\frac{1}{k}}D_{k-1}(x^{1-\frac{1}{k}})$$

$$=x^{\frac{1}{k}}\{x^{1-\frac{1}{k}}P_{k-1}(\log x^{1-\frac{1}{k}})+O(x^{(1-\frac{1}{k})(1-\frac{1}{k-1})}\log^{k-3}x)\}$$

$$=xs_{k-1}(\log x)+O(x^{1-\frac{1}{k}}\log^{k-3}x)$$

定理随之证明.

2　略进一步的结果

用 α_k 表示使得

$$\Delta_k(x)=O(x^{\alpha_k+\varepsilon})$$

对于每一个 $\varepsilon>0$ 都成立的 α_k 的最小值，那么，就可以把上节的结果写成

$$\alpha_k\leqslant\frac{k-1}{k}\quad(k=2,3,\cdots)\qquad ①$$

定理(沃罗诺伊，朗道)　$\alpha_k\leqslant\frac{k-1}{k+1}(k=2,3,\cdots)$.

证明　(1) 取 $a_n=\tau_k(n)$，$\psi(n)=n^{\varepsilon}(\varepsilon>0)$，$a=k$，$\beta=1$，$s=0$，并设 x 是某一个奇数的一半，则用 s 代替 w 后得

$$D_k(x)=\frac{1}{2\pi i}\int_{c-iT}^{c+iT}\frac{x^s}{s}\zeta^k(s)ds+O\left(\frac{x^c}{T(c-1)^k}\right)+O\left(\frac{x^{1+\varepsilon}}{T}\right)$$
$$(c>1)$$

(2) 考虑

$$\int_R\zeta^k(s)\frac{x^s}{s}ds$$

如图 1 所示，其中 R 是以 $-a-iT$，$c-iT$，$c+iT$，$-a+iT$ $(a>0)$ 为顶点的矩形.

积分函数在 $s=1$ 的留数是 $xP_k(\log x)$，其中 $P_k(\log x)$ 是 $\log x$ 的 $k-1$ 次多项式，而在 $s=0$ 的留数是

$$\zeta^k(0)=O(1)$$

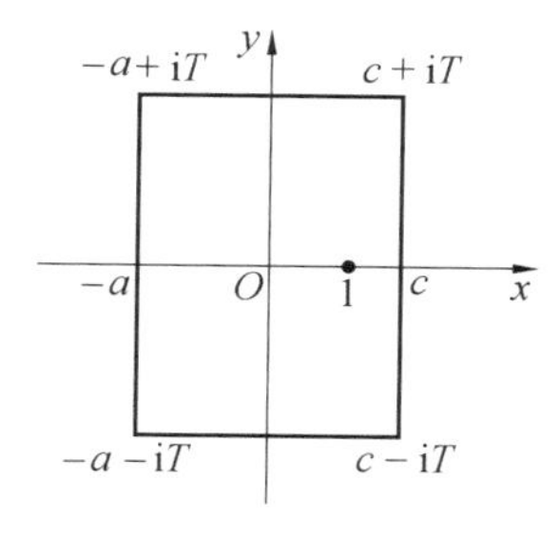

图 1

(3) 有

$$\zeta(c+\mathrm{i}t)=O(1),\zeta(-a+\mathrm{i}t)=O(t^{a+\frac{1}{2}})$$

根据弗拉格门(Phragmén)— 林德勒夫(Lindelöf) 原则,在 R 内有

$$\zeta^k(s)=O(t^{k\left(a+\frac{1}{2}\right)\frac{c-\sigma}{a+c}})$$

因此

$$\int_{-a+\mathrm{i}T}^{c+\mathrm{i}T}\zeta^k(s)\frac{x^s}{s}\mathrm{d}s=O\left(\int_{-a}^{c}T^{k\left(a+\frac{1}{2}\right)\frac{c-\sigma}{a+c}-1}x^\sigma\mathrm{d}\sigma\right)$$

由于 $T^{k\left(a+\frac{1}{2}\right)\frac{c-\sigma}{a+c}-1}x^\sigma$ 的极大值只能在区间 $(-a,c)$ 的端点之一达到,故上式不超过

$$O(T^{k\left(a+\frac{1}{2}\right)-1}x^{-a})+O(T^{-1}x^c)$$

仿此

$$\int_{-a-\mathrm{i}T}^{c-\mathrm{i}T}\zeta^k(s)\frac{x^s}{s}\mathrm{d}s=O(T^{k\left(a+\frac{1}{2}\right)-1}x^{-a})+O(T^{-1}x^c)$$

(4) 利用 $\zeta(s)$ 的函数方程可以得到

$$\begin{aligned}&\int_{-a-\mathrm{i}T}^{-a+\mathrm{i}T}\zeta^k(s)\frac{x^s}{s}\mathrm{d}s\\=&\int_{-a-\mathrm{i}T}^{-a+\mathrm{i}T}\chi^k(s)\zeta^k(1-s)\frac{x^s}{s}\mathrm{d}s\\=&\sum_{n=1}^{+\infty}\tau_k(n)\int_{-a-\mathrm{i}T}^{-a+\mathrm{i}T}\frac{\chi^k(s)x^s}{n^{1-s}s}\mathrm{d}s\end{aligned}$$

$$=\mathrm{i}x^{-a}\sum_{n=1}^{+\infty}\frac{\tau_k(n)}{n^{1+a}}\int_{-T}^{T}\frac{\chi^k(-a+\mathrm{i}t)}{-a+\mathrm{i}t}(nx)^{\mathrm{i}t}\mathrm{d}t$$

上式中

$$\chi(s)=2^s\pi^{s-1}\sin\frac{\pi s}{2}\Gamma(1-s)$$

利用斯特林(Stirling) 公式①,我们不难看出,当 $1\leqslant t\leqslant T$ 时,有

$$\chi(-a+\mathrm{i}t)=C\mathrm{e}^{-\mathrm{i}t\log t+\mathrm{i}t\log 2\pi+\mathrm{i}t}t^{a+\frac{1}{2}}+O(t^{a-\frac{1}{2}}) \qquad ②$$

式中 $C=(2\pi)^{-a-\frac{1}{2}}\mathrm{e}^{\frac{1}{4}\pi\mathrm{i}}$. 又因为

$$\frac{1}{-a+\mathrm{i}t}=\frac{1}{\mathrm{i}t}+O\left(\frac{1}{t^2}\right)$$

故当 $\left(a+\frac{1}{2}\right)k>1$ 时,有

$$\int_1^T\frac{\chi^k(-a+\mathrm{i}t)}{-a+\mathrm{i}t}(nx)^{\mathrm{i}t}\mathrm{d}t$$

$$=-\mathrm{i}C^k\int_1^T\mathrm{e}^{\mathrm{i}kt(-\log t+\log 2\pi+1)}(nx)^{\mathrm{i}t}t^{\left(a+\frac{1}{2}\right)k-1}\mathrm{d}t+O(T^{\left(a+\frac{1}{2}\right)k-1})$$

取

$$F(t)=kt(-\log t+\log 2\pi+1)+t\log nx$$

---

① 参考 E. C. Titchmarsh, *The Theory of Functions*. 4.42 节, Examples 中之(i). 那里的结果是:对于常数 a',当 $|z|\to\infty$,而 $-\pi+\delta\leqslant\arg z\leqslant\pi-\delta,\delta>0$ 时,有

$$\log\Gamma(z+a')=\left(z+a'-\frac{1}{2}\right)\log z-z+\frac{1}{2}\log 2\pi+O\left(\frac{1}{|z|}\right)$$

我们可取 $a'=0,z=1+a-\mathrm{i}t$. 注意到

$$\log(1+a-\mathrm{i}t)=\log\sqrt{(1+a)^2+t^2}-\mathrm{i}\cot\frac{t}{1-a}$$

$$=\log t-\frac{\pi}{2}\mathrm{i}+\frac{(1+a)\mathrm{i}}{\mathrm{i}}+O\left(\frac{1}{t^2}\right)$$

就容易得到所需要的公式.

则

$$F''(t)=-\frac{k}{t}\leqslant-\frac{k}{T}$$

故积分为

$$O(T^{(a+\frac{1}{2})k-\frac{1}{2}})$$

其中 O 所隐含的常数与 n 及 x 无关. 仿此，可考虑在 $(-T,-1)$ 上的一段积分. 又因为在 $(-1,1)$ 上的积分显然有界，所以

$$\Delta_k(x)=O\Big(\frac{x^c}{T(c-1)^k}\Big)+O\Big(\frac{x^{1+\varepsilon}}{T}\Big)+O\Big(\frac{T^{(a+\frac{1}{2})k-1}}{x^a}\Big)+$$

$$\chi^{-a}\sum_{n=1}^{+\infty}\frac{\tau_k(n)}{n^{1+a}}O(T^{(a+\frac{1}{2})k-\frac{1}{2}})$$

$$=O\Big(\frac{x^c}{T(c-1)^k}\Big)+O\Big(\frac{x^{1+\varepsilon}}{T}\Big)+O\Big(\frac{T^{(a+\frac{1}{2})k-\frac{1}{2}}}{x^a}\Big) \tag{③}$$

取 $c=1+\varepsilon,a=\varepsilon$ 及 $T=x^{\frac{2}{k+1}}$，则忽略 ε 不计，式 ③ 等号右边各项的阶相等. 因此

$$\Delta_k(x)=O(x^{\frac{k-1}{k+1}+\varepsilon})$$

显然如果 x 不是奇数的一半，结论仍然成立，定理随之证明.

利用 $\zeta(s)$ 的比较深入的性质，我们可以改进上面的结果. 例如哈代与李特伍德曾证明 $\alpha_k\leqslant\frac{k-1}{k+2}(k=4,5,\cdots)$. 董光昌对于这个结果又有所改进. 根据林德勒夫的假设，朗道曾经证明 $\alpha_k<\frac{1}{2}$，蒂奇马什也在他的书中提到过 $\alpha_k=\frac{k-1}{2k}$ 的猜测，不过对于任何一个 k，都还没有人能判断这个猜测是否正确.

3　对于 $\Delta_2(x)$ 的进一步估计

在本节,我们要用更深入的方法估计 α_2. 现在先谈一下关于这方面的历史. 早在 1928 年,范德科皮特就证明了 $\alpha_2 \leqslant \frac{27}{82}$,直到 1950 年迟宗陶才在《清华理科学报》上发表了 $\alpha_2 \leqslant \frac{15}{46}$ 的证明. 到了 1953 年,里歇洛(Richert) 又在 *Math Zeit* 上发表了同样的结果. 他们所根据的都是估计 $\zeta\left(\frac{1}{2}+\mathrm{i}t\right)=O(t^{\frac{15}{92}+\varepsilon})$ $(\varepsilon>0)$ 时所用的方法. 1959 年尹文霖用累次求和的方法证明了 $\alpha_2 \leqslant \frac{13}{40}$,柯列斯尼克(Колесник) 则于 1969 年,1973 年先后得到 $\alpha_2 \leqslant \frac{12}{37}$,$\alpha_2 \leqslant \frac{346}{1\,067}$. 对于 $\Delta_3(x)$,阿特金森曾证明 $\alpha_3 \leqslant \frac{37}{75}$,这相当于 $\alpha_2 \leqslant \frac{27}{82}$. 多年来,这个结果被不断改进. 越民义、尹文霖、越民义与吴方、陈景润、尹文霖等先后得到 $\alpha_3 \leqslant \frac{14}{29}$,$\alpha_3 \leqslant \frac{10}{21}$,$\alpha_3 \leqslant \frac{8}{17}$,$\alpha_3 \leqslant \frac{5}{11}$,$\alpha_3 \leqslant \frac{34}{75}$. 在本节中,我们只证明 $\alpha_2 \leqslant \frac{27}{82}$,这个结果相当于 $\zeta\left(\frac{1}{2}+\mathrm{i}t\right)=O(t^{\frac{77}{164}})$,读者最好比较一下两方面的方法和步骤.

我们先证明下面的引理.

引理　设 $a>0$,$c>1$,$\frac{T^2}{4\pi^2 x}=N+\frac{1}{2}$,$\varepsilon>0$,并

且 N 是正整数，则当 x 是奇数的一半时，有

$$\Delta(x)=\frac{x^{\frac{1}{4}}}{\pi\sqrt{2}}\sum_{n=1}^{N}\frac{\tau(n)}{n^{\frac{3}{4}}}\cos\left(4\pi\sqrt{nx}-\frac{\pi}{4}\right)+$$

$$O(N^{\varepsilon}\log T)+O\left(\frac{T^{2a}}{x^{a}}\right)+O\left(\frac{x^{c}}{T}\right) \quad ①$$

证明　(1) 用上节的方法可以证明：当 x 是奇数的一半时，有

$$\begin{aligned}\Delta(x)&=\frac{1}{2\pi i}\sum_{n=1}^{+\infty}\tau(n)\int_{-a-iT}^{-a+iT}\frac{\chi^{2}(s)}{n^{1-s}}\cdot\frac{x^{s}}{s}ds+O\left(\frac{T^{2a}}{x^{a}}\right)+O\left(\frac{x^{c}}{T}\right)\\&=\frac{1}{2\pi i}\left\{\sum_{n>N}+\sum_{n\leqslant N}\right\}+O\left(\frac{T^{2a}}{x^{a}}\right)+O\left(\frac{x^{c}}{T}\right)\\&=\frac{1}{2\pi i}\left\{\sum+\sum{}'\right\}+O\left(\frac{T^{2a}}{x^{a}}\right)+O\left(\frac{x^{c}}{T}\right)\end{aligned} \quad ②$$

我们取 T 使得 $\frac{T^{2}}{4\pi^{2}x}=N+\frac{1}{2}$.

(2) 先考虑 $\sum'$，在 $\sum$ 内各项所包含的积分等于

$$\begin{aligned}&i\int_{-T}^{T}\frac{\chi^{2}(-a+it)}{n^{1+a-it}}\cdot\frac{x^{-a+it}}{-a+it}dt\\&=i\left\{\int_{1}^{T}+\int_{-T}^{-1}+\int_{-1}^{1}\right\}\\&=I_{1}(n)+I_{2}(n)+I_{3}(n)\end{aligned}$$

对应于这个积分的三部分，我们可以把 $\sum$ 分成如下的三个部分

$$\sum=\sum{}_{1}+\sum{}_{2}+\sum{}_{3} \quad ③$$

其中

$$\sum{}_{v}=\sum_{n>N}\tau(n)I_{v}(n)\quad(v=1,2,3) \quad ④$$

像在上节一样

$$I_1(n)=\mathrm{i}\int_1^T\frac{\chi^2(-a+\mathrm{i}t)}{n^{1+a-\mathrm{i}t}}\cdot\frac{x^{-a+\mathrm{i}t}}{-a+\mathrm{i}t}\mathrm{d}t$$
$$=\frac{C^2}{x^a n^{1+a}}\int_1^T\mathrm{e}^{\mathrm{i}F(t)}\{t^{2a}+O(t^{2a-1})\}\,\mathrm{d}t \qquad ⑤$$

其中

$$F(t)=2t(-\log t+\log 2\pi+1)+t\log nx$$
$$F'(t)=\log\frac{4\pi^2 nx}{t^2}$$

故

$$F'(t)\geqslant\log\frac{n}{N+\frac{1}{2}}\quad(1\leqslant t\leqslant T)$$

$$I_1(n)=\frac{1}{x^a n^{1+a}}\left\{O\left(\frac{T^{2a}}{\log\left\{\frac{n}{N+\frac{1}{2}}\right\}}\right)+O(T^{2a})\right\} \qquad ⑥$$

因此

$$\sum_{n>2N}\tau(n)I_1(n)=O\left\{\frac{T^{2a}}{x^a}\sum_{n=2N}^{+\infty}\frac{\tau(n)}{n^{1+a}}\right\}$$
$$=O\left\{N^a\sum_{n=2N}^{+\infty}\frac{1}{n^{1+a-\varepsilon}}\right\}=O(N^{\varepsilon})\quad(\varepsilon>0)$$

而

$$\sum_{N<n<2N}\tau(n)I_1(n)=O\left\{\frac{T^{2a}}{x^a}\sum_{n=N+1}^{2N-1}\frac{\tau(n)}{n^{1+a}\log\frac{n}{N+\frac{1}{2}}}\right\}$$
$$=O\left\{N^a\sum_{m=1}^{N-1}\frac{1}{N^{a-\frac{\varepsilon}{2}}m}\right\}=O(N^{\varepsilon})$$

总之

$$\sum\nolimits_1 = O(N^{\varepsilon}) + O(N^{\varepsilon}) = O(N^{\varepsilon})$$

仿此

$$\sum\nolimits_2 = O(N^{\varepsilon})$$

最后，由

$$I_3(n) = O\left(\frac{x^{-a}}{n^{1+a}}\right)$$

立得

$$\sum\nolimits_3 = O\left(\sum_{n>N} \frac{x^{-a}}{n^{1+a-\varepsilon}}\right) = O(x^{-a})$$

总之

$$\sum = O(N^{\varepsilon}) + O(x^{-a}) = O(N^{\varepsilon}) \qquad ⑦$$

(3) 其次，在 $\sum'$ 内各项包含的积分都可以写成

$$\begin{aligned}\int_{-a-iT}^{-a+iT} &= \left\{\int_{-iT}^{iT} - \int_{-a+iT}^{iT} - \int_{-iT}^{-a-iT}\right\} \frac{\chi^2(s)}{n^{1-s}} \cdot \frac{x^s}{s} ds \\ &= J_0 - J_1 - J_2\end{aligned}$$

对应于这三项，可以把 $\sum'$ 写成

$$\sum' = \sum\nolimits_0' - \sum\nolimits_1' - \sum\nolimits_2' \qquad ⑧$$

这里

$$\sum\nolimits_v' = \sum_{n \leqslant N} \tau(n) J_v \quad (v = 0, 1, 2)$$

我们有

$$\begin{aligned}J_0 = J_0(n) &= \frac{1}{n}\int_{-T}^{T} \frac{\chi^2(it)}{t} e^{it\log nx} dt \\ &= \frac{2i}{n} \mathrm{Im} \int_0^T \frac{\chi^2(it)}{t} e^{it\log nx} dt \qquad ⑨\end{aligned}$$

依照第 2 节的定理证明中的 ②，我们有：当 $t > 0$ 时，有

$$\chi(\mathrm{i}t)=(2\pi)^{-\frac{1}{2}}\mathrm{e}^{\frac{1}{4}\pi\mathrm{i}}\mathrm{e}^{-\mathrm{i}t(\log t-\log 2\pi-1)}t^{\frac{1}{2}}+O(t^{-\frac{1}{2}}) \qquad ⑩$$

因此

$$\int_0^T \frac{\chi^2(\mathrm{i}t)}{t}\mathrm{e}^{\mathrm{i}t\log nx}\mathrm{d}t$$

$$=\int_1^T \frac{\chi^2(\mathrm{i}t)}{t}\mathrm{e}^{\mathrm{i}t\log nx}\mathrm{d}t+O(1)$$

$$=\frac{\mathrm{i}}{2\pi}\int_1^T \mathrm{e}^{-2\mathrm{i}t(\log t-\log 2\pi\sqrt{nx}-1)\mathrm{d}t+O(\log T)}$$

$$=\frac{\mathrm{i}}{2\pi}\left\{\int_1^{\pi\sqrt{nx}}+\int_{\pi\sqrt{nx}}^{2\pi\sqrt{nx}}+\int_{2\pi\sqrt{nx}}^{4\pi\sqrt{nx}}+\int_{4\pi\sqrt{nx}}^{T}\right\}+O(\log T)$$

$$=\frac{\mathrm{i}}{2\pi}(K_1+K_2+K_3+K_4)+O(\log T) \qquad ⑪$$

因此我们有

$$K_3=\mathrm{e}^{4\pi\mathrm{i}\sqrt{nx}}\int_0^{2\pi\sqrt{nx}}\mathrm{e}^{2\pi\mathrm{i}f(t)}\mathrm{d}t$$

其中

$$f(t)=-\frac{t+2\pi\sqrt{nx}}{\pi}\log\frac{t+2\pi\sqrt{nx}}{2\pi\sqrt{nx}}+\frac{t}{\pi}$$

$$f'(t)=-\frac{1}{\pi}\log\frac{t+2\pi\sqrt{nx}}{2\pi\sqrt{nx}}$$

$$f''(t)=-\frac{1}{\pi(t+2\pi\sqrt{nx})},f'''(t)=\frac{1}{\pi(t+2\pi\sqrt{nx})^2}$$

由

$$K_3=\mathrm{e}^{4\pi\mathrm{i}\sqrt{nx}}\left\{\frac{1}{2}(2\pi^2\sqrt{nx})^{\frac{1}{2}}\mathrm{e}^{-\frac{\pi\mathrm{i}}{4}}+O(1)\right\}$$

仿此

$$K_2=\mathrm{e}^{4\pi\mathrm{i}\sqrt{nx}}\left\{\frac{1}{2}(2\pi^2\sqrt{nx})^{\frac{1}{2}}\mathrm{e}^{-\frac{\pi\mathrm{i}}{4}}+O(1)\right\}$$

可以证明

$$K_1=O(1),K_4=O\left\{\frac{1}{\log\left(\frac{N+\frac{1}{2}}{n}\right)}+1\right\}$$

把以上结果代入 ⑪,再代入 ⑨,就得到

$$J_0=\frac{2i}{n}\left\{\operatorname{Im}\frac{i}{2\pi}e^{4\pi i\sqrt{nx}-\frac{\pi i}{4}}(2\pi^2\sqrt{nx})^{\frac{1}{2}}+O(\log T)+O\left(\frac{1}{\log\left(\frac{N+\frac{1}{2}}{n}\right)}\right)\right\}$$

$$=i\sqrt{2}\frac{x^{\frac{1}{4}}}{n^{\frac{3}{4}}}\cos\left(4\pi\sqrt{nx}-\frac{\pi}{4}\right)+O\left(\frac{\log T}{n}\right)+$$

$$O\left(\frac{1}{n\log\left\{\frac{N+\frac{1}{2}}{n}\right\}}\right)$$

因此

$$\sum\nolimits_0'=i\sqrt{2}x^{\frac{1}{4}}\sum_{n\leqslant N}\frac{\tau(n)}{n^{\frac{3}{4}}}\cos\left(4\pi\sqrt{nx}-\frac{\pi}{4}\right)+O(N^{\varepsilon}\log T) \tag{12}$$

上面用到

$$\sum_{n\leqslant N}\frac{\tau(n)}{n\log\left(\frac{N+\frac{1}{2}}{n}\right)}=O\left(N^{\frac{\varepsilon}{2}}\sum_{m<N}\frac{1}{(N-m)\log\frac{N-m}{N+\frac{1}{2}}}\right)$$

$$=O\left(N^{\frac{\varepsilon}{2}}\sum_{m<N}\frac{N}{m(N-m)}\right)$$

$$=O(N^{\varepsilon})\quad(\varepsilon>0)$$

容易得到

$$\sum{}_1'+\sum{}_2'=O\left\{\sum_{n=1}^{N}\frac{\tau(n)}{n}\int_{-a}^{0}\left(\frac{nx}{T^2}\right)\mathrm{d}\sigma\right\}$$

$$=O\left\{\sum_{n=1}^{N}\frac{\tau(n)}{n}\left(\frac{T^2}{nx}\right)^{a}\right\}$$

$$=O\left\{\left(\frac{T^2}{x}\right)^{a}\right\}$$

把上式及 ⑫ 代入 ⑧ 得

$$\sum{}'=\mathrm{i}\sqrt{2}\,x^{\frac{1}{4}}\sum_{n\leqslant N}\frac{\tau(n)}{n^{\frac{3}{4}}}\cos\left(4\pi\sqrt{nx}-\frac{\pi}{4}\right)+$$

$$O(N^{\varepsilon}\log T)+O\left(\frac{T^{2a}}{x^{a}}\right)\tag{13}$$

再把 ⑦ 和 ⑬ 代入 ② 即得 ①.

定理 $\alpha_2\leqslant\frac{27}{82}$.

证明 由引理,当 N 是正整数,$\frac{T^2}{4\pi^2x}=N+\frac{1}{2}$,$x$ 是奇数的一半,而 $a>0$,$c>1$ 时,有

$$\Delta(x)=\frac{x^{\frac{1}{4}}}{\pi\sqrt{2}}\sum_{n=1}^{N}\frac{\tau(n)}{n^{\frac{3}{4}}}\cos\left\{4\pi\sqrt{nx}-\frac{\pi}{4}\right\}+$$

$$O(N^{\varepsilon}\log T)+O\left(\frac{T^{2a}}{x^{a}}\right)+O\left(\frac{x^{c}}{T}\right)\tag{14}$$

我们可以先考虑

$$S=\sum_{n=1}^{N}\tau(n)\mathrm{e}^{4\pi\mathrm{i}\sqrt{nx}}=2\sum_{m\leqslant\sqrt{N}}\sum_{n\leqslant\frac{N}{m}}\mathrm{e}^{4\pi\mathrm{i}\sqrt{mnx}}-\sum_{m\leqslant\sqrt{N}}\sum_{n\leqslant\sqrt{N}}\mathrm{e}^{4\pi\mathrm{i}\sqrt{mnx}}\tag{15}$$

因此又可以先考虑

$$S_1=\sum_{\frac{1}{2}\cdot\frac{N}{m}<n\leqslant\frac{N}{m}}\mathrm{e}^{4\pi\mathrm{i}\sqrt{mnx}}\tag{16}$$

及

$$f(n)=2\sqrt{mnx},f^{(5)}(n)=A(mx)^{\frac{1}{2}}n^{-\frac{9}{2}}$$

其中 A 是常数,即得

$$S_1=O\left\{\frac{N}{m}\left[\frac{(mx)^{\frac{1}{2}}}{\left(\frac{N}{m}\right)^{\frac{9}{2}}}\right]^{\frac{1}{30}}\right\}+O\left\{\left(\frac{N}{m}\right)^{\frac{7}{8}}\left[\frac{\left(\frac{N}{m}\right)^{\frac{9}{2}}}{(mx)^{\frac{1}{2}}}\right]^{\frac{1}{30}}\right\}$$

$$=O\left\{\left(\frac{N}{m}\right)^{\frac{17}{20}}(mx)^{\frac{1}{60}}\right\}+O\left\{\left(\frac{N}{m}\right)^{\frac{41}{40}}(mx)^{-\frac{1}{60}}\right\}$$

因此

$$\sum_{n\leqslant\frac{N}{m}}\mathrm{e}^{4\pi\mathrm{i}\sqrt{mnx}}=\sum_{0\leqslant r\leqslant\frac{\log\frac{N}{m}}{\log 2}}\ \sum_{2^{-r-1}\left(\frac{N}{m}\right)<n\leqslant 2^{-r}\left(\frac{N}{m}\right)}\mathrm{e}^{4\pi\mathrm{i}\sqrt{mnx}}$$

$$=O\left\{\left(\frac{N}{m}\right)^{\frac{17}{20}}(mx)^{\frac{1}{60}}\right\}+O\left\{\left(\frac{N}{m}\right)^{\frac{41}{40}}(mx)^{-\frac{1}{60}}\right\} \tag{17}$$

而 ⑮ 等号右边第一项是

$$O\left(N^{-\frac{17}{20}}x^{\frac{1}{60}}\sum_{m\leqslant\sqrt{N}}m^{-\frac{5}{6}}\right)+O\left(N^{\frac{41}{40}}x^{-\frac{1}{60}}\sum_{m\leqslant\sqrt{N}}m^{-\frac{25}{24}}\right)$$

$$=O(N^{-\frac{14}{15}}x^{\frac{1}{60}})+O(N^{\frac{41}{40}}x^{-\frac{1}{60}})$$

仿 ⑰,有

$$\sum_{n\leqslant\sqrt{N}}\mathrm{e}^{4\pi\mathrm{i}\sqrt{mnx}}=O\left\{(\sqrt{N})^{-\frac{17}{20}}(mx)^{\frac{1}{60}}\right\}+\left\{(\sqrt{N})^{\frac{41}{40}}(mx)^{-\frac{1}{60}}\right\}$$

而 ⑮ 等号右边第二项是

$$O\left(N^{-\frac{17}{40}}x^{\frac{1}{60}}\sum_{m\leqslant\sqrt{N}}m^{\frac{1}{60}}\right)+O\left(N^{-\frac{41}{80}}x^{-\frac{1}{60}}\sum_{m\leqslant\sqrt{N}}m^{-\frac{1}{60}}\right)$$

$$=O(N^{-\frac{14}{15}}x^{\frac{1}{60}})+O(N^{\frac{241}{240}}x^{-\frac{1}{60}})$$

因此

$$S=O(N^{-\frac{14}{15}}x^{\frac{1}{60}})+O(N^{-\frac{41}{40}}x^{-\frac{1}{60}})$$

用 $\mathrm{e}^{-\frac{1}{4}\pi\mathrm{i}}$ 乘上式两边再取实部即得

$$\sum_{n=1}^{N}\tau(n)\cos\left\{4\pi\sqrt{nx}-\frac{1}{4}\pi\right\}$$
$$=O(N^{\frac{14}{15}}x^{\frac{1}{60}})+O(N^{\frac{41}{40}}x^{-\frac{1}{60}})$$

再用分部求和法，从 ⑭ 可以得到

$$\Delta(x)=O(N^{\frac{14}{15}-\frac{3}{4}}x^{\frac{1}{4}+\frac{1}{60}})+O(N^{\frac{41}{40}-\frac{3}{4}}x^{\frac{1}{4}-\frac{1}{60}})+$$
$$O(N^{\varepsilon}\log T)+O(N^{a})+O(N^{-\frac{1}{2}}x^{c-\frac{1}{2}})$$
$$=O(N^{\frac{11}{60}}x^{\frac{4}{15}})+O(N^{\frac{11}{40}}x^{\frac{7}{30}})+O(N^{\varepsilon}\log T)+$$
$$O(N^{a})+O(N^{-\frac{1}{2}}x^{c-\frac{1}{2}})$$

取 $a=\varepsilon,c=1+\varepsilon$ 及 $N=[x^{\frac{14}{41}}]$，则上式首项与末项，除去 ε 外，其阶相等，而

$$\Delta(x)=O(x^{\frac{27}{8}+\varepsilon})$$

用相仿的步骤可以得到

$$\Delta_3(x)=\frac{x^{\frac{1}{3}}}{\pi\sqrt{3}}\sum_{n<\frac{T^3}{8\pi^3x}}\frac{\tau_3(n)}{n^{\frac{2}{3}}}\cos\{6\pi(nx)^{\frac{1}{3}}\}+O\left(\frac{x^{1+\varepsilon}}{T}\right)$$

从而

$$\alpha_3\leqslant\frac{37}{75}$$

尹文霖论 Dirichlet 除数问题

第3章

1 引言

令 $d(n)$ 表示 n 的除数的个数，又令

$$D(x)=\sum_{n\leqslant x}d(n)$$

众所周知，当 $x\to\infty$ 时，Dirichlet 证明了

$$\Delta(x)\equiv D(x)-x\log x-(2\gamma-1)x$$
$$=O(x^{\frac{1}{2}})$$

式中 γ 为欧拉常数. 从几何角度来看，$D(x)$ 表示 UV 平面第一象限内，曲线 $UV=x$ 下的整点的个数，这些点包括在曲线上的点，但不包括在坐标轴上的点.

令 θ 表示满足 $\Delta(x)=O(x^{\alpha})$ 的 α 的下确界. 关于 θ，一方面，哈代在 1915 年证明了 $\theta\geqslant\frac{1}{4}$. 另一方面，采用闵嗣鹤教授的方

法，迟宗陶在 1950 年证明了 $\theta\leqslant\frac{15}{46}$，同一结果，同一方法，由里歇特在 1953 年发表. 简略说来，θ 的上界估值的历史性推进有

$$\theta\leqslant\frac{1}{3},\frac{33}{100},\frac{27}{82},\frac{15}{46}$$

这些结果，分别属于沃罗诺伊、范德科皮特、范德科皮特及迟宗陶.

众所周知，除数问题与圆内整点问题具有极大的相似性，而后一问题的结果已于 1942 年由华罗庚教授推进至$\frac{13}{40}$. 随后在闵嗣鹤教授的指导下，尹文霖教授也得到了对应的结果，即

$$\theta\leqslant\frac{13}{40}$$

本章将给出完整的证明.

本章所用的方法仍然是二维范德科皮特方法. 但不是用重积分去逼近二重和，而是用两次略加改进的，如下列引理所述的一维反转公式. 简言之，即化二重和为累次和，如同化二重积分为累次积分一样.

本章的证明在极大程度上依赖于问题的特殊性. 譬如，对应于黑塞行列式的正定性，我们容易得到本章黑塞行列式的“零线”不超过三条.（换言之，令$u=\frac{x'}{y'}$，在黑塞行列式的主要部分的表达式中，u 的正根不超过三个.）

值得指出，首先，本章的方法是原有二重积分逼近法的简化，不难看出，本章误差项的处理虽然比较麻烦，但省略了很多条件的验证. 可以用本章的方法去化

简或改进闵嗣鹤教授关于 $\zeta\left(\frac{1}{2}+\mathrm{i}t\right)$ 的阶的估计.

其次,本章的方法又是原有二重积分逼近法的精密化.如果采用原有的方法,甚至忽略黑塞行列式为零的困难(这个困难原是十分重要的),仅能得到

$$S \ll t^{\frac{1}{32}} R^{\frac{13}{16}} N^{\frac{15}{16}} \log^A t$$

本章对应结果是

$$S \ll t^{\frac{1}{32}} (RN)^{\frac{7}{8}} \log^{\frac{3}{8}} t$$

于此

$$S = \sum_{x=R}^{R'} \sum_{y=N}^{N'} \mathrm{e}^{2\pi\mathrm{i}\sqrt{txy}}, R < R' \leqslant 2R$$

$$N < N' \leqslant 2N, t^{\frac{3}{20}+\epsilon} \leqslant x \leqslant y \leqslant \frac{t^{\frac{7}{20}}}{x}$$

不难看出,由原有二重积分逼近法,是不可能导出 $\theta \leqslant \frac{13}{40}$ 的结果的.

最后,还要指出,本章的方法经过适当改进,就有极大可能将 θ 的上界推进至 $\frac{12}{37}$. 同时,也有极大可能将圆内整点问题的结果推进至 $\frac{12}{37}$. 这是期望已久的了.

2　需用引理

引理 1　用 $a_{m,n}$ 表示实数或复数,并设

$$S_{m,n} = \sum_{\mu=1}^{m} \sum_{v=1}^{n} a_{\mu,v}$$

及

$$|S_{m,n}| < G \quad (1 \leqslant m \leqslant M, 1 \leqslant n \leqslant N)$$

用 $b_{m,n}$ 表示实数,满足 $0 \leqslant b_{m,n} \leqslant H$. 又设下面三个表达式

$$b_{m,n} - b_{m,n+1}, b_{m,n} - b_{m+1,n}$$

$$b_{m,n} - b_{m,n+1} - b_{m+1,n} + b_{m+1,n+1}$$

对于所考虑的 m 及 n 而言,符号保持不变. 在以上条件下,我们有

$$\left|\sum_{m=1}^{M}\sum_{n=1}^{N} a_{m,n} b_{m,n}\right| \leqslant 5GH$$

引理 2 设 $f(x,y)$ 是实函数,并设

$$S = \sum\sum e^{2\pi i f(m,n)}$$

其中 (m,n) 通过某一区域 D 中的一切格点,而 D 被包含在矩形区域 $a \leqslant x \leqslant b, \alpha \leqslant y \leqslant \beta$ 中,又设

$$S' = \sum\sum e^{2\pi i\{f(m+\mu,n+v)-f(m,n)\}}$$

$$S'' = \sum\sum e^{2\pi i\{f(m+\mu,n-v)-f(m,n)\}}$$

其中 μ 与 v 都是整数,而 S' 中的 m 与 n 通过一切能使 (m,n) 及 $(m+\mu,n+v)$ 都在 D 内的格点,S'' 有类似规定. 设 ρ 是不超过 $b-a$ 的正整数,而 ρ' 是不超过 $\beta-\alpha$ 的正整数. 在以上条件下

$$S = O\left(\frac{(b-a)(\beta-\alpha)}{(\rho\rho')^{\frac{1}{2}}}\right) + O\left(\left(\frac{(b-a)(\beta-\alpha)}{\rho\rho'}\sum_{\mu=1}^{\rho-1}\sum_{v=0}^{\rho'-1}|S'|\right)^{\frac{1}{2}}\right) + O\left(\left(\frac{(b-a)(\beta-\alpha)}{\rho\rho'}\sum_{\mu=0}^{\rho-1}\sum_{v=1}^{\rho'-1}|S''|\right)^{\frac{1}{2}}\right)$$

显然,引理 2 当 ρ 为非整数,但满足 $1 \leqslant \rho \leqslant b-a$ 时亦成立. 此时 $\sum_{\mu=l}^{\rho-1}\Phi(\mu)$ 应理解为 $\sum_{l \leqslant \mu \leqslant \rho-1}\Phi(\mu)$,对 ρ' 亦

如此.

引理 3　若 $1 \leqslant \rho \leqslant b-a$，则

$$S = O\left(\frac{(b-a)(\beta-\alpha)}{\rho^{\frac{1}{2}}}\right) + O\left(\left(\frac{(b-a)(\beta-\alpha)}{\rho}\sum_{\mu=1}^{\rho-1}|S'''|\right)^{\frac{1}{2}}\right)$$

其中 S 的意义见引理 2，而

$$S''' = \sum\sum e^{2\pi i\{f(m+\mu,n)-f(m,n)\}}$$

求和区域通过一切使 $(m+\mu,n)$ 及 (m,n) 皆在 D 中的格点.

引理 4　设 $\psi(x)$ 及 $\eta(x)$ 是两个确定在 $(0,\xi)$ 上的代数函数，其中 $\eta(x)$ 是实的，又设[①]

$$|\psi(x)| \leqslant AH,\ |\psi'(x)| \leqslant \frac{AH}{U_1} \quad (U_1 \geqslant 1)$$

$$\frac{A}{R} < |\eta''(x)| < \frac{A}{R},\ |\eta'''(x)| < \frac{A}{RU} \quad (U \geqslant 1)$$

$$\eta(0) = \eta'(0) = 0$$

则

$$\int_0^{\xi}\psi(x)e^{2\pi i\eta(x)}dx = \frac{\psi(0)}{2\sqrt{\eta''(0)}}e^{\frac{\pi}{4}i} + O\left\{HR(U^{-1}+U_1^{-1}) + H\min\left(\frac{1}{|\eta'(\xi)|},\sqrt{R}\right)\right\}$$

证明　(1) 不妨设 $\eta''(0) > 0$，否则可在上式两边取共轭值，然后讨论. 令

---

① 我们用 A 表示正常数，同一个 A 可能表示不同常数，今后还要屡次用到这个符号.

$$\eta''(0)=\frac{A}{R}=Y^{-1}$$

则

$$\int_0^{+\infty}\mathrm{e}^{2\pi\mathrm{i}z}\sqrt{\frac{Y}{2z}}\,\mathrm{d}z=\frac{1}{\sqrt{2}}\mathrm{e}^{\frac{\pi}{4}\mathrm{i}}\sqrt{\frac{Y}{2}}=\frac{\sqrt{Y}}{2}\mathrm{e}^{\frac{\pi}{4}\mathrm{i}}$$

故

$$\left|\int_0^{\xi}\psi(x)\mathrm{e}^{2\pi\mathrm{i}\eta(x)}\,\mathrm{d}x-\frac{\psi(0)}{2\sqrt{\eta''(0)}}\mathrm{e}^{\frac{\pi}{4}\mathrm{i}}\right|$$

$$\leqslant\left|\int_{z_1}^{+\infty}\psi(0)\mathrm{e}^{2\pi\mathrm{i}z}\sqrt{\frac{Y}{2z}}\,\mathrm{d}z\right|+$$

$$\left|\int_0^{z_1}\left(\frac{\psi(x)}{\eta'(x)}\mathrm{e}^{2\pi\mathrm{i}z}-\psi(0)\mathrm{e}^{2\pi\mathrm{i}z}\sqrt{\frac{Y}{2z}}\right)\mathrm{d}z\right|$$

$$\leqslant|\psi(0)|\left|\int_{z_1}^{+\infty}\sqrt{\frac{Y}{2z}}\mathrm{e}^{2\pi\mathrm{i}z}\,\mathrm{d}z\right|+\left|\int_0^{z_1}\varphi(z)\mathrm{e}^{2\pi\mathrm{i}z}\,\mathrm{d}z\right|$$

其中 $z_1=\eta(\xi)$，而

$$\varphi(z)=\frac{\psi(x)}{\eta'(x)}-\psi(0)\sqrt{\frac{Y}{2z}}$$

(2) 显然

$$\left|\int_{z_1}^{+\infty}\sqrt{\frac{Y}{2z}}\mathrm{e}^{2\pi\mathrm{i}z}\,\mathrm{d}z\right|\ll\sqrt{R}$$

又由第二中值公式(分别用到实部与虚部) 即得

$$\left|\int_{z_1}^{+\infty}\sqrt{\frac{Y}{2z}}\mathrm{e}^{2\pi\mathrm{i}z}\,\mathrm{d}z\right|\leqslant\frac{1}{2}\sqrt{\frac{Y}{z_1}}$$

但

$$\eta(x)=\frac{1}{2}\eta''(\theta x)x^2,\ \eta'(x)=\int_0^x\eta''(t)\,\mathrm{d}t=\eta''(\theta' x)x$$

$$(0\leqslant\theta\leqslant 1,\ 0\leqslant\theta'\leqslant 1)$$

故

$$\frac{1}{2}\sqrt{\frac{Y}{z_1}}\ll\sqrt{R}\left(\sqrt{\frac{\xi^2}{R}}\right)^{-1}\ll R\xi^{-1}\ll\frac{1}{\eta'(\xi)}$$

因此

$$\int_{z_1}^{+\infty} \sqrt{\frac{Y}{2z}} \mathrm{e}^{2\pi \mathrm{i} z} \mathrm{d}z \ll \min\left(\frac{1}{\eta'(\xi)}, \sqrt{R}\right)$$

(3) 由 $\psi(x)$，$\eta'(x)$ 都是代数函数，推知 $\varphi(z)$ 也是代数函数，因此 $\varphi(z)$ 逐段单调. 故若 $|\varphi(z)| \leqslant L$，则

$$\left|\int_0^{z_1} \varphi(z) \mathrm{e}^{2\pi \mathrm{i} z} \mathrm{d}z\right| = O(L)$$

但

$$\begin{aligned} \varphi(z) &= \frac{\psi(x)\sqrt{2\eta(x)} - \psi(0)\sqrt{Y}\eta'(x)}{\sqrt{2\eta(x)} \cdot \eta'(x)} \\ &= \frac{\psi(x) - \psi(0)}{\eta'(x)} + \\ &\quad \frac{\psi(0)(\sqrt{2\eta(x)} - \sqrt{Y}\eta'(x))}{\sqrt{2\eta(x)} \cdot \eta'(x)} \end{aligned}$$

故

$$\begin{aligned} |\varphi(z)| \leqslant &\left|\frac{\psi(x) - \psi(0)}{\eta'(x)}\right| + \\ &\left|\frac{\sqrt{2\eta(x)} - \sqrt{Y}\eta'(x)}{\sqrt{2\eta(x)}\eta'(x)}\right| \cdot |\psi(0)| \end{aligned}$$

我们有

$$\left|\frac{\psi(x) - \psi(0)}{\eta'(x)}\right| \ll \frac{\frac{Hx}{U_1}}{\frac{x}{R}} = \frac{HR}{U_1}$$

另外

$$\eta'(x) > \frac{Ax}{R}, \eta(x) > \frac{Ax^2}{R}$$

故当 $x \geqslant U$ 时

$$\frac{\sqrt{2\eta(x)} - \sqrt{Y}\eta'(x)}{\sqrt{2\eta(x)}\eta'(x)}$$

$$=\frac{1}{\eta'(x)}-\sqrt{\frac{R}{A}}\cdot\frac{1}{\sqrt{2\eta(x)}}$$

$$\ll\frac{R}{x}+\sqrt{\frac{R}{A}}\cdot\frac{\sqrt{R}}{x}\ll\frac{R}{U}$$

又当 $x<U$ 时

$$\eta''(x)=\eta''(0)+\int_0^x\eta'''(t)\mathrm{d}t=\frac{A}{R}+O\left(\frac{x}{RU}\right)$$

故得

$$\eta'(x)=\frac{Ax}{R}+O\left(\frac{x^2}{RU}\right),\eta(x)=\frac{Ax^2}{2R}+O\left(\frac{x^3}{RU}\right)$$

因此

$$2\eta(x)-Y[\eta'(x)]^2\ll\frac{x^3}{RU}+\frac{x^4}{RU^2}\ll\frac{x^3}{RU}$$

而

$$\frac{\sqrt{2\eta(x)}-\sqrt{Y}\eta'(x)}{\sqrt{2\eta(x)}\eta'(x)}$$

$$=\frac{2\eta(x)-Y[\eta'(x)]^2}{\sqrt{2\eta(x)}\eta'(x)[\sqrt{2\eta(x)}+\sqrt{Y}\eta'(x)]}$$

$$\ll\frac{\frac{x^3}{RU}}{\frac{x^3}{R^2}}=\frac{R}{U}$$

总结以上讨论，得

$$\varphi(z)\ll HR(U_1^{-1}+U^{-1})$$

引理随之成立.

引理 5 设 $f(x)$ 是实函数，在(a,b) 中具有连续的单调下降的导数 $f'(x)$，并设 $f'(a)=\alpha,f'(b)=\beta$. 又设 $\varphi(x)$ 是正值下降实函数，具有连续导数 $\varphi'(x)$，且 $|\varphi'(x)|$ 单调下降，则

$$\sum_{a<n\leqslant b}\varphi(n)\mathrm{e}^{2\pi\mathrm{i}f(n)}$$
$$=\sum_{\alpha-\eta<v<\beta+\eta}\int_a^b\varphi(x)\mathrm{e}^{2\pi\mathrm{i}\{f(x)-vx\}}\mathrm{d}x+O\{\varphi(a)\log(\beta-\alpha+2)\}+$$
$$O\{|\varphi'(a)|\}$$

其中 η 为小于 1 的正常数.

引理 6 设 $f(x)$ 与 $\varphi(x)$ 为确定在(a,b)上的代数函数,其中 $f(x)$ 是实函数,而

$$\frac{A}{R}\leqslant|f''(x)|\leqslant\frac{A}{R},|f'''(x)|<\frac{A}{RU}\quad(U\geqslant1)$$

$$|\varphi(x)|\leqslant AH,|\varphi'(x)|\leqslant\frac{AH}{U_1}\quad(U_1\geqslant1)$$

又设(α,β)是(a,b)在变换 $y=f'(x)$ 下的映象,则

$$\sum_{a\leqslant n\leqslant b}\varphi(n)\mathrm{e}^{2\pi\mathrm{i}f(n)}$$
$$=\mathrm{e}^{\frac{\pi}{4}\mathrm{i}}\sum_{\alpha\leqslant v\leqslant\beta}b_v\frac{\varphi(n_v)}{\sqrt{f''(n_v)}}\mathrm{e}^{2\pi\mathrm{i}\{f(n_v)-\varphi(n_v)\}}+$$
$$O\Big\{H\log(\beta-\alpha+2)+H(b-a+R)(U^{-1}+U_1^{-1})+$$
$$H\min\left[\sqrt{R},\max\left(\frac{1}{(\alpha)},\frac{1}{(\beta)}\right)\right]\Big\}$$

式中 n_v 是 $f'(x)=v$ 的解,$b_v=\frac{1}{2}$ 或 1 视 v 是否为端点而定. 又当 x 是非整数时,令$\{x\}$表示 x 的小数部分,则

$$(x)=\min(\{x\},1-\{x\})$$

而当 x 为整数时

$$(x)=\beta-\alpha$$

证明 (1) 不妨设 $f''(x)>0$,否则两端取共轭值即化成此情形. 由引理 5(可取 $\eta=\frac{1}{2}$)

$$\sum_{a\leqslant n\leqslant b} e^{2\pi i f(n)}\varphi(n)=\sum_{\alpha-\eta<\upsilon<\beta+\eta}\int_a^b \varphi(x)e^{2\pi i\{f(x)-\upsilon x\}}dx+O[H\log(\beta-\alpha+2)]$$
$$=\sum_{\alpha-\eta<\upsilon<\beta+\eta} I_\upsilon+O[H\log(\beta-\alpha+2)]$$

(2) 设 $\alpha<\upsilon<\beta$，则 $a<n_\upsilon<b$. 而

$$I_\upsilon=\int_a^b \varphi(x)e^{2\pi i\{f(x)-\upsilon x\}}dx$$
$$=\left(\int_a^{n_\upsilon}+\int_{n_\upsilon}^b\right)\varphi(x)e^{2\pi i\{f(x)-\upsilon x\}}dx=I'_\upsilon+I''_\upsilon$$

令 $x=n_\upsilon+t,\xi=b-n_\upsilon$，则

$$I''_\upsilon=\int_0^\xi \varphi(n_\upsilon+t)e^{2\pi i\{f(n_\upsilon+t)-\upsilon n_\upsilon-\upsilon t\}}dt$$
$$=e^{2\pi i\{f(n_\upsilon)-\upsilon n_\upsilon\}}\int_0^\xi \varphi(n_\upsilon+t)e^{2\pi i\{f(n_\upsilon+t)-f(n_\upsilon)-\upsilon t\}}dt$$

又令

$$\eta(t)=f(n_\upsilon+t)-f(n_\upsilon)-\upsilon t$$

则

$$\eta(0)=\eta'(0)=0,\frac{A}{R}\leqslant|\eta''(t)|\leqslant\frac{A}{R}$$

故由引理 4，有

$$I''_\upsilon=e^{\frac{\pi}{4}i}\frac{\varphi(n_\upsilon)}{2\sqrt{f''(n_\upsilon)}}e^{2\pi i\{f(n_\upsilon)-\upsilon n_\upsilon\}}+O\{HR(U^{-1}+U_1^{-1})\}+$$
$$O\left\{H\min\left(\sqrt{R},\frac{1}{\eta'(\xi)}\right)\right\}$$

仿前，令 $x=n_\upsilon-t,\xi_1=n_\upsilon-a,\eta_1(t)=f(n_\upsilon-t)-f(n_\upsilon)+\upsilon t$，则有

$$I'_\upsilon=\int_0^\xi \varphi(n_\upsilon-t)e^{2\pi i\{f(n_\upsilon-t)-\upsilon n_\upsilon+\upsilon t\}}dt$$
$$=e^{\frac{\pi}{4}i}\frac{\varphi(n_\upsilon)}{2\sqrt{f''(n_\upsilon)}}e^{2\pi i\{f(n_\upsilon)-\upsilon n_\upsilon\}}+$$

$$O\left\{HR(U^{-1}+U_1^{-1})+H\min\left(\sqrt{R},\frac{1}{\eta_1'(\xi_1)}\right)\right\}$$

在以上两式中

$$\eta'(\xi)=f'(b)-\upsilon=\beta-\upsilon$$
$$\eta_1'(\xi_1)=\upsilon-f'(a)=\upsilon-\alpha$$

合并以上结果,得

$$I_\upsilon=\mathrm{e}^{\frac{\pi}{4}\mathrm{i}}\frac{\varphi(n_\upsilon)}{2\sqrt{f''(n_\upsilon)}}\mathrm{e}^{2\pi\mathrm{i}\{f(n_\upsilon)-\upsilon n_\upsilon\}}+O[HR(U_1^{-1}+U^{-1})]+$$
$$O\left\{H\min\left[\sqrt{R},\max\left(\frac{1}{\beta-\upsilon},\frac{1}{\upsilon-\alpha}\right)\right]\right\}$$

(3) 设 $\upsilon=\alpha$ 或 β,则

$$I_\upsilon=\mathrm{e}^{\frac{\pi}{4}\mathrm{i}}\frac{\varphi(n_\upsilon)}{2\sqrt{f''(n_\upsilon)}}\mathrm{e}^{2\pi\mathrm{i}\{f(n_\upsilon)-\upsilon n_\upsilon\}}+O[HR(U_1^{-1}+U^{-1})]+$$
$$O\left[H\min\left(\sqrt{R},\frac{1}{\beta-\alpha}\right)\right]$$

又若 $\upsilon<\alpha$ 或 $\upsilon>\beta$,则

$$I_\upsilon=\frac{1}{2\pi\mathrm{i}}\int_a^b\frac{\varphi(x)}{f'(x)-\upsilon}\mathrm{d}\mathrm{e}^{2\pi\mathrm{i}\{f(x)-\upsilon x\}}$$
$$\ll H\min\left[\sqrt{R},\max\left(\frac{1}{|\alpha-\upsilon|},\frac{1}{|\beta-\upsilon|}\right)\right]$$
$$\ll H\min\left(\sqrt{R},\max\left(\frac{1}{(\alpha)},\frac{1}{(\beta)}\right)\right)$$

这是由于$\dfrac{\varphi(x)}{f'(x)-\upsilon}$逐段单调.

(4) 由(2)及(3)得

$$\sum_{\alpha-\eta<\upsilon<\beta+\eta}I_\upsilon=\mathrm{e}^{\frac{\pi}{4}\mathrm{i}}\sum_{\alpha\leqslant\upsilon\leqslant\beta}b_\upsilon\frac{\varphi(n_\upsilon)}{\sqrt{f''(n_\upsilon)}}\mathrm{e}^{2\pi\mathrm{i}\{f(n_\upsilon)-\upsilon n_\upsilon\}}+$$
$$O\left\{(\beta-\alpha+1)HR(U^{-1}+U_1^{-1})+\right.$$
$$H\sum_{\alpha<\upsilon<\beta}\min\left[\sqrt{R},\max\left(\frac{1}{\beta-\upsilon},\frac{1}{\upsilon-\alpha}\right)\right]+$$

$$H\min\left[\sqrt{R},\max\left(\frac{1}{(\alpha)},\frac{1}{(\beta)}\right)\right]\}$$

但 $\beta-\alpha=\int_a^b f''(x)\mathrm{d}x=O\left(\frac{b-a}{R}\right)$，故

$$(\beta-\alpha+1)HR(U^{-1}+U_1^{-1})\ll(b-a+R)H(U^{-1}+U_1^{-1})$$

引理随之成立.

引理 7 设 $f(x)$ 为在 (a,b) 上可二次微分的实函数，且

$$\frac{A}{R}\leqslant|f''(x)|\leqslant\frac{A}{R}$$

即

$$\sum_{a<x\leqslant b}\mathrm{e}^{2\pi\mathrm{i}f(n)}\ll(N+1)R^{\frac{1}{2}}$$

式中

$$N=|f'(a)-f'(b)|$$

引理 8 设 $f(x)$ 为具有 k 级连续导数的实函数，且 $k\geqslant 2$. 又设

$$\lambda_k\leqslant|f^{(k)}(x)|\leqslant h\lambda_k$$

令 $K=2^{k-1}$，$b-a\geqslant 1$，则有

$$\sum_{a<n\leqslant b}\mathrm{e}^{2\pi\mathrm{i}f(n)}=O\{h^{\frac{2}{K}}(b-a)\lambda_k^{\frac{1}{2K-2}}\}+O\{(b-a)^{1-\frac{2}{K}}\lambda_k^{-\frac{1}{2K-2}}\}$$

式中隐含常数与 k 无关.

引理 9 当 t 是半整数，且 $1\leqslant U\leqslant t^{\frac{1}{2}}$ 时

$$\Delta(t)=\frac{t^{\frac{1}{4}}}{\sqrt{2}\pi}\sum_{mn\leqslant U}\frac{\cos\{4\pi\sqrt{tmn}-\frac{1}{4}\pi\}}{(mn)^{\frac{3}{4}}}+O(t^{\frac{1}{2}}U^{-\frac{1}{2}}\log^2 t)$$

3 三角和的转化与转化后的若干性质

1. 三角和的转化. 由上节引理 9 不难看出，关键在

于估计形如

$$S^{*}=\sum_{xy<U}\frac{e^{2\pi i\sqrt{txy}}}{(xy)^{\frac{3}{4}}} \qquad ①$$

的三角和,式中 t 为一个充分大的实数,令

$$U=At^{\frac{7}{20}}\log^{\frac{7}{5}}t, U_1=At^{\frac{3}{20}}\log^{\frac{7}{20}}t \qquad ②$$

将 S^{*} 分成两部分,一部分满足 $x\leqslant U_1$,这将在第 6 节中处理. 余下的部分,将在本节及下两节中进行估计.

首先考虑展布在区域

$$G: U_1\leqslant x\leqslant y, xy\leqslant U \qquad ③$$

中,形如

$$S=\sum_{\substack{x=R\\(x,y)\in G}}^{R'}\sum_{y=N}^{N'}e^{2\pi i f(x,y)} \qquad ④$$

的三角和,其中

$$R\leqslant R'\leqslant 2R, N\leqslant N'\leqslant 2N \qquad ⑤$$

用上节引理 3 一次,引理 2 两次,在条件

$$\lambda_2\lambda_2'=\lambda^2, \lambda_3\cdot\lambda_3'=\lambda^4 \qquad (*)$$

$$1\leqslant\lambda,\lambda_2,\lambda_3\leqslant\frac{1}{6}R, 1\leqslant\lambda_2',\lambda_3'\leqslant\frac{1}{6}N \qquad (**)$$

下,我们有

$$S=O\left(\frac{RN}{\lambda^{\frac{1}{2}}}\right)+O\left[\frac{(RN)^{\frac{1}{2}}}{\lambda^{\frac{1}{2}}}\left(\sum_{y_1=1}^{\lambda-1}|S_1|\right)^{\frac{1}{2}}\right]$$

$$=O\left(\frac{RN}{\lambda^{\frac{1}{2}}}\right)+$$

$$O\left\{\frac{(RN)^{\frac{3}{4}}}{\lambda}\sum_{j=1}^{2}\left\{\sum_{y_1=1}^{\lambda-1}\left(\sum_{x_2=\delta_{2j}}^{\lambda_2-1}\sum_{y_2=\delta_{2j}'}^{\lambda_2'-1}|S_2^{(j)}|\right)^{\frac{1}{2}}\right\}^{\frac{1}{2}}\right\}$$

$$=O\left(\frac{RN}{\lambda^{\frac{1}{2}}}\right)+$$

$$O\left\{\frac{(RN)^{\frac{7}{8}}}{\lambda^{\frac{3}{2}}}\sum_{j=1}^{4}\left\{\sum_{y_1=1}^{\lambda-1}\left[\sum_{x_2=\delta_{2j}}^{\lambda_2-1}\sum_{y_2=\delta'_{2j}}^{\lambda'_2-1}\left(\sum_{x_3=\delta_{3j}}^{\lambda_3-1}\sum_{y_3=\delta'_{3j}}^{\lambda'_3-1}|S_3^{(j)}|\right)^{\frac{1}{2}}\right]^{\frac{1}{2}}\right\}^{\frac{1}{2}}\right\} \quad ⑥$$

其中 $S_1, S_2^{(j)}$ 是引用引理后所得到的三角和，为简便计，此处不赘述其表达式，又

$$\delta_{ij}, \delta'_{ij}=0 \text{ 或 } 1; i=2, j=1,2 \text{ 或 } i=3, j=1,2,3,4 \quad ⑦$$

而

$$S_3^{(1)}=\sum_{x=R}^{R''}\sum_{y=N}^{N''}{}^{*}\, \mathrm{e}^{2\pi i\psi(x,y)} \quad ⑧$$

其中

$$R''=R'-x_2-x_3, N''=N'-y_1-y_2-y_3 \quad ⑨$$

$$\psi(x,y)=\int_0^1\int_0^1\int_0^1\frac{\partial^3}{\partial t_1\partial t_2\partial t_3}f(x+x_2t_2+x_3t_3, y+y_1t_1+y_2t_2+y_3t_3)\mathrm{d}t_1\mathrm{d}t_2\mathrm{d}t_3 \quad ⑩$$

而"$*$"表示$(x+\varepsilon x_2+\varepsilon x_3, y+\varepsilon y_1+\varepsilon y_2+\varepsilon y_3)$当$\varepsilon=0$或 1 时在区域 G 内. 又 $S_3^{(i)}(i=2,3,4)$ 具有类似表达式，即用 $-y_2$，$-y_3$ 轮流置换 $S_3^{(1)}$ 中的 y_2, y_3 而得. 当然，此时求和区域不再因为⑨而相应地改变，问题转到估计 $S_3^{(i)}$.

2. 在本节中我们将求出 $\psi(x,y)$ 的表达式. 令

$$x^{*}=x+x_2t_2+x_3t_3, y^{*}=y+y_1t_1+y_2t_2+y_3t_3 \quad ⑪$$

则有

$$\begin{aligned}\psi(x,y)&=\int_0^1\int_0^1\int_0^1\frac{\partial^3}{\partial t_1\partial t_2\partial t_3}f(x^{*}, y^{*})\mathrm{d}t_1\mathrm{d}t_2\mathrm{d}t_3\\&=\int_0^1\int_0^1\int_0^1(Yf^{*}_{x^2y}+Zf^{*}_{xy^2}+Wf^{*}_{y^3})\mathrm{d}t_1\mathrm{d}t_2\mathrm{d}t_3\end{aligned} \quad ⑫$$

其中

$$Y=y_1x_2x_3,Z=y_1x_2y_3+y_1y_2x_3,W=y_1y_2y_3 \tag{13}$$

而

$$f^*_{x^2y}=\frac{\partial^3}{\partial x^*\partial x^*\partial y^*}f(x^*,y^*)$$

$$f^*_{xy^2}=\frac{\partial^3}{\partial x^*\partial y^*\partial y^*}f(x^*,y^*) \tag{14}$$

$$f^*_{y^3}=\frac{\partial^3}{\partial y^*\partial y^*\partial y^*}f(x^*,y^*)$$

我们有

$$f(x,y)=t^{\frac{1}{2}}x^{\frac{1}{2}}y^{\frac{1}{2}} \tag{15}$$

$$f_x(x,y)=\frac{1}{2}t^{\frac{1}{2}}x^{-\frac{1}{2}}y^{\frac{1}{2}},f_y(x,y)=\frac{1}{2}t^{\frac{1}{2}}x^{\frac{1}{2}}y^{-\frac{1}{2}}$$

$$f_{xx}(x,y)=-\frac{1}{4}t^{\frac{1}{2}}x^{-\frac{3}{2}}y^{\frac{1}{2}},f_{xy}(x,y)=\frac{1}{4}t^{\frac{1}{2}}x^{-\frac{1}{2}}y^{-\frac{1}{2}}$$

$$f_{xxx}(x,y)=\frac{3}{8}t^{\frac{1}{2}}x^{-\frac{5}{2}}y^{\frac{1}{2}},f_{x^2y}(x,y)=-\frac{1}{8}t^{\frac{1}{2}}x^{-\frac{3}{2}}y^{-\frac{1}{2}}$$

等等. 利用对称关系，f_{xy^2}，f_{y^3} 容易由最后两式等号右边的 x，y 互换得到，由此导出

$$\begin{aligned}&\psi(x,y)\\&=\frac{1}{8}t^{\frac{1}{2}}\int_0^1\int_0^1\int_0^1 x^{*-\frac{3}{2}}y^{*-\frac{5}{2}}(-Yy^{*2}-Zx^*y^*+\\&3Wx^{*2})\mathrm{d}t_1\mathrm{d}t_2\mathrm{d}t_3\end{aligned} \tag{16}$$

3. 本节中我们将求出 $\psi(x,y)$ 的黑塞行列式，即

$$H(x,y)=\psi_{xx}\psi_{yy}-\psi_{xy}^2 \tag{17}$$

令 ⑯ 积分号下的函数为

$$\Phi(x,y)=x^{-\frac{3}{2}}y^{-\frac{5}{2}}(-Yy^2-Zxy+3Wx^2) \tag{18}$$

则有

$$\begin{cases}\Phi_x(x,y)=x^{-\frac{5}{2}}y^{-\frac{5}{2}}\left(\frac{3}{2}Yy^2+\frac{1}{2}Zxy+\frac{3}{2}Wx^2\right)\\ \Phi_y(x,y)=x^{-\frac{3}{2}}y^{-\frac{7}{2}}\left(\frac{1}{2}Yy^2+\frac{3}{2}Zxy-\frac{15}{2}Wx^2\right)\end{cases}$$

⑲

又有

$$\begin{cases}\Phi_{xx}=-\frac{3}{4}x^{-\frac{7}{2}}y^{-\frac{5}{2}}(5Yy^2+Zxy+Wx^2)\\ \Phi_{xy}=-\frac{3}{4}x^{-\frac{5}{2}}y^{-\frac{7}{2}}(Yy^2+Zxy+5Wx^2)\\ \Phi_{yy}=-\frac{3}{4}x^{-\frac{3}{2}}y^{-\frac{9}{2}}(Yy^2+5Zxy-35Wx^2)\end{cases} \qquad ⑳$$

我们取

$$\begin{cases}\lambda_2=\lambda\left(\frac{R}{N}\right)^{\frac{1}{2}},\lambda_2'=\lambda\left(\frac{N}{R}\right)^{\frac{1}{2}}\\ \lambda_3=\lambda^2\left(\frac{R}{N}\right)^{\frac{1}{2}},\lambda_3'=\lambda^2\left(\frac{N}{R}\right)^{\frac{1}{2}}\end{cases} \qquad ㉑$$

则条件(*)满足. 于是结合 ⑤ 得到

$$\Phi_x \ll y_1\lambda^3R^{-\frac{3}{2}}N^{-\frac{3}{2}},\Phi_y \ll y_1\lambda^3R^{-\frac{1}{2}}N^{-\frac{5}{2}} \qquad ㉒$$

$$\Phi_{xx} \ll y_1\lambda^3R^{-\frac{5}{2}}N^{-\frac{3}{2}},\Phi_{xy} \ll y_1\lambda^3R^{-\frac{3}{2}}N^{-\frac{5}{2}} \qquad ㉓$$

$$\Phi_{yy} \ll y_1\lambda^3R^{-\frac{1}{2}}N^{-\frac{7}{2}}$$

$$\Phi_{x^4} \ll y_1\lambda^3R^{-\frac{9}{2}}N^{-\frac{3}{2}},\Phi_{x^3y} \ll y_1\lambda^3R^{-\frac{7}{2}}N^{-\frac{5}{2}} \qquad ㉔$$

$$\Phi_{x^2y^2} \ll y_1\lambda^3R^{-\frac{5}{2}}N^{-\frac{7}{2}}$$

等等.

由泰勒(Taylor) 展开式得到

$$\begin{aligned}\Phi(x^*,y^*)=&\ \Phi(x,y)+(x_2t_2+x_3t_3)\Phi_x(x,y)+\\ &(y_1t_1+y_2t_2+y_3t_3)\Phi_y(x,y)+\\ &\frac{1}{2}[(x_2t_2+x_3t_3)^2\Phi_{xx}+\end{aligned}$$

$$2(x_2t_2+x_3t_3)(y_1t_1+y_2t_2+y_3t_3)\Phi_{xy}+(y_1t_1+y_2t_2+y_3t_3)^2\Phi_{yy}]+\cdots \qquad ㉕$$

由(* *)知㉕一致收敛,代入⑯逐项积分,得到

$$\begin{aligned}&\psi(x,y)\\&=\frac{1}{8}t^{\frac{1}{2}}\left\{\Phi(x,y)+\frac{x_2+x_3}{2}\Phi_x(x,y)+\frac{y_1+y_2+y_3}{2}\Phi_y(x,y)+\frac{1}{2}\left\{\left[\frac{x_2^2+x_3^2}{3}+\frac{x_2x_3}{2}\right]\Phi_{xx}(x,y)+\right.\right.\\&\quad 2\left[\frac{x_2y_2+x_3y_3}{3}+\frac{y_1x_2+y_1x_3+x_2y_3+y_2x_3}{4}\right]\Phi_{xy}(x,y)+\\&\quad\left.\left.\left[\frac{y_1^2+y_2^2+y_3^2}{3}+\frac{y_1y_2+y_2y_3+y_3y_1}{2}\right]\Phi_{yy}(x,y)\right\}+\cdots\right\}\\&=\frac{1}{8}t^{\frac{1}{2}}\left\{\Phi(x',y')+\frac{1}{2}\left\{\frac{x_2^2+x_3^2}{12}\Phi_{xx}(x,y)+\cdots+\frac{y_1^2+y_2^2+y_3^2}{12}\Phi_{yy}(x,y)\right\}+\cdots\right\}\end{aligned} \qquad ㉖$$

其中

$$x'=x+\frac{1}{2}(x_2+x_3),y'=y+\frac{1}{2}(y_1+y_2+y_3) \qquad ㉗$$

故由(* *),㉑及㉔得到

$$\begin{cases}\psi_{xx}=\dfrac{1}{8}t^{\frac{1}{2}}[\Phi_{xx}(x',y)+O(y_1\lambda^7R^{-\frac{7}{2}}N^{-\frac{5}{2}})]\\\psi_{xy}=\dfrac{1}{8}t^{\frac{1}{2}}[\Phi_{xy}(x',y')+O(y_1\lambda^7R^{-\frac{5}{2}}N^{-\frac{7}{2}})]\\\psi_{yy}=\dfrac{1}{8}t^{\frac{1}{2}}[\Phi_{yy}(x',y')+O(y_1\lambda^7R^{-\frac{3}{2}}N^{-\frac{9}{2}})]\end{cases} \qquad ㉘$$

由此导出

$$\psi_{xx}\ll t^{\frac{1}{2}}y_1\lambda^3R^{-\frac{5}{2}}N^{-\frac{3}{2}}$$

$$\psi_{xy} \ll t^{\frac{1}{2}} y_1 \lambda^3 R^{-\frac{3}{2}} N^{-\frac{5}{2}}$$

$$\psi_{yy} \ll t^{\frac{1}{2}} y_1 \lambda^3 R^{-\frac{1}{2}} N^{-\frac{7}{2}} \tag{29}$$

并得

$$\psi_{xx}\psi_{yy} - \psi_{xy}^2$$
$$= \frac{t}{64}\{[\Phi_{xx}(x', y')\Phi_{yy}(x', y') - \Phi_{xy}^2(x', y')] +$$
$$O(y_1^2 \lambda^{10} R^{-4} N^{-6})\} \tag{30}$$

由 ⑰ 及 ⑳ 得

$$H(x, y) = \frac{9}{256} t x'^{-5} y'^{-7} (Y^2 y'^4 + \cdots - 15 W^2 x^4) +$$
$$O(t y_1^2 \lambda^{10} R^{-4} N^{-6}) \tag{31}$$

分解因式,得到

$$H(x, y)$$
$$= \frac{9}{256} t Y^2 x'^{-5} y'^{-7} (y' + a x') \prod_{i=1}^{3} (y' - \alpha_i x') +$$
$$O(t y_1^2 \lambda^{10} R^{-4} N^{-6}) \tag{32}$$

式中 a 为非负实数,$\alpha_i (i=1,2,3)$ 为实数或复数. 引言中所谓"零线"即指 $y' - \alpha_i x' = 0$. 实际上,黑塞行列式为零的地方,常常并非在"零线"上. 确切地说,这里所谓"零线"实际是黑塞行列式主项的"零线".

4 $S_3^{(i)}$ 的处理

为简便计,令

$$S_0 = S_3^{(1)} = \sum_{x=R}^{R''} \sum_{y=N}^{N''}{}^{*} e^{2\pi i \psi(x, y)}$$

上式的确切意义见第 3 节. 下面仅以处理 S_0 为例,其

余的和 $S_3^{(i)}(i=2,3,4)$ 可以类似处理，不赘述.

1. 不难看出 ψ_{xx}，ψ_{xy} 及 ψ_{yy} 三个量不能同时小. 事实上，由第 3 节中式⑳立即得到

$$-15x^{\frac{7}{2}}y^{\frac{5}{2}}\Phi_{xx}+10x^{\frac{5}{2}}y^{\frac{7}{2}}\Phi_{xy}+x^{\frac{3}{2}}y^{\frac{9}{2}}\Phi_{yy}=48Yy^2$$

结合第 3 节中式⑤⑨及（* *）知在 S_0 的求和区域中的任意点处，下列三式

$$\psi_{xx}\gg t^{\frac{1}{2}}R^{-\frac{7}{2}}N^{-\frac{1}{2}}Y \tag{①}$$

$$\psi_{xy}\gg t^{\frac{1}{2}}R^{-\frac{5}{2}}N^{-\frac{3}{2}}Y \tag{②}$$

或

$$\psi_{yy}\gg t^{\frac{1}{2}}R^{-\frac{3}{2}}N^{-\frac{5}{2}}Y \tag{③}$$

之一必成立. 于是，我们按照这一特点，将 S_0 分割成若干区域. 用 S_{01} 记 S_0 中满足③的部分和. 用 S_{02} 记 S_0 中不满足③却满足①的部分和. 又用 S_{03} 记 S_0 中余下的部分和. 由 $\psi(x,y)$ 是代数函数 $S_{0i}(i=1,2,3)$ 的求和区域，其至多包含 $O(1)$ 个子域. 我们用 S_{0i} 对应记展布在任意一个如上所述的子域上的 S_{0i} 的部分和，以下各节将分别估计.

2. 首先处理 S_{01}. 一方面有

$$\psi_{yy}\gg t^{\frac{1}{2}}R^{-\frac{3}{2}}N^{-\frac{5}{2}}Y$$

另一方面，由第 3 节中式㉘又有

$$\psi_{yy}\ll t^{\frac{1}{2}}R^{\frac{1}{2}}N^{-\frac{7}{2}}y_1\lambda^3$$

(1) 用对数分区域法，将和 S_{01} 的求和区域分为若干子域，使得在每个子域中，恒有

$$\frac{A}{R^*}\leqslant|\psi_{yy}|\leqslant\frac{A}{R^*} \tag{④}$$

由于函数是代数的，这样的区域至多有 $O(\log t)$ 个. 此处 R^* 为一个常数，满足

$$t^{-\frac{1}{2}}R^{\frac{1}{2}}N^{\frac{7}{2}}y_1^{-1}\lambda^{-3}\leqslant R^{*}\leqslant t^{-\frac{1}{2}}R^{\frac{3}{2}}N^{\frac{5}{2}}Y^{-1} \quad ⑤$$

现在,考虑展布在上述子域中的任何一个(记作 D)三角和 $S_{0,1,D}$. 注意到

$$|\psi_{yyy}|\ll R_3, R_3=t^{\frac{1}{2}}R^{-\frac{1}{2}}N^{-\frac{9}{2}}y_1\lambda^3 \quad ⑥$$

并利用第 2 节中引理 6,得

$$S_{0,1,D}=S_{1D}+S_{2D}+S_{3D}+O(R\log t) \quad ⑦$$

其中

$$S_{1D}=\mathrm{e}^{\frac{\pi}{4}\mathrm{i}}\sum_x\sum_\upsilon\frac{\mathrm{e}^{2\pi\mathrm{i}\eta(x)}}{\sqrt{\psi_{yy}(x,n_\upsilon(x))}} \quad ⑧$$

$$S_{2D}=\sum_x(N+R^{*})R^{*}R_3 \quad ⑨$$

且

$$S_{3D}=\sum_x\sqrt{R^{*}} \quad ⑩$$

又在 ⑧ 中有

$$\eta(x)=\eta(x,\upsilon)=\psi(x,n_\upsilon(x))-\upsilon n_\upsilon \quad ⑪$$

而 $n_\upsilon=n_\upsilon(x)$ 是 $\psi_y(x,y)=\upsilon$ 的解.

S_{1D} 的估计较烦琐. 今由 ⑤⑥ 及 ⑨ 得

$$\begin{aligned}S_{2D}&\ll R(N+t^{-\frac{1}{2}}R^{\frac{3}{2}}N^{\frac{5}{2}}Y^{-1})\lambda^3(x_2x_3)^{-1}RN^{-2}\\&=\lambda^3(x_2x_3)^{-1}R^2N^{-1}+\lambda^3y_1^{-1}(x_2x_3)^{-2}R^{\frac{7}{2}}N^{\frac{1}{2}}t^{-\frac{1}{2}}\end{aligned} \quad ⑫$$

又由 ⑤ 及 ⑩ 得

$$S_{3D}\ll Rt^{-\frac{1}{4}}R^{\frac{3}{4}}N^{\frac{5}{4}}Y^{-\frac{1}{2}}\ll Y^{-\frac{1}{2}}t^{-\frac{1}{4}}R^{\frac{7}{4}}N^{\frac{5}{4}} \quad ⑬$$

(2)S_{1D} 的估计. 考虑

$$S'_{1D}=\sum_x\mathrm{e}^{2\pi\mathrm{i}\eta(x)} \quad ⑭$$

式中 $\eta(x)$ 的定义见 ⑪,则由 $\psi_y(x,n_\upsilon(x))=\upsilon$ 得

$$\eta'(x)=\psi_x(x,n_\upsilon(x)) \quad ⑮$$

及

$$\eta''(x)=H(x,n_\upsilon(x))\psi_{yy}^{-1} \quad ⑯$$

再将区域 D 按 $\eta''(x)$ 的大小，重新分割为若干子域，使得在每一个子域中，恒有

$$h \leqslant | H(x,y) | \leqslant Ah \tag{17}$$

这样的子域至多有 $O(\log t)$ 个. 今记估计展布在其中某一个子域（记作 D_0）上的三角和 S_1 的部分和为 S'_{1D_0}. 令

$$| y' - \alpha_i x' | = \xi_i \tag{18}$$

则由第 3 节式 ㉛ 及 ⑱ 有

$$Y^2 t R^{-5} N^{-6} \xi_1 \xi_2 \xi_3 \ll h \ll y_1^2 t \lambda^6 R^{-3} N^{-5} \tag{19}$$

其中

$$Y^2 \xi_1 \xi_2 \xi_3 \geqslant A y_1^2 \lambda^{10} R \qquad (***)$$

又不妨设

$$\xi_i \geqslant \xi_0, \xi_0 = t^{\frac{1}{4}} R^{*\frac{1}{2}} R^{-1} \tag{20}$$

因为在子域 $| y' - \alpha_i x' | \leqslant \xi_0$ 中，满足 $\xi_0 \psi_{yy} \geqslant 1$ 的和 $S_{0,1,D}$ 的部分和

$$S'_D \ll \sqrt{R^*} \cdot R \cdot \xi_0 \frac{1}{R^*} \ll t^{\frac{1}{4}} \tag{21}$$

这是根据第 2 节中引理 7 及 ⑳ 导出的. 以后可以看出，这个估值是足够用的了. 又在同一子域中满足 $\xi_0 \psi_{yy} < 1$ 的和 $S_{0,1,D}$ 的部分和

$$S''_D \ll S_{3D} \tag{22}$$

即 S''_D 可并入 S_{3D} 中考虑. 于是由第 2 节中引理 7，有

$$S'_{1D_0} \ll R(hR^*)^{\frac{1}{2}} + (hR^*)^{-\frac{1}{2}} \tag{23}$$

为方便计，我们引用符号

$$\Delta u = \max_D u - \min_D u$$

其中 D 是所考虑的区域. 于是由 ⑧ 得

$$S_{1D_0} \ll \Delta \upsilon \cdot R \cdot R^* h^{\frac{1}{2}} + \Delta \upsilon \cdot h^{-\frac{1}{2}} \tag{24}$$

其中 S_{1D_0} 是和 S_{1D} 在子域 D_0 上的部分和，而 $\upsilon = \psi_y$，故

由中值公式有

$$\Delta v=\psi_{xy}^{0}\Delta x+\psi_{yy}^{0}\Delta y \ll t^{\frac{1}{2}}y_1\lambda^3R^{-\frac{1}{2}}N^{-\frac{5}{2}} \qquad ㉕$$

其中 ψ_{xy}^{0} 及 ψ_{yy}^{0} 是 ψ_{xy} 及 ψ_{yy} 在某一适当点的值. 结合⑤㉔及㉕得

$$S_{1D_0} \ll t^{\frac{1}{2}}y_1\lambda^6R^{\frac{1}{2}}N^{-\frac{5}{2}}(x_2x_3)^{-1}+(x_2x_3)^{-1}\lambda^3R^2N^{\frac{1}{2}}\xi_0^{-\frac{3}{2}} \qquad ㉖$$

又由⑤及⑳得

$$\xi_0 \geqslant R^{-\frac{3}{4}}N^{\frac{7}{4}}\lambda^{-2} \qquad ㉗$$

于是有

$$S_{1D_0} \ll (x_2x_3)^{-1}t^{\frac{1}{2}}\lambda^7R^{\frac{1}{2}}N^{-\frac{5}{2}}+(x_2x_3)^{-1}\lambda^6R^{\frac{25}{8}}N^{-\frac{17}{8}} \qquad ㉘$$

总结以上结果有

$$\begin{aligned} S_{01} \ll\ & (x_2x_3)^{-1}(t^{\frac{1}{2}}\lambda^7R^{\frac{1}{2}}N^{-\frac{5}{2}}+\lambda^6R^{\frac{25}{8}}N^{-\frac{17}{8}})\log^2 t+ \\ & (x_2x_3)^{-1}\lambda^3R^2N^{-1}\log t+ \\ & y_1^{-1}(x_2x_3)^{-2}\lambda^3t^{-\frac{1}{2}}R^{\frac{7}{2}}N^{\frac{1}{2}}\log t+ \\ & Y^{-\frac{1}{2}}t^{-\frac{1}{4}}R^{\frac{7}{4}}N^{\frac{5}{4}}\log t+t^{\frac{1}{4}}\log t+R\log t \end{aligned} \qquad ㉙$$

3. 其次考虑 S_{02}. 此时有

$$\psi_{xx} \gg t^{\frac{1}{2}}R^{-\frac{7}{2}}N^{-\frac{1}{2}}Y$$

另一方面,由第 3 节中式㉘有

$$\psi_{xx} \ll y_1\lambda^3R^{-\frac{5}{2}}N^{-\frac{3}{2}}$$

在求 $H(m_\mu(y),y)$ 的下界时,用到了

$$\psi_{yy} \ll t^{\frac{1}{2}}R^{-\frac{3}{2}}N^{-\frac{5}{2}}Y \qquad ㉚$$

为简便计,情形 3 中使用各符号,常不加注释,读者参看情形 2 自然明了. 如何分割区域,亦不赘述.

(1) 分割区域,有

$$R^{*-1} \leqslant |\psi_{xx}| \leqslant AR^{*-1} \qquad ㉛$$

$$t^{-\frac{1}{2}} y_1^{-1} \lambda^{-3} R^{\frac{5}{2}} N^{\frac{3}{2}} \leqslant R^* \leqslant t^{-\frac{1}{2}} R^{\frac{7}{2}} N^{\frac{1}{2}} Y^{-1} \tag{32}$$

$$|\psi_{xxx}| \leqslant R_3, R_3 = t^{\frac{1}{2}} R^{-\frac{7}{2}} N^{-\frac{3}{2}} y_1 \lambda^3 \tag{33}$$

由第 2 节中引理 6,得

$$S_{0,2,D} = S_{1D} + S_{2D} + S_{3D} + O(N\log t) \tag{34}$$

其中

$$S_{1D} = \mathrm{e}^{\frac{\pi}{4}\mathrm{i}} \sum_y \sum_\mu \frac{\mathrm{e}^{2\pi\mathrm{i}\eta(y)}}{\sqrt{\psi_{xx}(m_\mu(y), y)}} \tag{35}$$

$$\begin{aligned} S_{2D} &= \sum_y (R + R^*) R^* R_3 \\ &\ll \lambda^3 (x_2 x_3)^{-1} R + \lambda^3 y_1^{-1} (x_2 x_3)^{-2} t^{-\frac{1}{2}} R^{\frac{7}{2}} N^{\frac{1}{2}} \end{aligned} \tag{36}$$

$$S_{3D} = \sum_y \sqrt{R^*} \ll Y^{-\frac{1}{2}} t^{-\frac{1}{4}} R^{\frac{7}{4}} N^{\frac{5}{4}} \tag{37}$$

又在 ㉟ 中有

$$\eta(y) = \eta(\mu, y) = \psi(m_\mu(y), y) - \mu m_\mu \tag{38}$$

而 $m_\mu = m_\mu(y)$ 是 $\psi_x(x, y) = \mu$ 的解.

(2) 令

$$S'_{1D} = \sum_y \mathrm{e}^{2\pi\mathrm{i}\eta(y)} \tag{39}$$

由 ㊳ 有

$$\eta'(y) = \psi_y(m_\mu(y), y) \tag{40}$$

及

$$\eta''(y) = H(m_\mu(y), y) \psi_{xx}^{-1}(m_\mu(y), y) \tag{41}$$

重分区域,使

$$h \leqslant |H(m_\mu(y), y)| \leqslant Ah \tag{42}$$

成立,而

$$Y^2 t R^{-5} N^{-6} \xi_1 \xi_2 \xi_3 \ll h \ll t y_1^2 \lambda^6 R^{-3} N^{-5} \tag{43}$$

其中条件(* * *)同情形 2 中所述. 现在我们要求出 h 的下界. 在满足

$$\psi_{xy} \gg (R^{*-1} \cdot t^{\frac{1}{2}} Y R^{-\frac{3}{2}} N^{-\frac{5}{2}})^{\frac{1}{2}} \tag{44}$$

时，由 ㉚㉛㉜ 及 ㊷ 有

$$h \gg R^{*-1} t^{\frac{1}{2}} Y R^{-\frac{3}{2}} N^{-\frac{5}{2}} \gg Y^2 t R^{-5} N^{-3} \quad ㊺$$

在其余的区域中，我们将采用类似前面的办法定出 ξ_0. 仿情形 2，当 x 一定时，$\mu = \psi_x(x, y)$ 的变化不超过 $\Delta y \cdot \psi(x, y_0)$，其中 $N \leqslant y_0 \leqslant N''$. 故在子域 $|y' - \alpha_i x'| < \xi_0$ 中 $S_{0,2,D}$ 的部分和远小于

$$\sqrt{R^*} \cdot R \cdot \xi_0 \psi_{xy}^* + RR^{*\frac{1}{2}} \quad ㊻$$

式中 ψ_{xy}^* 表示 ψ_{xy} 的极大值. 在现在讨论的区域中有

$$\psi_{xy}^* \ll (R^{*-1} t^{\frac{1}{2}} Y R^{-\frac{3}{2}} N^{-\frac{5}{2}})^{\frac{1}{2}} \quad ㊼$$

不难看出，㊻ 的第二项可并于 S_{3D} 中讨论. 仿情形 2，不妨假设

$$\xi_0 \geqslant t^{\frac{1}{4}} \cdot R^{-1} \cdot t^{-\frac{1}{4}} Y^{-\frac{1}{2}} R^{\frac{3}{4}} N^{\frac{5}{4}}$$
$$= Y^{-\frac{1}{2}} R^{-\frac{1}{4}} N^{\frac{5}{4}} \geqslant \lambda^{-2} R^{-\frac{3}{4}} N^{\frac{7}{4}}$$

此即情形 2 中 ㉖. 于是在满足 ㊼ 及 $|y' - \alpha_i x'| < \xi_0$ 的子域中，h 的取值范围同情形 2. 结合 ㊺，仿 ㉔ 并注意到

$$\Delta \mu = \psi_{xx}^0 \cdot \Delta x + \psi_{xy}^0 \cdot \Delta y \ll t^{\frac{1}{2}} y_1 \lambda^3 R^{-\frac{3}{2}} N^{-\frac{3}{2}} \quad ㊽$$

及 R^* 的取值范围 ㉜，我们得到

$$S_{1D_0} \ll \Delta\mu \cdot N \cdot R^* h^{\frac{1}{2}} + \Delta\mu \cdot h^{-\frac{1}{2}}$$
$$\ll (x_2 x_3)^{-1} t^{\frac{1}{2}} \lambda^7 R^{\frac{1}{2}} N^{-\frac{5}{2}} + (x_2 x_3)^{-1} \lambda^6 R^{\frac{17}{8}} N^{-\frac{9}{8}} +$$
$$(x_2 x_3)^{-1} \lambda^3 R \quad ㊾$$

总结上述结果有

$$S_{02} \ll (x_2 x_3)^{-1} (t^{\frac{1}{2}} \lambda^7 R^{\frac{1}{2}} N^{-\frac{5}{2}} + \lambda^6 R^{\frac{17}{8}} N^{-\frac{9}{8}} + \lambda^3 R) \log^2 t +$$
$$y_1^{-1} (x_2 x_3)^{-2} \lambda^3 t^{-\frac{1}{2}} R^{\frac{7}{2}} N^{\frac{1}{2}} \log t +$$
$$Y^{-\frac{1}{2}} t^{-\frac{1}{4}} R^{\frac{7}{4}} N^{\frac{5}{4}} \log t + t^{\frac{1}{4}} \log t + N \log t \quad ㊿$$

4. 最后，我们还要对 S_{03} 进行估计. 此时一方面有

$$|\psi_{yy}| < c_1 t^{\frac{1}{2}} Y R^{-\frac{3}{2}} N^{-\frac{5}{2}}, \quad |\psi_{xx}| < c_2 t^{\frac{1}{2}} Y R^{-\frac{7}{2}} N^{-\frac{1}{2}} \quad ⑤①$$

及

$$\psi_{xy} \gg t^{\frac{1}{2}} R^{-\frac{5}{2}} N^{-\frac{3}{2}} Y \qquad ⑫$$

式中 c_1 及 c_2 为充分小的常数. 另一方面,由第 3 节中式㉘又有

$$\psi_{xy} \ll t^{\frac{1}{2}} y_1 \lambda^3 R^{-\frac{3}{2}} N^{-\frac{5}{2}} \qquad ⑬$$

(1) 分割区域,使在每一子域中,有

$$\frac{A}{R^*} \leqslant |\psi_{xy}| \leqslant \frac{A}{R^*} \qquad ⑭$$

$$t^{-\frac{1}{2}} y_1^{-1} \lambda^{-3} R^{\frac{3}{2}} N^{\frac{5}{2}} \leqslant R^* \leqslant t^{-\frac{1}{2}} R^{\frac{5}{2}} N^{\frac{3}{2}} Y^{-1} \qquad ⑮$$

由⑪⑫及⑮有

$$h \ll H(x,y) \ll h, h = R^{*-2} \qquad ⑯$$

作变换

$$x = x^*, y = y^* + \omega x^* \qquad ⑰$$

式中 $\omega = c\dfrac{N}{R}$,ω 本身为正整数,而 c 为适当选择的绝对常数. 于是有

$$\frac{\omega}{R^*} \ll \psi^*_{x^*x^*} = \psi_{xx} + 2\omega\psi_{xy} + \omega^2\psi_{yy} \leqslant \frac{\omega}{R^*} \qquad ⑱$$

其中 $\psi^* = \psi^*(x^*, y^*) = \psi(x^*, y^* + \omega x^*)$,及

$$\psi^*_{x^*x^*x^*} \ll R_3, R_3 = t^{\frac{1}{2}} y_1 \lambda^3 R^{-\frac{7}{2}} N^{-\frac{3}{2}} \qquad ⑲$$

不难看出,对 $\psi^*(x^*, y^*)$ 而言,⑱及⑲相应于 $\psi(x,y)$ 的条件㉛㉜及㉝,于是得

$$S_{0,3,D} = S_{1D} + S_{2D} + S_{3D} + O(N\log t) \qquad ⑳$$

而 S_{2D} 及 S_{3D} 具有㊱及㊲的估值.

(2) 由⑰,我们有

$$\psi^*_{x^*x^*} = \psi_{xx} + 2\omega\psi_{xy} + \omega^2\psi_{yy} \qquad ㉑$$

$$\psi^*_{x^*y^*} = \psi_{xy} + \omega\psi_{yy}, \psi^*_{y^*y^*} = \psi_{yy}$$

$$H^*(x^*, y^*) = \psi^*_{x^*x^*}\psi^*_{y^*y^*} - \psi^{*2}_{x^*y^*} = H(x,y) \qquad ㉒$$

由 ⑯ 有

$$h \ll H^{*}(x^{*},y^{*}) \ll h, h = R^{*-2} \quad ⑬$$

仿 ㉓,由第 2 节引理 7 有

$$S'_{D} = \sum_{y^{*}} \mathrm{e}^{2\pi \mathrm{i}\eta(y^{*})} \ll (N_{\upsilon}+1)(h \cdot R^{*}\omega^{-1})^{-\frac{1}{2}}$$

$$=(N_{\upsilon}+1)(R^{*}\omega)^{\frac{1}{2}} \quad ⑭$$

式中 $\eta(y^{*})$ 具有与 ㊳ 相仿的定义,而 $N_{\upsilon}=\Delta\upsilon$ 表示 μ 固定时,υ 所通过的区间的长度. 仿 ㊾ 得到

$$S_{1D} \ll (\Delta\mu+1)\cdot(\Delta\upsilon+1)R^{*} \quad ⑮$$

另一方面,我们有

$$\Delta\mu \cdot \Delta\upsilon \ll \Delta x^{*} \cdot \Delta y^{*} \cdot H^{*}(x^{*},y^{*}) \ll R \cdot N \cdot R^{*-2} \quad ⑯$$

又由 ㉑ 有

$$\Delta\mu \ll N \cdot R^{*-1}, \Delta\upsilon \ll R \cdot R^{*-1} \quad ⑰$$

结合 ⑮⑯ 及 ⑰ 我们得到

$$S_{1D} \ll R \cdot N \cdot R^{*-1} + N + R^{*}$$

$$\ll t^{\frac{1}{2}} y_{1}\lambda^{3} R^{-\frac{1}{2}} N^{-\frac{3}{2}} + N + t^{-\frac{1}{2}} Y^{-1} R^{\frac{5}{2}} N^{\frac{3}{2}} \quad ⑱$$

上式最后一步由 ⑮ 得出.

总结本小节得到

$$S_{03} \ll (y_{1}\lambda^{3} t^{\frac{1}{2}} R^{-\frac{1}{2}} N^{-\frac{3}{2}} + N + t^{-\frac{1}{2}} Y^{-1} R^{\frac{5}{2}} N^{\frac{3}{2}} + (x_{2}x_{3})^{-1}\lambda^{3} R + y_{1}^{-1}(x_{2}x_{3})^{-2}\lambda^{3} t^{-\frac{1}{2}} R^{\frac{7}{2}} N^{\frac{1}{2}} + Y^{-\frac{1}{2}} t^{-\frac{1}{4}} R^{\frac{7}{4}} N^{\frac{5}{4}})\log t \quad ⑲$$

5. $S_{3}^{(i)}$ 的估值. 回忆本节中开始的一段叙述,注意到情形 1 中 $S_{0i}(i=1,2,3)$ 的定义,我们得到

$$S_{3}^{(i)} \ll (x_{2}x_{3})^{-1} t^{\frac{1}{2}} \lambda^{7} R^{\frac{1}{2}} N^{-\frac{5}{2}} \log^{2} t + \lambda^{4} t^{\frac{1}{2}} R^{-\frac{1}{2}} N^{-\frac{3}{2}} \log t + (x_{2}x_{3})^{-1}\lambda^{6} R^{\frac{17}{8}} N^{-\frac{9}{8}} \log^{2} t + (x_{2}x_{3})^{-1}\lambda^{3} R\log^{2} t +$$

$$t^{-\frac{1}{2}}Y^{-1}R^{\frac{5}{2}}N^{\frac{3}{2}}\log t+y_1^{-1}(x_2x_3)^{-2}\lambda^3t^{-\frac{1}{2}}R^{\frac{7}{2}}N^{\frac{1}{2}}\log t+$$
$$Y^{-\frac{1}{2}}t^{-\frac{1}{4}}R^{\frac{7}{4}}N^{\frac{5}{4}}\log t+t^{\frac{1}{4}}\log t+N\log t \tag{70}$$

式中 $i=1,2,3,4$.

5　$x\geqslant U_1$ 的三角和的估值

1. 令

$$\Omega(F)=\left\{\sum_{y_1=1}^{\lambda}\left[\sum_{x_2=1}^{\lambda_2}\sum_{y_2=1}^{\lambda_2'}\left(\sum_{x_3=1}^{\lambda_3}\sum_{y_3=1}^{\lambda_3'}F\right)^{\frac{1}{2}}\right]^{\frac{1}{2}}\right\}^{\frac{1}{2}} \tag{1}$$

不难看出,Ω 是一个线性运算子,我们有

$$\Omega(x_2^{-1}x_3^{-1})\ll\lambda^{\frac{1}{2}}(\lambda_2')^{\frac{1}{4}}(\lambda_3')^{\frac{1}{8}}(\lambda_2)^{\frac{1}{8}}\log^{\frac{1}{8}}\lambda_3$$

结合 ㉑ 立即得到

$$\Omega(x_2^{-1}x_3^{-1})\ll\lambda^{1+\frac{1}{8}}\left(\frac{N}{R}\right)^{\frac{1}{8}}\log^{\frac{1}{8}}\lambda_3 \tag{2}$$

仿此有

$$\Omega(y_1^{-1}(x_2x_3)^{-2})\ll\lambda^{\frac{3}{8}}(\lambda_2')^{\frac{1}{4}}(\lambda_3')^{\frac{1}{8}}\log^{\frac{1}{4}}\lambda_2$$
$$\ll\lambda^{\frac{7}{8}}\left(\frac{N}{R}\right)^{\frac{3}{16}}\log^{\frac{1}{4}}\lambda_2 \tag{3}$$

$$\Omega(Y^{-\frac{1}{2}})\ll\lambda^{\frac{7}{16}}(\lambda_2')^{\frac{1}{4}}(\lambda_3')^{\frac{1}{8}}(\lambda_2)^{\frac{3}{16}}(\lambda_3)^{\frac{1}{16}}\ll\lambda^{1+\frac{1}{4}}\left(\frac{N}{R}\right)^{\frac{1}{16}} \tag{4}$$

及

$$\Omega(Y^{-1})\ll\lambda\left(\frac{N}{R}\right)^{\frac{1}{8}}\log^{\frac{1}{8}}\lambda_3 \tag{5}$$

由第 3 节式 ⑥ 知(关于 δ_{ij},$\delta'_{ij}=0$ 的项产生一个较小误差,略而不计)

$$S \ll \frac{RN}{\lambda^{\frac{1}{2}}} + \frac{(RN)^{\frac{7}{8}}}{\lambda^{\frac{5}{2}}} \sum_{i=1}^{4} \Omega(\mid S_3^{(i)} \mid) \qquad ⑥$$

由第 4 节式 ⑳ 及本节 ② ～ ⑤ 有

$$\begin{aligned} \lambda^{-\frac{3}{2}}\Omega(S \mid S_3^{(i)} \mid) \ll & t^{\frac{1}{16}}\lambda^{\frac{1}{2}}R^{-\frac{1}{16}}N^{-\frac{3}{16}}\log^{\frac{1}{4}}t \cdot \log^{\frac{1}{8}}\lambda_3 + \\ & \lambda^{\frac{3}{8}}R^{\frac{9}{64}}N^{-\frac{1}{64}}\log^{\frac{1}{4}}t \cdot \log^{\frac{1}{8}}\lambda_3 + \\ & N^{\frac{1}{8}}\log^{\frac{1}{4}}t \cdot \log^{\frac{1}{8}}\lambda_3 + \\ & t^{-\frac{1}{16}}\lambda^{-\frac{1}{2}}R^{\frac{3}{16}}N^{\frac{5}{16}}\log^{\frac{1}{8}}t \cdot \log^{\frac{1}{8}}\lambda_3 + \\ & \lambda^{-\frac{1}{4}}t^{-\frac{1}{16}}(RN)^{\frac{1}{4}}\log^{\frac{1}{8}}t \cdot \log^{\frac{1}{4}}\lambda_2 + \\ & \lambda^{-\frac{1}{4}}t^{-\frac{1}{32}}R^{\frac{5}{32}}N^{\frac{7}{32}}\log^{\frac{1}{8}}t + t^{\frac{1}{32}}\log^{\frac{1}{8}}t \end{aligned} \qquad ⑦$$

上式对 $i=1,2,3,4$ 均成立.

取

$$\lambda = t^{-\frac{1}{16}}(RN)^{\frac{1}{4}} \qquad ⑧$$

在第 3 节条件(* *) 下,结合第 3 节式 ②③ 及 ⑤ 知

$$\log \lambda_i \ll \log t \quad (i=2,3) \qquad ⑨$$

结合 ⑥ ～ ⑨ 并利用第 3 节式 ② 及 ③ 经过不太复杂的计算,最后得到

$$S \ll t^{\frac{1}{32}}(RN)^{\frac{7}{8}}\log^{\frac{3}{8}}t \qquad ⑩$$

2. 条件的验证. (*) 是第 3 节中 ㉑ 的推论. 不难看出(* *) 是 ⑧ 以及第 3 节 ②③㉑ 的推论. 比较麻烦的是验证(* * *).

若 ξ_0 满足

$$(x_2x_3)^2\xi_0^3 \geqslant A\lambda^{10}R$$

则由第 4 节 ⑳ 得(* * *). 今设这个不等式不成立,则由第 4 节 ㉗ 及本节 ⑧ 得

$$x_2x_3 < \lambda_0, \lambda_0 = A\lambda^8R^{\frac{13}{8}}N^{-\frac{21}{8}} \qquad ⑪$$

令

$$\xi^* = A\{(x_2x_3)^{-2}\lambda^{10}R\}^{\frac{1}{3}}$$

则(* * *)可写成 $\xi_1\xi_2\xi_3 \geqslant \xi^{*3}$. 因此若(* * *)不成立，则必有 ξ_i 满足 $\xi_i \leqslant \xi^*$. 设 S_j^* 为 $\xi_i = |y' - \alpha_i x'| \leqslant \xi^*$ 的区域中 $S_{0,1,D}$ 的部分和. 显然有估值

$$S_0^* \ll R\xi^* \tag{12}$$

由 ⑥ 及 ⑩，问题化为证明

$$\Omega'(|S_0^*|)\lambda^{-\frac{1}{2}} \leqslant t^{\frac{1}{32}}\log^{\frac{3}{8}} t \tag{13}$$

其中“′”表示满足条件 $x_2x_3 < \lambda_0$. 由 ⑫ 有

$$\Omega'(|S^*|) \ll \Omega'(R\xi^*) \ll \lambda^{\frac{5}{12}}R^{\frac{1}{24}+\frac{1}{8}}\Omega'(x_2^{-\frac{2}{3}}x_3^{-\frac{2}{3}}) \tag{14}$$

但

$$\begin{aligned}\Omega'(x_2^{-\frac{2}{3}}x_3^{-\frac{2}{3}}) &= \Big\{\sum_{y_1}^{\lambda}\Big[\sum_{x_2}\sum_{y_2}\Big(\sum_{\substack{x_3 \\ x_2x_3<\lambda_0}}\sum_{y_3}x_2^{-\frac{2}{3}}x_3^{-\frac{2}{3}}\Big)^{\frac{1}{2}}\Big]^{\frac{1}{2}}\Big\}^{\frac{1}{2}} \\ &\ll \lambda^{\frac{1}{2}+\frac{1}{4}+\frac{1}{4}}\left(\frac{N}{R}\right)^{\frac{1}{8}+\frac{1}{10}}\Big[\sum_{x_2}x_2^{-\frac{1}{3}}\Big(\sum_{\substack{x_3 \\ x_2x_3<\lambda_0}}x_3^{-\frac{2}{3}}\Big)^{\frac{1}{2}}\Big]^{\frac{1}{4}} \\ &\ll \lambda\left(\frac{N}{R}\right)^{\frac{3}{16}}\Big[\lambda_0^{\frac{1}{6}}\sum_{x_2}x_2^{-\frac{1}{2}}\Big]^{\frac{1}{4}} \ll \lambda^{\frac{9}{8}}\lambda_0^{\frac{1}{24}}\left(\frac{N}{R}\right)^{\frac{1}{8}}\end{aligned} \tag{15}$$

由 ⑪⑫ 及 ⑮ 得

$$\Omega'(|S^*|) \ll \lambda^{\frac{15}{8}}R^{\frac{1}{6}+\frac{1}{24}\times\frac{13}{8}-\frac{1}{8}}N^{\frac{1}{8}-\frac{7}{8}\times\frac{1}{8}} \tag{16}$$

结合 ⑧，第 3 节 ② 及 ③ 得 ⑬，明所欲证.

3. S_1^* 的估值. 令

$$S_1^* = \sum_{(x,y)\in G}\frac{e^{2\pi i\sqrt{txy}}}{(xy)^{\frac{3}{4}}} \tag{17}$$

式中 G 的定义见第 3 节 ③，则有

$$S_1^* = \sum_p \sum_q \Big(\sum_{\substack{2^p \leqslant x < 2^{p+1} \\ U_1 \leqslant x \leqslant y,\, xy < U}} \sum_{2^q \leqslant y < 2^{q+1}} \frac{e^{2\pi i\sqrt{txy}}}{(xy)^{\frac{3}{4}}} \Big) \qquad ⑱$$

由第 3 节 ②，显见 p 及 q 至多取 $O(\log t)$ 个值．用第 2 节引理 1 与 ⑬ 括号内的和，取

$$a_{m,n} = e^{2\pi i\sqrt{txy}}, b_{m,n} = (xy)^{-\frac{3}{4}}$$

由 ⑩ 及 ⑬ 得到

$$S_1^* \ll t^{\frac{1}{23}} U^{\frac{1}{8}} \log^{\frac{11}{8}} t \qquad ⑲$$

6　$x \leqslant U_1$ 的三角和的估值

1. 令

$$S_2^* = \sum_{(x,y)\in G'} \frac{e^{2\pi i\sqrt{txy}}}{(xy)^{\frac{3}{4}}} \qquad ①$$

式中 G' 表示区域

$$G': U_2 \leqslant x < U_1, xy \leqslant U, x \leqslant y, U_2 = At^{\frac{97}{720}+\varepsilon} \qquad ②$$

首先考虑形如

$$S = \sum_{\substack{x=R \\ (x,y)\in G'}}^{R'} \sum_{y=N}^{N'} e^{2\pi i\sqrt{txy}} \qquad ③$$

的三角和，其中

$$R < R' \leqslant 2R, N < N' \leqslant 2N \qquad ④$$

仿照第 3 节至第 5 节中的步骤，可以得到 S 的估值．由于此时 ψ_{yy} 及黑塞行列式的变化均不超过 $O(1)$ 倍，所以计算是很简便的．

用第 2 节引理 3 三次，有

$$S \ll \frac{RN}{\lambda^{\frac{1}{2}}} + \frac{(RN)^{\frac{7}{8}}}{\lambda^{\frac{3}{2}}} \left\{ \sum_{y_1=1}^{\lambda-1} \left[\sum_{y_2=1}^{\lambda^2-1} \left(\sum_{y_3=1}^{\lambda^4-1} | S_0 | \right)^{\frac{1}{2}} \right]^{\frac{1}{2}} \right\}^{\frac{1}{2}} \quad ⑤$$

式中

$$S_0 = \sum_{(x,y)\in D'} e^{2\pi i\psi(x,y)} \quad ⑥$$

而 D' 是满足 ④ 的矩形域与区域 G' 的共同域. 又仿第 3 节中计算，立即得到(令 $x_2=0, x_3=0$)

$$AR^{*-1} \leqslant | \psi_{yy} | \leqslant AR^{*-1}, R^* = t^{-\frac{1}{2}} y_1^{-1} y_2^{-1} y_3^{-1} R^{-\frac{1}{2}} N^{\frac{9}{2}} \quad ⑦$$

及

$$Ah \leqslant | H(x,y) | \leqslant Ah, h = ty_1^2 y_2^2 y_3^2 R^{-1} N^{-7} \quad ⑧$$

不过 ⑤ 成立是有条件的，即

$$1 \leqslant \lambda \leqslant N \quad (****)$$

仿第 4 节，由第 2 节引理 6，我们得到

$$S_0 = S_{1D} + S_{2D} + S_{3D} + O(R\log t) \quad ⑨$$

其中(参见 ㉔) 由第 4 节 ⑨ 及 ⑩ 有

$$S_{1D} \ll \Delta v \cdot R \cdot R^* h^{\frac{1}{2}} + \Delta v \cdot h^{-\frac{1}{2}} \quad ⑩$$

$$S_{2D} \ll R(N + R^*) N^{-1} \ll R + h^{-\frac{1}{2}} \quad ⑪$$

及

$$S_{3D} \ll R \cdot \sqrt{R^*} \ll t^{-\frac{1}{4}} (y_1 y_2 y_3)^{-\frac{1}{2}} R^{\frac{3}{4}} N^{\frac{9}{4}} \quad ⑫$$

仿第 4 节 ㉕ 有

$$\Delta v = \psi_{xy}^0 \Delta x + \psi_{yy}^0 \Delta y \ll R^{*-1} \cdot N \quad ⑬$$

由 ⑨ ~ ⑬ 知

$$S_0 \ll t^{\frac{1}{2}} \lambda^7 R^{\frac{1}{2}} N^{-\frac{5}{2}} + R\log t + h^{-\frac{1}{2}} + t^{-\frac{1}{4}} (y_1 y_2 y_3)^{-\frac{1}{2}} R^{\frac{3}{4}} N^{\frac{9}{4}} \quad ⑭$$

结合 ⑤ 得到

$$S \ll \frac{RN}{\lambda^{\frac{1}{2}}} + t^{\frac{1}{6}}\lambda^{\frac{7}{8}}R^{\frac{15}{16}}N^{\frac{9}{16}} + RN^{\frac{7}{8}}\log^{\frac{1}{8}}t +$$

$$t^{-\frac{1}{16}}\lambda^{-\frac{7}{8}}R^{\frac{15}{16}}N^{\frac{21}{16}}\log^{\frac{1}{8}}\lambda + t^{-\frac{1}{32}}\lambda^{-\frac{7}{16}}R^{\frac{31}{32}}N^{\frac{37}{32}} \tag{15}$$

取

$$\lambda = t^{-\frac{1}{22}}R^{\frac{1}{22}}N^{\frac{7}{22}} \tag{16}$$

由 ②③⑮ 及 ⑯ 得到

$$S \leqslant t^{\frac{1}{44}}R^{\frac{43}{44}}N^{\frac{37}{44}} \tag{17}$$

又由 ② 及 ⑯ 立即导出条件(* * * *). 故在 G' 中 S 的估计式 ⑪ 恒成立.

我们有

$$S_2^* = \sum_p \sum_q \left(\sum_{\substack{2^p \leqslant x < 2^{p+1} \\ U_2 \leqslant x < U_1}} \sum_{\substack{2^q \leqslant y < 2^{q+1} \\ x \leqslant y \leqslant \frac{U}{x}}} \frac{e^{2\pi i\sqrt{txy}}}{(xy)^{\frac{3}{4}}} \right) \tag{18}$$

仿第 5 节,由 ⑰ 我们得到

$$S_2^* \ll t^{\frac{1}{44}}U^{\frac{1}{11}}U_1^{\frac{3}{22}}\log t \tag{19}$$

结合第 3 节 ② 最后得到

$$S_2^* \ll t^{\frac{3}{40}}\log^{\frac{13}{10}}t \tag{20}$$

2. 令

$$S_3^* = \sum_{(x,y)\in G''} \frac{e^{2\pi i\sqrt{txy}}}{(xy)^{\frac{3}{4}}} \tag{21}$$

式中 G'' 表示区域

$$G'': x < U_2, x \leqslant y, xy \leqslant U, U_2 = At^{\frac{97}{720}+\varepsilon} \tag{22}$$

首先考虑和数

$$S_M = \sum_{\frac{1}{2}\times\frac{M}{x} < y \leqslant \frac{M}{x}} \frac{e^{2\pi i\sqrt{txy}}}{(xy)^{\frac{3}{4}}} \tag{23}$$

我们在第 2 节引理 8 中,取 $k=4$,并取

$$f(y) = t^{\frac{1}{2}}x^{\frac{1}{2}}y^{\frac{1}{2}} \tag{24}$$

则有

$$f^{(4)}(y)=At^{\frac{1}{2}}x^{\frac{1}{2}}y^{-\frac{7}{2}} \tag{25}$$

由第 2 节引理 1，立即导出

$$\begin{aligned}S_M &\ll M^{-\frac{3}{4}}\left(t^{\frac{1}{28}}x^{\frac{1}{28}}\left(\frac{M}{x}\right)^{\frac{21}{28}}+t^{-\frac{1}{28}}x^{-\frac{1}{28}}\left(\frac{M}{x}\right)\right)\\ &=t^{\frac{1}{28}}x^{-\frac{5}{7}}+t^{-\frac{1}{28}}x^{-\frac{29}{28}}M^{\frac{1}{4}}\end{aligned} \tag{26}$$

令 $M=U,\frac{1}{2}U,\frac{1}{4}U,\cdots$，结合 ㉑㉒ 及第 3 节 ②，我们得到

$$S_3^*=\sum_x\sum_n S_{2^{-n}U}\ll t^{\frac{1}{28}+\varepsilon}U_2^{\frac{2}{7}}+t^{-\frac{1}{28}}U^{\frac{1}{4}}=o(t^{\frac{3}{40}}) \tag{27}$$

由第 2 节引理 9，当 t 是半整数 $1\leqslant U\leqslant t^{\frac{1}{2}}$ 时有

$$\Delta(t)=\frac{t^{\frac{1}{4}}}{\pi\sqrt{2}}\sum_{mn\leqslant U}\frac{\cos\left(4\pi\sqrt{tmn}-\frac{1}{4}\pi\right)}{(mn)^{\frac{3}{4}}}+O(t^{\frac{1}{2}}U^{-\frac{1}{2}}\log^2 t)$$

注意到三角和中指数函数关于 x,y 的对称性，立即得到

$$\Delta(t)\ll t^{\frac{1}{4}}(2S_1^*+2S_2^*+2S_3^*-S_4^*)+t^{\frac{1}{2}}U^{-\frac{1}{2}}\log^2 t$$

其中 S_1^*,S_2^*,S_3^* 的定义见第 5 节 ⑰ 及本节 ① 和 ㉑，而

$$S_4^*=\sum_{\substack{xy\leqslant U\\x=y}}\frac{e^{2\pi i\sqrt{txy}}}{(xy)^{3/4}}=O(1)$$

由第 5 节 ⑲，本节 ㉑㉗ 及第 3 节 ②，最后得到

$$\Delta(t)\ll t^{\frac{13}{40}}\log^{\frac{13}{40}}t$$

这就是所要求的结果，关于对数因子的指数，还可以降低，不过这已经没有多大意义了.

第二编

三维除数问题

陈景润谈“关于三维除数问题”

第4章

用 $d_3(n)$ 记将 n 表示成为三个因子乘积的方法数，则有渐近公式

$$\sum_{n\leqslant x} d_3(n) = xP_3(\log x) + \Delta_3(x)$$

此处 $P_3(\log x)$ 为 $\log x$ 的一个二次多项式，也就是 $\zeta^3(x)\dfrac{x^{s-1}}{s}$ 在极点 $s=1$ 处的留数，又用 α_3 表示使

$$\Delta_3(x) = O(x^{\alpha})$$

成立的 α 的下确界，沃罗诺伊、瓦尔菲施、阿特金森、兰金(Rankin)、越民义、尹文霖、越民义和吴方曾分别证明了

$$\alpha_3 \leqslant \frac{1}{2}, \frac{43}{87}, \frac{37}{75}, 0.493\ 146\ 6\cdots, \frac{14}{29}, \frac{25}{52}, \frac{10}{21}, \frac{8}{17}$$

在本章中，我们将证明

$$\alpha_3 \leqslant \frac{5}{11}$$

令 $X = [x^{\frac{7}{11}}]$，又令

$$\Omega=\Omega_{PQR}=\sum_{P<p\leqslant 2P}\sum_{\substack{Q<q\leqslant 2Q\\ pqr\leqslant X}}\sum_{R<r\leqslant 2R}\mathrm{e}^{6\pi\mathrm{i}(xpqr)^{\frac{1}{3}}}$$

及 $C=C_{PQR}=PQR$. 在本章中我们将给 Ω 以若干不同的估计. 先叙述两个引理,这两个引理在[1]中已经证明过了,故不赘述.

引理 1 假设 H,U,A,q,r 是满足条件

$$H>0,U^2\gg A\gg 1,0<r-q\ll U$$

的实数,在区间 $q<x\leqslant r$ 中实函数 $f(x)$ 和 $\varphi(x)$ 满足不等式

$$A^{-1}\ll f''(x)\ll A^{-1},\varphi(x)\ll H$$

同时上述的区间又可以分为有限个区间,在其中任一个区间内,函数 $\varphi(x)$ 和 $f(x)$ 都是单调的,则有

$$\sum_{q<x\leqslant r}\varphi(x)\mathrm{e}^{2\pi\mathrm{i}f(x)}\ll H\left(\frac{U}{\sqrt{A}}+\sqrt{A}+\ln(U+1)\right)$$

引理 2 假设 H,U,A,q,r 是满足条件

$$H>0,U^2\gg A\gg 1,0<r-q\ll U$$

的实数,$f(x)$ 和 $\varphi(x)$ 都是次数不超过某常数的代数函数,同时假设它们在区间 $q<x\leqslant r$ 中满足条件

$$A^{-1}\ll f''(x)\ll A^{-1},f'''(x)\ll\frac{1}{AU}$$

$$H\ll\varphi(x)\ll H,\varphi'(x)\ll HU^{-1},\varphi''(x)\ll HU^{-2}$$

则存在公式

$$\sum_{q<x\leqslant r}\varphi(x)\mathrm{e}^{2\pi\mathrm{i}f(x)}=\sum_{f'(q)\leqslant k\leqslant f'(r)}Z_k+O(HT+H(\log U+1))$$

而 x_k 由等式 $f'(x_k)=k$ 所决定. 如果 k 和 $f'(q)$ 或 $f'(r)$ 没有一个相同,则取 $b_k=1$,如果 k 和 $f'(q)$ 或 $f'(r)$ 有一个相同,则取 $b_k=0.5$. 最后 $T\ll\sqrt{A}$,而对于非整数的 $f'(q)$ 与 $f'(r)$ 又有

$$T\ll\max\left(\frac{1}{f'(q)},\frac{1}{f'(r)}\right)$$

首先我们假设

$$C^{\frac{1}{3}} \leqslant R \leqslant C^{\frac{1}{2}}$$

现在我们要对这个和式

$$\sum_{P<p\leqslant 2P} \sum_{\substack{Q<q\leqslant 2Q \\ pqr\leqslant X}} \sum_{R<r\leqslant 2R} \mathrm{e}^{6\pi \mathrm{i}(xpqr)^{\frac{1}{3}}}$$

进行估值,显然我们有

$$\sum_{P<p\leqslant 2P} \sum_{Q<q\leqslant 2Q} \sum_{R<r\leqslant \min(2R,\frac{X}{pq})} \mathrm{e}^{6\pi \mathrm{i}(xpqr)^{\frac{1}{3}}}$$

$$\ll x^{\varepsilon} \sum_{PQ<y\leqslant 4PQ} \left| \sum_{R<r\leqslant \min\left(2R,\frac{X}{y}\right)} \mathrm{e}^{6\pi \mathrm{i}(xyr)^{\frac{1}{3}}} \right|$$

令 $h=[C^{\frac{23}{42}}x^{-\frac{1}{6}}]$,并使用记号 I_y 来表示一个最大的正整数,它使得不等式

$$R+hI_y \ll \min\left(2R,\frac{X}{y}\right)$$

成立,显然我们有

$$\sum_{PQ<y\leqslant 4PQ} \left| \sum_{R<r\leqslant \min\left(2R,\frac{X}{y}\right)} \mathrm{e}^{6\pi \mathrm{i}(xyr)^{\frac{1}{3}}} \right|$$

$$\ll \sum_{PQ<y\leqslant 4PQ} \left(\sum_{k=0}^{2[Rh-1]} |S_k| + \left| \sum_{hI_y<r\leqslant \min\left(2R,\frac{X}{y}\right)} \mathrm{e}^{6\pi \mathrm{i}(xyr)^{\frac{1}{3}}} \right| \right) \quad ①$$

这里

$$S_k = \sum_{R+kh<r\leqslant R+(k+1)h} \mathrm{e}^{6\pi \mathrm{i}(xyr)^{\frac{1}{3}}}$$

现在我们要对和式

$$\sum_{PQ<y\leqslant 4PQ} |S_k|$$

进行估值.我们令 $l=r-r'$,显然有

$$\Big(\sum_{PQ<y\leqslant 4PQ} |S_k|\Big)^2$$

$$\ll (PQ)^2 h +$$

$$(PQ)\sum_{R+kh<r\leqslant R+(k+1)h}\ \sum_{\substack{R+kh<r'\leqslant R+(k+1)h\\ r>r'}}\ \sum_{PQ<y\leqslant 4PQ}e^{6\pi i x^{\frac{1}{3}}(r^{\frac{1}{3}}-r'^{\frac{1}{3}})y^{\frac{1}{3}}}$$

$$=(PQ)^2h+$$

$$(PQ)\sum_{R+kh<r\leqslant R+(k+1)h}\ \sum_{0<l\leqslant r-R-kh}\ \sum_{PQ<y\leqslant 4PQ}e^{6\pi i x^{\frac{1}{3}}(r^{\frac{1}{3}}-(r-l)^{\frac{1}{3}})y^{\frac{1}{3}}}$$

$$=(PQ)^2h+$$

$$(PQ)\sum_{0<l\leqslant h}\ \sum_{l+R+kh<r\leqslant R+(k+1)h}\ \sum_{PQ<y\leqslant 4PQ}e^{6\pi i x^{\frac{1}{3}}(r^{\frac{1}{3}}-(r-l)^{\frac{1}{3}})y^{\frac{1}{3}}} \qquad ②$$

对于和式

$$\sum_{PQ<y\leqslant 4PQ}e^{6\pi i x^{\frac{1}{3}}(r^{\frac{1}{3}}-(r-l)^{\frac{1}{3}})y^{\frac{1}{3}}}$$

下面将使用引理 2，我们令 $f(y,r)=3x^{\frac{1}{3}}(r^{\frac{1}{3}}-(r-l)^{\frac{1}{3}})y^{\frac{1}{3}}$，则有

$$\frac{\partial}{\partial y}f(y,r)=x^{\frac{1}{3}}(r^{\frac{1}{3}}-(r-l)^{\frac{1}{3}})y^{-\frac{2}{3}}$$

$$\frac{\partial^2}{\partial y^2}f(y,r)=-\frac{2}{3}x^{\frac{1}{3}}(r^{\frac{1}{3}}-(r-l)^{\frac{1}{3}})y^{-\frac{5}{3}}$$

由式$(r^{\frac{1}{3}}-(r-l)^{\frac{1}{3}})x^{\frac{1}{3}}y_v^{-\frac{2}{3}}=v$，我们可以得到

$$y_v=x^{\frac{1}{2}}(r^{\frac{1}{3}}-(r-l)^{\frac{1}{3}})^{\frac{3}{2}}v^{-\frac{3}{2}}$$

$$f(y_v)-vy_v=2x^{\frac{1}{2}}(r^{\frac{1}{3}}-(r-l)^{\frac{1}{3}})^{\frac{3}{2}}v^{-\frac{1}{2}}$$

$$\left[\frac{\partial^2}{\partial y^2}f(y,r)\right]_{y=y_v}=-\frac{2}{3}x^{-\frac{1}{2}}(r^{\frac{1}{3}}-(r-l)^{\frac{1}{3}})^{-\frac{3}{2}}v^{\frac{5}{2}}$$

由前面这两个式子及引理 2，我们可以得到

$$\sum_{PQ<y\leqslant 4PQ}e^{6\pi i x^{\frac{1}{3}}(r^{\frac{1}{3}}-(r-l)^{\frac{1}{3}})y^{\frac{1}{3}}}$$

$$=\sum_{v_1<v\leqslant v_2}\frac{e^{4\pi i x^{\frac{1}{2}}(r^{\frac{1}{3}}-(r-l)^{\frac{1}{3}})^{\frac{3}{2}}v^{-\frac{1}{2}}}}{\sqrt{-\frac{2}{3}x^{-\frac{1}{4}}(r^{\frac{1}{3}}-(r-l)^{\frac{1}{3}})^{-\frac{3}{4}}v^{\frac{5}{4}}}}+$$

$$O(x^{-\frac{1}{6}}C^{\frac{1}{3}}(PQ)^{\frac{1}{2}}l^{-\frac{1}{2}}) \qquad ③$$

$$v_1=v_1(r)=\left[\frac{\partial}{\partial y}f(y,r)\right]_{y=4PQ}$$

$$v_2=v_2(r)=\left[\frac{\partial}{\partial y}f(y,r)\right]_{y=PQ}$$

我们知道 $v_1(r)$ 和 $v_2(r)$ 都是 r 的递减函数,令 $w_1(v)$ 为 $v=v_1(r)$ 关于 r 的函数,$w_2(v)$ 为 $v=v_2(r)$ 关于 r 的反函数,交换和号的次序我们可得到

$$\sum_{kh<r\leqslant R+(k+1)h}\ \sum_{v_1(r)<v\leqslant v_2(r)}\sqrt{-\frac{3}{2}x^{\frac{1}{4}}(r^{\frac{1}{3}}-(r-l)^{\frac{1}{3}})^{\frac{3}{4}}v^{-\frac{5}{4}}}\,e^{4\pi i x^{\frac{1}{2}}(r^{\frac{1}{3}}-(r-l)^{\frac{1}{3}})^{\frac{3}{2}}v^{-\frac{1}{2}}}$$

$$=\sum_{v_1(R+(k+1)h)<v\leqslant v_2(R+l+kh)}\ \sum_{\max(k+l+kh,w_1(v))<r\leqslant\min(R+(k+1)h,w_2(v))}\frac{e^{4\pi i x^{\frac{1}{2}}(r^{\frac{1}{3}}-(r-l)^{\frac{1}{3}})^{\frac{3}{2}}v^{-\frac{1}{2}}}}{\sqrt{-\frac{2}{3}x^{-\frac{1}{4}}(r^{\frac{1}{3}}-(r-l)^{\frac{1}{3}})^{-\frac{3}{4}}v^{\frac{5}{4}}}}\qquad ③'$$

由于$(r^{\frac{1}{3}}-(r-l)^{\frac{1}{3}})^{\frac{3}{4}}$和$(r^{\frac{1}{3}}-(r-l)^{\frac{1}{3}})^{\frac{3}{2}}$都是 r 的代数函数,所以我们可以先来考虑和式

$$\sum_{\max(R+l+kh,w_1(v))<r\leqslant\min(R+(k+1)h,w_2(v))}e^{4\pi i x^{\frac{1}{2}}(r^{\frac{1}{3}}-(r-l)^{\frac{1}{3}})^{\frac{3}{2}}v^{-\frac{1}{2}}}\qquad ④$$

令 $F(r,l)=2x^{\frac{1}{2}}v^{-\frac{1}{2}}\{r^{\frac{1}{3}}-(r-l)^{\frac{1}{3}}\}^{\frac{3}{2}}$,则有

$$\frac{\partial}{\partial r}F(r,l)=x^{\frac{1}{2}}v^{-\frac{1}{2}}\{r^{\frac{1}{3}}-(r-l)^{\frac{1}{3}}\}^{\frac{1}{2}}\{r^{-\frac{2}{3}}-(r-l)^{-\frac{2}{3}}\}$$

$$\frac{\partial^2}{\partial r^2}F(r,l)$$

$$=\frac{1}{6}x^{\frac{1}{2}}v^{-\frac{1}{2}}\{r^{\frac{1}{3}}-(r-l)^{\frac{1}{3}}\}^{-\frac{1}{2}}[-3r^{-\frac{4}{3}}-3(r-l)^{-\frac{4}{3}}]-$$

$$2r^{-\frac{2}{3}}(r-l)^{-\frac{2}{3}}+4(r-l)^{\frac{1}{3}}r^{-\frac{5}{3}}+4(r-l)^{-\frac{5}{3}}r^{\frac{1}{3}}$$

$$=\frac{1}{6}x^{\frac{1}{2}}v^{-\frac{1}{2}}\{r^{\frac{1}{3}}-(r-l)^{\frac{1}{3}}\}^{-\frac{1}{2}}G(r,l)$$

$$\frac{\partial^3}{\partial r^3}F(r,l)$$

$$=\frac{1}{36}x^{\frac{1}{2}}v^{-\frac{1}{2}}(r^{\frac{1}{3}}-(r-l)^{\frac{1}{3}})^{-\frac{3}{2}}[40r^{-\frac{8}{3}}(r-l)^{\frac{2}{3}}]-$$

$$68r^{-\frac{7}{3}}(r-l)^{\frac{1}{3}}+27r^{-2}-12r^{-\frac{5}{3}}(r-l)^{-\frac{1}{3}}+$$
$$15r^{-\frac{4}{3}}(r-l)^{-\frac{2}{3}}-15r^{-\frac{2}{3}}(r-l)^{-\frac{4}{3}}+$$
$$12r^{-\frac{1}{3}}(r-l)^{-\frac{5}{3}}-27(r-l)^{-2}+68r^{\frac{1}{3}}(r-l)^{-\frac{7}{3}}-$$
$$40r^{\frac{2}{3}}(r-l)^{-\frac{8}{3}}$$
$$=\frac{1}{36}x^{\frac{1}{2}}v^{-\frac{1}{2}}(r^{\frac{1}{3}}-(r-l)^{\frac{1}{3}})^{-\frac{3}{2}}H(r,l)$$

由于 $l\leqslant R$,我们就可以使用中值定理关于 l 展开,即得

$$G(r,l)=G(r,0)+l\left[\frac{\partial}{\partial l}G(r,l)\right]_{l=0}+\frac{l^2}{2}\left[\frac{\partial^2}{\partial l^2}G(r,l)\right]_{l=Q_1}\quad(0<Q_1<l)$$

$$H(r,l)=H(r,0)+l\left[\frac{\partial}{\partial l}H(r,l)\right]_{l=0}+\frac{l^2}{2}\left[\frac{\partial^2}{\partial l^2}H(r,l)\right]_{l=0}+\frac{l^3}{3!}\left[\frac{\partial^3}{\partial l^3}H(r,l)\right]_{l=Q_2}\quad(0<Q_2\leqslant l)$$

由上面的式子及 $l\leqslant R$,我们就可以得到

$$x^{\frac{1}{2}}v^{-\frac{1}{2}}R^{-3}l^{\frac{3}{2}}\ll\frac{\partial^2}{\partial r^2}F(r,l)\ll x^{\frac{1}{2}}v^{-\frac{1}{2}}R^{-3}l^{\frac{3}{2}}$$

$$x^{\frac{1}{2}}v^{-\frac{1}{2}}R^{-4}l^{\frac{3}{2}}\ll\frac{\partial^3}{\partial r^3}F(r,l)\ll x^{\frac{1}{2}}v^{-\frac{1}{2}}R^{-4}l^{\frac{3}{2}}$$

由于

$$x^{\frac{1}{3}}C^{-\frac{2}{3}}l\ll v\ll x^{\frac{1}{3}}C^{-\frac{2}{3}}l\qquad ⑤$$

$$x^{\frac{1}{3}}C^{\frac{1}{3}}R^{-3}l\ll\frac{\partial^2}{\partial r^2}F(r,l)\ll x^{\frac{1}{3}}C^{\frac{1}{3}}R^{-3}l$$

$$x^{\frac{1}{3}}C^{\frac{1}{3}}R^{-4}l\ll\frac{\partial^3}{\partial r^3}F(r,l)\ll x^{\frac{1}{3}}C^{\frac{1}{3}}R^{-4}l\qquad ⑥$$

现在我们分为两种情况对式 ④ 进行估值.

当 $C^{\frac{1}{3}} \leqslant R \leqslant C^{\frac{3}{7}}$ 时，如果我们有 $x^{\frac{1}{3}}C^{\frac{1}{3}}R^{-3}l \ll \frac{C^{\frac{4}{7}}}{Rh}$，由式 ⑥ 及引理 1，我们有

$$\sum_{r} \mathrm{e}^{4\pi \mathrm{i} x^{\frac{1}{2}}\left(r^{\frac{1}{3}}-(r-l)^{\frac{1}{3}}\right)^{\frac{3}{2}} v^{-\frac{1}{2}}} \ll h^{\frac{1}{2}}C^{\frac{2}{7}}R^{-\frac{1}{2}} + x^{-\frac{1}{6}}C^{-\frac{1}{6}}R^{\frac{3}{2}}l^{-\frac{1}{2}} \tag{⑦}$$

如果

$$x^{\frac{1}{3}}C^{\frac{1}{3}}R^{-3}l \gg \frac{C^{\frac{4}{7}}}{Rh} \tag{⑧}$$

则选取 ρ 使得

$$C^{\frac{4}{7}}R^{-2} \ll x^{\frac{1}{3}}C^{\frac{1}{3}}R^{-4}l\rho \ll C^{\frac{4}{7}}R^{-2}$$

由式 ⑧ 及 $R \geqslant C^{\frac{1}{3}}$ 就可以得到

$$\rho \leqslant \frac{C^{\frac{4}{7}}R^{-1}}{x^{\frac{1}{3}}C^{\frac{1}{3}}R^{-3}l} \ll h$$

$$\rho \geqslant x^{-\frac{1}{3}}C^{-\frac{1}{3}}C^{\frac{4}{7}}R^{2}l^{-1} \gg x^{-\frac{1}{3}}C^{\frac{4}{7}}Rl^{-1}$$

由引理 1 及[2] 中的引理 2 可以得到

$$\begin{aligned}
&\sum_{r} \mathrm{e}^{4\pi \mathrm{i} x^{\frac{1}{2}}\left(r^{\frac{1}{3}}-(r-l)^{\frac{1}{3}}\right)^{\frac{3}{2}} v^{-\frac{1}{2}}} \\
&\ll \frac{h}{\rho^{\frac{1}{2}}} + \frac{h^{\frac{1}{2}}}{\rho^{\frac{1}{2}}}\left\{\sum_{s=1}^{\rho}\left|\sum_{r}\mathrm{e}^{2\pi \mathrm{i}(F(r+s,l)-F(r,l))}\right|\right\}^{\frac{1}{2}} \\
&\ll x^{\frac{1}{6}}C^{-\frac{2}{7}}R^{-\frac{1}{2}}l^{\frac{1}{2}}h + \frac{h^{\frac{1}{2}}}{\rho^{\frac{1}{2}}}\left\{\sum_{s=1}^{\rho}\left(hC^{\frac{2}{7}}R^{-1} + \left(\frac{s}{\rho}\right)^{-\frac{1}{2}}RC^{-\frac{2}{7}}\right)\right\}^{\frac{1}{2}} \\
&\ll x^{\frac{1}{6}}C^{-\frac{2}{7}}R^{-\frac{1}{2}}l^{\frac{1}{2}}h + hC^{\frac{1}{7}}R^{-\frac{1}{2}} + h^{\frac{1}{2}}R^{\frac{1}{2}}C^{-\frac{1}{7}}
\end{aligned} \tag{⑨}$$

由 ⑤⑦⑨ 及[1] 中的引理 1，我们有

$$PQ\sum_{0<l\leqslant h}\sum_{v_1(R+(k+1)h)<v\leqslant v_2(R+l+kh)}\sum_{\max(R+l+kh,w_1(v))\leqslant r\leqslant\min(R+(k+1)h,w_2(v))}\frac{e^{4\pi i x^{\frac{1}{2}}(r^{\frac{1}{3}}-(r-l)^{\frac{1}{3}})^{\frac{3}{2}}v^{-\frac{1}{2}}}}{\sqrt{-\frac{2}{3}x^{-\frac{1}{2}}(r^{\frac{1}{3}}-(r-l)^{\frac{1}{3}})^{-\frac{3}{2}}v^{\frac{5}{2}}}}$$

$$\ll CR^{-1}\sum_{0<l\leqslant h}\left\{\frac{x^{\frac{1}{4}}R^{-\frac{1}{2}}l^{\frac{3}{4}}}{(x^{\frac{1}{3}}C^{-\frac{2}{3}}l)^{\frac{1}{4}}}\left[x^{\frac{1}{6}}C^{-\frac{2}{7}}R^{-\frac{1}{2}}l^{\frac{1}{2}}h+hC^{\frac{1}{7}}R^{-\frac{1}{2}}+h^{\frac{1}{2}}R^{\frac{1}{2}}C^{-\frac{1}{7}}+h^{\frac{1}{2}}C^{\frac{2}{7}}R^{-\frac{1}{2}}+x^{-\frac{1}{6}}C^{-\frac{1}{6}}R^{\frac{3}{2}}l^{-\frac{1}{2}}\right]\right\}$$

$$\ll x^{\frac{1}{3}}h^{3}R^{-2}C^{\frac{37}{42}}+x^{\frac{1}{6}}h^{\frac{5}{2}}R^{-2}C^{\frac{55}{42}}+x^{\frac{1}{6}}h^{2}R^{-1}C^{\frac{43}{42}}+x^{\frac{1}{6}}C^{\frac{61}{42}}R^{-2}h^{2}+Ch \qquad ⑩$$

由 ②③③′⑩，$h=x^{-\frac{1}{6}}C^{\frac{23}{42}}$，$R\leqslant C^{\frac{3}{7}}$ 及 $C\ll x^{\frac{7}{11}}$，我们就得到

$$\sum_{PQ\leqslant y\leqslant 4PQ}|S_k|$$
$$\ll CR^{-1}h^{\frac{1}{2}}+x^{\frac{1}{6}}h^{\frac{3}{2}}R^{-1}C^{\frac{37}{84}}+x^{\frac{1}{12}}h^{\frac{5}{4}}R^{-1}C^{\frac{55}{84}}+x^{\frac{1}{12}}hR^{-\frac{1}{2}}C^{\frac{43}{84}}+x^{\frac{1}{12}}C^{\frac{61}{84}}R^{-1}h+C^{\frac{1}{2}}h^{\frac{1}{2}}+x^{-\frac{1}{12}}C^{\frac{11}{12}}R^{-\frac{3}{4}}h^{\frac{3}{4}}$$
$$\ll x^{\frac{1}{12}}C^{\frac{61}{84}}R^{-1}h$$

故有

$$\sum_{k=0}^{2\left[\frac{R}{h}\right]}\sum_{PQ<y\leqslant 4PQ}|S_k|\leqslant x^{\frac{1}{12}}C^{\frac{61}{84}} \qquad ⑪$$

当 $C^{\frac{3}{7}}\leqslant R\leqslant C^{\frac{1}{2}}$，由于

$$x^{\frac{1}{3}}C^{\frac{1}{3}}R^{-3}l\leqslant\frac{\partial^2}{\partial r^2}F(r,l)\ll x^{\frac{1}{3}}C^{\frac{1}{3}}R^{-3}l$$

故由引理 1，我们有

$$\sum_r e^{4\pi i x^{\frac{1}{2}}(r^{\frac{1}{3}}-(r-l)^{\frac{1}{3}})^{\frac{3}{2}}v^{-\frac{1}{2}}}$$

$$\ll h(x^{\frac{1}{6}}C^{\frac{1}{6}}R^{-\frac{3}{2}}l^{\frac{1}{2}})+x^{-\frac{1}{6}}C^{-\frac{1}{6}}R^{\frac{3}{2}}l^{-\frac{1}{2}} \tag{⑫}$$

故由 ⑤⑫，$C^{\frac{3}{7}}\leqslant R\leqslant C^{\frac{1}{2}}$，$C\ll x^{\frac{7}{11}}$ 及[1]中的引理 1，我们有

$$PQ\sum_{0<l\leqslant h}\sum_{v_1(R+(k+1)h)\leqslant v\leqslant v_2(R+l+kh)}\sum_{\max(R+l+kh,w_1(v))\leqslant r\leqslant\min(R+(k+1)h,w_2(v))}x^{\frac{1}{4}}(r^{\frac{1}{3}}-(r-l)^{\frac{1}{3}})^{\frac{3}{4}}\cdot v^{-\frac{5}{4}}\mathrm{e}^{4\pi\mathrm{i}x^{\frac{1}{2}}(r^{\frac{1}{3}}-(r-l)^{\frac{1}{3}})^{\frac{3}{2}}v^{-\frac{1}{2}}}$$

$$\ll PQ\sum_{0<l\leqslant h}\left\{\frac{x^{\frac{1}{4}}R^{-\frac{1}{2}}l^{\frac{3}{4}}}{(x^{\frac{1}{3}}C^{-\frac{2}{3}}l)^{\frac{1}{4}}}\cdot(hx^{\frac{1}{6}}C^{\frac{1}{6}}R^{-\frac{3}{2}}l^{\frac{1}{2}}+x^{-\frac{1}{6}}C^{-\frac{1}{6}}R^{\frac{3}{2}}l^{-\frac{1}{2}})\right\}$$

$$\ll x^{\frac{1}{6}}R^{-2}h^2C^{\frac{61}{42}}+Ch \tag{⑬}$$

由 ②③③′⑬，$C^{\frac{3}{7}}<R\leqslant C^{\frac{1}{2}}$，$C\ll x^{\frac{7}{11}}$，我们有

$$\sum_{PQ<y\leqslant 4PQ}|S_k|\ll x^{\frac{1}{12}}R^{-1}hC^{\frac{61}{84}}+C^{\frac{1}{2}}h^{\frac{1}{2}}+x^{-\frac{1}{12}}C^{\frac{11}{12}}R^{-\frac{3}{4}}h^{\frac{3}{4}}$$

$$\ll x^{\frac{1}{12}}R^{-1}hC^{\frac{61}{84}}$$

故有

$$\sum_{k=0}^{2\left[\frac{R}{h}\right]}\sum_{PQ<y\leqslant 4PQ}|S_k|\ll x^{\frac{1}{12}}C^{\frac{61}{84}} \tag{⑭}$$

我们将对和式

$$\sum_{PQ<y\leqslant 4PQ}\left|\sum_{hI_y<r\leqslant\min\left(2R,\frac{X}{y}\right)}\mathrm{e}^{6\pi\mathrm{i}(xyr)^{\frac{1}{3}}}\right| \tag{⑮}$$

进行估值. 当 $C^{\frac{3}{7}}<R\leqslant C^{\frac{1}{2}}$ 时，显然我们有

$$\sum_{PQ<y\leqslant 4PQ}\left|\sum_{hI_y<r\leqslant\min\left(2R,\frac{X}{y}\right)}\mathrm{e}^{6\pi\mathrm{i}(xyr)^{\frac{1}{3}}}\right|$$

$$\ll(PQ)h\ll CR^{-1}h\ll x^{\frac{1}{12}}C^{\frac{61}{84}} \tag{⑯}$$

这里我们用到 $h=x^{-\frac{1}{6}}C^{\frac{23}{42}}$，$C\leqslant x^{\frac{7}{11}}$，$R>C^{\frac{3}{7}}$.

现在我们将对 $C^{\frac{1}{3}}<R\leqslant C^{\frac{3}{7}}$ 时的式 ⑮ 进行估值.

我们知道如果 $X > 8C$,则 $\min\left(2R,\frac{X}{y}\right)=2R$,故 I_y 与 y 无关,则使用下面的方法可知道式 ⑰ 能够成立. 当 $X < 8C$ 时,我们知道如果 y 在某区间内变动,该区间的始点设为 D,而该区间的长度远小于$\frac{h[PQ]}{R}x^{-\varepsilon}$,即为 $y=D+y_1$,其中 $PQ < D \leqslant 4PQ, 0 \leqslant y_1 \leqslant \frac{h[PQ]}{R}x^{-\varepsilon}$,则$\frac{X}{y}$ 的变动范围不超过 $hx^{-\frac{\varepsilon}{2}}$,这是因为

$$\begin{aligned}\left|\frac{X}{y}-\frac{X}{D}\right| &= \left|\frac{X}{D+y_1}-\frac{X}{D}\right| \\ &= \left|\frac{X}{D}\left(1-\frac{y_1}{D}+\frac{y_1^2}{D^2}-\cdots\right)-\frac{X}{D}\right| \\ &\ll hx^{-\frac{\varepsilon}{2}}\end{aligned}$$

所以说我们可以将 y 所经过的区间 $PQ < y \leqslant 4PQ$ 分成不多于$\frac{R}{h}x^{\varepsilon}$ 个子区间,使得其中任一个子区间的长度远小于$\frac{h(PQ)}{R}x^{-\varepsilon}$,并且当 y 在其中任取的某一个子区间$\left[E,E+\frac{h(PQ)}{R}x^{-\varepsilon}\right]$内变动时,则 I_y 恒等于 I_E.

令 $l=r-r'$,由于引理 1 及 $\min\left(2R,\frac{X}{y}\right)-I_E h \ll h$, $h=x^{-\frac{1}{6}}C^{\frac{23}{42}}, C^{\frac{1}{3}} \ll R \ll C^{\frac{3}{7}}, (PQ) \ll C^{\frac{2}{3}}, C \ll x^{\frac{7}{11}}$ 和[6]中的第 171 页,我们有

$$\left(\sum_{E<y\leqslant E+\frac{h(PQ)}{R}x^{-\varepsilon}}\left|\sum_{I_E h<r\leqslant \min\left(2R,\frac{X}{y}\right)} e^{6\pi i(xyr)^{\frac{1}{3}}}\right|\right)^2$$

$$\ll\left(\frac{1}{4X}\sum_{E<y\leqslant E+\frac{h(PQ)}{R}x^{-\varepsilon}}\left|\sum_{I_E h<r\leqslant \min\left(2R,\frac{X}{E}\right)} e^{6\pi i(xyr)^{\frac{1}{3}}}\sum_{s=0}^{X-1}\sum_{k=1}^{4X}e^{2\pi ik\frac{X-ry-s}{4X}}\right|\right)^2$$

$$\ll \left(\frac{1}{4X}\max_{k}\sum_{E<y\leqslant E+\frac{h(PQ)}{R}x^{-\varepsilon}}\left|\sum_{I_E h<r\leqslant\min\left(2R,\frac{X}{E}\right)}\mathrm{e}^{2\pi\mathrm{i}\left\{3(xyr)^{\frac{1}{3}}-\frac{kyr}{4X}\right\}}\right|\cdot\right.$$

$$\left.\sum_{k=1}^{4X}\min\left(X,\frac{1}{\frac{k}{4X}}\right)\right)^2$$

$$\ll\left(\max_{k}\sum_{E<y\leqslant E+\frac{h(PQ)}{R}x^{-\varepsilon}}\left|\sum_{I_E h<r\leqslant\min\left(2R,\frac{X}{E}\right)}\mathrm{e}^{2\pi\mathrm{i}\left\{3(xyr)^{\frac{1}{3}}-\frac{kyr}{4X}\right\}}\right|\right)^2$$

$$\ll\frac{(PQ)^2h^3}{R^2}+\frac{h(PQ)}{R}\sum_{I_E h<r\leqslant\min\left(2R,\frac{X}{E}\right)}\sum_{I_E h<r'\leqslant\min\left(2R,\frac{X}{E}\right)}$$

$$\sum_{E<y\leqslant E+\frac{h(PQ)}{R}x^{-\varepsilon}}\mathrm{e}^{2\pi\mathrm{i}\left\{3x^{\frac{1}{3}}\left(r^{\frac{1}{3}}-r'^{\frac{1}{3}}\right)y^{\frac{1}{3}}-\frac{k(r-r')}{4X}y\right\}}$$

$$\ll\frac{(PQ)^2h^3}{R^2}+\left(\frac{PQh}{R}\right)\sum_{I_E h<r\leqslant\min\left(2R,\frac{X}{E}\right)}$$

$$\sum_{0<l\leqslant h}\left(\frac{hPQ}{R}x^{\frac{1}{6}}C^{-\frac{1}{3}}l^{\frac{1}{2}}(PQ)^{-\frac{1}{2}}+x^{-\frac{1}{6}}C^{\frac{1}{3}}(PQ)^{\frac{1}{2}}l^{-\frac{1}{2}}\right)$$

$$\ll\frac{(PQ)^2h^3}{R^2}+\left(\frac{h}{R}\right)^2\left(x^{\frac{1}{6}}h^{\frac{5}{2}}C^{-\frac{1}{3}}(PQ)^{\frac{3}{2}}+x^{-\frac{1}{6}}C^{\frac{4}{3}}h^{\frac{1}{2}}(PQ)^{\frac{1}{2}}\right)$$

$$\ll x^{\frac{1}{6}}C^{\frac{61}{42}}\left(\frac{h}{R}\right)^2$$

故当 $C^{\frac{1}{3}}<R\leqslant C^{\frac{3}{7}}$ 时,有

$$\sum_{PQ<y\leqslant 4PQ}\left|\sum_{hI_y<r\leqslant\min\left(2R,\frac{X}{y}\right)}\mathrm{e}^{6\pi\mathrm{i}(xyr)^{\frac{1}{3}}}\right|$$

$$\ll\frac{R}{h}x^{\varepsilon}\frac{h}{R}x^{\frac{1}{12}}C^{\frac{61}{84}}$$

$$\ll x^{\frac{1}{12}+\varepsilon}C^{\frac{61}{84}} \tag{17}$$

由 ①⑪⑭⑯ 及 ⑰ 我们得到当 $C^{\frac{1}{3}}<R\leqslant C^{\frac{1}{2}}$ 时,有

$$\sum_{P<p\leqslant 2P}\sum_{Q<q\leqslant 2Q}\sum_{R<r\leqslant\min\left(2R,\frac{X}{pq}\right)}\mathrm{e}^{6\pi\mathrm{i}(xpqr)^{\frac{1}{3}}}\ll x^{\frac{1}{12}}C^{\frac{61}{84}} \tag{18}$$

现在我们假设 $R \geqslant C^{\frac{1}{2}}$，对和式

$$\sum_{P<p\leqslant 2P}\sum_{Q<q\leqslant 2Q}\sum_{R<r\leqslant \min\left(2R,\frac{X}{pq}\right)} e^{6\pi i(xpqr)^{\frac{1}{3}}}$$

进行估值. 显然我们有

$$\sum_{P<p\leqslant 2P}\sum_{Q<q\leqslant 2Q}\left|\sum_{R<r\leqslant \min\left(2R,\frac{X}{y}\right)} e^{6\pi i(xyr)^{\frac{1}{3}}}\right|$$

$$\ll x^{\varepsilon}\sum_{PQ<y\leqslant 4PQ}\left|\sum_{R<r\leqslant \min\left(2R,\frac{X}{y}\right)} e^{6\pi i(xyr)^{\frac{1}{3}}}\right| \qquad ⑲$$

我们令 $g(r)=3(xyr)^{\frac{1}{3}}$，则有

$$\frac{d}{dr}g(r)=(xy)^{\frac{1}{3}}r^{-\frac{2}{3}},\ \frac{d^2}{dr^2}g(r)=-\frac{2}{3}(xy)^{\frac{1}{3}}r^{-\frac{5}{3}}$$

由 $(xy)^{\frac{1}{3}}r_v^{-\frac{2}{3}}=v$ 可以得到 $r_v=(xy)^{\frac{1}{2}}v^{-\frac{3}{2}}$，故有

$$g(r_v)-vr_v=2(xy)^{\frac{1}{2}}v^{-\frac{1}{2}}$$

$$\left[\frac{d^2}{dr^2}g(r)\right]_{r=r_v}=-\frac{2}{3}(xy)^{-\frac{1}{2}}v^{\frac{5}{2}}$$

现在我们使用引理 2 并得到

$$\sum_{PQ<y\leqslant 4PQ}\left|\sum_{R<r\leqslant \min\left(2R,\frac{X}{y}\right)} e^{6\pi i(xyr)^{\frac{1}{3}}}\right|$$

$$\ll \sum_{PQ<y\leqslant 4PQ}\left(\left|\sum_{v_1<v\leqslant v_2}\frac{e^{4\pi i(xy)^{\frac{1}{2}}v^{-\frac{1}{2}}}}{\sqrt{-\frac{2}{3}(xy)^{-\frac{1}{2}}v^{\frac{5}{2}}}}\right|+x^{-\frac{1}{6}}y^{-\frac{1}{6}}r^{\frac{5}{6}}\right)$$

$$\ll \sum_{PQ<y\leqslant 4PQ}\left|\sum_{v_1<v<v_2}x^{\frac{1}{4}}y^{\frac{1}{4}}v^{-\frac{5}{4}}e^{4\pi i(xy)^{\frac{1}{2}}v^{-\frac{1}{2}}}\right|+x^{-\frac{1}{6}}C^{\frac{5}{6}} \qquad ⑳$$

而这里 $v_1=(xy)^{\frac{1}{3}}\left[\min\left(2R,\frac{X}{y}\right)\right]^{-\frac{2}{3}}$，$v_2=(xy)^{\frac{1}{3}}R^{-\frac{2}{3}}$. 由于 $PQ<y\leqslant 4PQ$，$C=PQR$，故有

$$2^{-\frac{2}{3}}x^{\frac{1}{3}}C^{\frac{1}{3}}R^{-1}\leqslant v_1\leqslant v_2\leqslant (4x)^{\frac{1}{3}}C^{\frac{1}{3}}R^{-1}$$

我们将区间 $[2^{-\frac{2}{3}}x^{\frac{1}{3}}C^{\frac{1}{3}}R^{-1},(4x)^{\frac{1}{3}}C^{\frac{1}{3}}R^{-1}]$ 分成不

多于 $2[4x^{\frac{1}{3}}C^{-\frac{1}{3}}]$ 个子区间，并且使得其中的每一个子区间的长度都等于 N，而其中的 $N\leqslant C^{\frac{2}{3}}R^{-1}$，故有

$$\sum_{PQ<y\leqslant 4PQ}\left|\sum_{v_1<v\leqslant v_2}(xy)^{\frac{1}{4}}\frac{e^{4\pi i(xy)^{\frac{1}{2}}v^{-\frac{1}{2}}}}{v^{\frac{5}{4}}}\right|$$

$$\ll\sum_{PQ<y\leqslant 4PQ}\left\{\sum_{k=0}^{2[4x^{\frac{1}{3}}C^{-\frac{1}{3}}]}|S_k|+\frac{x^{\frac{1}{4}}y^{\frac{1}{4}}C^{\frac{2}{3}}R^{-1}}{\{(4x)^{\frac{1}{3}}C^{\frac{1}{3}}R^{-1}\}^{\frac{5}{4}}}\right\}$$

$$\ll\sum_{k=0}^{2[4x^{\frac{1}{3}}C^{-\frac{1}{3}}]}\sum_{PQ<y\leqslant 4PQ}|S_k|+x^{-\frac{1}{6}}C^{\frac{3}{2}}R^{-1} \tag{21}$$

这里的

$$S_k=\sum_{v_k}(xy)^{\frac{1}{4}}\frac{e^{4\pi i(xy)^{\frac{1}{2}}v^{-\frac{1}{2}}}}{v^{\frac{5}{4}}}$$

其中 v_k 经过区间 $[2^{-\frac{2}{3}}x^{\frac{1}{3}}C^{\frac{1}{3}}R^{-1}+kN,2^{-\frac{2}{3}}x^{\frac{1}{3}}C^{\frac{1}{3}}R^{-1}+(k+1)N]$ 中的一切整数. 现在我们来对和式

$$\sum_{PQ<y\leqslant 4PQ}|S_k|$$

进行估值. 显然我们有

$$\Big(\sum_{PQ<y\leqslant 4PQ}|S_k|\Big)^2$$

$$\ll\sum_{v_k}\sum_{v_k'}\sum_{PQ<y\leqslant 4PQ}\frac{(PQ)x^{\frac{1}{2}}y^{\frac{1}{2}}e^{4\pi ix^{\frac{1}{2}}}(v_k^{-\frac{1}{2}}-v_k'^{-\frac{1}{2}})y^{\frac{1}{2}}}{v_k^{\frac{5}{4}}v_k'^{\frac{5}{4}}}$$

$$\ll(PQ)^2x^{\frac{1}{2}}(PQ)^{\frac{1}{2}}\frac{C^{\frac{2}{3}}R^{-1}}{(x^{\frac{1}{3}}C^{\frac{1}{3}}R^{-1})^{\frac{5}{2}}}+$$

$$\sum_{\substack{v_k\\ v_k>v_k'}}\sum_{v_k'}\sum_{PQ<y\leqslant 4PQ}\frac{(PQ)x^{\frac{1}{2}}y^{\frac{1}{2}}e^{4\pi ix^{\frac{1}{2}}}(v_k^{-\frac{1}{2}}-v_k'^{-\frac{1}{2}})y^{\frac{1}{2}}}{v_k^{\frac{5}{4}}v_k'^{\frac{5}{4}}} \tag{22}$$

其中的 v_k 和 v_k' 分别独立地经过区间 $[2^{-\frac{2}{3}}x^{\frac{1}{3}}C^{\frac{1}{3}}R^{-1}+kN,$

$2^{-\frac{2}{3}}x^{\frac{1}{3}}C^{\frac{1}{3}}R^{-1}+(k+1)N]$ 中的一切整数. 令 $l=v_k-v_k'$,对于一个给定的 l,(v_k,v_k') 的解的组数不超过 N,令

$$G(y)=2x^{\frac{1}{2}}(v_k^{-\frac{1}{2}}-v_k'^{-\frac{1}{2}})y^{\frac{1}{2}}$$

则有 $x^{\frac{1}{2}}v_k^{-\frac{3}{2}}l(PQ)^{-\frac{3}{2}}\ll G''(y)\ll x^{\frac{1}{2}}v_k^{-\frac{3}{2}}l(PQ)^{-\frac{3}{2}}$. 现在我们使用引理 1 及[2] 中的引理 1 就得到

$$\sum_{v_k}\sum_{v_k'}\sum_{PQ\leqslant y\leqslant 4PQ}\frac{(PQ)x^{\frac{1}{2}}y^{\frac{1}{2}}}{v_k^{\frac{5}{4}}v_k'^{\frac{5}{4}}}e^{4\pi i(xy)^{\frac{1}{2}}(v_k^{-\frac{1}{2}}-v_k'^{-\frac{1}{2}})}$$

$$\ll C^{\frac{2}{3}}R^{-1}\sum_{l=1}^{C^{\frac{2}{3}}R^{-1}}\frac{(PQ)^{\frac{3}{2}}x^{\frac{1}{2}}}{(x^{\frac{1}{3}}C^{\frac{1}{3}}R^{-1})^{\frac{5}{2}}}\{PQx^{\frac{1}{4}}(x^{\frac{1}{3}}C^{\frac{1}{3}}R^{-1})^{-\frac{3}{4}}\cdot$$

$$l^{\frac{1}{2}}(PQ)^{-\frac{3}{4}}+x^{-\frac{1}{4}}(x^{\frac{1}{3}}C^{\frac{1}{3}}R^{-1})^{\frac{3}{4}}l^{-\frac{1}{2}}(PQ)^{\frac{3}{4}}\}$$

$$\ll x^{-\frac{1}{3}}R^{-1}C^{\frac{7}{3}}+x^{-\frac{1}{3}}C^{\frac{8}{3}}R^{-2} \qquad ㉓$$

由 ㉒㉓ 及 $R\geqslant C^{\frac{1}{2}}$,我们得到

$$\Big(\sum_{PQ<y\leqslant 4PQ}|S_k|\Big)^2\leqslant x^{-\frac{1}{3}}C^{\frac{7}{3}}R^{-1} \qquad ㉔$$

由 ⑳㉑㉔,我们得到当 $R\geqslant C^{\frac{1}{2}}$ 时有

$$\sum_{P<p\leqslant 2P}\sum_{Q<q\leqslant 2Q}\sum_{R<r\leqslant 2R}e^{6\pi i(xpqr)^{\frac{1}{3}}}\ll x^{\frac{1}{6}}C^{\frac{5}{6}}R^{-\frac{1}{2}}+Cx^{-\frac{1}{6}} \qquad ㉕$$

现在我们假设 $C\leqslant x^{\frac{6}{11}}$ 及 $R\geqslant C^{\frac{1}{2}}$,而对和式

$$\sum_{P<p\leqslant 2P}\sum_{Q<q\leqslant 2Q}\sum_{R<r\leqslant\min\left(2R,\frac{X}{pq}\right)}e^{6\pi i(xpqr)^{\frac{1}{3}}}$$

进行估值. 当 $R\gg x^{\frac{2}{9}}C^{\frac{2}{9}}\gg C^{\frac{1}{2}}$ 时,由 ㉕ 我们得到

$$\sum_{P<p\leqslant 2P}\sum_{Q<q\leqslant 2Q}\sum_{R<r\leqslant\min\left(2R,\frac{X}{pq}\right)}e^{6\pi i(xpqr)^{\frac{1}{3}}}\leqslant x^{\frac{1}{18}}C^{\frac{13}{18}}+x^{-\frac{1}{6}}C \qquad ㉖$$

而当 $C^{\frac{5}{9}}\ll R\ll x^{\frac{2}{9}}C^{\frac{2}{9}}$ 时,则有

$$\frac{\partial^3}{\partial r^3}(xpqr)^{\frac{1}{3}} \gg x^{\frac{1}{3}}C^{\frac{1}{3}}R^{-3} \gg R^{-\frac{3}{2}}$$

故由[4]中的引理6,我们有

$$\sum_{P<p\leqslant 2P}\sum_{Q<q\leqslant 2Q}\sum_{R<r\leqslant \min\left(2R,\frac{X}{pq}\right)} e^{6\pi i(xpqr)^{\frac{1}{3}}}$$
$$\ll PQ\{R(x^{\frac{1}{3}}C^{\frac{1}{3}}R^{-3})^{\frac{1}{6}}+R^{\frac{1}{2}}(R^{-\frac{3}{2}})^{-\frac{1}{6}}\}$$
$$\ll x^{\frac{1}{18}}C^{\frac{19}{18}}R^{-\frac{1}{2}}+CR^{-\frac{1}{4}}$$
$$\ll x^{\frac{1}{18}}C^{\frac{7}{9}}+C^{\frac{7}{8}} \quad ㉗$$

而当 $C^{\frac{1}{2}}\ll R\leqslant C^{\frac{5}{9}}$ 时,设 $Q\gg P$,由 $QP=CR^{-1}$,故有 $C^{\frac{2}{9}}\ll Q\ll C^{\frac{1}{2}}$. 如果 $Q\gg C^{\frac{1}{3}}$,则由式⑱,我们有

$$\Omega\ll x^{\frac{1}{12}}C^{\frac{61}{84}} \quad ㉘$$

如果 $C^{\frac{1}{3}}\gg Q\gg x^{-\frac{1}{12}}C^{\frac{5}{12}}$,则由[6]中的式(6),我们有

$$\Omega\ll x^{\frac{1}{18}}C^{\frac{7}{9}}+x^{-\frac{1}{18}}C^{\frac{8}{9}} \quad ㉙$$

如果 $x^{-\frac{1}{12}}C^{\frac{5}{12}}\gg Q\gg C^{\frac{2}{9}}$,则由[6]中的式(4),我们有

$$\Omega\ll C^{\frac{8}{9}}+x^{\frac{1}{24}}C^{\frac{19}{24}} \quad ㉚$$

现在来证明 $\alpha_3\leqslant\frac{5}{11}$. 因为

$$\Delta_3(x)=\frac{x^{\frac{1}{3}}}{\sqrt{3}\pi}\sum_{n\leqslant X}\frac{d_3(n)}{n^{\frac{2}{3}}}\cos\{6\pi(nx)^{\frac{1}{3}}\}+O(x^{\frac{2}{3}+\varepsilon}X^{-\frac{1}{3}})$$

而 $X=[x^{\frac{7}{11}}]$,故只需证明

$$\sum_{n\leqslant X}\frac{d_3(n)}{n^{\frac{2}{3}}}\cos\{6\pi(nx)^{\frac{1}{3}}\}\ll x^{\frac{4}{33}}$$

我们可假设 P,Q,R 三者之中必至少有一个大于 $C^{\frac{1}{3}}$,故可设 $R\geqslant C^{\frac{1}{3}}$. 由⑱㉕～㉚和部分求和得到

$$\sum_{n\leqslant x^{\frac{7}{11}}}\frac{d_3(n)}{n^{\frac{2}{3}}}\cos\{6\pi(nx)^{\frac{1}{3}}\}$$

$$
\begin{aligned}
&= \sum_{n \leqslant x^{\frac{6}{11}}} \frac{d_3(n)}{n^{\frac{2}{3}}} \cos\{6\pi(nx)^{\frac{1}{3}}\} + \\
&\quad \sum_{x^{\frac{6}{11}} < n \leqslant x^{\frac{7}{11}}} \frac{d_3(n)}{n^{\frac{2}{3}}} \cos\{6\pi(nx)^{\frac{1}{3}}\} \\
&\ll x^{\frac{1}{12}} x^{\frac{7}{11}(\frac{61}{84}-\frac{2}{3})} + x^{\frac{1}{18}+\frac{6}{11}(\frac{7}{9}-\frac{2}{3})} + x^{-\frac{1}{18}+\frac{6}{11}(\frac{8}{9}-\frac{2}{3})} + \\
&\quad x^{\frac{6}{11}(\frac{8}{9}-\frac{2}{3})} + x^{\frac{1}{24}+\frac{6}{11}(\frac{19}{24}-\frac{2}{3})} + x^{\frac{1}{18}+\frac{6}{11}(\frac{13}{18}-\frac{2}{3})} + \\
&\quad x^{-\frac{1}{6}+\frac{6}{11}(1-\frac{2}{3})} + x^{\frac{1}{6}+\frac{6}{11}(\frac{5}{6}-\frac{2}{3}-\frac{1}{4})} + x^{-\frac{1}{6}+\frac{7}{11}(1-\frac{2}{3})} \\
&\ll x^{\frac{4}{33}}
\end{aligned}
$$

而得到希望的结果.

关于三维除数问题的误差估计

第5章

三维除数问题的误差项为

$$\Delta_3(x)=\sum_{pqr\leqslant x}1-xP_3(\log x)$$

式中 $P_3(y)$ 是 y 的一个二次多项式的上界的估计，曾有沃罗诺伊、瓦尔菲施、阿特金森、越民义、尹文霖、越民义与吴方等人对以上问题展开过研究. 已发表的最佳结果为 $\Delta_3(x)\ll x^{\frac{8}{17}+\varepsilon}$. 此外，尹文霖与陈景润先后分别证明了 $\Delta_3(x)\ll x^{\frac{13}{28}+\varepsilon}$，$x^{\frac{5}{11}+\varepsilon}$（均未公开发表）.

1963 年尹文霖证明了

$$\Delta_3(x)\ll x^{\frac{34}{75}+\varepsilon}$$

大家知道

$$\Delta_3(x)=\frac{x^{\frac{1}{3}}}{\pi\sqrt{3}}\sum_{n\leqslant X}\frac{d_3(n)}{n^{\frac{2}{3}}}\cos\{6\pi(nx)^{\frac{1}{3}}\}+O(x^{\frac{2}{3}+\varepsilon}X^{-\frac{1}{3}}) \quad ①$$

式中 X 是适当选定的参数. 今取

$$X=x^{\frac{16}{25}} \tag{②}$$

只需估计

$$\Omega=\Omega(p,q,r)=\sum_{(p,q,r)\in D^*} \mathrm{e}^{6\pi\mathrm{i}(xpqr)^{\frac{1}{3}}} \tag{③}$$

式中 D^* 是区域 $pqr\leqslant X$ 与区域

$$D:\begin{cases}1\leqslant P\leqslant p<2P\\1\leqslant Q\leqslant q<2Q\\1\leqslant R\leqslant r<2R\end{cases} \tag{④}$$

的公共部分. 由对称性,可设

$$AP<Q<AR \tag{⑤}$$

易见

$$\Omega=\sum_{u}\sum_{\substack{r\\(u,r)\in D^*}} d(u)\mathrm{e}^{6\pi\mathrm{i}(xur)^{\frac{1}{3}}}\ll x^{\varepsilon}\sum_{\substack{u\\(u,r)\in D^*}}\left|\sum_{r}\mathrm{e}^{6\pi\mathrm{i}(xur)^{\frac{1}{3}}}\right| \tag{⑥}$$

式中 $u=pq$,而 D^* 则表示变换后原区域的像,在此,为了简单起见,区域 D^* 在变换 $u=pq$ 下的像与原像均用同一符号表示. 易见 D^* 中的 u,r 符合条件

$$1\leqslant R\leqslant r<2R,1\leqslant U\leqslant u<4U,\ ur\leqslant X$$
$$(U=PQ) \tag{⑦}$$

令

$$\Omega_{lh}=\sum_{R+lh\leqslant r<R^*}\mathrm{e}^{6\pi\mathrm{i}(xur)^{\frac{1}{3}}}\ R^*=\min\left(R+(l+1)h,\frac{X}{u}\right) \tag{⑧}$$

则有

$$\Omega\ll x^{\varepsilon}\sum_{u}\left|\sum_{l=0}^{L}\Omega_{lh}\right|,L=\left[\frac{R}{h}\right]+1 \tag{⑨}$$

注意到 Ω_{lh} 的另一个表示式为

$$\Omega_{lh}=\sum_{R+lh\leqslant r<R+(l+1)h}\mathrm{e}^{6\pi\mathrm{i}(xur)^{\frac{1}{3}}}-\sum_{R^*\leqslant r<R+(l+1)h}\mathrm{e}^{6\pi\mathrm{i}(xur)^{\frac{1}{3}}} \tag{⑩}$$

故恒可假设 Ω_{lh} 的求和区间长度为 h. 为简单地表示出 Ω_{lh} 中 r 的求和区间,常简记式 ⑧ 为

$$\Omega_{lh}=\sum_{r_l}\mathrm{e}^{6\pi\mathrm{i}(xur)^{\frac{1}{3}}} \tag{11}$$

由 ⑦⑨ 及施瓦茨不等式,在条件 $1\leqslant h\leqslant R$ 下,我们有

$$\begin{aligned}\Omega^2&\ll x^{l}U\sum_{u}\Big|\sum_{l}\Omega_{lh}\Big|^2\\&\ll x^{l}U\sum_{u}L\cdot\sum_{l}\sum_{r_l}\sum_{r_l'}\mathrm{e}^{6\pi\mathrm{i}(xu)^{\frac{1}{3}}(r^{\frac{1}{3}}-r'^{\frac{1}{3}})}\\&\ll x^{l}\frac{VR}{h^2}\sum_{\xi=1}^{h}\sum_{r_l}\sum_{u}\mathrm{e}^{6\pi\mathrm{i}f(u)}+x^{\xi}V^2h^{-1}\\&\qquad V=U\cdot R\end{aligned} \tag{12}$$

式中

$$\xi=r-r',f(u)=f(u,r,\xi)=3x^{\frac{1}{3}}u^{\frac{1}{3}}(r^{\frac{1}{3}}-(r-\xi)^{\frac{1}{3}}) \tag{13}$$

故有

$$\begin{aligned}f'(u)&=x^{\frac{1}{3}}u^{-\frac{2}{3}}(r^{\frac{1}{3}}-(r-\xi)^{\frac{1}{3}})\\f''(u)&=-\frac{2}{3}x^{\frac{1}{3}}u^{-\frac{5}{3}}(r^{\frac{1}{3}}-(r-\xi)^{\frac{1}{3}})\\f'''(u)&=\frac{10}{9}x^{\frac{1}{3}}u^{-\frac{8}{3}}(r^{\frac{1}{3}}-(r-\xi)^{\frac{1}{3}})\end{aligned} \tag{14}$$

等等. 易见,当 $\xi=o(R)$ 时,有

$$\lambda\ll f''(u)\ll\lambda,\lambda=(xV)^{\frac{1}{3}}\xi V^{-1}U^{-1} \tag{15}$$

实际上,只需用

$$r^{\frac{1}{3}}-(r-\xi)^{\frac{1}{3}}=\int_{r-\xi}^{r}3y^{-\frac{2}{3}}\mathrm{d}y=3(r-\theta\xi)^{-\frac{2}{3}}\xi\quad(0<\theta<1) \tag{16}$$

即得.

令 $\upsilon=f'(u)$，又设 u_υ 为其反函数，则有

$$F(\upsilon,r,\xi)=f(u_\upsilon),\upsilon,u_\upsilon=2\{x^{\frac{1}{3}}(r^{\frac{1}{3}}-(r-\xi)^{\frac{1}{3}})\}^{\frac{3}{2}}\upsilon^{-\frac{1}{2}} \tag{17}$$

当 $V\gg x^{\frac{1}{2}+l}$ 时有

$$\begin{aligned}&\sum_{\xi}\sum_{r_l}\sum_{u}\mathrm{e}^{2\pi\mathrm{i}F(u_\upsilon)}\\&=\sum_{\xi}\sum_{r_l}\left(\sum_{\upsilon}\frac{\mathrm{e}^{\frac{\pi\mathrm{i}}{4}}\mathrm{e}^{2\pi\mathrm{i}F(\upsilon,r,\xi)}}{\sqrt{f''(u_l)}}+O(f''(u_\upsilon)^{-\frac{1}{2}})\right)\\&\ll\sum_{\xi=1}^{h}\sum_{\upsilon}\lambda^{-\frac{1}{2}}\left|\sum_{r_l}\mathrm{e}^{2\pi\mathrm{i}F(\upsilon,r,\xi)}\right|+(xV)^{-\frac{1}{6}}h^{\frac{3}{2}}V^{\frac{1}{2}}U^{\frac{1}{2}}\end{aligned} \tag{18}$$

又当 $\xi=o(R)$ 时，可用泰勒展开式，得

$$\begin{aligned}&F(\upsilon,r,\xi)\\&=2x^{\frac{1}{2}}\upsilon^{-\frac{1}{2}}r^{\frac{1}{2}}\left\{1-\left(1-\frac{\xi}{r}\right)^{\frac{1}{3}}\right\}^{\frac{3}{2}}\\&=2x^{\frac{1}{2}}\upsilon^{-\frac{1}{2}}r^{\frac{1}{2}}\left\{\frac{1}{3}\cdot\frac{\xi}{r}-\frac{1}{2!}\cdot\frac{1}{3}\cdot\frac{2}{3}\cdot\left(\frac{\xi}{r}\right)^{2}+\cdots\right\}^{\frac{3}{2}}\\&=x^{\frac{1}{2}}\upsilon^{-\frac{1}{2}}\xi^{\frac{3}{2}}r^{-1}\left\{1-\frac{1}{3}\cdot\frac{\xi}{r}+\cdots\right\}\end{aligned} \tag{19}$$

逐项微分，得

$$\lambda_1\ll F_{rr}(\upsilon,r,\xi)\ll\lambda_1$$

$$\lambda_1=x^{\frac{1}{2}}\upsilon^{-\frac{1}{3}}\xi^{\frac{3}{2}}R^{-3}$$

$$\lambda_1R^{-1}\ll F_{rrr}(\upsilon,r,\xi)\ll\lambda_1R^{-1} \tag{20}$$

等等. 由 ⑫⑱⑳，我们得到（从此以后，计算中常略去 x^{ε}，仅于结果中引入）

$$\begin{aligned}\Omega^2&\ll\frac{VR}{h^2}\sum_{\xi=1}^{h}U\cdot\lambda^{\frac{1}{2}}\{h\lambda_1^{\frac{1}{2}}+\lambda_1^{-\frac{1}{2}}+\lambda^{-\frac{1}{2}}\}+V^2h^{-1}\\&\ll Vh(xV)^{\frac{1}{3}}R^{-1}+\frac{V}{h}R^2+(xV)^{-\frac{1}{6}}h^{-\frac{1}{2}}V^2R^{\frac{1}{2}}+V^2h^{-1}\end{aligned}$$

此处用到 $v=f'(u)$，⑭⑦ 等，换言之，用到 v 的变化区间及所取值的阶均为 λU. 又上式成立的条件是

$$1\leqslant h=o(R) \tag{$*$}$$

下面我们对 Ω^2 给出另一个估计式. 有

$$\sum_{r_1}\mathrm{e}^{2\pi\mathrm{i}F(v,r,\xi)}\ll\frac{h}{\rho^{\frac{1}{2}}}+\frac{h^{\frac{1}{2}}}{\rho^{\frac{1}{2}}}\left[\sum_{s=1}^{\rho}\left|\sum_{r_l}\mathrm{e}^{2\pi\mathrm{i}F(v,r+s,\xi)-F(v,r,\xi)}\right|\right]^{\frac{1}{2}} \tag{22}$$

由中值公式，当 $s=o(R)$ 时

$$F_{rr}(v,r+s,\xi)-F_{rr}(v,r,\xi)=s\cdot F_{rrr}(v,r+\theta,s,\xi)$$
$$(0<\theta<1) \tag{23}$$

结合 ⑳ 立得

$$\frac{s}{R}\lambda_1\ll F_{rr}(v,r+s,\xi)-F_{rr}(v,r,\xi)\ll\frac{s}{R}\lambda_1 \tag{24}$$

由 ⑫⑱⑳㉒㉔ 得

$$\Omega^2\ll\frac{VR}{h^2}\sum_{\xi=1}^{h}U\lambda^{\frac{1}{2}}\left\{\frac{h}{\rho^{\frac{1}{2}}}+h\lambda_1^{\frac{1}{4}}R^{-\frac{1}{4}}\rho^{\frac{1}{4}}+\frac{h^{\frac{1}{2}}}{\rho^{\frac{1}{2}}}\sum{}^{*}\right\}+$$
$$h^{-\frac{1}{2}}(xV)^{-\frac{1}{6}}V^2R^{\frac{1}{2}}+V^2h^{-1} \tag{25}$$

式中

$$\sum{}^{*}=\sum_{s=1}^{\rho}\min\left\{\left(\frac{s}{R}\lambda_1\right)^{-\frac{1}{2}},\frac{1}{\langle s\lambda_1\rangle}\right\}$$
$$(\langle x\rangle=\min(\{x\},1-\{x\})) \tag{26}$$

情形 1　$V^{\frac{1}{3}}\leqslant K\leqslant R_1,R_1=x^{-\frac{1}{30}}V^{\frac{1}{3}},V\geqslant x^{\frac{16}{45}}$.

情形 2　$V^{\frac{1}{3}}\leqslant R\leqslant R^{*}=\max(V^{\frac{5}{12}},x^{\frac{8}{75}}V^{\frac{1}{4}})$，取

$$\rho=x^{-\frac{1}{15}}V^{-\frac{1}{2}}R^2,h=x^{-\frac{2}{15}}V^{\frac{1}{2}} \tag{27}$$

注意由 ㉖ 立得

$$\sum{}^{*}\ll\rho^{\frac{1}{2}}R^{\frac{1}{2}}\lambda_1^{-\frac{1}{2}}$$

再由 ㉕㉗⑮㉚ 得

$$\Omega^2 \ll x^{\frac{2}{15}}V^{\frac{3}{2}} + x^{\frac{1}{9}+\frac{1}{45}}V^{\frac{1}{9}+\frac{19}{18}-\frac{1}{12}}R + x^{\frac{1}{15}-\frac{1}{6}}V^{2-\frac{1}{4}-\frac{1}{6}}R^{\frac{1}{2}}$$
$$\ll x^{\frac{2}{15}}V^{\frac{3}{2}} + x^{\frac{6}{25}}V^{\frac{4}{3}} \qquad ㉘$$

情形 3 $R^* \ll R \leqslant R_1, V \gg x^{\frac{12}{25}}$. 仍取 p, h 符合 ㉗. 此时 $\lambda_1 = (xV)^{\frac{1}{3}}\xi R^{-3} \ll x^{\frac{1}{5}}V^{-\frac{5}{12}} \ll 1$,可适当选择满足上式的常数,使 $\lambda_1 < 1$. 考虑$\frac{1}{\langle s\lambda_1\rangle}$,当 s 跑过 $1, 2, \cdots, [\lambda_1^{-1}]+1$ 时,$s\lambda_1$ 至多过一个整点. 故 s 过 $1, 2, \cdots, \rho$ 时至多过$O(1+\rho\lambda_1)$个整点. 两个整点间,除端点外,由 ㉖,$\sum^*$ 仅含

$$\frac{1}{\lambda_1}, \frac{1}{2\lambda_1}, \cdots, \frac{1}{\frac{1}{2}[\lambda_1]\lambda_1}, \cdots, \frac{1}{2\lambda_1}, \frac{1}{\lambda_1}$$

故有

$$\sum{}^* \ll \lambda_1^{-1}(1+\rho\lambda_1)(\log\lambda_1+1) + \sum_{k=1}^{\rho\lambda_1+1}\left(\frac{k[\lambda_1^{-1}]}{R}\lambda_1\right)^{-\frac{1}{2}}$$
$$\ll \lambda_1^{-1}(1+\rho\lambda_1) + R^{\frac{1}{2}}(1+\rho^{\frac{1}{2}}\lambda_1^{\frac{1}{2}})$$

故

$$\Omega^2 \ll x^{\frac{2}{15}}V^{\frac{3}{2}} + x^{\frac{6}{25}}V^{\frac{4}{3}} + Vh^{-\frac{1}{2}}R^2\rho^{-\frac{1}{2}} +$$
$$x^{\frac{1}{6}}V^{\frac{7}{6}}R^{\frac{3}{4}}\rho^{-\frac{1}{2}} + V(xV)^{\frac{1}{4}}h^{\frac{1}{4}}\rho^{-\frac{1}{4}}$$
$$\ll x^{\frac{2}{15}}V^{\frac{3}{2}} + x^{\frac{6}{25}}V^{\frac{4}{3}} \qquad ㉙$$

情形 4 $R^* \ll R \leqslant R_1, x^{\frac{16}{45}} \ll V \ll x^{\frac{12}{25}}$. 此时,仿照情形 3,考虑到 $R \geqslant x^{\frac{8}{75}}V^{\frac{1}{4}} \geqslant V^{\frac{17}{36}}$,仍有

$$\lambda_1 = (xV)^{\frac{1}{3}}\xi R^{-3} \ll x^{\frac{1}{5}}V^{-\frac{17}{12}} \ll 1$$

故仍得估计式 ㉙.

情形 5 $R_1 \leqslant R \leqslant R_2, R_2 = x^{-\frac{1}{60}}V^{\frac{7}{12}}$,取

$$h = x^{-\frac{3}{20}}V^{\frac{1}{12}}R$$

由 ㉑ 得

$$\Omega^2 \ll x^{\frac{1}{3}-\frac{3}{20}}V^{\frac{4}{3}+\frac{1}{12}}+x^{\frac{3}{20}}V^{\frac{11}{12}}R_2+x^{-\frac{1}{6}+\frac{3}{40}}V^{-\frac{1}{6}+2-\frac{1}{24}}V^{2-\frac{1}{12}}x^{\frac{3}{20}}R_1^{-1}$$
$$\ll x^{\frac{11}{60}}V^{\frac{17}{12}}+x^{\frac{2}{15}}V^{\frac{3}{2}} \qquad ㉚$$

情形 6　$R_2 \leqslant R \leqslant R_3, R_3 = x^{\frac{11}{75}}V^{\frac{1}{3}}$，在 ㉑ 中取

$$h=(xV)^{-\frac{1}{6}}R^{\frac{3}{2}}$$

得

$$\Omega^2 \ll V(xV)^{\frac{1}{6}}R_3^{\frac{1}{2}}+(xV)^{-\frac{1}{12}}V^2R^{-\frac{1}{4}}$$
$$\ll x^{\frac{6}{25}}V^{\frac{4}{3}}+x^{-\frac{1}{12}+\frac{1}{240}}V^{\frac{23}{12}-\frac{7}{48}}$$
$$\ll x^{\frac{6}{25}}V^{\frac{4}{3}} \qquad ㉛$$

情形 7　$R_3 \leqslant R \leqslant V$.

仿前，易见

$$\Omega \ll \sum_u \left| \sum_r \mathrm{e}^{2\pi i f(r)} \right|$$
$$f(r)=f(r,u,u)=3x^{\frac{1}{3}}r^{\frac{1}{3}}u^{\frac{1}{3}} \qquad ㉜$$

式中 $f(r)=f(r,u,u)$ 的定义符合 ⑬，仿照 ⑮⑱ 有

$$\Omega \ll \sum_u \left| \sum_{l=0}^{L'} \Omega'_{lh} \right| + U\lambda_r^{-\frac{1}{2}}$$
$$\lambda_r=(xV)^{\frac{1}{3}}R^{-2} \qquad ㉝$$

式中 $L'=\left[\dfrac{\upsilon_1-\upsilon_2}{h}\right]+1$，$\upsilon_2$ 与 υ_1 分别为 r 的求和区间的端点在变换 $\upsilon=f'(r)$ 下的像. 又

$$\Omega'_{lh}=\sum_{\upsilon_1+lh\leqslant\upsilon<\upsilon^*}\frac{\mathrm{e}^{4\pi i(xu)^{\frac{1}{2}}\upsilon^{-\frac{1}{2}}}}{\sqrt{f''(r_\upsilon)}}$$
$$\upsilon^*=\min\left(\frac{X}{u},\upsilon_2+(l+\upsilon h)\right) \qquad ㉞$$

仿照 ⑩ 的说明，可设 Ω'_{lh} 的长度皆为 h. 注意 ⑦⑭，易得

$$\lambda_r R \ll \upsilon_2 - \upsilon_1 \ll \lambda_r R$$

$$\lambda_r R \ll \upsilon \ll \lambda_r R \tag{35}$$

于是当 $R \ll (xV)^{\frac{1}{3}}, \upsilon_2 - \upsilon_1 \gg 1$ 时，仿前有

$$\Omega^2 \ll U \cdot \sum_u L \cdot \sum_{l=0}^{L'} \sum_{\upsilon_l} \sum_{\upsilon_l'} \frac{e^{2\pi i g(u)}}{\sqrt{f''(r_\upsilon) f''(r_\upsilon')}} + x^{-\frac{1}{6}} V^{\frac{5}{6}} \tag{36}$$

式中

$$g(u) = 2(xu)^{\frac{1}{2}} (\upsilon^{-\frac{1}{2}} - \upsilon'^{-\frac{1}{2}})$$

显然有

$$\sum_u \sum_{\upsilon_l} \sum_{\upsilon_l'} e^{2\pi i g(u)} \leqslant Uh + \sum_{\substack{\upsilon_1 + lh \leqslant \upsilon_l, \upsilon_l' < \upsilon^* \\ \upsilon_l > \upsilon_l'}} \sum \sum_u e^{2\pi i g(u)} \tag{37}$$

注意到 $g''(u) = -\frac{1}{2} x^{\frac{1}{2}} (\upsilon^{-\frac{1}{2}} - \upsilon'^{-\frac{1}{2}}) u^{-\frac{3}{2}}$，得

$$\lambda_2 \ll g''(u) \ll \lambda_2, \lambda_2 = x^{\frac{1}{2}} \xi \upsilon^{-\frac{3}{2}} U^{-\frac{3}{2}}, \xi = \upsilon - \upsilon' \tag{38}$$

$$\sum_u \sum_{\upsilon_l} \sum_{\upsilon_l'} e^{2\pi i g(u)} \ll Uh + h \sum_{\xi=1}^{h} \{U \lambda_2^{\frac{1}{2}} + \lambda_2^{-\frac{1}{2}}\}$$

$$\ll V^{\frac{5}{3}} R^{-2} + V^2 R^{-3} \ll V^{\frac{5}{3}} R^{-2} \tag{39}$$

上式最后一步由 $h = V^{\frac{2}{3}} R^{-1}$ 得出（易见当 $R \leqslant V^{\frac{2}{3}}$ 时，$1 \leqslant h \leqslant \upsilon_2 - \upsilon_1$）. 故有

$$\Omega^2 \ll U \cdot L'^2 \lambda_r^{-1} V^{\frac{5}{3}} R^{-2} + x^{-\frac{1}{6}} V^{\frac{5}{6}}$$

$$\ll x^{\frac{1}{3}} V^{\frac{5}{3}} R^{-1} + x^{-\frac{1}{6}} V^{\frac{5}{6}} \ll x^{\frac{6}{25}} V^{\frac{4}{3}} \tag{40}$$

最后，当 $R \gg V^{\frac{2}{3}}$ 时，由 ㉜ 仿照 ㉝ 有

$$\Omega \ll U(R \lambda_r^{\frac{1}{2}} + \lambda_r^{-\frac{1}{2}}) \ll x^{\frac{1}{6}} V^{\frac{1}{2}} + V(xV)^{-\frac{1}{6}} = x^{\frac{3}{25}} V^{\frac{2}{3}}$$

仍有估计式 ㊵ 成立.

总结以上各情形：当 $x^{\frac{16}{45}} \leqslant V \leqslant x^{\frac{16}{25}}$ 时，我们总有（条件 $1 \leqslant h = o(R)$ 易验证，从略）

$$\Omega^2 \ll x^{\frac{2}{15}}V^{\frac{3}{2}} + x^{\frac{6}{25}}V^{\frac{4}{3}} + x^{\frac{11}{60}}V^{\frac{17}{12}}$$

即

$$\Omega \ll x^{\frac{1}{15}}V^{\frac{3}{4}} + x^{\frac{3}{25}}V^{\frac{2}{3}} + x^{\frac{11}{120}}V^{\frac{17}{24}}$$

又当 $V \leqslant x^{\frac{16}{45}}$ 时，我们取估计 $\Omega \ll V$，于是用分部求和法，从 ① 推知

$$\Delta_3(x) \ll x^{\frac{34}{75}+\varepsilon}$$

第6章 关于三维除数问题(Ⅰ)

1. 用 $d_3(n)$ 表示将 n 分解为三个因子乘积的方法数，则有渐近公式

$$\sum_{n\leqslant x} d_3(n)=xP_3(\log x)+\Delta_3(x)$$

此处 $P_3(\log x)$ 为 $\log x$ 的一个二次多项式，也就是 $\frac{\zeta^3(x)x^{s-1}}{s}$ 在极点 $s=1$ 处的留数. 又用 α_3 表示使

$$\Delta_3(x)=O(x^{\alpha})$$

成立的 α 的下确界，沃罗诺伊、瓦尔菲施、阿特金森、兰金、越民义、尹文霖等曾分别证明了

$$\alpha_3\leqslant\frac{1}{2},\frac{43}{87},\frac{37}{75},0.493\ 146\ 6\cdots,\frac{14}{29},\frac{25}{52},\frac{10}{21}$$

中国科学院数学研究所的越民义、吴方两位研究员于1962年证明了

$$\alpha_3\leqslant\frac{8}{17}$$

2. 令 $X=[x^{\frac{10}{17}}]$，又令

$$\Omega=\Omega_{PQR}=\sum_{P<p\leqslant 2P}\sum_{\substack{Q<q\leqslant 2Q\\ pqr\leqslant X}}\sum_{R<r\leqslant 2R}\mathrm{e}^{6\pi\mathrm{i}(xpqr)^{\frac{1}{3}}} \qquad ①$$

及 $C=C_{PQR}=PQR$. 在本章中我们将给 Ω 以若干不同的估计，先叙述两个引理.

引理 1　用 $\langle\xi\rangle$ 表示从 ξ 到与其最近整数间的距离，则

$$\sum_{k=1}^{X}\min\left(X,\frac{1}{\langle\frac{k}{X}\rangle}\right)=O(X\log X)$$

证明显然.

引理 2　设 $f(x)$ 为一个具有二阶连续导数的实函数，若

$$\lambda_2\ll|f''(x)|\ll\lambda_2$$

且 $b-a\geqslant 1$，则

$$\sum_{a<n\leqslant b}\mathrm{e}^{2\pi\mathrm{i}f(n)}=O((b-a)\lambda_2^{\frac{1}{2}})+O(\lambda_2^{-\frac{1}{2}})$$

显然

$$\Omega\leqslant\sum_{P<p\leqslant 2P}\sum_{Q<q\leqslant 2Q}\left|\sum_{R<r\leqslant\min(2R,\frac{X}{pq})}\mathrm{e}^{6\pi\mathrm{i}(xpqr)^{\frac{1}{3}}}\right|$$

应用引理 2(取 $f(r)=3(xpqr)^{\frac{1}{3}}$，$\lambda_2=(xPQ)^{\frac{1}{3}}R^{-\frac{5}{3}}$)可得

$$\Omega\ll x^{\frac{1}{6}}C^{\frac{7}{6}}R^{-1}+x^{-\frac{1}{6}}C^{\frac{5}{6}} \qquad ②$$

我们有

$$\Omega\leqslant\sum_{PQ<r\leqslant 4PQ}d(t)\left|\sum_{R<r\leqslant\min(2R,\frac{X}{t})}\mathrm{e}^{6\pi\mathrm{i}(xtr)^{\frac{1}{3}}}\right| \qquad ③$$

其中 $d(t)$ 表示 $t=pq$ 的解数. 因为 $d(t)=O((PQ)^{\varepsilon})$，所以

$$\Omega^2 \ll (PQ)^{1+\varepsilon} \sum_{R<r,r'\leqslant 2R}\sum \sum_{PQ<t\leqslant \min(4PQ,\frac{X}{r},\frac{X}{r'})} \mathrm{e}^{6\pi\mathrm{i}(xt)^{\frac{1}{3}}(r^{\frac{1}{3}}-r'^{\frac{1}{3}})}$$

令 $r-r'=\xi$,则 $-R\leqslant\xi\leqslant R$,而对每一个 ξ,至多有 R 对 (r,r') 与之对应. 对于 $\xi\neq 0$,则

$$R^{-\frac{2}{3}}\xi \ll r^{\frac{1}{3}}-r'^{\frac{1}{3}}=\frac{1}{3}\int_{r'}^{r}u^{-\frac{2}{3}}\mathrm{d}u \ll R^{-\frac{2}{3}}\xi$$

于是由引理 2($f(t)=3x^{\frac{1}{3}}(r^{\frac{1}{3}}-r'^{\frac{1}{3}})t^{\frac{1}{3}}$,$\lambda_2=x^{\frac{1}{3}}(PQ)^{-\frac{5}{3}}R^{-\frac{2}{3}}\xi$)得到

$$\sum_{PQ<t\leqslant \min(4PQ,\frac{X}{r},\frac{X}{r'})} \mathrm{e}^{6\pi\mathrm{i}(xt)^{\frac{1}{3}}(r^{\frac{1}{3}}-r'^{\frac{1}{3}})}$$

$$\ll x^{\frac{1}{6}}(PQ)^{\frac{1}{6}}R^{-\frac{1}{3}}\xi^{\frac{1}{2}}+x^{-\frac{1}{6}}(PQ)^{-\frac{1}{6}}R^{\frac{1}{3}}\xi^{-\frac{1}{2}}$$

所以

$$\Omega^2 \ll (PQ)^{2+\varepsilon}R+(PQ)^{1+\varepsilon}R\sum_{\xi=1}^{R}\{x^{\frac{1}{6}}(PQ)^{\frac{1}{6}}R^{-\frac{1}{3}}\xi^{\frac{1}{2}}+ x^{-\frac{1}{6}}(PQ)^{\frac{5}{6}}R^{\frac{1}{3}}\xi^{-\frac{1}{2}}\}$$

$$\ll C^{2+\varepsilon}R^{-1}+x^{\frac{1}{6}}C^{\frac{7}{6}+\varepsilon}R+x^{-\frac{1}{6}}C^{\frac{11}{6}+\varepsilon}$$

因此得到

$$\Omega \ll C^{1+\varepsilon}R^{-\frac{1}{2}}+x^{\frac{1}{12}}C^{\frac{7}{12}+\varepsilon}R^{\frac{1}{2}}+x^{-\frac{1}{12}}C^{\frac{11}{12}+\varepsilon} \qquad ④$$

由 ③ 可得

$$\Omega \leqslant \frac{1}{4X}\sum_{PQ<t\leqslant 4PQ}d(t)\left|\sum_{R<r\leqslant \min(2R,\frac{X}{PQ})}\mathrm{e}^{6\pi\mathrm{i}(xtr)^{\frac{1}{3}}}\sum_{s=0}^{X-1}\sum_{k=1}^{4X}\mathrm{e}^{2\pi\mathrm{i}k\frac{X-rt-s}{4X}}\right|$$

$$\leqslant \frac{1}{4X}\max_{1\leqslant k\leqslant 4X}\sum_{PQ<t\leqslant 4PQ}d(t)\left|\sum_{R<r\leqslant \min(2R,\frac{X}{PQ})}\mathrm{e}^{2\pi\mathrm{i}\left\{3(xtr)^{\frac{1}{3}}-\frac{ktr}{4X}\right\}}\right|\cdot \sum_{k=1}^{4X}\min\left(X,\frac{1}{\langle\frac{k}{4X}\rangle}\right)$$

$$\leqslant x^{\varepsilon}\max_{k}\sum_{PQ<t\leqslant 4PQ}\left|\sum_{R<r\leqslant \min(2R,\frac{X}{PQ})}\mathrm{e}^{2\pi\mathrm{i}\left\{3(xtr)^{\frac{1}{3}}-\frac{ktr}{4X}\right\}}\right|$$

最后一步用到了引理 1.

令 $h=x^{-\frac{1}{9}}C^{\frac{5}{9}}R^{-\frac{1}{3}}$,若

$$R\geqslant x^{-\frac{1}{12}}C^{\frac{5}{12}} \tag{5}$$

则有 $R\geqslant h$.

今假设 ⑤ 成立,若 $R+h\leqslant\frac{X}{PQ}$,则可将 $R<r\leqslant\min\left(2R,\frac{X}{PQ}\right)$ 分成 $O\left(\frac{R}{h}\right)$ 段,每段长 h' 不超过 h. 于是

$$\Omega\ll x^{\varepsilon}\max_{k}\sum_{l=0}^{O\left(\frac{R}{h}\right)}\Omega_{lh}$$

此处

$$\Omega_{lh}=\sum_{PQ<t\leqslant 4PQ}\left|\sum_{R+lh<r\leqslant R+lh+h'}e^{2\pi i\left\{3(xtr)^{\frac{1}{3}}-\frac{ktr}{4X}\right\}}\right|$$

于是

$$\Omega_{lh}^{2}\ll PQ\sum\sum_{R+lh<r,r'\leqslant R+lh+h'}\sum_{PQ<t\leqslant 4PQ}e^{2\pi i\left\{3(xt)^{\frac{1}{3}}(r^{\frac{1}{3}}-r'^{\frac{1}{3}})-\frac{kt}{4X}(r-r')\right\}}$$

令 $r-r'=\xi$,再应用引理2(令 $f(t)=3x^{\frac{1}{3}}(r^{\frac{1}{3}}-r'^{\frac{1}{3}})t^{\frac{1}{3}}-\frac{k(r-r')}{4X}t$,$\lambda_2=x^{\frac{1}{3}}(PQ)^{-\frac{5}{3}}R^{-\frac{2}{3}}\xi$) 可得

$$\begin{aligned}\Omega_{lh}^{2}&\ll PQ\{PQh+h\sum_{\xi=1}^{h}[PQ(x^{\frac{1}{3}}(PQ)^{-\frac{5}{3}}R^{-\frac{2}{3}}\xi)^{\frac{1}{2}}+\\&\quad(x^{\frac{1}{3}}(PQ)^{-\frac{5}{3}}R^{-\frac{2}{3}}\xi)^{-\frac{1}{2}}]\}\\&\ll(PQ)^{2}h+x^{\frac{1}{6}}(PQ)^{\frac{7}{6}}R^{-\frac{1}{3}}h^{\frac{5}{2}}+x^{-\frac{1}{6}}(PQ)^{\frac{11}{6}}R^{\frac{1}{3}}h^{\frac{3}{2}}\end{aligned}$$

由此得出

$$\begin{aligned}\Omega&\ll x^{\varepsilon}\{(PQR)h^{-\frac{1}{2}}+x^{\frac{1}{12}}(PQ)^{\frac{7}{12}}R^{\frac{5}{6}}h^{\frac{1}{4}}+\\&\quad x^{-\frac{1}{12}}(PQ)^{\frac{11}{12}}R^{\frac{7}{6}}h^{-\frac{1}{4}}\}\\&\ll x^{\frac{1}{18}+\varepsilon}C^{\frac{13}{18}}R^{\frac{1}{6}}+x^{-\frac{1}{18}+\varepsilon}C^{\frac{7}{9}}R^{\frac{1}{3}}\end{aligned}$$

若 $R < \frac{X}{PQ} < R + h \leqslant 2R$，则易证

$$\Omega^2 \ll x^{\varepsilon} \max_k PQ \sum_{R < r, r' \leqslant \frac{X}{PQ}} \sum \sum_{PQ < t \leqslant 4PQ} \mathrm{e}^{2\pi\mathrm{i}\{3(xt)^{\frac{1}{3}}(r^{\frac{1}{3}} - r'^{\frac{1}{3}}) - \frac{kt}{4X}(r - r')\}}$$

$$\ll x^{\varepsilon}(PQ)^2 h + x^{\frac{1}{6}+\varepsilon}(PQ)^{\frac{7}{6}} R^{-\frac{1}{3}} h^{\frac{5}{2}} + x^{-\frac{1}{6}+\varepsilon}(PQ)^{\frac{11}{6}} R^{\frac{1}{3}} h^{\frac{3}{2}}$$

$$\ll x^{\varepsilon}(PQR)^2 h^{-1} + x^{\frac{1}{6}+\varepsilon}(PQ)^{\frac{7}{6}} R^{\frac{5}{3}} h^{\frac{1}{2}} +$$

$$x^{-\frac{1}{6}+\varepsilon}(PQ)^{\frac{11}{6}} R^{\frac{7}{3}} h^{-\frac{1}{2}}$$

最后一步用到了 $h \leqslant R$.

所以，在条件 ⑤ 下，常有

$$\Omega \ll x^{\frac{1}{18}+\varepsilon} C^{\frac{13}{18}} R^{\frac{1}{6}} + x^{-\frac{1}{18}+\varepsilon} C^{\frac{7}{9}} R^{\frac{1}{3}} \qquad ⑥$$

令 $d_1(t)$ 表示 $t = pq$ 在 $P < p \leqslant 2P, Q < q \leqslant 2Q$ 中的解数，则得

$$\Omega = \sum_{PQ < t \leqslant 4PQ} d_1(t) \sum_{R < r \leqslant \min(2R, \frac{X}{t})} \mathrm{e}^{6\pi\mathrm{i}(xtr)^{\frac{1}{3}}}$$

令 $h_1 = x^{-\frac{1}{9}} C^{\frac{2}{9}} R^{\frac{1}{3}}$，则当

$$R \leqslant x^{\frac{1}{12}} C^{\frac{7}{12}} \qquad ⑦$$

时，$h_1 \leqslant PQ$. 在此条件下，可将 $PQ < t \leqslant 4PQ$ 分为 $O\left(\frac{PQ}{h_1}\right)$ 段，每段长 h_1' 不超过 h_1，所以

$$\Omega = \sum_{l=0}^{O(\frac{PQ}{h_1})} \Omega_{lh_1}$$

此处

$$\Omega_{lh_1} = \sum_{PQ + lh_1 < t \leqslant PQ + lh_1 + h_1'} d_1(t) \sum_{R < r \leqslant \min(2R, \frac{X}{t})} \mathrm{e}^{6\pi\mathrm{i}(xtr)^{\frac{1}{3}}}$$

$$= \sum_{R < r \leqslant 2R} \sum_{\substack{PQ + lh_1 < t \leqslant PQ + lh_1 + h_1' \\ t \leqslant \frac{X}{r}}} d_1(t) \mathrm{e}^{6\pi\mathrm{i}(xtr)^{\frac{1}{3}}}$$

于是

$$\Omega_{lh_1}^2 \ll R \sum_{PQ+lh_1<t,t'\leqslant PQ+lh_1+h_1'} \sum d_1(t)d_1(t') \sum_{R<r\leqslant \min(2R,\frac{X}{t},\frac{X}{t'})} e^{6\pi i(xr)^{\frac{1}{3}}(t^{\frac{1}{3}}-t'^{\frac{1}{3}})}$$

应用引理 2 如前，但取 $f(r)=3x^{\frac{1}{3}}(t^{\frac{1}{3}}-t'^{\frac{1}{3}})r^{\frac{1}{3}}$，$\lambda_2=x^{\frac{1}{3}}(PQ)^{-\frac{2}{3}}R^{-\frac{5}{3}}\mid t-t'\mid$，可得

$$\begin{aligned}\Omega_{lh_1}^2 &\ll R\{(PQ)^{\varepsilon}Rh_1+\\ &\quad h_1\sum_{\xi=1}^{h_1}(PQ)^{\varepsilon}[R(x^{\frac{1}{3}}(PQ)^{-\frac{2}{3}}R^{-\frac{5}{3}}\xi)^{\frac{1}{2}}+\\ &\quad (x^{\frac{1}{3}}(PQ)^{-\frac{2}{3}}R^{-\frac{5}{3}}\xi)^{-\frac{1}{2}}]\}\\ &\ll (PQ)^{\varepsilon}R^2h_1+x^{\frac{1}{6}}(PQ)^{-\frac{1}{3}+\varepsilon}R^{\frac{7}{6}}h_1^{\frac{5}{2}}+\\ &\quad x^{-\frac{1}{6}}(PQ)^{\frac{1}{3}+\varepsilon}R^{\frac{11}{6}}h_1^{\frac{3}{2}}\end{aligned}$$

因此在条件 ⑦ 下

$$\begin{aligned}\Omega &\ll (PQR)^{1+\varepsilon}h_1^{-\frac{1}{2}}+x^{\frac{1}{12}}(PQ)^{\frac{5}{6}+\varepsilon}R^{\frac{7}{12}}h_1^{\frac{1}{4}}+\\ &\quad x^{-\frac{1}{12}}(PQ)^{\frac{7}{6}+\varepsilon}R^{\frac{11}{12}}h_1^{-\frac{1}{4}}\\ &\ll x^{\frac{1}{18}}C^{\frac{8}{9}+\varepsilon}R^{-\frac{1}{6}}+x^{-\frac{1}{18}}C^{\frac{10}{9}+\varepsilon}R^{-\frac{1}{3}} \qquad ⑧\end{aligned}$$

3. 现在来证明 $\alpha_3\leqslant\frac{8}{17}$. 因为

$$\Delta_3(x)=\frac{x^{\frac{1}{3}}}{\sqrt{3}\pi}\sum_{n\leqslant X}\frac{d_3(n)}{n^{\frac{2}{3}}}\cos\{6\pi(nx)^{\frac{1}{3}}\}+O(x^{\frac{2}{3}+\varepsilon}X^{-\frac{1}{3}})$$

而 $X=[x^{\frac{10}{17}}]$，故只需证明

$$\sum_{n\leqslant X}\frac{d_3(n)}{n^{\frac{2}{3}}}\cos\{6\pi(nx)^{\frac{1}{3}}\}\ll x^{\frac{7}{51}+\varepsilon} \qquad ⑨$$

显然

$$\sum_{n\leqslant x^{\frac{7}{17}}}\frac{d_3(n)}{n^{\frac{2}{3}}}\cos\{6\pi(nx)^{\frac{1}{3}}\}\ll\sum_{n\leqslant x^{\frac{7}{17}}}n^{-\frac{2}{3}+\varepsilon}\ll x^{\frac{7}{51}+\varepsilon} \qquad ⑩$$

故以后可假设 $x^{\frac{7}{17}}<C\leqslant x^{\frac{10}{17}}$ 进行讨论.

我们又假设 P,Q,R 三者之中必至少有一个大于 $x^{-\frac{1}{9}}C^{\frac{7}{18}}$，否则将有

$$C=PQR\leqslant x^{-\frac{1}{3}}C^{\frac{7}{6}}\leqslant x^{\frac{6}{17}}<x^{\frac{7}{17}}$$

故可设 $R>x^{-\frac{1}{9}}C^{\frac{7}{18}}$. 我们将证明

$$\Omega\ll x^{\frac{1}{18}+\varepsilon}C^{\frac{29}{36}} \tag{⑪}$$

由此，经对数分和法与部分求和法，易证

$$\sum_{x^{\frac{7}{17}}<n\leqslant x^{\frac{10}{17}}}\frac{d_3(n)}{n^{\frac{2}{3}}}\cos\{6\pi(nx)^{\frac{1}{3}}\}\ll x^{\frac{1}{18}+(\frac{29}{36}-\frac{2}{3})\frac{10}{17}+\varepsilon}=x^{\frac{7}{51}+\varepsilon}$$

而得到希望的结果.

若 $x^{-\frac{1}{9}}C^{\frac{7}{18}}<R\leqslant x^{-\frac{1}{12}}C^{\frac{5}{12}}$，则由 ④ 得到

$$\Omega\ll x^{\frac{1}{18}}C^{\frac{29}{36}+\varepsilon}+x^{\frac{1}{24}}C^{\frac{19}{24}+\varepsilon}+x^{-\frac{1}{12}}C^{\frac{11}{12}+\varepsilon}\ll x^{\frac{1}{18}}C^{\frac{29}{36}+\varepsilon}$$

若 $x^{-\frac{1}{12}}C^{\frac{5}{12}}<R\leqslant C^{\frac{1}{2}}$，则由 ⑥ 得到

$$\Omega\ll x^{\frac{1}{18}}C^{\frac{29}{36}+\varepsilon}+x^{-\frac{1}{18}}C^{\frac{17}{18}+\varepsilon}\ll x^{\frac{1}{18}}C^{\frac{29}{36}+\varepsilon}$$

若 $C^{\frac{1}{2}}<R\leqslant x^{\frac{1}{12}}C^{\frac{7}{12}}$，是由 ⑧ 得到

$$\Omega\ll x^{\frac{1}{18}}C^{\frac{29}{36}+\varepsilon}+x^{-\frac{1}{18}}C^{\frac{17}{18}+\varepsilon}\ll x^{\frac{1}{18}}C^{\frac{29}{36}+\varepsilon}$$

若 $R\geqslant x^{\frac{1}{12}}C^{\frac{7}{12}}$，则由 ② 可得

$$\Omega\ll x^{\frac{1}{12}}C^{\frac{7}{12}}+x^{-\frac{1}{6}}C^{\frac{5}{6}}\ll x^{\frac{1}{18}}C^{\frac{29}{36}+\varepsilon}$$

所以不论何种情形发生，⑪ 恒成立，因此得所欲证.

关于三维除数问题(Ⅱ)[1]

第7章

令 $d_3(n)$ 表示 $n=pqr$ 的解数，$D_3(x)=\sum\limits_{n\leqslant x}d_3(n)$，又令 $P(x)$ 表示某一个确定的二次多项式. 众所周知

$$D_3(x)=xP(\log x)+\Delta_3(x)$$

令 θ 为使 $\Delta_3(x)$ 满足 $\Delta_3(x)\ll x^{\alpha}$ 的 α 的下确界，沃罗诺伊、瓦尔菲施、阿特金森及越民义先生分别证明了

$$\theta\leqslant\frac{1}{2},\frac{43}{87},\frac{37}{75},\frac{14}{29}$$

本章的主要目的在于证明北京大学数学力学系的尹文霖教授于 1959 年提到的一个结果

$$\theta\leqslant\frac{10}{21}$$

① 《北京大学学报》，1959 年.

与之前的结果比较不难发现,尹文霖的证明做了很大的简化,其证明的技巧,主要是维诺格拉多夫的等差级数分和法.

引理　设 $f(x)$ 是一个具有二级连续导数的实函数,又设

$$\lambda_2 \leqslant | f''(x) | \leqslant h\lambda_2$$

若 $b-a \geqslant 1$,则有

$$\sum_{a<n\leqslant b} \mathrm{e}^{2\pi i f(n)} = O\{h(b-a)\lambda_2^{\frac{1}{2}}\} + O(\lambda_2^{-\frac{1}{2}})$$

大家知道

$$\Delta_3(x) = \frac{x^{\frac{1}{3}}}{\pi\sqrt{3}} \sum_{n\leqslant X} \frac{d_3(n)}{n^{\frac{2}{3}}} \cos\{6\pi(nx)^{\frac{1}{3}}\} + O(x^{\frac{2}{3}+\varepsilon} X^{-\frac{1}{3}}) \tag{①}$$

式中 X 是可以任意选定的正参数.

令 D 为形如

$$1 \leqslant P < p \leqslant 2P, 1 \leqslant Q < q \leqslant 2Q, 1 \leqslant R < r \leqslant 2R \tag{②}$$

的区域,且 P,Q,R 满足[①]

$$AP < Q < AR \tag{③}$$

又设 D^* 是区域 D 与区域 $pqr \leqslant X$ 的共同子域. 由 ① 不难看出关键问题在于估计三角和 Ω

$$\Omega = \sum_{(pqr)\in D^*} \mathrm{e}^{2\pi i (xpqr)^{\frac{1}{3}}} \tag{④}$$

接下来让我们来估计 Ω. 由 ④ 有

---

① 我们用 A 表示一个正的常数,在每次出现时所表示的值(甚至在同一公式中)可能与前面不同. 又仿此,我们用 ε 表示一个可以任意小的正数.

$$\Omega \leqslant \sum_{RQ<t\leqslant 4RQ}\left|\tau(t)\sum_{P<p\leqslant \min(2P,\frac{X}{t})} e^{2\pi i(xtp)^{\frac{1}{3}}}\right| \qquad ⑤$$

式中 $\tau(t)$ 表示 $t=mn$ 的解数. 由许瓦兹不等式有

$$\Omega^2 \ll (RQ)^{1+\varepsilon}\sum_{RQ<t\leqslant 4RQ}\left|\sum_{P<p\leqslant \min(2P,\frac{X}{t})} e^{2\pi i(xtp)^{\frac{1}{3}}}\right|^2$$

$$\ll (RQ)^{1+\varepsilon}\sum_{RQ<t\leqslant 4RQ}\sum_{P<p,p'\leqslant \min(2P,\frac{X}{t})} e^{2\pi i(xt)^{\frac{1}{3}}(p^{\frac{1}{3}}-p'^{\frac{1}{3}})}$$

⑥

令

$$\xi = p - p' \qquad ⑦$$

于是有

$$P^{-\frac{2}{3}}\xi \ll p^{\frac{1}{3}} - p'^{\frac{1}{3}} = 3\int_p^{p'} y^{\frac{1}{3}-1}\mathrm{d}y \ll P^{-\frac{2}{3}}\xi \qquad ⑧$$

由 ⑥ 得

$$\Omega^2 \ll (RQ)^{2+\varepsilon}P +$$

$$(RQ)^{1+\varepsilon}\sum_{p}\sum_{\xi\neq 0}\sum_{RQ<t\leqslant \min(4RQ,\frac{X}{p},\frac{X}{p'})} e^{2\pi i(xt)^{\frac{1}{3}}(p^{\frac{1}{3}}-p'^{\frac{1}{3}})}$$

⑨

由引理得

$$\Omega^2 \ll (RQ)^{2+\varepsilon}P + (PQR)^{1+\varepsilon}\sum_{\xi=1}^{P}\{RQ(x^{\frac{1}{3}}P^{-\frac{2}{3}}\xi(RQ)^{-\frac{5}{3}})^{\frac{1}{2}} +$$

$$(x^{\frac{1}{3}}P^{-\frac{2}{3}}\xi(RQ)^{-\frac{5}{3}})^{-\frac{1}{2}}\}$$

$$\ll (PQR)^{2+\varepsilon}P^{-1} + x^{\frac{1}{6}}(PQR)^{\frac{3}{2}} + x^{-\frac{1}{6}}(PQR)^{\frac{11}{6}} \qquad ⑩$$

上式最后一步用到了 $P \ll Q \ll R$.

下面我们用等差级数分和法给出 Ω 的另一种估值. 令

$$\Omega_{lh} = \sum_{\substack{(pqr)\in D^*\\ PQ+lh<pq\leqslant PQ+(l+1)h}} e^{2\pi i(xpqr)^{\frac{1}{3}}} \qquad ⑪$$

其中 h 满足条件

$$1 \leqslant h \leqslant 3PQ \qquad (*)$$

仿前有

$$\Omega_{lh}^2 \ll R \sum_{l} \sum_{\substack{t \\ rt \leqslant X \\ PQ+lh < t, t' \leqslant PQ+(l+1)h}} \sum_{\substack{t' \\ rt' \leqslant X}} \tau(t)\tau(t') \mathrm{e}^{2\pi \mathrm{i}(xr)^{\frac{1}{3}}(t^{\frac{1}{3}} - t'^{\frac{1}{3}})} \qquad ⑫$$

仿 ⑩,得到

$$\Omega_{lh}^2 \ll R^2 (PQ)^{\varepsilon} h + R(PQ)^{\varepsilon} \sum_{t} \sum_{\eta=1}^{h} \{R(x^{\frac{1}{3}}(PQ)^{-\frac{2}{3}} \eta R^{-\frac{5}{3}})^{\frac{1}{2}} + (x^{\frac{1}{3}}(PQ)^{-\frac{2}{3}} \eta R^{-\frac{5}{3}})^{-\frac{1}{2}}\}$$

$$\ll R^3 (PQ)^{\varepsilon} h + R^{\frac{7}{6}} x^{\frac{1}{6}} (PQ)^{-\frac{1}{3}+\varepsilon} h^{\frac{5}{2}} + x^{-\frac{1}{6}} (PQ)^{\frac{1}{3}+\varepsilon} R^{\frac{11}{6}} h^{\frac{3}{2}} \qquad ⑬$$

由 ④ 有

$$\Omega^2 \ll (PQR)^{2+\varepsilon} h^{-1} + x^{\frac{1}{6}} (PQ)^{\frac{5}{3}+\varepsilon} R^{\frac{7}{6}} h^{\frac{1}{2}} + x^{-\frac{1}{6}} (PQ)^{\frac{7}{3}+\varepsilon} R^{\frac{11}{6}} h^{-\frac{1}{2}} \qquad ⑭$$

取

$$h = x^{-\frac{1}{9}} (PQ)^{\frac{2}{9}} R^{\frac{5}{9}} \qquad ⑮$$

则当条件(*)满足时,即有

$$\Omega^2 \ll x^{\frac{1}{9}} (PQR)^{\frac{16}{9}+\varepsilon} R^{-\frac{1}{3}} + x^{-\frac{1}{9}} (PQ)^{\frac{20}{9}+\varepsilon} R^{\frac{14}{9}+\varepsilon} \qquad ⑯$$

又当 $h < 1$ 时,⑭ 显然成立. 故只需验证较弱的条件

$$h \leqslant 3PQ \qquad (**)$$

为方便计,引入下列符号

$$X = x^{\frac{4}{7}}, P_0 = x^{-\frac{2}{21}} (PQR)^{\frac{1}{3}}, R^* = cx^{\frac{1}{12}} (PQR)^{\frac{7}{12}}$$

式中 c 为一个充分小的常数.

我们将分下列情形处理 Ω. 在讨论中,不妨假设

$$PQR \geqslant x^{\frac{6}{7}}$$

否则,显然估值 $\Omega \ll PQR$,即导出所需结果.

(1)$P \geqslant P_0$. 由 ⑩ 得

$$\Omega \ll (PQR)^{1+\varepsilon} P_0^{-\frac{1}{2}} \ll x^{\frac{1}{21}} (PQR)^{\frac{5}{6}+\varepsilon}$$

(2)$P \leqslant P_0, R \leqslant R^*$. 由 $R \leqslant R^*$ 证得条件($*$ $*$). 又由 ③ 得 $R \geqslant \{(PQR)P^{-1}\}^{\frac{1}{2}}$,结合 ⑯ 及 $P \leqslant P_0$ 有

$$\Omega \ll x^{\frac{1}{18}} (PQR)^{\frac{8}{9}+\varepsilon-\frac{1}{12}} P_0^{\frac{1}{12}} \ll x^{\frac{1}{21}} (PQR)^{\frac{5}{6}+\varepsilon}$$

(3)$R \geqslant R^*$. 此时有

$$\Omega \leqslant \sum_{p} \sum_{\substack{q \\ (pqr) \in D^*}} \left| \sum_{r} e^{2\pi i (xpqr)^{\frac{1}{3}}} \right|$$

由引理得

$$\Omega \leqslant (PQR)^{\frac{7}{6}} x^{\frac{1}{6}} R^{-1} \ll x^{\frac{1}{12}} (PQR)^{\frac{7}{12}} \ll x^{\frac{1}{21}} (PQR)^{\frac{5}{6}+\varepsilon}$$

现在我们可以确定 $\Delta_3(x)$ 的上界了. 由 ①,经对数分和法将求和区域分成 $O(\log x)$ 个形如 D^* 的子域. 又

$$\Omega^* = \sum_{(pqr) \in D^*} e^{6\pi i (xpqr)^{\frac{1}{3}}}$$

与 Ω 具有相同的估值,于是由部分求和法,最后得到

$$\Delta_3(x) \leqslant x^{\frac{10}{21}+\varepsilon}$$

这就是所要求的结果.

一个特殊除数问题

第8章

设 $\Delta(x)$ 为 $D^*(a,b;x)=\sum_{\substack{m^a n^b\leqslant x\\(m,n)=1}}1\ (1\leqslant a<b,(a,b)=1)$ 的余项. 山东大学数学与系统科学学院的吕广世教授, 山东师范大学数学系的翟文广教授于 2002 年证明了: 在黎曼假设下, 对任意 $\varepsilon>0$, 有

$$\Delta(x)\ll\begin{cases}x^{\frac{a+6b}{(2a+7b)(a+b)}+\varepsilon}, & \text{当 } b\leqslant\frac{3a}{2}\text{ 时}\\ x^{\frac{a+2b}{(2a+2b)(a+b)}+\varepsilon}, & \text{当 } b>\frac{3a}{2}\text{ 时}\end{cases}$$

1 定理及说明

设 $1\leqslant a<b$ 为固定正整数, $(a,b)=1$, 除数函数 $d(a,b;n)$ 定义为 $d(a,b;n)=\sum_{n=m^a l^b}1$, 令 $D(a,b;x)=\sum_{n\leqslant x}d(a,b;n)$, 对 $D(a,b;x)$ 的研究, 称为二维广义除数问题.

当 $a=b=1$ 时，这是著名的 Dirichlet 除数问题，许多学者都曾作过研究.

对 $a<b$ 的情况，里歇特首先给出了非显然估计，Krätzel 等作了进一步的改进.

令 $d^*(a,b;n)=\sum\limits_{\substack{n=m^a l^b \\ (m,n)=1}} 1$ 以及 $D^*(a,b;x)=\sum_{n\leqslant x} d^*(a,b;n)$. 当 $a=b=1$ 时，易见

$$d^*(1,1;n)=\sum_{\substack{d\mid n \\ d\ \text{square-free}}} 1=\sum_{d\mid n}|\mu(d)|$$

所以，对 $D^*(1,1;x)$ 的研究即所谓的无平方因子除数问题. 易证有

$$D^*(1,1;x)=c_1x\log x+c_2x+O(x^{\frac{1}{2}}\mathrm{e}^{-c_0\delta(x)}) \quad ①$$

其中 $\delta(x)=(\log x)^{\frac{3}{5}}(\log^{\log x})^{-\frac{1}{5}}$，$c_0>0$. 对 ① 中指数 $\frac{1}{2}$ 的任何改进都意味着存在 σ_0：$\frac{1}{2}>\sigma_0>0$，使当 $\sigma\geqslant 1-\sigma_0$ 时，$\zeta(s)\neq 0$. 为了改进 $\frac{1}{2}$，可以假设黎曼假设成立. 在黎曼假设下，许多作者进一步研究了这一问题. 目前最好的结果是贝克（Baker）得到的，他证明了在黎曼假设下，① 的余项可以改进为 $O(x^{\frac{4}{11}+\varepsilon})$.

当 $a<b$ 时，容易得到

$$D^*(a,b;x)=\frac{\zeta\left(\frac{b}{a}\right)}{\zeta\left(\frac{a+b}{a}\right)}x^{\frac{1}{a}}+\frac{\zeta\left(\frac{a}{b}\right)}{\zeta\left(\frac{a+b}{b}\right)}x^{\frac{1}{b}}+O(x^{\frac{1}{a+b}}\mathrm{e}^{-c_0'\delta(x)}) \quad ②$$

其中 $c_0' > 0$. 为方便起见,我们用

$$\Delta(x) = D^*(a,b;x) - \frac{\zeta\left(\frac{b}{a}\right)}{\zeta\left(\frac{a+b}{a}\right)} x^{\frac{1}{a}} - \frac{\zeta\left(\frac{a}{b}\right)}{\zeta\left(\frac{a+b}{b}\right)} x^{\frac{1}{b}} \tag{③}$$

来表示此问题的余项. 类似于 $a=b=1$ 时,为降低②中余项的指数 $\frac{1}{a+b}$,我们亦假设黎曼假设成立.

实际上,对于此问题在黎曼假设下的结果,有如下结论:在黎曼假设下,对任意 $\varepsilon > 0$,有

$$\Delta(x) \ll \begin{cases} x^{\frac{4a+6b}{(5a+6b)(a+b)}+\varepsilon}, 当\ b \leqslant 2a\ 时 \\ x^{\frac{8a+4b}{11a^2+12ab+4b^2}+\varepsilon}, 当\ b > 2a\ 时 \end{cases} \tag{④}$$

另外,诺瓦克(Nowak)和施迈瑟(Schmeier)利用复变积分方法也得到了此问题的一个较弱结果,即:

在黎曼假设下,当 $a < b < 2a$ 时,对任意 $\varepsilon > 0$,有

$$\Delta(x) \ll x^{\frac{a+3b}{(2a+3b)(a+b)}+\varepsilon} \tag{⑤}$$

本章的目的是在黎曼假设下,利用三角和方法改进已有的结果. 我们证明了:

定理 在黎曼假设下,对任意 $\varepsilon > 0$,有

$$\Delta(x) \ll \begin{cases} x^{\frac{a+6b}{(2a+7b)(a+b)}+\varepsilon}, 当\ b \leqslant \frac{3a}{2}\ 时 \\ x^{\frac{a+2b}{(2a+2b)(a+b)}+\varepsilon}, 当\ b > \frac{3a}{2}\ 时 \end{cases} \tag{⑥}$$

其中 $1 \leqslant a < b, (a,b) = 1$.

符号说明 $\theta = \frac{a+2b}{(2a+2b)(a+b)}$, $\| x \| = \min\{|x-k|, k \in \mathbf{Z}\}$, $e(x) = e(2\pi i x)$, $f \ll g$ 即 $f = O(g)$, $m \sim M$ 即 $M < m \leqslant 2M$, $\psi(x) = x - [x] - \frac{1}{2}$,

$L=\log x$，ε 是充分小的正数.

2　问题的转化

命题 1　在黎曼假设下，当 $1\leqslant a<b,(a,b)=1$ 时，对任意 $Y\geqslant 1$，有：

(1) 当 $a<b\leqslant 2a$ 时

$$\Delta(x)=\sum_{m\leqslant Y}\mu(m)\Delta\left(a,b;\frac{x}{m^{a+b}}\right)+O\left(x^{\frac{1}{2a}+\varepsilon}Y^{-\frac{b}{2a}+\varepsilon}+x^{\varepsilon}\right) \tag{①}$$

(2) 当 $b>2a$ 时

$$\begin{aligned}\Delta(x)=&\sum_{m\leqslant Y}\mu(m)\Delta\left(a,b;\frac{x}{m^{a+b}}\right)+\\&O\left(x^{\frac{1}{2a}+\varepsilon}Y^{-\frac{b}{2a}+\varepsilon}+x^{\frac{1}{b}}Y^{\frac{1}{2}-\frac{a+b}{b}+\varepsilon}+x^{\varepsilon}\right)\end{aligned} \tag{②}$$

其中 $\Delta(a,b;x)=\sum_{m^an^b\leqslant x}1-\zeta\left(\frac{b}{a}\right)x^{\frac{1}{a}}-\zeta\left(\frac{a}{b}\right)x^{\frac{1}{b}}$ 是二维广义除数问题的余项.

证明　利用曹晓东用到的复变积分方法，容易得到这一命题.

命题 2　在黎曼假设下，当 $1\leqslant a<b,(a,b)=1$ 时，对任意 $1<Y\leqslant x^{\frac{1}{a+b}}$，有

$$\begin{aligned}\Delta(x)=&-\sum_{m\leqslant Y}\mu(m)\sum_{n^{a+b}\leqslant\frac{x}{m^{a+b}}}\left\{\psi\left(\left(\frac{x}{m^{a+b}n^{b}}\right)^{\frac{1}{a}}\right)+\right.\\&\left.\psi\left(\left(\frac{x}{m^{a+b}n^{a}}\right)^{\frac{1}{b}}\right)\right\}+O\left(x^{\frac{1}{2a}+\varepsilon}Y^{-\frac{b}{2a}+\varepsilon}+Y\right)\end{aligned} \tag{③}$$

证明　利用

$$\Delta(a,b;x)=-\sum_{n^{a+b}\leqslant x}\left\{\psi\left(\frac{x^{\frac{1}{a}}}{n^{\frac{b}{a}}}\right)+\psi\left(\frac{x^{\frac{1}{b}}}{n^{\frac{a}{b}}}\right)\right\}+O(1)$$

另外，注意到当 $b>2a$ 时，在条件 $1<Y\leqslant x^{\frac{1}{a+b}}$ 下，有

$x^{\frac{1}{b}}Y^{\frac{1}{2}-\frac{a+b}{b}} \leqslant x^{\frac{1}{2a}}Y^{-\frac{b}{2a}}$. 从命题 1,我们不难得到命题 2.

3　预备引理

引理 1

$$\Delta(a,b;x) \ll \begin{cases} x^{\frac{2}{3(a+b)}}, \text{当 } b < 2a \text{ 时} \\ x^{\frac{2}{9a}}\log x, \text{当 } b = 2a \text{ 时} \\ x^{\frac{2}{5a+2b}}, \text{当 } b > 2a \text{ 时} \end{cases}$$

引理 2　设 $N < x \leqslant cN$ 时,$f'(x)$ 连续,且

$$0 < c_1\lambda_1 \leqslant |f'(x)| \leqslant c_2\lambda_1$$

$$\frac{c_1\lambda_1}{N} \leqslant |f''(x)| \leqslant \frac{c_2\lambda_1}{N}$$

$$N \leqslant a < b < cN$$

则 $\sum_{a<n\leqslant b} e(f(n)) \ll \lambda_1^{\frac{1}{2}} N^{\frac{1}{2}} + \lambda_1^{-1}$. 如果 $c_2\lambda_1 \leqslant \frac{1}{2}$,则 $\sum_{a<n\leqslant b} e(f(n)) \ll \lambda_1^{-1}$.

引理 3　设 $x \sim N$ 时,$f(x) \ll P$,$f'(x) \gg \Delta$,则

$$\sum_{n\sim N} \min\left(D, \frac{1}{\| f(n) \|}\right) \ll (P+1)(D+\Delta^{-1})\log(2+\Delta^{-1})$$

引理 4　设 $\xi(n)$ 为任意复数,$1 \leqslant Q \leqslant N$,则

$$\left|\sum_{N\leqslant n\leqslant 2N} \xi(n)\right|^2 \leqslant \frac{4N}{Q}\sum_{q=0}^{Q}\left(1-\frac{q}{Q}\right) \mathrm{Re} \sum_{N<n\leqslant 2N-q} \xi(n)\overline{\xi(n+q)}$$

引理 5　设 $f(x)$ 为$[a,b]$上的代数函数,$\frac{1}{R} \leqslant |f'(x)| \ll \frac{1}{R}$,$|f''(x)| \ll \frac{1}{RU}(U \geqslant 1)$,$[\alpha,\beta]$为$[a,b]$在变换 $y = f'(x)$ 下的映象,则

$$\sum_{a<n\leqslant b} e(f(n)) = e\left(\frac{1}{8}\right) \sum_{\alpha<\gamma\leqslant\beta} \frac{e(f(n_\gamma) - \gamma n_\gamma)}{\sqrt{|f''(n_\gamma)|}} +$$

$$O\left(\log(\beta-\alpha+2)+U^{-1}(b-a+R)+\min\left(\sqrt{R},\frac{1}{\|\alpha\|}\right)+\min\left(\sqrt{R},\frac{1}{\|\beta\|}\right)\right)$$

引理6　设 $H,N\geqslant 1,\Delta>0,\gamma$ 是实数，$S(H,N,\Delta,\gamma)$ 是满足不等式

$$|h_1n_1^{\gamma}-h_2n_2^{\gamma}|<\Delta,h_1,h_2\sim H,n_1,n_2\sim N$$

的解数，则 $S(H,N,\Delta,\gamma)\ll HN\log^2 2HN+\Delta HN^{2-\gamma}$.

引理7　设 A_i,B_j,a_i 和 b_j 是正数，Q_1,Q_2 是实数且 $0<Q_1\leqslant Q_2$，那么存在 q 满足 $Q_1\leqslant q\leqslant Q_2$，且

$$\sum_{i=1}^{m}A_iq^{a_i}+\sum_{j=1}^{n}B_jq^{-b_j}$$

$$\leqslant 2^{m+n}\left(\sum_{i=1}^{m}\sum_{j=1}^{n}(A_i^{b_j}B_j^{a_i})^{\frac{1}{a_i+b_j}}+\sum_{i=1}^{m}A_iQ_1^{a_i}+\sum_{j=1}^{n}B_jQ_2^{-b_j}\right)$$

引理8　设 u,v,w 是正整数，$x>0$ 且 $|a(m)|\leqslant 1$，则

$$\tau(M,N)=\sum_{m\sim M}\sum_{\substack{n\sim N\\ m^un^{v+w}\leqslant x}}a(m)\psi\left(\left(\frac{x}{m^un^v}\right)^{\frac{1}{w}}\right)$$

$$\ll L^6\left((G^{\kappa+\lambda}M^{2+\kappa+\lambda}N^{1+\kappa})^{\frac{1}{2+2\kappa+\lambda}}+G^{-\frac{1}{2}}MN+MN^{\frac{1}{2}}+G^{\frac{1}{2}}M^{\frac{1}{2}}\right)$$

这里 $G=\left(\frac{x}{M^uN^v}\right)^{\frac{1}{w}}$，$(\kappa,\lambda)$ 是指数对.

4　三角和估计

引理1　设

$$S=S(H,M,N)=\sum_{m\sim M}\mu(m)\sum_{h\sim H}\sum_{\substack{n\sim N\\ m^un^{v+w}\leqslant x}}e\left(h\left(\frac{x}{m^un^v}\right)^{\frac{1}{w}}\right) \quad ①$$

其中 u,v,w 是正数,则

$$S \ll (M(HN)^{\frac{1}{2}} + F^{\frac{1}{4}}M^{\frac{1}{2}}(HN)^{\frac{3}{4}} + F^{\frac{1}{6}}M^{\frac{4}{6}}(HN)^{\frac{5}{6}})L \tag{②}$$

其中 $F = H\left(\frac{x}{M^u N^v}\right)^{\frac{1}{w}}$.

证明 设 Q 是一个待定正整数,因为 $0 < \frac{h}{N^{\frac{v}{w}}} \leqslant \frac{2H}{N^{\frac{v}{w}}}$,所以我们可以将所有数组 (n,h) 构成的集合分成 Q 个子集 $T_q(1 \leqslant q \leqslant Q)$,当 $(n,h) \in T_q$ 时,满足

$$\frac{2H(q-1)}{N^{\frac{v}{w}}Q} < \frac{h}{n^{\frac{v}{w}}} \leqslant \frac{2Hq}{N^{\frac{v}{w}}Q}$$

因此,我们有

$$S = \sum_{M<m\leqslant 2M} \mu(m) \sum_{q=1}^{Q} \sum_{(n,h)\in T_q} e\left(h\left(\frac{x}{m^u n^v}\right)^{\frac{1}{w}}\right) \tag{③}$$

利用柯西(Cauchy)不等式,得

$$\begin{aligned} |S|^2 &\leqslant MQ \sum_{M<m\leqslant 2M} \sum_{q=1}^{Q} \left| \sum_{(n,h)\in T_q} e\left(h\left(\frac{x}{m^u n^v}\right)^{\frac{1}{w}}\right) \right|^2 \\ &\ll MQ \sum_{M<m\leqslant 2M} \sum_{q=1}^{Q} \sum_{(n_1,h_1),(n_2,h_2)\in T_q} e\left(\frac{x^{\frac{1}{w}}}{m^{\frac{u}{w}}}\left(\frac{h_1}{n_1^{\frac{v}{w}}} - \frac{h_2}{n_2^{\frac{v}{w}}}\right)\right) \\ &\ll MQ \sum_{(1)} \left| \sum_{M<m\leqslant 2M} e\left(\frac{x^{\frac{1}{w}}}{m^{\frac{u}{w}}}\lambda\right) \right| \end{aligned} \tag{④}$$

其中 $\sum_{(1)}: h_1, h_2 \sim H; n_1, n_2 \sim N; \lambda = \frac{h_1}{n_1^{\frac{v}{w}}} - \frac{h_2}{n_2^{\frac{v}{w}}}$; $|\lambda| \leqslant \frac{2H}{N^{\frac{v}{w}}Q}$. 利用第 3 节引理 2,得

$$|S|^2 \ll MQ \sum_{(1)} \min\left(M, \frac{M^{\frac{u}{w}+1}}{x^{\frac{1}{w}}\lambda} + \left(\frac{x^{\frac{1}{w}}\lambda}{M^{\frac{u}{w}+1}}\right)^{\frac{1}{2}} M^{\frac{1}{2}}\right)$$

$$\ll M^2 Q \sum_{\substack{(1) \\ |\lambda| \leqslant \frac{M^{\frac{u}{w}}}{x^{\frac{1}{w}}}}} 1 + MQ\left(\frac{x^{\frac{1}{w}}\lambda}{M^{\frac{u}{w}+1}}\right)^{\frac{1}{2}} M^{\frac{1}{2}} \sum_{(1)} 1 +$$

$$MQ\frac{M^{\frac{u}{w}+1}}{x^{\frac{1}{w}}} \max_{\Delta \geqslant \frac{M^{\frac{u}{w}}}{x^{\frac{1}{w}}}} \Delta^{-1} \sum_{\substack{(1) \\ |\lambda| \leqslant \Delta}} 1 \qquad ⑤$$

利用第 3 节引理 6，得

$$S^2 L^{-2} \ll M^2 Q\left(HN + \frac{M^{\frac{u}{w}}}{x^{\frac{1}{w}}} HN^{2+\frac{v}{w}}\right) +$$

$$MQ\left(\frac{x^{\frac{1}{w}}\lambda}{M^{\frac{u}{w}}}\right)^{\frac{1}{2}} (HN + \lambda HN^{2+\frac{v}{w}}) +$$

$$MQ\frac{M^{\frac{u}{w}+1}}{x^{\frac{1}{w}}} \max_{\Delta \geqslant \frac{M^{\frac{u}{w}}}{x^{\frac{1}{w}}}} \Delta^{-1} (HN + \Delta HN^{2+\frac{v}{w}})$$

$$\ll M^2 Q\left(HN + \frac{M^{\frac{u}{w}}}{x^{\frac{1}{w}}} HN^{2+\frac{v}{w}}\right) +$$

$$MQ\left(\frac{x^{\frac{1}{w}}\lambda}{M^{\frac{v}{w}}}\right)^{\frac{1}{2}} (HN + \lambda HN^{2+\frac{v}{w}})$$

$$\ll M^2 QHN + MQ\left(\frac{x^{\frac{1}{w}}\lambda}{M^{\frac{u}{w}}}\right)^{\frac{1}{2}} \left(HN + \frac{H^2 N^2}{Q}\right)$$

$$\ll M^2 QHN + M\left(\frac{x^{\frac{1}{w}} H}{M^{\frac{u}{w}} N^{\frac{v}{w}}}\right)^{\frac{1}{2}} Q^{\frac{1}{2}} Q^{-1} HN^{-\frac{v}{w}} HN^{2+\frac{v}{w}}$$

$$\ll M^2 QNH + MF^{\frac{1}{2}} Q^{-\frac{1}{2}} H^2 N^2$$

利用第 3 节引理 7，选取 $Q: 1 \leqslant Q \leqslant HN$，得

$$|S|^2 L^{-2} \ll M^2 HN + MF^{\frac{1}{2}} (HN)^{\frac{3}{2}} +$$

$$((HNM^2)^{\frac{1}{2}} MF^{\frac{1}{2}} H^2 N^2)^{\frac{2}{3}}$$

$$\ll M^2 HN + MF^{\frac{1}{2}} (HN)^{\frac{3}{2}} + F^{\frac{1}{3}} M^{\frac{4}{3}} (HN)^{\frac{5}{3}} \qquad ⑥$$

引理得证.

注 在引理 2 和引理 3 中,设如下条件成立:$\theta=\frac{a+2b}{(2a+2b)(a+b)}$,$\frac{3a}{2}<b\leqslant 2a$,$x^{3\theta-\frac{2}{a+b}}<M\leqslant x^{\frac{1}{b}-\frac{2a}{b}\theta}$,$N\geqslant x^{\frac{b+2a}{b}\theta-\frac{1}{b}}$,$x^{\theta+\varepsilon}\leqslant Z=MN\leqslant x^{\frac{1}{a+b}}$,$J=Zx^{-\theta}$.

引理 2 当$\frac{3a}{2}<b\leqslant 2a$,$N\leqslant x^{3\theta-\frac{2}{a+b}}$,$(u,v,w)$取$(a+b,a,b)$或$(a+b,b,a)$时

$$
\begin{aligned}
S&=S(H,M,N)\\
&=\sum_{m\sim M}\mu(m)\sum_{h\sim H}\sum_{\substack{n\sim N\\ m^{u}n^{v+w}\leqslant x}}e\left(h\left(\frac{x}{m^{u}n^{v}}\right)^{\frac{1}{w}}\right)\\
&\ll x^{\theta+\varepsilon}H
\end{aligned}\tag{7}
$$

证明 首先当$(u,v,w)=(a+b,b,a)$时,利用引理 9,即

$$
\begin{aligned}
S&\ll(M(HN)^{\frac{1}{2}}+F^{\frac{1}{4}}M^{\frac{1}{2}}(HN)^{\frac{3}{4}}+F^{\frac{1}{6}}M^{\frac{4}{6}}(HN)^{\frac{5}{6}})\log x\\
&=I_1+I_2+I_3
\end{aligned}
$$

我们只需验证 $x^{-\varepsilon}I_1,x^{-\varepsilon}I_2,x^{-\varepsilon}I_3\ll x^{\theta}H$,即

$$
\begin{aligned}
M(NH)^{\frac{1}{2}}&=(MN)^{\frac{1}{2}}M^{\frac{1}{2}}H^{\frac{1}{2}}\\
&\ll x^{\frac{1}{2(a+b)}+\frac{1}{2}\left(\frac{1}{b}-\frac{2a\theta}{b}\right)+\varepsilon}H^{\frac{1}{2}}\\
&\ll x^{\theta}H
\end{aligned}\tag{8}
$$

$$
\begin{aligned}
F^{\frac{1}{4}}M^{\frac{1}{2}}(NH)^{\frac{3}{4}}&\ll\left(\frac{Hx^{\frac{1}{a}}}{M^{\frac{a+b}{a}}N^{\frac{b}{a}}}\right)^{\frac{1}{4}}M^{\frac{1}{2}}(NH)^{\frac{3}{4}}\\
&\ll x^{\frac{1}{4a}}(MN)^{\frac{3a-b}{4a}}M^{-\frac{1}{2}}H\\
&\ll x^{\frac{1}{4a}+\frac{3a-b}{4a}\cdot\frac{1}{a+b}-\frac{1}{2}\left(3\theta-\frac{2}{a+b}\right)}\\
&\ll x^{\frac{2}{a+b}-\frac{3\theta}{2}}H\\
&\ll x^{\frac{2}{a+b}-\frac{3}{2}\cdot\frac{4}{5(a+b)}}H\\
&\ll x^{\frac{4}{5(a+b)}}H\ll x^{\theta}H
\end{aligned}\tag{9}
$$

$$F^{\frac{1}{6}}M^{\frac{4}{6}}(NH)^{\frac{5}{6}} \ll \left(\frac{Hx^{\frac{1}{a}}}{M^{\frac{a+b}{a}}N^{\frac{b}{a}}}\right)^{\frac{1}{6}} M^{\frac{4}{6}}N^{\frac{5}{6}}H^{\frac{5}{6}}$$

$$\ll x^{\frac{1}{6a}}M^{\frac{3a-b}{6a}}N^{\frac{5a-b}{6a}}H$$

$$\ll x^{\frac{1}{6a}}Z^{\frac{3a-b}{6a}}N^{\frac{1}{3}}H$$

$$\ll x^{\frac{1}{6a}+\frac{3a-b}{6a(a+b)}+\frac{1}{3}\left(3\theta-\frac{2}{a+b}\right)}H$$

$$\ll x^{\frac{2}{3(a+b)}+\theta-\frac{2}{3(a+b)}}H \ll x^{\theta}H \qquad ⑩$$

所以引理 2 当 $(u,v,w)=(a+b,b,a)$ 时成立.

当 $(u,v,w)=(a+b,a,b)$ 时，只要注意验证 $F^{\frac{1}{4}}M^{\frac{1}{2}}(NH)^{\frac{3}{4}}$ 时，有

$$\frac{1}{4b}+\frac{3b-a}{4b}\cdot\frac{1}{a+b}=\frac{1}{4a}+\frac{3a-b}{4a}\cdot\frac{1}{a+b}=\frac{1}{a+b}$$

以及验证 $F^{\frac{1}{6}}M^{\frac{4}{6}}N^{\frac{5}{6}}H^{\frac{5}{6}}$ 时，有

$$\frac{1}{6a}+\frac{3a-b}{6a}\cdot\frac{1}{a+b}=\frac{1}{6b}+\frac{3b-a}{6b}\cdot\frac{1}{a+b}=\frac{2}{3(a+b)}$$

类似于 $(u,v,w)=(a+b,b,a)$ 时的讨论，即可得到此引理的证明.

引理 3　设 $\frac{3a}{2}<b\leqslant 2a$，$N\geqslant x^{3\theta-\frac{2}{a+b}}$，$(u,v,w)$ 取 $(a+b,b,a)$，则

(1) 当 $1\leqslant H\ll J$ 时

$$S=S(H,M,N)$$

$$=\sum_{m\sim M}\mu(m)\sum_{h\sim H}\sum_{\substack{n\sim N\\ m^u n^{v+w}\leqslant x}} e\left(h\left(\frac{x}{m^u n^v}\right)^{\frac{1}{w}}\right)$$

$$\ll x^{\theta+\varepsilon}H \qquad ⑪$$

(2) 当 $H\gg J$ 时

$$S=S(H,M,N)\ll Z^{\frac{1}{2}-\frac{b}{4a}}x^{\frac{1}{4a}}H^{\frac{5}{4}}+x^{\frac{1}{2a+b}}H^{\frac{3a+b}{2a+b}} \qquad ⑫$$

证明 首先当$(u,v,w)=(a+b,b,a)$时，令

$$S_1=\sum_{m\sim M}\mu(m)\sum_{\substack{n\sim N\\ m^{a+b}n^{a+b}\leqslant x}}e\left(\frac{x^{\frac{1}{a}}h}{m^{\frac{a+b}{a}}n^{\frac{b}{a}}}\right) \qquad ⑬$$

利用柯西不等式及第 3 节引理 4，得

$$\begin{aligned}
&|S_1|^2\\
&\ll\sum_{M<m\leqslant 2M}|\mu(m)|^2\sum_{M<m\leqslant 2M}\left|\sum_{N<n\leqslant 2N}e\left(\frac{x^{\frac{1}{a}}h}{m^{\frac{a+b}{a}}n^{\frac{b}{a}}}\right)\right|^2\\
&\leqslant M\sum_{M<m\leqslant 2M}\left(\frac{4N}{Q}\sum_{q=0}^{Q}\left(1-\frac{q}{Q}\right)\cdot\right.\\
&\quad\left.\mathrm{Re}\sum_{N<n\leqslant 2N-q}e\left(\frac{x^{\frac{1}{a}}h}{m^{\frac{a+b}{a}}}\left(\frac{1}{n^{\frac{b}{a}}}-\frac{1}{(n+q)^{\frac{b}{a}}}\right)\right)\right)\\
&\leqslant\frac{4Z^2}{Q}+\frac{4Z}{Q}\sum_{q=1}^{Q}\left(1-\frac{q}{Q}\right)\cdot\\
&\quad\mathrm{Re}\sum_{M<m\leqslant 2M}\sum_{N<n\leqslant 2N-q}e\left(\frac{x^{\frac{1}{a}}h}{m^{\frac{a+b}{a}}}\left(\frac{1}{n^{\frac{b}{a}}}-\frac{1}{(n+q)^{\frac{b}{a}}}\right)\right)
\end{aligned}$$

对

$$S_2=\sum_{M<m\leqslant 2M}\sum_{N<n\leqslant 2N-q}e\left(\frac{x^{\frac{1}{a}}h}{m^{\frac{a+b}{a}}}\left(\frac{1}{n^{\frac{b}{a}}}-\frac{1}{(n+q)^{\frac{b}{a}}}\right)\right)$$

应用引理 5，得

$$S_2=\sum_{M<m\leqslant 2M}\left(e\left(\frac{1}{8}\right)\sum_{r_1(m)\leqslant r\leqslant r_2(m)}\frac{e(s(m,r))}{\sqrt{|G(m,r)|}}+R\right)$$

其中

$$\begin{aligned}
f(m,n)&=\frac{x^{\frac{1}{a}}h}{m^{\frac{a+b}{a}}}\left(\frac{1}{n^{\frac{b}{a}}}-\frac{1}{(n+q)^{\frac{b}{a}}}\right)\\
&=\frac{b}{a}\cdot\frac{x^{\frac{1}{a}}hq}{m^{\frac{a+b}{a}}}\cdot\int_0^1\frac{\mathrm{d}t}{(n+qt)^{\frac{b}{a}+1}}
\end{aligned}$$

$$\frac{\partial f}{\partial n}(m,g(m,r))=r$$

$$G(m,r)=\frac{\partial^2 f}{\partial n^2}(m,g(m,r))$$

$$s(m,r)=f(m,g(m,r))-rg(m,r)$$

$$r_1(m)=\frac{\partial f}{\partial n}(m,N),r_2(m)=\frac{\partial f}{\partial n}(m,2N-q)$$

$$r_1(m),r_2(m)\sim\frac{x^{\frac{1}{a}}hq}{M^{\frac{a+b}{a}}N^{\frac{b}{a}+2}}$$

$$r_1=\min r_1(m),r_2=\max r_2(m)$$

$$R=O\left(\log x+\frac{M^{\frac{a+b}{a}}N^{\frac{b}{a}+2}}{x^{\frac{1}{a}}hq}\right)+\min\left(\frac{M^{\frac{a+b}{2a}}N^{\frac{b}{2a}+\frac{3}{2}}}{\sqrt{x^{\frac{1}{a}}hq}},\frac{1}{\| r_1(m)\|}\right)+$$

$$\min\left(\frac{M^{\frac{a+b}{2a}}N^{\frac{b}{2a}+\frac{3}{2}}}{\sqrt{x^{\frac{1}{a}}hq}},\frac{1}{\| r_2(m)\|}\right)$$

利用上式及第3节引理3,得

$$\sum_{q=1}^{Q}\sum_{M<m\leqslant 2M}R$$

$$\ll Z\log x+\sum_{q=1}^{Q}\left(1+\frac{x^{\frac{1}{a}}hq}{M^{\frac{a+b}{a}}N^{\frac{b}{a}+2}}\right)\cdot$$

$$\left(\frac{M^{\frac{a+b}{2a}}N^{\frac{b}{2a}+\frac{3}{2}}}{\sqrt{x^{\frac{1}{a}}hq}}+\frac{M^{\frac{b}{a}+2}N^{\frac{b}{a}+2}}{x^{\frac{1}{a}}hq}\right)\log x$$

$$\ll ZL+x^{\frac{1}{2a}}h^{\frac{1}{2}}Q^{\frac{3}{2}}N^{-\frac{1}{2}-\frac{b}{2a}}M^{-\frac{a+b}{2a}}\log x$$

所以

$$\sum_{q=1}^{Q}S_2\ll\sum_{q=1}^{Q}\sum_{r_1<r\leqslant r_2}\left|\sum_{m\in I_r}\frac{e(s(m))}{\sqrt{|G(m)|}}\right|+ZL+$$

$$x^{\frac{1}{2a}}h^{\frac{1}{2}}Q^{\frac{3}{2}}N^{-\frac{1}{2}-\frac{b}{2a}}M^{-\frac{a+b}{2a}}\log x$$

I_r 是 $(M,2M]$ 的一个子区间,$G(m)=G(m,r)$,$s(m)=s(m,r)$,$g(m)=g(m,r)$.

下面证明 $G(m)$ 单调,且 $G(m)\sim\frac{x^{\frac{1}{a}}hq}{M^{\frac{b}{a}+1}N^{\frac{b}{a}+3}}$ 及

$s'(m)\sim\dfrac{x^{\frac{1}{a}}hq}{M^{\frac{b}{a}+2}N^{\frac{b}{a}+1}}$. 因为

$$\frac{\partial f}{\partial n}(m,n)=-\left(\frac{b}{a}\right)\left(\frac{b}{a}+1\right)\frac{x^{\frac{1}{a}}hq}{m^{\frac{a+b}{a}}}\int_0^1\frac{\mathrm{d}t}{(n+qt)^{\frac{b}{a}+2}}$$

利用$\dfrac{\partial f}{\partial n}(m,g(m,r))=r$对 m 求导，可得

$$g'(m)=-\frac{\frac{b}{a}+1}{\left(\frac{b}{a}+2\right)m}\times\frac{\int_0^1\frac{\mathrm{d}t}{(g(m)+qt)^{\frac{b}{a}+2}}}{\int_0^1\frac{\mathrm{d}t}{(g(m)+qt)^{\frac{b}{a}+3}}}$$

$$=-\frac{\frac{b}{a}+1}{\left(\frac{b}{a}+2\right)m}g(m)\left(1+O\left(\frac{Q}{N}\right)\right)$$

$$G'(m)=\frac{\partial^2 f}{\partial n^2}(m,g(m))$$

$$=\left(\left(\frac{b}{a}+2\right)\left(\frac{b}{a}+1\right)\left(\frac{b}{a}\right)\frac{x^{\frac{1}{a}}hq}{m^{\frac{a+b}{a}}}\int_0^1\frac{\mathrm{d}t}{(g(m)+qt)^{\frac{b}{a}+3}}\right)'$$

$$=\left(\frac{b}{a}+1\right)^2\left(\frac{b}{a}\right)\frac{x^{\frac{1}{a}}hq}{m^{\frac{b}{a}+2}g(m)^{\frac{b}{a}+3}}\left(1+O\left(\frac{Q}{N}\right)\right)$$

另外

$$s'(m)=\frac{\partial f}{\partial m}(m,g(m,r))+\left(\frac{\partial f}{\partial n}(m,g(m,r))-r\right)g'(m)$$

$$=\frac{\partial f}{\partial m}(m,g(m,r))\sim\frac{x^{\frac{1}{a}}hq}{M^{\frac{b}{a}+2}N^{\frac{b}{a}+1}}$$

$$S''(m)\sim\frac{x^{\frac{1}{a}}hq}{M^{\frac{b}{a}+3}N^{\frac{b}{a}+1}}$$

利用第 3 节引理 2 进行分部求和，可得

$$\sum_{q=1}^{Q}S_2$$

$$\ll \sum_{q=1}^{Q} \frac{x^{\frac{1}{a}}hq}{M^{\frac{b}{a}+1}N^{\frac{b}{a}+2}} \cdot \frac{M^{\frac{b}{2a}+\frac{1}{2}}N^{\frac{b}{2a}+\frac{3}{2}}}{(x^{\frac{1}{a}}hq)^{\frac{1}{2}}} \cdot$$

$$\left(\frac{(x^{\frac{1}{a}}hqM)^{\frac{1}{2}}}{M^{\frac{b}{2a}+1}N^{\frac{b}{2a}+\frac{1}{2}}} + \frac{M^{\frac{b}{a}+2}N^{\frac{b}{a}+1}}{x^{\frac{1}{a}}hq}\right) +$$

$$ZL + x^{\frac{1}{2a}}h^{\frac{1}{2}}Q^{\frac{3}{2}}N^{-\frac{1}{2}-\frac{b}{2a}}M^{-\frac{(a+b)}{2a}}\log x$$

$$\ll \sum_{q=1}^{Q} \frac{(x^{\frac{1}{a}}hq)^{\frac{1}{2}}}{M^{\frac{b}{2a}+\frac{1}{2}}N^{\frac{b}{2a}+\frac{1}{2}}}\left(\frac{x^{\frac{1}{2a}}h^{\frac{1}{2}}q^{\frac{1}{2}}}{M^{\frac{b}{2a}+\frac{1}{2}}N^{\frac{b}{2a}+\frac{1}{2}}} + \frac{M^{\frac{b}{a}+2}N^{\frac{b}{a}+1}}{x^{\frac{1}{a}}hq}\right) +$$

$$ZL + x^{\frac{1}{2a}}h^{\frac{1}{2}}Q^{\frac{3}{2}}N^{-\frac{1}{2}-\frac{b}{2a}}M^{-\frac{a+b}{2a}}\log x$$

$$\ll \frac{x^{\frac{1}{a}}hQ^2}{M^{\frac{b}{a}+1}N^{\frac{b}{a}+1}} + \frac{M^{\frac{b}{2a}+\frac{3}{2}}N^{\frac{b}{2a}+\frac{1}{2}}Q^{\frac{1}{2}}}{x^{\frac{1}{2a}}h^{\frac{1}{2}}} +$$

$$ZL + x^{\frac{1}{2a}}h^{\frac{1}{2}}Q^{\frac{3}{2}}N^{-\frac{1}{2}-\frac{b}{2a}}M^{-\frac{a+b}{2a}}\log x \tag{14}$$

其中

$$\frac{M^{\frac{b}{2a}+\frac{3}{2}}N^{\frac{b}{2a}+\frac{1}{2}}Q^{\frac{1}{2}}}{x^{\frac{1}{2a}}h^{\frac{1}{2}}} \ll \frac{M^{\frac{a+b}{2a}}N^{\frac{a+b}{2a}}MN^{\frac{1}{2}}}{x^{\frac{1}{2a}}} \ll MN^{\frac{1}{2}} \ll Z \tag{15}$$

(1) 当 $H \ll J$ 时，取 $Q = \left[\frac{Z^2}{x^{2\theta}}\right]$，因为 $\theta = \frac{a+2b}{(2a+2b)(a+b)} > \frac{4}{5(a+b)} > \frac{5}{7(a+b)}, \frac{3a}{2} < b \leqslant 2a$，所以容易验证 $Q = o(N)$.

另外

$$\begin{aligned}\frac{x^{\frac{1}{a}}hQ^2}{M^{\frac{a+b}{a}}N^{\frac{a+b}{a}}} &\ll x^{\frac{1}{a}}Zx^{-\theta}Z^4x^{-4\theta}Z^{-\frac{a+b}{a}}\\ &\ll Zx^{\frac{1}{a}-5\theta}Z^{\frac{3a-b}{a}}\\ &\ll Zx^{\frac{1}{a}+\frac{3a-b}{a}\cdot\frac{1}{a+b}-5\theta}\\ &\ll Zx^{\frac{4}{a+b}-5\cdot\frac{4}{5(a+b)}} \ll Z\end{aligned} \tag{16}$$

及

$$x^{\frac{1}{2a}}h^{\frac{1}{2}}Q^{\frac{3}{2}}N^{-\frac{1}{2}-\frac{b}{2a}}M^{-\frac{a+b}{2a}}L$$

$$
\begin{aligned}
&= x^{\frac{1}{2a}} h^{\frac{1}{2}} Q^{\frac{3}{2}} Z^{-\frac{a+b}{2a}} L \\
&\ll x^{\frac{1}{2a}} Z^{\frac{1}{2}} x^{-\frac{1}{2\theta}} Z^{3} x^{-3\theta} Z^{-\frac{a+b}{2a}} L \\
&\ll Z x^{\frac{1}{2a}+\left(\frac{5}{2}-\frac{a+b}{2a}\right)\cdot\frac{1}{a+b}-\frac{7}{2\theta}} L \\
&\ll Z x^{\frac{1}{2a}+\frac{4a-b}{2a(a+b)}-\frac{7}{2}\theta} L \\
&\ll Z x^{\frac{5}{2(a+b)}-\frac{7}{2}\theta} L \\
&\ll Z x^{\frac{5}{2(a+b)}-\frac{7}{2}\times\frac{5}{7(a+b)}} L \\
&\ll ZL \qquad ⑰
\end{aligned}
$$

所以 $S_1 \ll x^{\theta}$，即 $S = S(H,M,N) = \sum_{h\sim H} S_1 \ll x^{\theta+\varepsilon} H$.

(2) 当 $H \gg J, Z \ll (x^{\frac{1}{2a}} H^{\frac{1}{2}})^{\frac{2a}{2a+b}}$ 时，引理成立. 否则取 $Q = \left[\frac{Z^{1+\frac{b}{2a}}}{x^{\frac{1}{2a}} H^{\frac{1}{2}}}\right]$，容易证明 $Q = o(N)$. 另外

$$
\begin{aligned}
& x^{\frac{1}{2a}} h^{\frac{1}{2}} Q^{\frac{3}{2}} N^{-\frac{1}{2}-\frac{b}{2a}} M^{-\frac{a+b}{2a}} \\
&= x^{\frac{1}{2a}} h^{\frac{1}{2}} Q^{\frac{3}{2}} Z^{-\frac{(a+b)}{2a}} \\
&\ll x^{\frac{1}{2a}} h^{\frac{1}{2}} N^{\frac{3}{2}} Z^{-\frac{a+b}{2a}} \\
&\ll x^{\frac{1}{2a}} h^{\frac{1}{2}} Z^{\frac{3}{2}} Z^{-\frac{a+b}{2a}} \\
&\ll x^{\frac{1}{2a}} h^{\frac{1}{2}} Z^{1-\frac{b}{2a}} \qquad ⑱
\end{aligned}
$$

所以

$$
|S_1|^2 \ll Z^2 x^{\frac{1}{2a}} h^{\frac{1}{2}} Z^{-1-\frac{b}{2a}} + (x^{\frac{1}{2a}} h^{\frac{1}{2}})^{\frac{4a}{2a+b}}
$$

$$
S_1 \ll Z^{\frac{1}{2}-\frac{b}{4a}} x^{\frac{1}{4a}} h^{\frac{1}{4}} + (x^{\frac{1}{2a}} h^{\frac{1}{2}})^{\frac{2a}{2a+b}}
$$

进而有

$$
S = S(H,M,N) = \sum_{h\sim H} S_1 \ll Z^{\frac{1}{2}-\frac{b}{4a}} x^{\frac{1}{4a}} H^{\frac{5}{4}} + x^{\frac{1}{2a+b}} H^{\frac{3a+b}{2a+b}}
$$

引理 4　设 $\frac{3a}{2} < b \leqslant 2a, N \geqslant x^{3\theta-\frac{2}{a+b}}$，$(u,v,w)$ 取 $(a+b,a,b)$，则：

(1) 当 $1 \leqslant H \ll J$ 时

$$S = S(H,M,N) = \sum_{m \sim M} \mu(m) \sum_{h \sim H} \sum_{\substack{n \sim N \\ m^u n^{v+w} \leqslant x}} e\left(h\left(\frac{x}{m^u n^v}\right)^{\frac{1}{w}}\right)$$

$$\leqslant x^{\theta+\varepsilon} H \tag{19}$$

(2) 当 $H \gg J$ 时

$$S = S(H,M,N) \ll Z^{\frac{1}{2}-\frac{a}{4b}} x^{\frac{1}{4b}} H^{\frac{5}{4}} + x^{\frac{1}{2b+a}} H^{\frac{3b+a}{2b+a}} \tag{20}$$

证明　引理 4 的证明完全类似于引理 3.

5　定理的证明

我们分三部分来证明定理.

1. 当 $b \leqslant \dfrac{3a}{2}$ 时，取 $Y = x^{\frac{1}{b}-\frac{2a}{b}\cdot\frac{a+6b}{(2a+7b)(a+b)}}$. 因为 $x^{\frac{1}{2a}} Y^{-\frac{b}{2a}} \ll x^{\frac{a+6b}{(2a+7b)(a+b)}}$，且 $Y = x^{\frac{1}{b}-\frac{2a}{b}\cdot\frac{a+6b}{(2a+7b)(a+b)}} \ll x^{\frac{a+6b}{(2a+7b)(a+b)}}$，由第 2 节命题 2，得

$$\Delta(x) = -\sum_{m \leqslant Y} \mu(m) \sum_{m^{a+b} n^{a+b} \leqslant x} \left\{\psi\left(\frac{x^{\frac{1}{a}}}{m^{\frac{a+b}{a}} n^{\frac{b}{a}}}\right) + \psi\left(\frac{x^{\frac{1}{b}}}{m^{\frac{a+b}{b}} n^{\frac{a}{b}}}\right)\right\} + O\left(x^{\frac{a+6b}{(2a+7b)(a+b)}+\varepsilon}\right) \tag{1}$$

当 $m \leqslant x^{\frac{3(a+6b)}{(2a+7b)(a+b)}-\frac{2}{a+b}} = Y_1$ 时，利用第 3 节引理 1，得

$$\begin{aligned} &\sum_{m \leqslant Y_1} \sum_{m^{a+b} n^{a+b} \leqslant x} \{\psi() + \psi()\} \\ &\ll \sum_{m \leqslant Y_1} \left(\frac{x}{m^{a+b}}\right)^{\frac{2}{3a+3b}} \\ &\ll x^{\frac{2}{3a+3b}+\frac{1}{3}Y_1} \\ &\ll x^{\frac{a+6b}{(2a+7b)(a+b)}+\varepsilon} \end{aligned}$$

由以上内容可知，我们只需证明

$$\sum_{Y_1 < m \leqslant Y} \sum_{m^{a+b} n^{a+b} \leqslant x} \{\psi() + \psi()\} \ll x^{\frac{a+6b}{(2a+7b)(a+b)}+\varepsilon} \tag{2}$$

事实上，只要证明在条件 $Y_1 < M \leqslant Y, x^{\frac{a+6b}{(2a+7b)(a+b)}} \leqslant MN \leqslant x^{\frac{1}{a+b}}$ 下，有

$$\sum_{m \sim M} \sum_{\substack{n \sim N \\ m^{a+b} n^{a+b} \leqslant x}} \{\psi() + \psi()\} \ll x^{\frac{a+6b}{(2a+7b)(a+b)}+\varepsilon}$$

取 $(\kappa, \lambda) = \left(\frac{1}{2}, \frac{1}{2}\right)$，对 $(u, v, w) = (a+b, a, b), (a+b, b, a)$ 分别应用第 3 节引理 8. 首先对 $(u, v, w) = (a+b, b, a)$，有

$$\sum_{m \sim M} \sum_{\substack{n \sim N \\ m^{a+b} n^{a+b} \leqslant x}} \psi\left(\frac{x^{\frac{1}{a}}}{m^{\frac{a+b}{a}} n^{\frac{b}{a}}}\right)$$

$$\ll G^{\frac{2}{7}} M^{\frac{6}{7}} N^{\frac{3}{7}} + G^{-\frac{1}{2}} MN + MN^{\frac{1}{2}} + G^{\frac{1}{2}} M^{\frac{1}{2}} \qquad ③$$

其中

$$\begin{aligned} G^{\frac{2}{7}} M^{\frac{6}{7}} N^{\frac{3}{7}} &\ll \left(\frac{x^{\frac{1}{a}}}{M^{\frac{a+b}{a}} N^{\frac{b}{a}}}\right)^{\frac{2}{7}} M^{\frac{6}{7}} N^{\frac{3}{7}} \\ &\ll x^{\frac{2}{7a}} M^{\frac{4a-2b}{7a}} N^{\frac{3a-2b}{7a}} \\ &\ll x^{\frac{2}{7a}} (MN)^{\frac{3a-2b}{7a}} M^{\frac{1}{7}} \\ &\ll x^{\frac{2}{7a} + \frac{3a-2b}{7a} \cdot \frac{1}{a+b} + \frac{1}{7}\left(\frac{1}{b} - \frac{2a}{b} \cdot \frac{a+6b}{(2a+7b)(a+b)}\right)} \\ &\ll x^{\frac{5}{7(a+b)} + \frac{1}{7b} - \frac{2a(a+6b)}{7b(2a+7b)(a+b)}} \\ &\ll x^{\frac{7ab+42b^2}{7b(a+b)(2a+7b)}} \\ &\ll x^{\frac{a+6b}{(2a+7b)(a+b)}} \end{aligned} \qquad ④$$

因为 $a < b \leqslant \frac{3a}{2}$ 时，有 $\frac{a+2b}{(2a+2b)(a+b)} \leqslant \frac{a+6b}{(2a+7b)(a+b)}$，所以

$$\begin{aligned} MN^{\frac{1}{2}} &\ll (MN)^{\frac{1}{2}} M^{\frac{1}{2}} \\ &\ll x^{\frac{1}{2(a+b)} + \frac{1}{2b} - \frac{1}{2} \cdot \frac{2a(a+6b)}{b(2a+7b)(a+b)}} \end{aligned}$$

$$\ll x^{\frac{1}{2(a+b)}+\frac{1}{2b}-\frac{1}{2}\cdot\frac{2a}{b}\cdot\frac{a+2b}{(2a+2b)(a+b)}}$$
$$\ll x^{\frac{a+2b}{(2a+2b)(a+b)}}$$
$$\ll x^{\frac{a+6b}{(2a+7b)(a+b)}} \qquad ⑤$$

$$G^{-\frac{1}{2}}MN \ll (x^{\frac{1}{a}}M^{-\frac{a+b}{a}}N^{-\frac{b}{a}})^{-\frac{1}{2}}MN$$
$$\ll x^{-\frac{1}{2a}}M^{\frac{a+b}{2a}}N^{\frac{b}{2a}}MN$$
$$\ll x^{-\frac{1}{2a}}(MN)^{\frac{a+b}{2a}}MN^{\frac{1}{2}}$$
$$\ll MN^{\frac{1}{2}} \ll x^{\frac{a+6b}{(2a+7b)(a+b)}} \qquad ⑥$$

另外当 $a<b\leqslant\frac{3a}{2}$ 时,有 $\frac{a+6b}{(2a+7b)(a+b)}\geqslant\frac{1}{2a+b}$,所以

$$G^{\frac{1}{2}}M^{\frac{1}{2}} \ll (x^{\frac{1}{a}}M^{-\frac{a+b}{a}}N^{-\frac{b}{a}})^{\frac{1}{2}}M^{\frac{1}{2}}$$
$$\ll x^{\frac{1}{2a}}M^{-\frac{a+b}{2a}+\frac{1}{2}}N^{-\frac{b}{2a}}$$
$$\ll x^{\frac{1}{2a}}(MN)^{-\frac{b}{2a}}$$
$$\ll x^{\frac{1}{2a}-\frac{b(a+6b)}{2a(2a+7b)(a+b)}}$$
$$\ll x^{\frac{1}{2a}-\frac{b}{2a(2a+b)}}$$
$$\ll x^{\frac{1}{2a+b}}$$
$$\ll x^{\frac{a+6b}{(2a+7b)(a+b)}} \qquad ⑦$$

对于 $(u,v,w)=(a+b,a,b)$,只要注意验证当 $G^{\frac{2}{7}}M^{\frac{6}{7}}N^{\frac{3}{7}}$ 时,有

$$\frac{2}{7b}+\frac{3b-2a}{7b}\cdot\frac{1}{a+b}=\frac{2}{7a}+\frac{3a-2b}{7a}\cdot\frac{1}{a+b}$$

以及验证当 $G^{\frac{1}{2}}M^{\frac{1}{2}}$ 时,有 $\frac{1}{2+b}>\frac{1}{a+2b}$ 即可.

2. 当 $\frac{3a}{2}<b\leqslant 2a$ 时,取 $Y=x^{\frac{1}{b}-\frac{2a(a+2b)}{b(2a+2b)(a+b)}}$,由第 3 节命题 2 得

$$\Delta(x)=-\sum_{m\leqslant Y}\mu(m)\sum_{m^{a+b}n^{a+b}\leqslant x}\{\psi()+\psi()\}+O(x^{\theta+\varepsilon})$$

$$=-\sum_{m\leqslant x^{3\theta-\frac{2}{a+b}}}-\sum_{x^{3\theta-\frac{2}{a+b}}<m\leqslant Y}+O(x^{\theta+\varepsilon})$$

$$=-\sum_{1}-\sum_{2}+O(x^{\theta+\varepsilon})$$

利用第 3 节引理 1,得

$$\sum_{1}\ll\sum_{m\leqslant x^{3\theta-\frac{2}{a+b}}}\left(\frac{x}{m^{a+b}}\right)^{\frac{2}{3a+3b}+\varepsilon}\ll x^{\theta+\varepsilon}$$

$$\sum_{2}=\sum_{x^{3\theta-\frac{2}{a+b}}<m\leqslant Y}\ \sum_{N'<n\leqslant\left(\frac{x}{m^{a+b}}\right)^{\frac{1}{a+b}}}+\sum_{x^{3\theta-\frac{2}{a+b}}<m\leqslant Y}\ \sum_{n\leqslant N'}=\sum_{3}+\sum_{4}$$

其中 $N'=x^{\frac{b+2a}{b}\theta-\frac{1}{b}}$,故有 $\sum_{4}\ll x^{\frac{1}{b}-\frac{2a}{b}\theta+\frac{b+2a}{b}\theta-\frac{1}{b}}\ll x^{\theta+\varepsilon}$,所以我们只需证明 $\sum_{3}\ll x^{\theta+\varepsilon}$.

通过对区间 $(x^{3\theta-\frac{2}{a+b}},x^{\frac{1}{b}-\frac{2a}{b}\theta}]$ 的分拆和进一步对区间 $(x^{\frac{b+2a}{b}\theta-\frac{1}{b}},\left(\frac{x}{m^{a+b}}\right)^{\frac{1}{a+b}}]$ 的分拆,我们得到

$$\sum_{3}\ll L^2\left|\sum_{m\sim M}\mu(m)\sum_{n\sim N}\left\{\psi\left(\left(\frac{x}{m^{a+b}n^b}\right)^{\frac{1}{a}}\right)+\psi\left(\left(\frac{x}{m^{a+b}n^a}\right)^{\frac{1}{b}}\right)\right\}\right|$$

其中 M,N 满足第 4 节引理 2 ~ 引理 4 的要求.

所以我们只需证明

$$\sum_{5}=\sum_{m\sim M}\mu(m)\sum_{n\sim N}\{\psi()+\psi()\}\ll x^{\theta+\varepsilon} \qquad ⑧$$

就可得到证明.

熟知 $\psi(\theta)=-\sum_{0<|h|\leqslant J}\frac{1}{2\pi ih}e(\theta h)+O\left(\min\left(1,\frac{1}{J\|\theta\|}\right)\right)$,其中

$$\min\left(1,\frac{1}{J\|\theta\|}\right)=\sum_{h=-\infty}^{+\infty}a_h e(\theta h),a_h\ll\min\left(\frac{L}{J},\frac{J}{h^2}\right)$$

所以

$$\sum_5$$

$$=\sum_{m\sim M}\mu(m)\sum_{\substack{n\sim N\\ m^{a+b}n^{a+b}\leqslant x}}\sum_{0<|h|\leqslant J}(2\pi i h)^{-1}\left\{e\left(\frac{x^{\frac{1}{a}}h}{m^{\frac{a+b}{a}}n^{\frac{b}{a}}}\right)+e\left(\frac{x^{\frac{1}{b}}h}{m^{\frac{a+b}{b}}n^{\frac{a}{b}}}\right)\right\}+$$

$$O\left[J^{-1}Z+\sum_{m\sim M}\sum_{\substack{n\sim N\\ m^{a+b}n^{a+b}\leqslant x}}\left(\sum_{h\leqslant J^2}+\sum_{h>J^2}\right)\right.$$

$$\left.\min\left(\frac{L}{J},\frac{J}{h^2}\right)\left(e\left(\frac{x^{\frac{1}{a}}h}{m^{\frac{a+b}{a}}n^{\frac{b}{a}}}\right)+e\left(\frac{x^{\frac{1}{b}}h}{m^{\frac{a+b}{b}}n^{\frac{a}{b}}}\right)\right)\right]$$

进而对变量 h 进行分拆，得到

$$\sum_5\ll L\left|\sum_{m\sim M}\mu(m)\sum_{n\sim N}\sum_{h\sim H_1}h^{-1}e\left(\frac{x^{\frac{1}{a}}h}{m^{\frac{a+b}{a}}n^{\frac{b}{a}}}\right)\right|+$$

$$L\left|\sum_{m\sim M}\mu(m)\sum_{n\sim N}\sum_{h\sim H_2}h^{-1}e\left(\frac{x^{\frac{1}{b}}h}{m^{\frac{a+b}{b}}n^{\frac{a}{b}}}\right)\right|+$$

$$L\left|\sum_{m\sim M}\sum_{n\sim N}\sum_{h\sim H_3}\min\left(\frac{L}{J},\frac{J}{h^2}\right)e\left(\frac{x^{\frac{1}{a}}h}{m^{\frac{a+b}{a}}n^{\frac{b}{a}}}\right)\right|+$$

$$L\left|\sum_{m\sim M}\sum_{n\sim N}\sum_{h\sim H_4}\min\left(\frac{L}{J},\frac{J}{h^2}\right)e\left(\frac{x^{\frac{1}{b}}h}{m^{\frac{a+b}{b}}n^{\frac{a}{b}}}\right)\right|+$$

$$L\left|\sum_{m\sim M}\sum_{n\sim N}\sum_{h\sim H_5}\min\left(\frac{L}{J},\frac{J}{h^2}\right)e\left(\frac{x^{\frac{1}{a}}h}{m^{\frac{a+b}{a}}n^{\frac{b}{a}}}\right)\right|+$$

$$L\left|\sum_{m\sim M}\sum_{n\sim N}\sum_{h\sim H_6}\min\left(\frac{L}{J},\frac{J}{h^2}\right)e\left(\frac{x^{\frac{1}{b}}h}{m^{\frac{a+b}{b}}n^{\frac{a}{b}}}\right)\right| \qquad ⑨$$

其中 $\frac{1}{2}\leqslant H_1,H_2,H_3,H_4\leqslant J,J\leqslant H_5,H_6\leqslant\frac{J^2}{2}$. 所以

$$\sum_5 \ll LH_1^{-1}\left|\sum_6\right| + LH_2^{-1}\left|\sum_7\right| + LH_3^{-1}\left|\sum_8\right| + LH_4^{-1}\left|\sum_9\right| + L\frac{J}{H_5^2}\left|\sum_{10}\right| + L\frac{J}{H_6^2}\left|\sum_{11}\right|$$

只要我们可以证明，当$(u,v,w)=(a+b,b,a)$或$(a+b,a,b)$时，有：

(1)

$$1 \leqslant H \ll J, S = S(H,M,N) \ll x^{\theta+\varepsilon}H \tag{⑩}$$

(2)

$$H \gg J, \frac{J}{H^2}S(H,M,N) \ll x^{\theta+\varepsilon} \tag{⑪}$$

定理即可得证.

事实上，从第 4 节引理 2 ～ 引理 4 知(1) 成立.

对于(2)，当$(u,v,w)=(a+b,b,a)$时，从第 4 节引理 3，得

$$\begin{aligned}
\frac{J}{H^2}S(H,M,N) &\ll \frac{J}{H^2}\left(Z^{\frac{1}{2}-\frac{b}{4a}}x^{\frac{1}{4a}}H^{\frac{5}{4}} + x^{\frac{1}{2a+b}}H^{\frac{3a+b}{2a+b}}\right)\\
&\ll \frac{J}{H^{\frac{3}{4}}}x^{\frac{2a-b}{4a}\cdot\frac{1}{a+b}+\frac{1}{4a}} + \frac{J}{H^{\frac{a+b}{2a+b}}}x^{\frac{1}{2a+b}}\\
&\ll J^{\frac{1}{4}}x^{\frac{3a}{4a(a+b)}} + J^{\frac{a}{2a+b}}x^{\frac{1}{2a+b}}\\
&\ll x^{\frac{1}{4(a+b)}+\frac{3}{4(a+b)}-\frac{1}{4}\theta} + x^{\frac{a}{2a+b}\cdot\frac{1}{a+b}+\frac{1}{2a+b}-\frac{a}{2a+b}\theta}\\
&\ll x^{\frac{1}{a+b}-\frac{1}{4}\cdot\frac{a+2b}{(2a+2b)(a+b)}} + x^{\frac{2a+b}{(2a+b)(a+b)}-\theta\cdot\frac{a}{2a+b}}\\
&\ll x^{\frac{1}{a+b}-\frac{1}{4}\cdot\frac{4}{5(a+b)}} + x^{\frac{1}{a+b}-\frac{1}{4}\theta}\\
&\ll x^{\frac{1}{a+b}-\frac{1}{4}\cdot\frac{4}{5(a+b)}}\\
&\ll x^{\frac{4}{5(a+b)}}\\
&\ll x^{\theta+\varepsilon}
\end{aligned} \tag{⑫}$$

以上证明用到了$\frac{a}{2a+b} \geqslant \frac{1}{4}\left(\frac{3a}{2} < b \leqslant 2a\right)$及$\theta \geqslant$

$\dfrac{4}{5(a+b)}$.

当$(u,v,w)=(a+b,a,b)$时，利用第4节引理4，只要注意

$$\frac{2a-b}{4a}\cdot\frac{1}{a+b}+\frac{1}{4a}=\frac{2b-a}{4b}\cdot\frac{1}{a+b}+\frac{1}{4b}$$

$$\frac{a}{2a+b}\cdot\frac{1}{a+b}+\frac{1}{2a+b}=\frac{b}{2b+a}\cdot\frac{1}{a+b}+\frac{1}{2b+a}$$

及

$$\frac{b}{2b+a}>\frac{a}{2a+b},\theta\geqslant\frac{4}{5(a+b)}$$

即可证明(2).

3. 当$b>2a$时，注意到$\Delta(a,b;x)\ll x^{\frac{2}{5a+2b}+\varepsilon}$可从前面的证明过程得出，我们只要证明在条件

$$x^{\frac{5a+2b}{3a}\theta-\frac{2}{3a}}<M\leqslant x^{\frac{1}{b}-\frac{2a}{b}\theta},N\geqslant x^{\frac{b+2a}{b}\theta-\frac{1}{b}}$$

$$x^{\theta+\varepsilon}\leqslant Z=MN\leqslant x^{\frac{1}{a+b}},J=Zx^{-\theta},\theta=\frac{a+2b}{(2a+2b)(a+b)}$$

下，有

$$S(H,M,N)=\sum_{h\sim H}\sum_{m\sim M}\sum_{\substack{n\sim N\\ m^u n^{v+w}\leqslant x}}e\left(h\left(\frac{x}{m^u n^v}\right)^{\frac{1}{w}}\right)\ll x^{\theta+\varepsilon}H \tag{13}$$

其中$(u,v,w)=(a+b,a,b)$或$(a+b,b,a)$，即可证明.

从第3节引理1，得

$$S\ll(M(HN)^{\frac{1}{2}}+F^{\frac{1}{4}}M^{\frac{1}{2}}(HN)^{\frac{3}{4}}+F^{\frac{1}{6}}M^{\frac{4}{6}}(HN)^{\frac{5}{6}})\log x$$
$$=I_1+I_2+I_3$$

当$(u,v,w)=(a+b,b,a)$时，分别对I_1,I_2,I_3进行讨论.

(1) 对 I_1 的讨论：$x^{-\varepsilon}I_1=MN^{\frac{1}{2}}H^{\frac{1}{2}}\ll$

$$(MN)^{\frac{1}{2}}M^{\frac{1}{2}}H^{\frac{1}{2}} \ll x^{\frac{1}{2(a+b)}+\frac{1}{2b}-\frac{2a}{2b}\theta}H^{\frac{1}{2}} \ll x^{\theta}H^{\frac{1}{2}}.$$

(2) 对 I_2 的讨论：$x^{-\varepsilon}I_2 = F^{\frac{1}{4}}M^{\frac{1}{2}}(HN)^{\frac{3}{4}} \ll x^{\frac{1}{4a}}M^{\frac{a-b}{4a}}N^{\frac{3a-b}{4a}}H \ll x^{\frac{1}{4a}}(MN)^{\frac{3a-b}{4a}}M^{-\frac{1}{2}}H$.

1° 当 $2a < b \leqslant 3a$ 时，有 $\theta \geqslant \dfrac{8a+2b}{(11a+2b)(a+b)}$，所以

$$\begin{aligned} x^{-\varepsilon}I_2 &\ll x^{\frac{1}{4a}+\frac{3a-b}{4a(a+b)}-\frac{1}{2}\left(\frac{5a+2b}{3a}\theta-\frac{2}{3a}\right)}H \\ &\ll x^{\frac{1}{a+b}-\frac{5a+2b}{6a}\theta+\frac{1}{3a}}H \\ &\ll x^{\frac{1}{a+b}-\frac{5a+2b}{6a}\cdot\frac{8a+2b}{(11a+2b)(a+b)}+\frac{1}{3a}}H \\ &\ll x^{\frac{48a^2+12ab}{6a(a+b)(11a+2b)}}H \\ &\ll x^{\frac{8a+2b}{(a+b)(11a+2b)}}H \ll x^{\theta}H \end{aligned} \tag{14}$$

2° 当 $b > 3a$ 时，有 $\theta > \dfrac{7}{13a+7b}$，所以

$$\begin{aligned} x^{-\varepsilon}I_2 &\ll x^{\frac{1}{4a}+\frac{3a-b}{4a}\cdot\theta-\frac{5a+2b}{6a}\cdot\theta+\frac{1}{3a}}H \\ &\ll x^{\frac{7}{12a}-\frac{a+7b}{12a}\cdot\theta}H \\ &\ll x^{\frac{7}{12a}-\frac{a+7b}{12a}\cdot\frac{7}{13a+7b}}H \\ &\ll x^{\frac{7}{13a+7b}}H \ll x^{\theta}H \end{aligned} \tag{15}$$

(3) 对 I_3 的讨论

$$\begin{aligned} x^{-\varepsilon}I_3 &\ll F^{\frac{1}{6}}M^{\frac{4}{6}}N^{\frac{5}{6}}H^{\frac{5}{6}} \\ &\ll x^{\frac{1}{6a}}M^{\frac{3a-b}{6a}}N^{\frac{5a-b}{6a}}H \\ &\ll x^{\frac{1}{6a}}(MN)^{\frac{5a-b}{6a}}M^{-\frac{1}{3}}H \end{aligned} \tag{16}$$

1° 当 $2a < b \leqslant 5a$ 时，有 $\theta > \dfrac{11a+2b}{(14a+2b)(a+b)}$，所以

$$\begin{aligned} x^{-\varepsilon}I_3 &\ll x^{\frac{1}{6a}+\frac{5a-b}{6a}\cdot\frac{1}{a+b}-\frac{5a+2b}{9a}\theta+\frac{2}{9a}}H \\ &\ll x^{\frac{1}{a+b}-\frac{5a+2b}{9a}\theta+\frac{2}{9a}}H \end{aligned}$$

$$\ll x^{\frac{1}{a+b}-\frac{5a+2b}{9a}\cdot\frac{11a+2b}{(14+2b)(a+b)}+\frac{2}{9a}}H$$

$$\ll x^{\frac{11a+2b}{(a+b)(14a+2b)}}H \ll x^{\theta}H \tag{17}$$

2° 当 $b>5a$ 时,有 $\theta>\dfrac{7}{13a+7b}$,所以

$$x^{-\varepsilon}I_3 \ll x^{\frac{1}{6a}+\frac{5a-b}{6a}\theta-\frac{5a+2b}{9a}\theta+\frac{2}{9a}}H$$

$$\ll x^{\frac{14}{36a}+\frac{10a-14b}{36a}\theta}H$$

$$\ll x^{\frac{14}{36a}+\frac{10a-14b}{36a}\cdot\frac{7}{13a+7b}}H$$

$$\ll x^{\frac{7}{13a+7b}}H \ll x^{\theta}H \tag{18}$$

对 $(u,v,w)=(a+b,a,b)$,从上面的证明过程可以看出,只需注意:

验证 I_2 时,有

$$\frac{1}{4b}+\frac{3b-a}{4b(a+b)}=\frac{1}{4a}+\frac{3a-b}{4a(a+b)},\theta\geqslant\frac{8a+2b}{(11a+2b)(a+b)}$$

及验证 I_3 时,有

$$\frac{1}{6b}+\frac{5b-a}{6b}\cdot\frac{1}{a+b}=\frac{1}{6a}+\frac{5a-b}{6a}\cdot\frac{1}{a+b}$$

$$\theta>\frac{11a+2b}{(14a+2b)(a+b)}$$

且不需分段即可得同样结论. 这样,我们就得到了定理的完整证明.

关于特殊序列上的多维除数函数的和

第 9 章

山东大学数学与系统科学学院的吕广世教授，山东师范大学数学系翟文广教授于 2003 年研究了多维除数函数 $d_k(n)$ 在特殊序列$[n^c]$上的分布，利用指数和方法中的一些新成果，证明了：当实数 c 满足 $1 < c < \frac{495}{433}$ 时，函数 $A(x)=\sum\limits_{n\leqslant x} d_k([n^c])$ 具有渐近公式.

1　引　言

定义除数函数 $d_k(n)$ 为方程 $x_1 \cdot x_2 \cdot \cdots \cdot x_k = n$ 的正整数解的个数. 对和式 $\sum_{n\leqslant x} d_k(n)$ 的渐近公式中的余项的估计称作 Dirichlet 除数问题，这是数论中的一个著名问题. 另外，许多学者研究了序列$[n^c]$中的素数分布情况，即著名的Piatetski-Shapiro素数定理（见希

思(Heath)— 布朗(Brown) 和贝克的研究).

1999 年阿尔希波夫(Arkhipov),Soliba 和 Chubarikov 获得了和式 $A(x)=\sum_{n\leqslant x}d_k([n^c])$ 的一个渐近公式. 他们证明了:当 $1<c<\frac{8}{7}$ 时

$$A(x)=xQ_{k-1}(\log x)+O\left(\frac{x}{\log x}\right) \qquad ①$$

其中 $Q_{k-1}(x)$ 是 $k-1$ 次多项式.

本章利用指数和方法进一步改进了他们的结果,证明了:

定理　当 $1<c<\frac{495}{433}$ 时

$$A(x)=xQ_{k-1}(\log x)+O\left(\frac{x}{\log x}\right) \qquad ②$$

符号说明　文中$[t]$表示 t 的整数部分,$\{t\}=t-[t]$,$e(t)=\mathrm{e}^{2\pi it}$,$\|t\|=\min(\{t\},1-\{t\})$,$\psi(t)=\{t\}-\frac{1}{2}$.

2　预备引理

引理 1

$$\sum_{n\leqslant x}d_k(n)=xP_{k-1}(\log x)+\Delta_k(x)$$

其中 $P_{k-1}(x)$ 是 $k-1$ 次多项式且 $\Delta_k(x)\ll x^{\frac{k-1}{k}}\log^{k-2}x$.

引理 2　设 $\psi(t)=t-[t]-\frac{1}{2}$,则

$$\psi(\theta)=-\sum_{0<|h|\leqslant H}(2\pi ih)^{-1}e(\theta h)+O(g(\theta,H))$$

其中 $g(\theta,H)=\min\left(1,\frac{1}{H\|\theta\|}\right)=\sum_{h=-\infty}^{+\infty}a_h e(\theta h)$ 且 $a_h\ll\min\left(\frac{\log 2H}{H},\frac{1}{|h|},\frac{H}{|h|^2}\right)$.

引理 3 当 $N\leqslant n\leqslant cN$ 时，$f''(n)$ 连续，且 $0<c_1\lambda_1\leqslant|f'(n)|\leqslant c_2\lambda_1$，$|f''(n)|\sim\lambda_1N^{-1}$，则

$$\sum_{N<n\leqslant cN}e(f(n))\ll\lambda_1^{\frac{1}{2}}N^{\frac{1}{2}}+\lambda_1^{-1}$$

引理 4 设 α_i 是实数，满足 $\alpha_1\alpha_2\alpha_3(\alpha_1-1)(\alpha_2-2)\neq 0$，且 $X>0$，$M_j\geqslant 1$，$|\varphi_{m_1}|\leqslant 1$，$|\psi_{m_2m_3}|\leqslant 1$，$L=\log(2XM_1M_2M_3)$，则

$$\begin{aligned}S(M_1,M_2,M_3)&=\sum_{m_1\sim M_1}\sum_{m_2\sim M_2}\sum_{m_3\sim M_3}\varphi_{m_1}\psi_{m_2m_3}e\left(X\frac{m_1^{\alpha_1}m_2^{\alpha_2}m_3^{\alpha_3}}{M_1^{\alpha_1}M_2^{\alpha_2}M_3^{\alpha_3}}\right)\\&\ll\{(X^4M_1^{15}M_2^{22}M_3^{22})^{\frac{1}{26}}+(XM_1^2M_2^3M_3^3)^{\frac{1}{4}}+\\&\quad M_1^{\frac{11}{18}}M_2M_3+M_1(M_2M_3)^{\frac{3}{4}}+\\&\quad X^{-\frac{1}{2}}M_1M_2M_3\}L^{\frac{7}{4}}\end{aligned}$$

引理 5 设 α,α_1,α_2 是实数，满足 $(\alpha-1)\alpha\alpha_1\alpha_2\neq 0$ 且 $1\leqslant M,M_1,M_2\leqslant X$，$|b_{m_1m_2}|\leqslant 1$ 且 $y=|A|M^{\alpha}M_1^{\alpha_1}M_2^{\alpha_2}\geqslant M_1M_2$，则

$$\begin{aligned}S&=\sum_{m\sim M}\left|\sum_{m_1\sim M_1}\sum_{m_2\sim M_2}b_{m_1m_2}e(Am^{\alpha}m_1^{\alpha_1}m_2^{\alpha_2})\right|\\&\ll L\{(M_1M_2)^{\frac{1}{2}}M+(M_1M_2)^{\frac{2+\kappa}{2+2\kappa}}y^{\frac{\kappa}{2+2\kappa}}M^{\frac{1+\kappa+\lambda}{2+2\kappa}}\}\end{aligned}$$

其中(κ,λ)是指数对.

3 问题的转化

设 $1<c<2$ 是一个实常数，记 $\gamma=\frac{1}{c}$，我们有

$$A(x)=\sum_{n\leqslant x}d_k([n^c])$$

$$=\sum_{m\leqslant x}d_k(m)\{D(m,\gamma)+E(m,\gamma)\}+O(x^{\varepsilon})$$

①

其中 $D(m,\gamma)=(m+1)^{\gamma}-m^{\gamma}$，$E(m,\gamma)=\psi(-m^{\gamma})-\psi(-(m+1)^{\gamma})$. 利用第 2 节引理 1 及分部求和得

$$A(x)=xQ_{k-1}(\log x)+\sum_{m\leqslant x^{c}}a_k(m)E(m,\gamma)+O\left(\frac{x}{\log x}\right)$$

②

要证明第 1 节的定理只需证明：当 $1\leqslant M\leqslant x^{c}$ 时，有

$$\sum_{m\sim M}d_k(m)E(m,\gamma)\ll\frac{M^{\gamma}}{\log M} \qquad ③$$

利用第 2 节引理 2 得

$$\sum_{m\sim M}d_k(m)E(m,\gamma)$$
$$=\sum_{0<|h|\leqslant H}(2\pi\mathrm{i}h)^{-1}d_k(m)\{-e(-hm^{\gamma})+e(-h(m+1)^{\gamma})\}+$$
$$O\left(\sum_{m\sim M}d_k(m)(g(m^{\gamma},H)+g((m+1)^{\gamma},H))\right) \qquad ④$$

我们取 $H=M^{1-\gamma+\eta}$，η 是一个充分小的正常数，得到

$$\sum_{m\sim M}d_k(m)E(m,\gamma)$$
$$\ll M^{\gamma-1}\max_{M_1}\sum_{0<h\leqslant H}\left|\sum_{m\sim M}d_k(m)e(hm^{\gamma})\right|+O(M^{\gamma-\eta})$$

⑤

由上述讨论知，为证明第 1 节定理，我们只需证明

$$\sum_{0<h\leqslant H}\left|\sum_{m\sim M}d_k(m)e(hm^{\gamma})\right|$$
$$=\sum_{0<h\leqslant H}\varepsilon_h\sum_{m\sim M}d_k(m)e(hm^{\gamma})$$
$$\ll\frac{M}{\log M} \qquad ⑥$$

其中 $|\varepsilon_h|\leqslant 1$.

4 定理的证明

利用 $d_k(n)=\sum\limits_{n=n_1\cdot n_2\cdot\cdots\cdot n_k}1$，我们可以将第 3 节式 ⑥ 分拆为 $O(\log^k x)$ 个和式

$$S=\sum_{0<h\leqslant H}\varepsilon_h\sum_{\substack{m_i\sim M_i\\ i=1,2,\cdots,k}}e(h(m_1\cdot m_2\cdot\cdots\cdot m_k)^{\gamma})\qquad①$$

不妨设 $m_i\leqslant m_{i+1}, M_i\leqslant M_{i+1}, i=1,2,\cdots,k-1$，且 $\prod\limits_{i=1}^{k}M_i\sim M$. 所以，我们只需在条件

$$H=M^{1-\gamma+\eta},\frac{433}{495}+2\eta\leqslant\gamma<1\qquad②$$

下，证明

$$S\ll\frac{M}{\log^{k+1}M}\qquad③$$

考虑到 $M_k(M_k\geqslant M_i, i=1,2,\cdots,k)$ 的范围，我们分 3 种情形来证明 ③.

情形 1 如果 $M_k>M^{\frac{2}{3}}$. 我们对变量 m_k 应用第 2 节引理 3，对其余变量采用显然估计得($F=HM^{\gamma}$)

$$\begin{aligned}S&\ll\sum_{0<h\leqslant H}\varepsilon_h\sum_{\substack{m_i\sim M_i\\ i=1,2,\cdots,k-1}}\left(\left(\frac{F}{M_k}\right)^{\frac{1}{2}}M_k^{\frac{1}{2}}+\frac{M_k}{F}\right)\\&\ll F^{\frac{1}{2}}M^{\frac{1}{3}}H+F^{-1}MH\end{aligned}\qquad④$$

在条件 ② 下，我们有如下估计

$$F^{\frac{1}{2}}M^{\frac{1}{3}}H=M^{\frac{11}{6}-\gamma+\frac{3\eta}{2}}\leqslant M^{\frac{11}{6}-\frac{433}{495}-\frac{\eta}{2}}\leqslant M^{1-\frac{\eta}{2}}\ll\frac{M}{\log^{k+1}M}$$

$$F^{-1}MH=M^{1-\gamma}\ll\frac{M}{\log^{k+1}M}$$

由以上两式及式 ④ 知第 1 节定理成立.

情形 2　如果 $M^{\frac{1}{3}} \leqslant M_k \leqslant M^{\frac{2}{3}}$，则 $M^{\frac{1}{3}} \leqslant \prod_{i=1}^{k-1} M_i \leqslant M^{\frac{2}{3}}$. 令 $l = \prod_{i=1}^{k-1} m_i, L = \prod_{i=1}^{k-1} M_i$. 利用熟知的结果 $d_{k-1}(l) \ll l^{\varepsilon}$，我们有

$$S \ll L^{\varepsilon} \sum_{0<h\leqslant H} \varepsilon_h \sum_{l\sim L} b(l) \sum_{m_k\sim M_k} e(h(lm_k)^{\gamma}) \tag{⑤}$$

这里 $|b(l)| \leqslant 1$. 我们利用第 2 节引理 4，引理 5 来估计式 ⑤. 为此不失一般性，设 $M_k \leqslant M^{\frac{1}{2}} \leqslant L$. 在第 2 节引理 4 中取 $(X, M_1, M_2, M_3) = (F, L, H, M_k)$，得

$$S \ll M^{\varepsilon}\{(F^4L^{15}H^{22}M_k^{22})^{\frac{1}{26}} + (FL^2H^3M_k^3)^{\frac{1}{4}} + L^{\frac{11}{18}}HM_k + L(HM_k)^{\frac{3}{4}} + F^{-\frac{1}{2}}LHM_k\} \tag{⑥}$$

在条件 ② 下，我们有（只要 ε 充分小）

$$\begin{aligned} & M^{\varepsilon}(F^4L^{15}H^{22}M_k^{22})^{\frac{1}{26}} \\ \leqslant & F^{\frac{4}{26}}M^{\frac{37}{52}+\varepsilon}H^{\frac{22}{26}} \\ = & M^{\frac{89}{52}-\frac{22}{26}\gamma+\eta+\varepsilon} \\ \leqslant & M^{\frac{89}{52}-\frac{22}{26}\cdot\frac{433}{495}-\frac{9}{13}\eta+\varepsilon} \\ \leqslant & M^{1-\frac{9}{13}\eta+\varepsilon} \\ \ll & \frac{M}{\log^{k+1} M} \end{aligned} \tag{⑦}$$

$$\begin{aligned} M^{\varepsilon}(FL^2H^3M_k^3)^{\frac{1}{4}} & \leqslant F^{\frac{1}{4}}M^{\frac{5}{8}+\varepsilon}H^{\frac{3}{4}} \\ & \leqslant M^{\frac{13}{8}-\frac{3}{4}\gamma+\eta+\varepsilon} \\ & \leqslant M^{\frac{13}{8}-\frac{3}{4}\cdot\frac{433}{495}-\frac{\eta}{2}+\varepsilon} \\ & \leqslant M^{1-\frac{\eta}{2}+\varepsilon} \\ & \ll \frac{M}{\log^{k+1} M} \end{aligned} \tag{⑧}$$

$$M^{\varepsilon}L^{\frac{11}{18}}HM_k \leqslant M^{\frac{29}{36}+\varepsilon}H \leqslant M^{\frac{65}{36}-\frac{433}{495}-\eta+\varepsilon} \ll \frac{M}{\log^{k+1} M} \tag{⑨}$$

$$M^{\varepsilon}F^{-\frac{1}{2}}LHM_k=F^{-\frac{1}{2}}MHM^{\varepsilon}\leqslant M^{\frac{3}{2}-\frac{433}{495}-\frac{3}{2}\eta+\varepsilon}\ll\frac{M}{\log^{k+1}M} \tag{⑩}$$

从 ⑥ ～ ⑩ 我们得到

$$S\ll M^{\varepsilon}L(HM_k)^{\frac{3}{4}}+\frac{M}{\log^{k+1}M} \tag{⑪}$$

在第 2 节引理 5 中取$(y,M,M_1,M_2)=(F,L,H,M_k)$及指数对$(\kappa,\lambda)=\left(\frac{57}{126},\frac{64}{126}\right)=BA^5\left(\left(\frac{1}{2},\frac{1}{2}\right)\right)$. 注意到 $F\geqslant HM_k$，我们有

$$S\ll M^{\varepsilon}\{(HM_k)^{\frac{1}{2}}L+F^{\frac{57}{366}}L^{\frac{247}{366}}(HM_k)^{\frac{309}{366}}\} \tag{⑫}$$

在条件 ② 下，我们有

$$\begin{aligned}M^{\varepsilon}(HM_k)^{\frac{1}{2}}L&\leqslant H^{\frac{1}{2}}M^{\frac{5}{6}+\varepsilon}\\&\leqslant M^{\frac{8}{6}-\frac{\gamma}{2}+\frac{\eta}{2}+\varepsilon}\\&\leqslant M^{\frac{8}{6}-\frac{1}{2}\cdot\frac{433}{495}-\frac{\eta}{2}+\varepsilon}\\&\ll\frac{M}{\log^{k+1}M}\end{aligned} \tag{⑬}$$

从 ⑫ 和 ⑬ 得

$$S\ll M^{\varepsilon}F^{\frac{57}{366}}L^{\frac{247}{366}}(HM_k)^{\frac{309}{366}}+\frac{M}{\log^{k+1}M} \tag{⑭}$$

从 ⑪ 和 ⑭ 得

$$S\ll M^{\varepsilon}\min(L(HM_k)^{\frac{3}{4}},F^{\frac{57}{366}}L^{\frac{247}{366}}(HM_k)^{\frac{309}{366}})+\frac{M}{\log^{k+1}M} \tag{⑮}$$

对于上式中的第一项，我们有

$$\begin{aligned}&M^{\varepsilon}\min(L(HM_k)^{\frac{3}{4}},F^{\frac{57}{366}}L^{\frac{247}{366}}(HM_k)^{\frac{309}{366}})\\&\leqslant M^{\varepsilon}(L(HM_k)^{\frac{3}{4}})^{\frac{124}{307}}(F^{\frac{57}{366}}L^{\frac{247}{366}}(HM_k)^{\frac{309}{366}})^{\frac{183}{307}}\\&=M^{\varepsilon}F^{\frac{57}{614}}L^{\frac{495}{614}}(HM_k)^{\frac{495}{614}}\end{aligned}$$

$$
\begin{aligned}
&= F^{\frac{57}{614}} M^{\frac{495}{614}+\varepsilon} H^{\frac{495}{614}} \\
&\leqslant M^{\frac{1\,047}{614}-\frac{495}{614}\gamma-\frac{438}{614}\eta+\varepsilon} \\
&\leqslant M^{1-\frac{438}{614}\eta+\varepsilon} \\
&\ll \frac{M}{\log^{k+1} M} \qquad ⑯
\end{aligned}
$$

从 ⑮ 和 ⑯ 知第 1 节的定理成立.

情形 3　如果 $M_k \leqslant M^{\frac{1}{3}}$，从 ① 的假设知所有的 $M_i \leqslant M^{\frac{1}{3}}, i=1,2,\cdots,k$. 设 p 是第一个满足 $M_1 \cdot \cdots \cdot M_j > M^{\frac{1}{3}}$ 的正整数 j，则有 $M^{\frac{1}{3}} < (M_1 \cdot \cdots \cdot M_{p-1})M_p < M^{\frac{2}{3}}$. 令 $l_1 = m_1 \cdot \cdots \cdot m_p, l_2 = m_{p+1} \cdot \cdots \cdot m_k, L_1 = \prod_{i=1}^{p} M_i, L_2 = \prod_{i=p+1}^{k} M_i$，则 $L_1 L_2 \sim M, M^{\frac{1}{3}} < L_1, L_2 < M^{\frac{2}{3}}$. 从 ① 及 $d_p(m) \ll m^{\varepsilon}$，我们得到

$$
\begin{aligned}
S &\ll \sum_{0<h\leqslant H} \varepsilon_h \sum_{l_1 \sim L_1} d_p(l_1) \sum_{l_2 \sim L_2} d_{k-p}(l_2) e(h(l_1 l_2)^{\gamma}) \\
&\ll M^{\varepsilon} \sum_{0<h\leqslant H} \varepsilon_h \sum_{l_1 \sim L_1} b(l_1) \sum_{l_2 \sim L_2} b(l_2) e(h(l_1 l_2)^{\gamma}) \qquad ⑰
\end{aligned}
$$

其中 $|b(l_1)| \leqslant 1, |b(l_2)| \leqslant 1$. 类似于情形 2 的证明，我们得到 $S \ll \frac{M}{\log^{k+1} M}$.

从情形 1 到情形 3，我们就得到了定理的完整证明.

第10章 序列$[n^c]$上多维除数函数的和

设$[\theta]$表示θ的整数部分,$k\geqslant 2$,$d_k(n)$为除数函数.上海海洋学院李英杰教授于2009年证明了当实数c满足$1<c<\frac{3\ 849}{3\ 334}$时,$\sum_{n\leqslant x}d_k([n^c])$具有渐近公式,从而改进了吕广世和翟文广的结果$\left(1<c<\frac{495}{433}\right)$,而且当$k=2$时,实数$c$的范围可以改进为$1<c<\frac{391}{335}$.

1 引　言

设$[\theta]$表示θ的整数部分,Piatetski-Shapiro研究了序列$[n^c]$中的素数分布情况,证明了当$1<c<\frac{12}{11}$时,有

$$\pi_c(x)=\sum_{\substack{n\leqslant x\\ [n^c]\text{为素数}}}1\sim\frac{x}{c\log x}$$

此后，c 的范围先后被改进，目前最好的结果是 $1<c<\frac{2\ 817}{2\ 426}$.

此外，Rivat 还证明了当 $1<c<\frac{7}{6}$ 时，有 $\pi_c(x)\gg\frac{x}{c\log x}$. 这一结果被贝克改进为 $1<c<\frac{20}{17}$.

由互不相同的素因子相乘得到的数被称为无平方因子数，因此 Stux 指出，在勒贝格测度的意义下，当实数 c 满足 $1<c<2$ 时，序列 $[n^c]$ 中有无穷多个无平方因子数. 列格(Rieger) 证明了当 $1<c<1.5$ 时，有

$$\sum_{\substack{n\leqslant x\\ [n^c]\text{为无平方因子数}}}1=\frac{6}{\pi^2}x+o(x)$$

曹晓东利用指数和方法将 c 改进为 $1<c<\frac{61}{36}$.

定义除数函数 $d_k(n)$ 为方程 $x_1\cdot x_2\cdot\cdots\cdot x_k=n$ 的正整数解的个数. 对和式 $\sum_{n\leqslant x}d_k(n)$ 的渐近公式中的余项的估计称作 Dirichlet 除数问题，这是数论中的一个著名问题. 1999 年，阿尔希波夫，Sohba 和 Chubarikov 获得了和式 $\sum_{n\leqslant x}d_k([n^c])$ 的一个渐近公式，他们证明了：当 $1<c<\frac{8}{7}=1.142\cdots$ 时

$$A(x):=\sum_{n\leqslant x}d_k([n^c])=x\boldsymbol{Q}_{k-1}(\log x)+O\left(\frac{x}{\log x}\right)$$

其中 $Q_{k-1}(x)$ 是 $k-1$ 次多项式. 2003 年，吕广世和翟文广把 c 的范围改进为 $1<c<\frac{495}{433}=1.143\cdots$

本章利用指数和方法与指数对理论进一步改进了之前的结果，得到如下定理：

定理 1 设 $B(x)=\sum_{n\leqslant x}(d[n^c])$，则当 $1<c<\frac{391}{335}=1.167\cdots$ 时，有 $B(x)=cx\log x+(2\beta-c)x+O\left(\frac{x}{\log x}\right)$，这里 β 表示欧拉常数.

定理 2 设 $k\geqslant 3$，则当 $1<c<\frac{3\ 849}{3\ 334}=1.154\cdots$ 时，有 $A(x)=xQ_{k-1}(\log x)+O\left(\frac{x}{\log x}\right)$，其中 $Q_{k-1}(x)$ 是 $k-1$ 次多项式.

本章中 $[t]$ 表示 t 的整数部分，$\{t\}=t-[t]$，$e(t)=\exp(2\pi\mathrm{i}t)$，$\|t\|=\min(\{t\},1-\{t\})$，$\psi(t)=\{t\}-\frac{1}{2}$.

2 预备引理

引理 1 设 $x\geqslant 1$，则

$$\sum_{n\leqslant x}d(n)=x\log x+(2\beta-1)x+O(\sqrt{x})$$

$$\sum_{n\leqslant x}d_k(n)=xP_{k-1}(\log x)+\Delta_k(x)$$

这里 β 表示欧拉常数，$P_{k-1}(x)$ 是 $k-1$ 次多项式，$\Delta_k(x)\ll x^{\frac{k-1}{k}}\log^{k-2}x$

引理 2 设 $\psi(t)=t-[t]-\frac{1}{2}$，则

$$\psi(\theta)=-\sum_{0<|h|\leqslant H}\frac{e(\theta h)}{2\pi\mathrm{i}h}+O(g(\theta,H))$$

其中

$$g(\theta,H)=\min\left(1,\frac{1}{H\|\theta\|}\right)=\sum_{h=-\infty}^{+\infty}a_he(\theta h)$$

$$a_h \ll \min\left(\frac{\log 2H}{H}, \frac{1}{|h|}, \frac{H}{|h|^2}\right)$$

引理 3　当 $N < N_1 \leqslant 2N$ 时，有

$$\sum_{N < n \leqslant N_1} e(\lambda n^{\gamma}) \ll \min\left(N, \frac{N^{1-\gamma}}{|\lambda|} + (|\lambda| N^{\gamma})^{\frac{1}{2}}\right)$$

引理 4　设 J 是正整数，I 是 $(Y, 2Y]$ 的子区间，z_n 为任意复数，则

$$\left|\sum_{n \in I} z_n\right|^2 \leqslant \left(1 + \frac{Y}{J}\right) \sum_{|j| \leqslant J} \left(1 - \frac{|j|}{J}\right) \sum_{n, n+j \in I} \bar{z}_n z_{n+j}$$

引理 5　设 $0 < a < b \leqslant 2a$，R 是 $\mathbf{C}$ 上的包含 $[a, b]$ 的开凸集，$f(z)$ 在 $\mathbf{R}$ 上解析，$|f''(z)| \leqslant M (z \in \mathbf{R})$，当 $x \in \mathbf{R}$ 时，$f(x)$ 是实的，且存在常数 $k > 0$，使得 $f''(x) \leqslant -kM$. 令 $\alpha = f'(b)$，$\beta = f'(a)$，对每个 $\alpha < v < \beta$，由方程 $f'(x_v) = v$ 定义 x_v，则有

$$\sum_{a < n \leqslant b} e(f(n)) = e\left(-\frac{1}{8}\right) \sum_{\alpha < v \leqslant \beta} |f''(x_v)|^{-\frac{1}{2}} e(f(x_v) - v x_v) +$$
$$O(M^{-\frac{1}{2}} + \log(2 + M(b - a)))$$

引理 6　假设当 $N \leqslant x \leqslant cN$ 时

$$0 < c_1 \delta \leqslant |f'(x)| \leqslant c_2 \delta, \ |f^{(j)}(x)| \sim \delta N^{-j}$$
$$j = 2, 3, 4, 5, 6$$

那么对任意的指数对 (κ, λ)，有

$$\sum_{N < n \leqslant cN} e(f(n)) \ll \delta^{\kappa} N^{\lambda} + \delta^{-1}$$

引理 7　设 α_i 是实数，满足 $\alpha_1 \alpha_2 \alpha_3 (\alpha_1 - 1)(\alpha_2 - 2) \neq 0$ 且 $G > 0$，$M_j \geqslant 1$，$|\varphi_{m_1}| \leqslant 1$，$|\psi_{m_2 m_3}| \leqslant 1$，$L = \log(2GM_1 M_2 M_3)$，则

$$S(M_1, M_2, M_3) = \sum_{m_1 \sim M_1} \sum_{m_2 \sim M_2} \sum_{m_3 \sim M_3} \varphi_{m_1} \psi_{m_2 m_3} e\left(G \frac{m_1^{\alpha_1} m_2^{\alpha_2} m_3^{\alpha_3}}{M_1^{\alpha_1} M_2^{\alpha_2} M_3^{\alpha_3}}\right)$$
$$\ll \{(G^4 M_1^{15} M_2^{22} M_3^{22})^{\frac{1}{26}} + (G M_1^2 M_2^3 M_3^3)^{\frac{1}{4}} +$$

$$M_1^{\frac{11}{18}} M_2 M_3 + M_1 (M_2 M_3)^{\frac{3}{4}} +$$

$$G^{-\frac{1}{2}} M_1 M_2 M_3 \} L^{\frac{7}{4}}$$

引理 8　设 α,α_1,α_2 是实数，满足 $(\alpha-1)\alpha\alpha_1\alpha_2 \neq 0$，$1 \leqslant M_1, M_2, M_3 \leqslant X$，$|b_{m_1 m_2}| \leqslant 1$ 且 $y = |A| M_3^{\alpha} M_1^{\alpha_1} M_2^{\alpha_2} \geqslant M_1 M_2$，$L = \log(2M_3 M_1 M_2)$，则

$$S = \sum_{m \sim M_3} \left| \sum_{m_1 \sim M_1} \sum_{m_2 \sim M_2} b_{m_1 m_2} e(Am^{\alpha} m_1^{\alpha_1} m_2^{\alpha_2}) \right|$$

$$\ll L((M_1 M_2)^{\frac{1}{2}} M_3 + (M_1 M_2)^{\frac{2+\kappa}{2+2\kappa}} y^{\frac{\kappa}{2+2\kappa}} M_3^{\frac{1+\kappa+\lambda}{2+2\kappa}})$$

其中 (κ,λ) 是指数对.

3　问题的转化

本节我们将利用类似于希思 — 布朗提出的方法把问题转化为估计指数和的问题.

设 $1 < c < 2$ 是一个实常数，记 $\gamma = \frac{1}{c}$. 由于 $[n^c] = m$ 当且仅当 $m^{\gamma} \leqslant n < (m+1)^{\gamma}$，因此

$$A(x) = \sum_{m \leqslant x^c} d_k(m)([-m^{\gamma}] - [-(m+1)^{\gamma}])$$

$$= \sum_{m \leqslant x^c} d_k(m)(D(m,\gamma) - E(m,\gamma)) + O(x^{\varepsilon}) \quad ①$$

其中

$$D(m,\gamma) = (m+1)^{\gamma} - m^{\gamma}$$

$$E(m,\gamma) = \psi(-m^{\gamma}) - \psi(-(m+1)^{\gamma})$$

利用第 2 节引理 1 及分部求和，得

$$B(x) = cx\log x + (2\beta - c)x + \sum_{m \leqslant x^c} d(m)E(m,\gamma) + O(\sqrt{x})$$

$$A(x) = xQ_{k-1}(\log x) + \sum_{m \leqslant x^c} d_k(m)E(m,\gamma) + O\left(\frac{x}{\log x}\right)$$

要证明第 1 节定理 1 和定理 2,只需证明当 $1 \leqslant M \leqslant x^c$ 时,有

$$\sum_{M<m\leqslant 2M} d_k(m)E(m,\gamma) \ll \frac{M^\gamma}{\log^2 M} \qquad ②$$

利用第 2 节引理 2,得

$$\sum_{M<m\leqslant 2M} d_k(m)E(m,\gamma)$$

$$=-S+O\Big(\sum_{M<m\leqslant 2M} d_k(m)(g(m^\gamma,H)+g((m+1)^\gamma,H))\Big)$$

其中

$$S=\sum_{0<|h|\leqslant H}\frac{1}{2\pi \mathrm{i}h}\sum_{M<m\leqslant 2M} d_k(m)(e(-hm^\gamma)-e(-h(m+1)^\gamma))$$

设 η 是一个充分小的正常数,$\frac{1}{2}+2\eta\leqslant\gamma<1$,取 $H=M^{1-\gamma+2\eta}$. 首先来证明

$$\sum_{M<m\leqslant 2M}(g(m^\gamma,H)+g((m+1)^\gamma,H)) \ll M^{\gamma-\eta}$$

由第 2 节引理 2 和引理 3,得

$$\begin{aligned}
\sum_{M<m\leqslant 2M} g(m^\gamma,H) &\ll \sum_{h=-\infty}^{+\infty}|a_h|\Big|\sum_{M<m\leqslant 2M} e(hm^\gamma)\Big| \\
&\ll M|a_0|+M^{1-\gamma}\sum_{h\neq 0}|a_h h^{-1}|+ \\
&\quad M^{\frac{\gamma}{2}}\sum_{h\neq 0}|a_h||h|^{\frac{1}{2}} \\
&\ll \frac{M\log 2H}{H}+M^{1-\gamma}\sum_{h\neq 0}|h|^{-2}+ \\
&\quad M^{\frac{\gamma}{2}}\sum_{0<|h|\leqslant H}|h|^{-\frac{1}{2}}+M^{\frac{\gamma}{2}}\sum_{|h|>H}\frac{H}{|h|^{\frac{3}{2}}} \\
&\ll \frac{M\log 2H}{H}+M^{1-\gamma}+(HM^\gamma)^{\frac{1}{2}} \\
&\ll M^{\gamma-\eta}
\end{aligned}$$

同理可得

$$\sum_{M<m\leqslant 2M} g((m+1)^\gamma,H) \ll M^{\gamma-\eta}$$

下面我们来估计 S. 记 $\phi_h(x)=1-e(h(x^\gamma-(x+1)^\gamma))$，则当 $M<x\leqslant 2M$ 时，有

$$\phi_h(x) \ll hM^{\gamma-1}$$

$$\frac{\partial\phi_h(x)}{\partial x} \ll hM^{\gamma-2}$$

利用分部求和，得到

$$\begin{aligned} S &\ll \sum_{0<h\leqslant H} h^{-1}\left|\sum_{M<m\leqslant 2M} d_k(m)\phi_h(m)e(-hm^\gamma)\right| \\ &\ll \sum_{0<h\leqslant H} h^{-1}\,|\phi_h(2M)|\,\left|\sum_{M<m\leqslant 2M} d_k(m)e(-hm^\gamma)\right| + \\ &\quad \int_M^{2M}\sum_{0<h\leqslant H} h^{-1}\left|\frac{\partial\phi_h(x)}{\partial x}\right|\left|\sum_{M<m\leqslant 2M} d_k(m)e(-hm^\gamma)\right|\mathrm{d}x \\ &\ll M^{\gamma-1}\max_{M_1}\sum_{0<h\leqslant H}\left|\sum_{M<m\leqslant M_1} d_k(m)e(hm^\gamma)\right| \end{aligned}$$

这里 $M<M_1\leqslant 2M$.

由以上讨论可得

$$\begin{aligned} &\sum_{M<m\leqslant 2M} d_k(m)E(m,\gamma) \\ &\ll M^{\gamma-1}\max_{M_1}\sum_{0<h\leqslant H}\left|\sum_{M<m\leqslant M_1} d_k(m)e(hm^\gamma)\right| + O(M^{\gamma-\eta}) \end{aligned} \quad ③$$

由 ② 和 ③ 知，为证明第 1 节定理 1 和定理 2，只需证明

$$\begin{aligned} &\sum_{0<h\leqslant H}\left|\sum_{M<m\leqslant M_1} d_k(m)e(hm^\gamma)\right| \\ &= \sum_{0<h\leqslant H}\varepsilon_h\sum_{M<m\leqslant M_1} d_k(m)e(hm^\gamma) \ll M^{1-\eta} \end{aligned} \quad ④$$

其中 $|\varepsilon_h|=1$, $1<M<M_1\leqslant 2M\leqslant x^c$.

4 指数和的估计

引理 1 设 η 为一个足够小的正常数，$\frac{227}{272}+6\eta\leqslant$

$\gamma<1,1<M<M_1\leqslant 2M,H=M^{1-\gamma+2\eta}$，$|\varepsilon_h|\leqslant 1$，$|\varphi_m|\leqslant 1$，则当 $Y\geqslant M^{\frac{1}{3}}$ 时，有

$$K=\sum_{0<h\leqslant H}\varepsilon_h\sum_{X<m\leqslant 2X}\varphi_m\sum_{\substack{Y<n\leqslant Y_1\\ M<mn\leqslant M_1}}e(h(mn)^{\gamma})$$

$$\ll M^{\frac{471}{238}-\gamma+3\eta}Y^{-\frac{3}{14}}+M^{1-3\eta}$$

证明　如果 $Y\geqslant M^{\frac{3}{2}-\gamma+6\eta}$，由第 2 节引理 3，得

$$K\ll\sum_{0<h\leqslant H}\sum_{X<m\leqslant 2X}\Big|\sum_{\substack{Y<n\leqslant 2Y\\ M<mn\leqslant M_1}}e(h(mn)^{\gamma})\Big|$$

$$\ll\sum_{0<h\leqslant H}\sum_{X<m\leqslant 2X}(M^{-\gamma}Yh^{-1}+M^{\frac{\gamma}{2}}h^{\frac{1}{2}})$$

$$\ll M^{3\eta}(M^{1-\gamma}+M^{\frac{5}{2}-\gamma}Y^{-1})\ll M^{1-3\eta}$$

如果 $M^{\frac{1}{3}}\leqslant Y\leqslant M^{\frac{3}{2}-\gamma+6\eta}$，设 $J=1+[M^{\frac{5}{119}}Y^{\frac{3}{7}}]$，容易验证 $J=o(Y)$，则

$$K\ll\sum_{0<h\leqslant H}K_h \tag{1}$$

其中

$$K_h=\sum_{X<m\leqslant 2X}\Big|\sum_{\substack{Y<n\leqslant Y_1\\ M<mn\leqslant M_1}}e(h(mn)^{\gamma})\Big|$$

由柯西不等式，得

$$K_h^2\leqslant X\sum_{X<m\leqslant 2X}\Big|\sum_{\substack{Y<n\leqslant Y_1\\ M<mn\leqslant M_1}}e(h(mn)^{\gamma})\Big|^2$$

对上式应用第 2 节引理 4，得

$$K_h^2\ll\frac{M}{J}\sum_{|j|\leqslant J}|E_j|$$

其中

$$E_j=\sum_{X<m\leqslant 2X}\sum_{\substack{Y<n,n+j\leqslant Y_1\\ M<mn,m(n+j)\leqslant M_1}}e(hm^{\gamma}((n+j)^{\gamma}-n^{\gamma}))$$

由于 $E_{-j}=\overline{E}_j$ 和 $E_0\ll XY$，有

$$K_h^2 \ll \frac{M}{J}(XY + \sum_{1 \leqslant j \leqslant J} | E_j |) \tag{②}$$

且当 $j \geqslant 1$ 时，有

$$E_j = \sum_{Y < n \leqslant Y_2} \sum_{X_1 < m \leqslant X_2} e(\lambda m^\gamma)$$

其中

$$Y_2 = Y_1 - j, \lambda = h((n+j)^\gamma - n^\gamma)$$

$$X_1 = \max\left(X, \frac{M}{n}\right), X_2 = \min\left(2X, \frac{M_1}{n+j}\right)$$

由第 2 节引理 5，得

$$E_j = \sum_{Y < n \leqslant Y_2} \sum_{\alpha < v \leqslant \beta} w(v) \lambda^{\frac{1}{2-2\gamma}} e(B_v \lambda^{\frac{1}{1-\gamma}}) + O((hj)^{-\frac{1}{2}} X^{1-\frac{\gamma}{2}} Y^{\frac{3}{2}-\frac{\gamma}{2}}) + O(Y \log MJ)$$

其中

$$B_v = (1-\gamma)\gamma^{\frac{\gamma}{1-\gamma}} v^{-\frac{\gamma}{1-\gamma}}$$

$$\alpha = \alpha(n) = \lambda\gamma X_2^{\gamma-1}, \beta = \beta(n) = \lambda_\gamma X_1^{\gamma-1}$$

$$w(v) = e\left(-\frac{1}{8}\right)(1-\gamma)^{-\frac{1}{2}} \gamma^{\frac{1}{2-2\gamma}} v^{\frac{\gamma-2}{2-2\gamma}} \ll (hj)^{\frac{\gamma-2}{2-2\gamma}} M^{1-\frac{\gamma}{2}}$$

每一个 v, n 的取值区间 $(Y_3, Y_4]$ 由 $Y < n \leqslant Y_2$，$\alpha(n) < v, \beta(n) \geqslant v$ 定义，因而由分部求和，得

$$E_j \ll (hj)^{\frac{1}{2}} M^{\frac{\gamma}{2}} Y^{-\frac{1}{2}} \left| \sum_{Y_3 < n \leqslant Y_4} e(B\lambda^{\frac{1}{1-\lambda}}) \right| + (hj)^{-\frac{1}{2}} M^{1-\frac{\gamma}{2}} Y^{\frac{1}{2}} + Y \log(MJ) \tag{③}$$

其中 $Y \leqslant Y_3 < Y_4 \leqslant 2Y$ 且

$$M^\gamma (hj)^{-\frac{\gamma}{1-\gamma}} \ll B = B_v \ll M^\gamma (hj)^{-\frac{\gamma}{1-\gamma}}$$

利用第 2 节引理 6 并取指数对 $(\kappa, \lambda) = BA^4B(0,1) = \left(\frac{13}{31}, \frac{16}{31}\right)$，我们得到

$$\sum_{Y_3 < n \leqslant Y_4} e(B\lambda^{\frac{1}{1-\gamma}}) \ll (B(hj)^{\frac{1}{1-\gamma}} Y^{-2})^{\frac{13}{31}} Y^{\frac{16}{31}} + (B(hj)^{\frac{1}{1-\gamma}} Y^{-2})^{-1}$$

$$\ll M^{\frac{13}{31}\gamma}Y^{-\frac{10}{31}}(hj)^{\frac{13}{31}}+M^{-\gamma}Y^{2}(hj)^{-1}$$

把上式代入 ③，即得

$$E_j\ll M^{\frac{57}{62}\gamma}Y^{-\frac{51}{62}}(hj)^{\frac{57}{62}}+M^{-\frac{\gamma}{2}}Y^{\frac{3}{2}}(hj)^{-\frac{1}{2}}+ M^{1-\frac{\gamma}{2}}Y^{\frac{1}{2}}(hj)^{-\frac{1}{2}}+Y\log(MJ)$$

因为 $Y\ll M$，所以 $M^{-\frac{\gamma}{2}}Y^{\frac{3}{2}}(hj)^{-\frac{1}{2}}\ll M^{1-\frac{\gamma}{2}}Y^{\frac{1}{2}}(hj)^{-\frac{1}{2}}$，因此

$$E_j\ll M^{\frac{57}{62}\gamma}Y^{-\frac{51}{62}}(hj)^{\frac{57}{62}}+M^{1-\frac{\gamma}{2}}Y^{\frac{1}{2}}(hj)^{-\frac{1}{2}}+Y\log(MJ)$$

把上式代入 ②，可得

$$K_h^2\ll\frac{M}{J}(M+M^{\frac{57}{62}\gamma}Y^{-\frac{51}{62}}H^{\frac{57}{62}}J^{\frac{119}{62}}+ M^{1-\frac{\gamma}{2}}Y^{\frac{1}{2}}h^{-\frac{1}{2}}J^{\frac{1}{2}}+YJ\log(MJ))\qquad ④$$

由 $J\ll M^{\frac{5}{119}}Y^{\frac{3}{7}}$ 知 $M^{\frac{57}{62}\gamma}Y^{-\frac{51}{62}}H^{\frac{57}{62}}J^{\frac{119}{62}}\ll M^{1+2\eta}$，因此可化为

$$K_h^2\ll M^{1+2\eta}J^{-1}(M+M^{1-\frac{\gamma}{2}}Y^{\frac{1}{2}}h^{-\frac{1}{2}}J^{\frac{1}{2}}+YJ)$$

由上式及 ①，得

$$K\ll M^{3\eta}(M^{\frac{471}{238}-\gamma}Y^{-\frac{3}{14}}+M^{\frac{207}{119}-\gamma}Y^{\frac{1}{7}}+M^{\frac{3}{2}-\gamma}Y^{\frac{1}{2}})$$
$$\ll M^{\frac{471}{238}-\gamma+3\eta}Y^{-\frac{3}{14}}+M^{1-3\eta}$$

引理 2　设 η 为一个足够小的正常数，$\frac{3\ 334}{3\ 849}+8\eta\leqslant\gamma<1,1<M<M_1\leqslant 2M,H=M^{1-\gamma+2\eta}$，$|\varepsilon_h|\leqslant 1$，$|\varphi_m|\leqslant 1$，$|\psi_n|\leqslant 1$，则当 $M^{\frac{515}{1\ 283}}\leqslant Y\leqslant M^{\frac{768}{1\ 283}}$ 时，有

$$L=\sum_{0<h\leqslant H}\varepsilon_h\sum_{X<m\leqslant 2X}\varphi_m\sum_{\substack{Y<n\leqslant Y_1\\ M<mn\leqslant M_1}}\psi_n e(h(mn)^{\gamma})\ll M^{1-3\eta}$$

证明　如果 $M^{\frac{515}{1\ 283}}<Y\leqslant M^{\frac{1}{2}}$，设 $F=HM^{\gamma}$，在第 2 节引理 7 中取 $(G,M_1,M_2,M_3)=(F,X,H,Y)$，得

$$L \ll (\log M)^2((F^4X^{15}H^{22}Y^{22})^{\frac{1}{26}} + (FX^2H^3Y^3)^{\frac{1}{4}} + X^{\frac{11}{18}}HY + X(HY)^{\frac{3}{4}} + F^{-\frac{1}{2}}XHY)$$
$$\ll (\log M)^2(M^{\frac{89}{52}-\frac{22}{26}\gamma+2\eta} + M^{\frac{13}{8}-\frac{3}{4}\gamma+2\eta} + M^{\frac{65}{36}-\gamma+2\eta} + M^{\frac{7}{4}-\frac{3}{4}\gamma+\frac{3}{2}\eta}Y^{-\frac{1}{4}} + M^{\frac{3}{2}-\gamma+\eta})$$
$$\ll M^{1-3\eta}$$

如果 $M^{\frac{1}{2}} < Y \leqslant M^{\frac{768}{1\,283}}$，在第 2 节引理 7 中取$(G, M_1, M_2, M_3) = (F, Y, H, X)$，由类似的讨论可得 $L \ll M^{1-3\eta}$.

类似于引理 2 的讨论，有：

引理 3 设 η 为一个足够小的正常数，$\frac{335}{391} + 5\eta \leqslant \gamma < 1, 1 < M < M_1 \leqslant 2M, H = M^{1-\gamma+2\eta}, |\varepsilon_h| \leqslant 1$，则当 $M^{\frac{168}{391}} \leqslant Y \leqslant M^{\frac{223}{391}}$ 时，有

$$\sum_{0<h\leqslant H} \varepsilon_h \sum_{X<m\leqslant 2X} \sum_{\substack{Y<n\leqslant Y_1 \\ M<mn\leqslant M_1}} e(h(mn)^\gamma) \ll M^{1-2\eta}$$

引理 4 设 η 为一个足够小的正常数，$\frac{3\,334}{3\,849} + 8\eta \leqslant \gamma < 1, 1 < M < M_1 \leqslant 2M, H = M^{1-\gamma+2\eta}, |\varepsilon_h| \leqslant 1, |\varphi_m| \leqslant 1, |\psi_n| \leqslant 1$，则当 $M^{\frac{515}{3\,849}} \leqslant Y \leqslant M^{\frac{1}{3}}$ 或 $M^{\frac{2}{3}} \leqslant Y \leqslant M^{\frac{3\,334}{3\,849}}$ 时，有

$$L = \sum_{0<h\leqslant H} \varepsilon_h \sum_{X<m\leqslant 2X} \varphi_m \sum_{\substack{Y<n\leqslant Y_1 \\ M<mn\leqslant M_1}} \psi_n e(h(mn)^\gamma) \ll M^{1-3\eta}$$

证明 如果 $M^{\frac{515}{3\,849}} \leqslant Y \leqslant M^{\frac{1}{3}}$，在第 2 节引理 8 中取 $(y, M_1, M_2, M_3) = (HM^\gamma, Y, H, X)$ 及指数对 $(\kappa, \lambda) = BA^5BA^2BA^2B(0,1) = \left(\frac{480}{1\,043}, \frac{528}{1\,043}\right)$，得

$$L \ll (\log M)((HY)^{\frac{1}{2}})X + (HM^\gamma)^{\frac{240}{1\,523}}(HY)^{\frac{1\,283}{1\,523}}X^{\frac{2\,051}{3\,046}})$$

$$\ll (\log M)(M^{\frac{3}{2}-\frac{\gamma}{2}+\eta}Y^{-\frac{1}{2}} + M^{\frac{5\,097-2\,566\gamma+6\,092\eta}{3\,046}}Y^{\frac{515}{3\,046}})$$

$$\ll M^{1-3\eta}$$

如果 $M^{\frac{2}{3}} \leqslant Y \leqslant M^{\frac{3\,334}{3\,849}}$,在第 2 节引理 8 中取 $(y, M_1, M_2, M_3) = (HM^{\gamma}, X, H, Y)$,由类似的讨论可得 $L \ll M^{1-3\eta}$.

5　定理 1 的证明

当 $k=2$ 时,利用 $d(n) = \sum_{m_1 m_2 = n} 1$,可以将第 3 节 ④ 分拆为 $O(\log^2 M)$ 个和式

$$T = \sum_{0<h\leqslant H} \varepsilon_h \sum_{M_1 < m_1 \leqslant 2M_1} \sum_{\substack{M_2 < m_2 \leqslant 2M_2 \\ M < m_1 m_2 < M_1}} e(h(m_1 m_2)^{\gamma})$$

为证明第 1 节定理 1,只需在条件

$$\frac{335}{391} + 5\eta \leqslant \gamma < 1, H = M^{1-\gamma+2\eta} \quad ①$$

下证明 $T \ll M^{1-2\eta}$.

情形 1　如果 $M_2 > M^{\frac{223}{391}}$,在条件 ① 下,由第 4 节引理 1,得

$$T \ll M^{\frac{471}{238}-\frac{335}{391}-\frac{3}{14}\cdot\frac{223}{391}-2\eta} + M^{1-3\eta} \ll M^{1-2\eta}$$

情形 2　如果 $M^{\frac{168}{391}} \leqslant M_2 \leqslant M^{\frac{223}{391}}$,在条件 ① 下,由第 4 节引理 3,得 $T \ll M^{1-2\eta}$.

情形 3　如果 $M_2 < M^{\frac{168}{391}}$,由 $M \ll M_1 M_2 \ll M$ 知 $M_1 \geqslant M^{\frac{323}{391}}$,在条件 ① 下,由第 4 节引理 1 得 $T \ll M^{1-2\eta}$.

综合情形 1 至情形 3,即得第 1 节定理 1 的完整证明.

6　定理 2 的证明

设 $k\geqslant 3$，利用 $d_k(n)=\sum\limits_{m_1\cdot m_2\cdot\cdots\cdot m_k=n}1$，可以将第 3 节式 ④ 分拆为 $O(\log^k M)$ 个和式

$$S=\sum_{0<h\leqslant H}\varepsilon_h\sum_{\substack{M<m_1\cdot m_2\cdot\cdots\cdot m_k\leqslant M_1\\ M_j<m_j\leqslant 2M_j}}e(h(m_1\cdot m_2\cdot\cdots\cdot m_k)^{\gamma})$$

这里 $M_j\geqslant 1,j=1,2,\cdots,k$ 且 $M\ll\prod\limits_{j=1}^{k-1}M_j\ll M$. 不妨设 $M_i\leqslant M_{i+1},i=1,2,\cdots,k-1$. 我们只需在条件

$$\frac{3\ 334}{3\ 849}+8\eta\leqslant\gamma<1,H=M^{1-\gamma+2\eta}\qquad ①$$

下证明 $S\ll M^{1-2\eta}$.

情形 1　如果 $M_k>M^{\frac{768}{1\ 283}}$，设 $m=\prod\limits_{i=1}^{k-1}m_i$，$X=\prod\limits_{i=1}^{k-1}M_i$，由 $d_{k-1}(m)\ll m^{\varepsilon}$，$\varepsilon=\frac{\eta}{10}$，得

$$\begin{aligned}S&\ll\sum_{0<h\leqslant H}\varepsilon_h\sum_{X<m\leqslant 2^{k-1}X}d_{k-1}(m)\sum_{\substack{M_k<m_k\leqslant 2M_k\\ M<mm_k\leqslant M_1}}e(h(mm_k)^{\gamma})\\&\ll M^{\varepsilon}\sum_{0<h\leqslant H}\varepsilon_h\sum_{X<m\leqslant 2^{k-1}X}b(m)\sum_{\substack{M_k<m_k\leqslant 2M_k\\ M<mm_k\leqslant M_1}}e(h(mm_k)^{\gamma})\end{aligned}\qquad ②$$

这里 $|b(m)|\leqslant 1$. 在条件 ① 下，由 ② 和第 4 节引理 1，得

$$S\ll M^{\frac{471}{238}-\frac{3\ 334}{3\ 849}-\frac{3}{14}\cdot\frac{768}{1\ 283}-5\eta}+M^{1-3\eta}\ll M^{1-2\eta}$$

情形 2　如果 $M^{\frac{515}{1\ 283}}<M_k\leqslant M^{\frac{768}{1\ 283}}$，在条件 ① 下，对 ② 应用第 4 节引理 2，即得 $S\ll M^{1-2\eta}$.

情形 3　如果 $M^{\frac{1}{3}}\leqslant M_{k-j}\leqslant\cdots\leqslant M_k\leqslant M^{\frac{515}{1\ 283}}$，

$j \geqslant 1$，设 $X = M_k M_{k-1}$，$Y = \prod\limits_{i=1}^{k-2} M_i$，则 $M^{\frac{2}{3}} \leqslant X \leqslant M^{\frac{1\,030}{1\,283}} < M^{\frac{3\,334}{3\,849}}$. 由第 4 节引理 4 得

$$
\begin{aligned}
S &= \sum_{0<h\leqslant H} \varepsilon_h \sum_{X<m\leqslant 2^2 X} d(m) \sum_{\substack{Y<n\leqslant 2^{k-2}Y \\ M<mn\leqslant M_1}} d_{k-2}(n) e(h(mn)^{\gamma}) \\
&\ll M^{\frac{\eta}{10}} \sum_{0<h\leqslant H} \varepsilon_h \sum_{X<m\leqslant 4X} \varphi_m \sum_{\substack{Y<n\leqslant 2^{k-2}Y \\ M<mn\leqslant M_1}} \psi_n e(h(mn)^{\gamma}) \\
&\ll M^{1-2\eta}
\end{aligned}
$$

这里 $|\varphi_m| \leqslant 1$，$|\psi_n| \leqslant 1$.

情形 4　当 $M_{k-1} < M^{\frac{1}{3}} \leqslant M_k \leqslant M^{\frac{515}{1\,283}}$ 时，如果 $M^{\frac{515}{3\,849}} < M_{k-1} < M^{\frac{1}{3}}$，则由第 4 节引理 4 得 $S \ll M^{1-2\eta}$. 如果 $M_{k-1} \leqslant M^{\frac{515}{3\,849}}$，$M^{\frac{1}{3}} \leqslant M_k \leqslant M^{\frac{515}{1\,283}}$，则 $\prod\limits_{M_j \leqslant M^{\frac{515}{3\,849}}} M_j \geqslant M^{\frac{768}{1\,283}}$. 设 p 是满足 $\prod\limits_{M_j \leqslant M^{\frac{515}{3\,849}}} M_j > M^{\frac{515}{1\,283}}$ 的正整数 j 的最小值，则有

$$
\begin{aligned}
M^{\frac{515}{1\,283}} &< \prod_{i=1}^{p} M_i = \left(\prod_{i=1}^{p-1} M_i\right) M_p \\
&\leqslant M^{\frac{515}{1\,283}} M^{\frac{515}{3\,849}} = M^{\frac{2\,060}{3\,849}} < M^{\frac{768}{1\,283}}
\end{aligned}
$$

由第 4 节引理 2 得 $S \ll M^{1-2\eta}$.

情形 5　如果 $M^{\frac{515}{3\,849}} < M_k \leqslant M^{\frac{1}{3}}$，则由第 4 节引理 4 即得 $S \ll M^{1-2\eta}$. 如果 $M_k \leqslant M^{\frac{515}{3\,849}}$，设 p 是满足 $\prod\limits_{i=1}^{p} M_i > M^{\frac{515}{3\,879}}$ 的最小正整数，则

$$
\begin{aligned}
M^{\frac{515}{3\,849}} &< \prod_{i=1}^{p} M_i = \left(\prod_{i=1}^{p-1} M_i\right) M_p \leqslant M^{\frac{515}{3\,849}} M^{\frac{515}{3\,849}} = M^{\frac{1\,030}{3\,849}} \\
&< M^{\frac{1}{3}}
\end{aligned}
$$

利用第 4 节引理 4 得 $S \ll M^{1-2\eta}$.

综合情形 1 至情形 5,即得第 1 节定理 2 的完整证明.

第11章 一类数论函数的均值估计

西北大学数学系的张文鹏教授于1989年利用筛法给出除数函数的平均值估计.

1 引 言

对正整数 n,设 $d(n)$ 表示 n 的除数函数,$\rho(n)$ 表示 n 的最小素因子,$Q(n)$ 表示 n 的最大素因子,$\omega(n)$ 表示 n 的不同素因子的个数,$\Omega(n)$ 表示 n 的所有素因子的个数. 例如,当 $n=p_1^{\alpha_1}\cdot\cdots\cdot p_k^{\alpha_k}$ 为 n 的标准分解式时,$\rho(n)=p_1$,$Q(n)=p_k$,$d(n)=(\alpha_1+1)\cdot\cdots\cdot(\alpha_k+1)$,$\omega(n)=k$,$\Omega(n)=\sum\limits_{i=1}^{k}\alpha_i$.

有关函数 $\rho(n)$ 及 $Q(n)$ 的均值,一些学者进行了研究,如爱尔迪希(Erdös)给出了均值 $\sum\limits_{n\leqslant x}\dfrac{\rho(n)}{Q(n)}$ 的一个渐近公式,即

$$\sum_{n\leqslant x}\frac{\rho(n)}{Q(n)}=\frac{x}{\ln x}+\frac{3x}{\ln^2 x}+o\left(\frac{x}{\ln^2 x}\right)$$

贾朝华改进了上式结果，得到

$$\sum_{n\leqslant x}\frac{\rho(n)}{Q(n)}=\frac{x}{\ln x}+\frac{3x}{\ln^2 x}+\frac{15x}{\ln^3 x}+o\left(\frac{x}{\ln^3 x}\right)$$

本章的主要目的是应用筛法估计另一种形式的均值，具体地说也就是证明下面的定理：

定理 1 设 $x,z\geqslant 2$，$W(z)=\prod_{p<z}\left(1-\frac{1}{p}\right)$，则我们有渐近公式

$$\sum_{n\leqslant x}\frac{d(n)}{\rho(n)}=x\ln x\left\{A+O\left(\frac{1}{(\ln x)^{\frac{1}{14}}}\right)\right\}$$

其中 $A=\sum_{p}\frac{(2p-1)W^2(p)}{p^3}$，$\prod_{p<z}$ 表示对小于 z 的素数求积，$\sum_{p}$ 表示对所有素数求和，且规定 $W(2)=1$.

定理 2 在定理 1 的记号下，我们有：

1) $\sum_{n\leqslant x}\frac{1}{\rho(n)}=x\left\{B+o\left(\frac{1}{(\ln x)^{\frac{1}{14}}}\right)\right\}$；

2) $\sum_{n\leqslant x}\frac{\omega(n)}{\rho(n)}=x\ln\ln x\left\{B+O\left(\frac{1}{\ln\ln x}\right)\right\}$；

3) $\sum_{n\leqslant x}\frac{\Omega(n)}{\rho(n)}=x\ln\ln x\left\{B+O\left(\frac{1}{\ln\ln x}\right)\right\}$.

其中 $B=\sum_{p}\frac{W(p)}{p^2}$，$W(z)$ 如定理 1 中定义.

2 筛法及其应用

这节我们应用筛法给出几个在定理证明过程中所

用到的引理,为书写简单,一些结果不加以证明.首先有下面的引理:

引理1 设$\mathscr{A}$是一个有限整数集合,$\mathscr{P}$是一个素数集合.对任意实数 $z \geqslant 2$,设

$$P(z)=\prod_{\substack{p<z \\ p \in \mathscr{P}}} p$$

$$S(\mathscr{A}, \mathscr{P}, z)=|\{a \in \mathscr{A} \mid (a, P(z))=1\}| \qquad ①$$

$$\mathscr{A}_d=\{a \in \mathscr{A} \mid a \equiv 0(\bmod d)\} \qquad ②$$

并且我们假设:

(1) $|\mathscr{A}_d|$ 可表示为如下形式:

$|\mathscr{A}_d|=\frac{\omega_1(d)}{d} x+r(\mathscr{A}, d)$,对 $\mu(d) \neq 0$,以及$(d, \overline{\mathscr{P}})=1$,其中 x 是一个与d 无关的参数,$(d, \overline{\mathscr{P}})=1$ 表示如果素数 $p \mid d$,则

$$p \in \mathscr{P}$$

$$|r(\mathscr{A}, d)| \leqslant \omega_1(d) \qquad ③$$

(2)$\omega_1(d)$ 是一个可乘函数且满足

$$0<\frac{\omega_1(p)}{p} \leqslant 1-\frac{1}{A_1}, p \in \mathscr{P} \qquad ④$$

$$\left|\sum_{W \leqslant p<z} \frac{\omega_1(p) \ln p}{p}-\ln \frac{z}{W}\right| \leqslant A_2 \qquad ⑤$$

$z>W \geqslant 2, A_1$ 及 A_2 为两个正常数.

(3) 对 $2 \leqslant z \leqslant x$,存在正数 $0<\alpha \leqslant 1$ 及 $\beta \geqslant 0$ 使下式成立

$$\sum_{\substack{d \leqslant x^\alpha \ln^{-\beta} x \\ (d, \overline{\mathscr{P}})=1}} \mu^2(d) 3^{\omega(d)}|r(\mathscr{A}, d)| \ll \frac{x}{\ln^2 x} \qquad ⑥$$

则在前面的假设下,我们有

$$S(\mathscr{A}, \mathscr{P}, z) \geqslant x W(z)\left\{f\left(\alpha \frac{\ln x}{\ln z}\right)+O\left(\frac{1}{(\ln x)^{\frac{1}{14}}}\right)\right\}$$

$$S(\mathscr{A},\mathscr{P},z)\leqslant xW(z)\left\{F\left(\alpha\frac{\ln x}{\ln z}\right)+O\left(\frac{1}{(\ln x)^{\frac{1}{14}}}\right)\right\} \tag{7}$$

其中 $F(u)$ 及 $f(u)$ 为满足方程

$$\begin{cases}F(u)=\dfrac{2\mathrm{e}^{\gamma}}{u},f(u)=0,1\leqslant u\leqslant 2\\(u(F(u)))'=f(u-1),(uf(u))'=F(u-1),u>2\end{cases}$$

的一对连续函数，γ 为欧拉常数

$$W(z)=\prod_{p<z}\left(1-\frac{\omega_1(p)}{p}\right)$$

引理 2 设 $x\geqslant 2$，取 $\mathscr{A}=\{n\mid n\leqslant x\}$，$|r(\mathscr{A},d)|=\left|\sum\limits_{nd\leqslant x}1-\frac{x}{d}\right|$，则有

$$\sum_{d\leqslant x(\ln x)^{-20}}\mu^2(d)3^{\omega(d)}\mid r(\mathscr{A},d)\mid\ll\frac{x}{\ln^2 x}$$

证明 令 $c=x(\ln x)^{-20}$，我们可得

$$\begin{aligned}&\sum_{d\leqslant c}\mu^2(d)3^{\omega(d)}\mid r(\mathscr{A},d)\mid\\=&\sum_{\substack{d\leqslant c\\3^{\omega(d)}\geqslant(\ln x)^{18}}}+\sum_{\substack{d\leqslant c\\3^{\omega(d)}<(\ln x)^{18}}}\\\ll&\frac{1}{(\ln x)^{18}}\sum_{\substack{d\leqslant c\\3^{\omega(d)}\geqslant(\ln x)^{18}}}\mu^2(d)3^{2\omega(d)}\mid r(\mathscr{A},d)\mid+\\&(\ln x)^{18}\sum_{d\leqslant c}\mid r(\mathscr{A},d)\mid\\\ll&\frac{x}{(\ln x)^{18}}\sum_{n\leqslant c}\frac{d^4(n)}{n}+(\ln x)^{18}\cdot c\ll\frac{x}{\ln^2 x}\end{aligned}$$

其中用到 $\mu^2(n)3^{2\omega(d)}\leqslant d^4(n)$ 及 $\sum\limits_{n\leqslant x}\dfrac{d^4(n)}{n}\ll(\ln x)^{16}$. 于是完成了引理 2 的证明.

引理 3 设 $x\geqslant 2,2\leqslant z\leqslant \mathrm{e}^{\sqrt{\ln x}},P(z)=\prod\limits_{p<z}p$，

$W(z)=\prod_{p<z}\left(1-\frac{1}{p}\right)$，则有

$$\sum_{\substack{n\leqslant x\\(n,P(z))=1}} 1=xW(z)\left\{1+O\left(\frac{1}{(\ln x)^{\frac{1}{14}}}\right)\right\}$$

证明　取 $\mathscr{A}=\{n\mid n\leqslant x\}$，则有

$$|\mathscr{A}_d|=\sum_{nd\leqslant x}1=\frac{x}{d}+\left(\sum_{nd\leqslant x}1-\frac{x}{d}\right)$$

$$=\frac{\omega_1(d)}{d}x+r(\mathscr{A},d)$$

其中 $\omega_1(d)\equiv 1, r(\mathscr{A},d)=\sum_{n\leqslant\frac{x}{d}}1-\frac{x}{d}$，$|r(\mathscr{A},d)|\leqslant 1$.

于是由引理 1 及引理 2 得

$$S(\mathscr{A},\mathscr{P},z)\geqslant xW(z)\left\{f\left(\frac{\ln x}{\ln z}\right)+O\left(\frac{1}{(\ln x)^{\frac{1}{14}}}\right)\right\}$$

$$S(\mathscr{A},\mathscr{P},z)\leqslant xW(z)\left\{F\left(\frac{\ln x}{\ln z}\right)+O\left(\frac{1}{(\ln x)^{\frac{1}{14}}}\right)\right\}$$

其中

$$P=\{p\mid p<z\} \tag{8}$$

由

$$F(u)=1+O(\mathrm{e}^{-u}), f(u)=1+O(\mathrm{e}^{-u}) \tag{9}$$

注意到 $u\geqslant\frac{\ln x}{\ln z}\geqslant\sqrt{\ln x}$ 时，有 $\mathrm{e}^{-u}=O\left(\frac{1}{(\ln)^{\frac{1}{14}}}\right)$，于是由上式及 ⑧⑨ 即得引理 3.

引理 4　设 $x\geqslant 2, p\leqslant\ln x$，则有：

(1) $\sum_{\substack{n\leqslant x\\\rho(n)=p}}1=\frac{x}{p}W(p)\left\{1+O\left(\frac{1}{(\ln x)^{\frac{1}{14}}}\right)\right\}$；

(2) $\sum_{\substack{n\leqslant x\\\rho(n)=p}}\frac{1}{n}=\frac{W(p)}{p}\ln x\left\{1+O\left(\frac{1}{(\ln x)^{\frac{1}{14}}}\right)\right\}$；

(3) $$\sum_{\substack{n\leqslant x\\(n,P(p))=1}}\frac{1}{n}=W(p)\ln x\left\{1+O\left(\frac{1}{(\ln x)^{\frac{1}{14}}}\right)\right\}.$$

证明 记 $A_1=(\ln x)^{\frac{1}{14}}$,则由引理 3 知

$$\sum_{\substack{n\leqslant x\\\rho(n)=p}}1=\sum_{\substack{np\leqslant x\\n=1\text{或}\rho(n)\geqslant p}}1=\sum_{\substack{n\leqslant\frac{x}{p}\\(n,P(p))=1}}1$$
$$=\frac{W(p)}{p}x\left\{1+O\left(\frac{1}{A_1}\right)\right\}$$

即为(1). 令 $T(x,p)=\sum_{\substack{n\leqslant x\\\rho(n)=p}}1$,由(1)及斯蒂尔切斯(Stieltjes)积分可得

$$\sum_{\substack{n\leqslant x\\\rho(n)=p}}\frac{1}{n}=\sum_{\substack{n\leqslant e^{A_1}\\\rho(n)=p}}\frac{1}{n}+\sum_{\substack{e^{A_1}<n\leqslant x\\\rho(n)=p}}\frac{1}{n}$$
$$=\int_{e^{A_1}}^{x}\frac{\mathrm{d}T(y,p)}{y}+O\left(\frac{1}{p}\sum_{n\leqslant e^{A_1}}\frac{1}{n}\right)$$
$$=\frac{T(y,p)}{y}\bigg|_{e^{A_1}}^{x}+\int_{e^{A_1}}^{x}\frac{T(y,p)}{y^2}\mathrm{d}y+O\left(\frac{A_1}{p}\right)$$
$$=\int_{e^{A_1}}^{x}\frac{\frac{y}{p}W(p)\left\{1+O\left(\frac{1}{(\ln y)^{\frac{1}{14}}}\right)\right\}}{y^2}\mathrm{d}y+O\left(\frac{A_1}{p}\right)$$
$$=\frac{W(p)}{p}(\ln x-A_1)+O\left(\frac{W(p)}{p}\ln^{\frac{13}{14}}x\right)+O\left(\frac{A_1}{p}\right)$$
$$=\frac{W(p)}{p}\ln x\left\{1+O\left(\frac{1}{A_1}\right)\right\}$$

即为(2).

同理由引理 3 及斯蒂尔切斯积分可得(3).

引理 5 设 $x\geqslant 2$,素数 $p\leqslant\ln x$,则有

$$\sum_{\substack{n\leqslant x\\\rho(n)=p}}d(n)=\frac{(2P-1)W^2(p)}{p^2}x\ln x\left\{1+O\left(\frac{1}{(\ln x)^{\frac{1}{14}}}\right)\right\}$$

证明 利用熟知的分析方法可得

$$\sum_{\substack{n\leqslant x\\ \rho(n)=p}} d(n)=\sum_{\substack{nm\leqslant x\\ \rho(mn)=p}} 1=2\sum_{\substack{m\leqslant\sqrt{x}\\ \rho(mn)=p}}\sum_{n\leqslant\frac{x}{m}}1-\sum_{\substack{1\leqslant m,n\leqslant\sqrt{x}\\ \rho(mn)=p}}1$$

$$=2\Big(\sum_{\substack{m\leqslant\sqrt{x}\\ \rho(m)=\rho(n)=p}}\sum_{n\leqslant\frac{x}{m}}1+\sum_{\substack{m=\sqrt{x}\\ m=1\text{或}\\ \rho(m)>p}}\sum_{\substack{n\leqslant\frac{x}{m}\\ \rho(n)=p}}1+\sum_{\substack{m\leqslant\sqrt{x}\\ \rho(m)=p}}\sum_{\substack{n\leqslant\frac{x}{m}\\ n=1\text{或}\\ \rho(n)>p}}1\Big)+O\left(\frac{x}{p}\right)$$

$$\equiv 2(I_1+I_2+I_3)+O\left(\frac{x}{p}\right) \qquad ⑩$$

现在我们分别估计 $I_k(k=1,2,3)$. 利用引理 4 的(1),(2) 可得

$$I_1=\sum_{\substack{m\leqslant\sqrt{x}\\ \rho(m)=\rho(n)=p}}\sum_{n\leqslant\frac{x}{m}}1$$

$$=\sum_{\substack{m\leqslant\sqrt{x}\\ \rho(m)=p}}\left\{\frac{x}{mp}W(p)\left(1+O\left(\frac{1}{\ln^{\frac{1}{14}}x}\right)\right)\right\}$$

$$=\frac{xW(p)}{p}\left(1+O\left(\frac{1}{(\ln x)^{\frac{1}{14}}}\right)\right)\sum_{\substack{m\leqslant\sqrt{x}\\ \rho(m)=p}}\frac{1}{m}$$

$$=\frac{xW(p)}{p}\cdot\frac{W(p)}{p}\ln\sqrt{x}\left(1+O\left(\frac{1}{(\ln x)^{\frac{1}{14}}}\right)\right)^2$$

$$=\frac{W^2(p)}{2p^2}x\ln x\left\{1+O\left(\frac{1}{(\ln x)^{\frac{1}{14}}}\right)\right\} \qquad ⑪$$

我们假设 p 是第 k 个素数,并记为 p_k,于是由引理 4 可得

$$I_2=\sum_{\substack{m\leqslant\sqrt{x}\\ m=1\text{或}\\ \rho(m)>p_k}}\sum_{\substack{n\leqslant\frac{x}{m}\\ \rho(n)=p_k}}1$$

$$=\sum_{\substack{m\leqslant\sqrt{x}\\ (m,P(p_{k+1}))=1}}\frac{xW(p_k)}{mp_k}\left\{1+O\left(\frac{1}{\ln^{\frac{1}{14}}x}\right)\right\}$$

$$=\frac{xW(p_k)}{p_k}\left(1+O\left(\frac{1}{\ln^{\frac{1}{14}}x}\right)\right)\sum_{\substack{m\leqslant\sqrt{x}\\(m,P(p_{k+1}))=1}}\frac{1}{m}$$

$$=\frac{xW(p_k)}{p_k}W(p_{k+1})\ln\sqrt{x}\left\{1+O\left(\frac{1}{(\ln x)^{\frac{1}{14}}}\right)\right\}^2$$

$$=\left(\frac{W^2(p_k)}{2p_k}-\frac{W^2(p_k)}{2p_k^2}\right)x\ln x\left\{1+O\left(\frac{1}{(\ln x)^{\frac{1}{14}}}\right)\right\}$$

其中用到

$$W(p_{k+1})=W(p_k)\left(1-\frac{1}{p_k}\right) \tag{12}$$

同理由引理 4 可得

$$I_3=\sum_{\substack{m\leqslant\sqrt{x}\\\rho(m)=p_k}}\sum_{\substack{n\leqslant\frac{x}{m}\\n=1\text{或}\rho(n)>p_k}}1$$

$$=\sum_{\substack{m\leqslant\sqrt{x}\\\rho(m)=p_k}}\sum_{\substack{n\leqslant\frac{x}{m}\\(n,P(p_{k+1}))=1}}1$$

$$=\sum_{\substack{m\leqslant\sqrt{x}\\\rho(m)=p_k}}\frac{x}{m}W(p_{k+1})\left\{1+O\left(\frac{1}{(\ln x)^{\frac{1}{14}}}\right)\right\}$$

$$=W(p_{k+1})x\left\{1+O\left(\frac{1}{(\ln x)^{\frac{1}{14}}}\right)\right\}\sum_{\substack{m\leqslant\sqrt{x}\\\rho(m)=p_k}}\frac{1}{m}$$

$$=W(p_{k+1})x\,\frac{W(p_k)\ln\sqrt{x}}{p_k}\left\{1+O\left(\frac{1}{(\ln x)^{\frac{1}{14}}}\right)\right\}$$

$$=\left(\frac{W^2(p_k)}{2p_k}-\frac{W^2(p_k)}{2p_k^2}\right)x\ln x\left\{1+O\left(\frac{1}{(\ln x)^{\frac{1}{14}}}\right)\right\}$$

于是由 ⑩ ~ ⑫ 及上式可得

$$\sum_{\substack{n\leqslant x\\\rho(n)=p}}d(n)=\frac{(2p-1)W^2(p)}{p^2}x\ln x\left\{1+O\left(\frac{1}{(\ln x)^{\frac{1}{14}}}\right)\right\}$$

于是完成了引理 5 的证明.

引理 6 设 $x\geqslant 3$，素数 $p\leqslant\ln^2 x$，则有：

(1) $\sum\limits_{\substack{n\leqslant x\\ \rho(n)=p}}\omega(n)=\dfrac{W(p)}{p}x\ln\ln x\left\{1+O\left(\dfrac{\ln p}{\ln\ln x}\right)\right\}$;

(2) $\sum\limits_{\substack{n\leqslant x\\ \rho(n)=p}}\Omega(n)=\dfrac{W(p)}{p}x\ln\ln x\left\{1+O\left(\dfrac{\ln p}{\ln\ln x}\right)\right\}$.

证明

$$\sum_{\substack{n\leqslant x\\ \rho(n)=p}}\omega(n)=\sum_{\substack{n\leqslant \frac{x}{p}\\ n=1\text{或}\rho(n)\geqslant p}}\omega(np)$$

$$=\sum_{\substack{n\leqslant \frac{x}{p}\\ (n,P(p))=1}}\omega(np) \tag{13}$$

显然有

$$\sum_{\substack{n\leqslant \frac{x}{p}\\ (n,P(p))=1}}\omega(n)\leqslant\sum_{\substack{n\leqslant \frac{x}{p}\\ (n,P(p))=1}}\omega(np)\leqslant\sum_{\substack{n\leqslant \frac{x}{p}\\ (n,P(p))=1}}(\omega(n)+1) \tag{14}$$

对于 $p_k\leqslant\ln^2 x$,我们有

$$\sum_{\substack{n\leqslant \frac{x}{p_k}\\ (n,P(p_k))=1}}\omega(n)$$

$$=\sum_{\substack{n\leqslant \frac{x}{p_k}\\ (n,P(p_k))=1}}\sum_{p\mid n}1$$

$$=1+\sum_{p_k\leqslant p\leqslant \frac{x}{p_k}}\sum_{\substack{np\leqslant \frac{x}{p_k}\\ (n,P(p_k))=1}}1$$

$$=\sum_{p_k\leqslant p\leqslant\sqrt{\frac{x}{p_k}}}\sum_{\substack{n\leqslant \frac{x}{pp_k}\\ (n,P(p_k))=1}}1+O\left(\frac{x}{p_k}\sum_{\sqrt{\frac{x}{p_k}}<p\leqslant\frac{x}{p_k}}\frac{1}{p}\right) \tag{15}$$

熟知

$$\sum_{\sqrt{\frac{x}{p_k}}<p\leqslant\frac{x}{p_k}}\frac{1}{p}=\ln\left(\frac{\ln\frac{x}{p_k}}{\ln\sqrt{\frac{x}{p_k}}}\right)+O\left(\frac{1}{\ln\sqrt{\frac{x}{p_k}}}\right)=O(1) \tag{16}$$

由引理 3 知

$$\sum_{p_k \leqslant p \leqslant \sqrt{\frac{x}{p_k}}} \sum_{\substack{n \leqslant \frac{x}{pp_k} \\ (n, P(p_k))=1}} 1$$

$$= \sum_{p_k \leqslant p \leqslant \sqrt{\frac{x}{p_k}}} \frac{xW(p_k)}{pp_k}\left\{1+O\left(\frac{1}{A_1}\right)\right\}$$

$$= \frac{xW(p_k)}{p_k}\left(1+O\left(\frac{1}{A_1}\right)\right)\left(\sum_{p_k \leqslant p \leqslant \sqrt{\frac{x}{p_k}}} \frac{1}{p}\right)$$

$$= \frac{xW(p_k)}{p_k}\left(1+O\left(\frac{1}{A_1}\right)\right)\left(\ln\ln\sqrt{\frac{x}{p_k}}+O(\ln p_k)\right)$$

$$= \frac{xW(p_k)}{p_k}\ln\ln x\left\{1+O\left(\frac{\ln p_k}{\ln\ln x}\right)\right\}$$

其中

$$A_1=(\ln x)^{\frac{1}{14}} \tag{17}$$

$$\sum_{\substack{n \leqslant \frac{x}{p_k} \\ (n, P(p_k))=1}} 1=\frac{W(p_k)}{p_k}x\left\{1+O\left(\frac{1}{A_1}\right)\right\} \tag{18}$$

于是由 ⑬ ～ ⑱ 知

$$\sum_{\substack{n \leqslant x \\ \rho(n)=p}} \omega(n)=\frac{W(p)}{p}x\ln\ln x\left\{1+O\left(\frac{\ln p}{\ln\ln x}\right)\right\}$$

即完成了引理 6 的(1) 的证明.

注意到

$$\sum_{\substack{n \leqslant x \\ \rho(n)=p_k}} \Omega(n)=\sum_{\substack{n \leqslant \frac{x}{p_k} \\ (n, P(p_k))=1}} \Omega(np_k)$$

$$=\sum_{\substack{n \leqslant \frac{x}{p_k} \\ (n, P(p_k))=1}} (1+\Omega(n))$$

$$= \sum_{\substack{n \leqslant \frac{x}{p_k} \\ (n, P(p_k))=1}} 1 + \sum_{\substack{n \leqslant \frac{x}{p_k} \\ (n, P(p_k))=1}} \sum_{p^m \mid n} 1$$

$$= \sum_{\substack{n \leqslant \frac{x}{p_k} \\ (n, P(p_k))=1}} 1 + \sum_{m=1}^{+\infty} \sum_{\substack{p^m \leqslant \frac{x}{p_k} \\ p \geqslant p_k}} \sum_{\substack{n \leqslant \frac{x}{p_k p^m} \\ (n, P(p_k))=1}} 1$$

$$= \sum_{\substack{n \leqslant \frac{x}{p_k} \\ (n, P(p_k))=1}} 1 + \sum_{\substack{n \leqslant x \\ \rho(n)=p_k}} \omega(n) + O\left(\frac{x}{p_k(p_k-1)}\right)$$

$$= \sum_{\substack{n \leqslant x \\ \rho(n)=p_k}} \omega(n) + O\left(\frac{x}{p_k} W(p_k)\right)$$

由上式及(1) 即得引理 6 的(2).

3　定理的证明

这节我们来完成定理的证明，首先证明第 1 节定理 1，设 $D(x,p)=\sum\limits_{\substack{n \leqslant x \\ \rho(n)=p}} d(n)$，$p$ 为素数，则我们有

$$\sum_{n \leqslant x} \frac{d(n)}{\rho(n)} = \sum_{p \leqslant x} \frac{1}{p} D(x,p)$$
$$= \sum_{p \leqslant \ln x} \frac{1}{p} D(x,p) + \sum_{\ln x < p \leqslant x} \frac{1}{p} D(x,p) \qquad ①$$

应用第 2 节引理 5，我们可得

$$\sum_{p \leqslant \ln x} \frac{D(x,p)}{p}$$
$$= \sum_{p \leqslant \ln x} \frac{1}{p} \cdot \frac{(2p-1)W^2(p)}{p^2} x \ln x \left\{1 + O\left(\frac{1}{(\ln x)^{\frac{1}{14}}}\right)\right\}$$

$$=x\ln x\left\{1+O\left(\frac{1}{(\ln x)^{\frac{1}{14}}}\right)\right\}\sum_{p\leqslant \ln x}\frac{(2p-1)W^2(p)}{p^3}$$

$$=x\ln x\left\{1+O\left(\frac{1}{(\ln x)^{\frac{1}{14}}}\right)\right\}\sum_{p}\frac{(2p-1)W^2(p)}{p^3}+$$

$$O\left(x\ln x\sum_{p>\ln x}\frac{1}{p^2}\right)$$

$$=x\ln x\left\{1+O\left(\frac{1}{(\ln x)^{\frac{1}{14}}}\right)\right\}\cdot A+O(x)$$

$$=Ax\ln x\left\{1+O\left(\frac{1}{(\ln x)^{\frac{1}{14}}}\right)\right\} \qquad ②$$

利用显然估计 $D(x,p)\ll\frac{1}{p}x\ln x$ 可得

$$\sum_{\ln x<p\leqslant x}\frac{D(x,p)}{p}\ll\sum_{\ln x<p\leqslant x}\frac{x\ln x}{p^2}\ll x \qquad ③$$

由 ① ~ ③ 立刻得到

$$\sum_{n\leqslant x}\frac{d(n)}{\rho(n)}=x\ln x\left\{A+O\left(\frac{1}{(\ln x)^{\frac{1}{14}}}\right)\right\}$$

其中

$$A=\sum_{p}\frac{(2p-1)W^2(p)}{p^3}$$

于是完成了第 1 节定理 1 的证明.

同理由第 2 节引理 4 的(1) 可得第 1 节定理 2 的式①. 令 $R(x,p)=\sum_{\substack{n\leqslant x\\ \rho(n)=p}}\omega(n)$,由第 2 节引理 6 可得

$$\sum_{n\leqslant x}\frac{\omega(n)}{\rho(n)}=\sum_{p\leqslant x}\frac{R(x,p)}{p}$$

$$=\sum_{p\leqslant \ln^2 x}\frac{R(x,p)}{p}+\sum_{\ln^2 x<p\leqslant x}\frac{R(x,p)}{p} \qquad ④$$

$$\sum_{p\leqslant \ln^2 x}\frac{R(x,p)}{p}=\sum_{p\leqslant \ln^2 x}\frac{1}{p}\cdot\frac{W(p)}{p}x\ln\ln x\left\{1+O\left(\frac{\ln p}{\ln\ln x}\right)\right\}$$

$$= x\ln\ln x \sum_{p \leqslant \ln^2 x} \frac{W(p)}{p^2} + O\left(x \sum_{p \leqslant \ln^2 x} \frac{\ln p}{p^2}\right)$$

$$= x\ln\ln x \sum_{p} \frac{W(p)}{p^2} + O(x)$$

$$= x\ln\ln x \left\{B + O\left(\frac{1}{\ln\ln x}\right)\right\} \qquad ⑤$$

其中

$$B = \sum_{p} \frac{W(p)}{p^2}$$

注意到 $\omega(n) \leqslant \Omega(n) \leqslant 2\ln n$,可得

$$\sum_{\ln^2 x < p \leqslant x} \frac{R(x,p)}{p} \ll x\ln x \sum_{\ln^2 x < p \leqslant x} \frac{1}{p^2} \ll \frac{x}{\ln x} \qquad ⑥$$

由 ④ ～ ⑥ 即得定理 2 的式 ②.

同理由第 2 节引理 6 的式 ② 可推出第 1 节定理 2 的式 ③ 成立,于是完成了第 1 节定理 2 的证明.

第12章 三维除数问题误差项估计的改进

1 引 论

用 $d_3(n)$ 表示将 n 分解成三个因子乘积的方法数，则有渐近公式

$$\sum_{n\leqslant x} d_3(n)=xP_3(\log x)+\Delta_3(x)$$

此处 $P_3(\log x)$ 为 $\log x$ 的一个二次多项式. 又用 α_3 表示使

$$\Delta_3(x)=O(x^{\alpha})$$

成立的 α 的下确界，沃罗诺伊，瓦尔菲施，阿特金森，兰金，越民义，尹文霖，越民义和吴方，陈景润，尹文霖曾分别证明了

$$\alpha_3\leqslant \frac{1}{2},\frac{43}{87},\frac{37}{75},0.493\ 146\ 6\cdots$$

$$\frac{14}{29},\frac{25}{52},\frac{10}{21},\frac{8}{17},\frac{5}{11},\frac{34}{75}$$

在本章中,我们将证明

$$\alpha_3 \leqslant \frac{127}{282}$$

大家知道

$$\Delta_3(x) = \frac{x^{\frac{1}{3}}}{\pi\sqrt{3}} \sum_{n \leqslant X} \frac{d_3(n)}{n^{\frac{2}{3}}} \cos\{6\pi(nx)^{\frac{1}{3}}\} + O(x^{\frac{2}{3}+\varepsilon} X^{-\frac{1}{3}}) \quad ①$$

其中 ε 是任意的正数. 取 $X = x^{\frac{61}{94}}$,不难看出,关键在于估计

$$\Omega = \Omega_{PQR} = \sum_{P < p \leqslant 2P} \sum_{\substack{Q < q \leqslant 2Q \\ pqr \leqslant X}} \sum_{R < r \leqslant 2R} e^{6\pi i (xpqr)^{\frac{1}{3}}}$$

其中 $P \leqslant Q \leqslant R$,令 $V = PQR$,则 $R \geqslant V^{\frac{1}{3}}$. 又记 $y = pq$, $Y = PQ$,易见

$$\Omega \ll x^{\varepsilon} \sum_{Y < y \leqslant 4Y} \left| \sum_{R < r \leqslant R_y} e^{6\pi i (xyr)^{\frac{1}{3}}} \right| \quad ②$$

这里 $R_y = \min\left(2R, \dfrac{X}{y}\right)$. 下面我们将分若干情形对 Ω 进行估计.

2　引　理

引理 1　设 $f(x)$ 和 $\varphi(x)$ 是实函数,$f(x)$ 有直到 k 阶的连续导数,$k \geqslant 2$,$\varphi(x)$ 单调;又设 $1 \leqslant b - a \leqslant U$,在区间 (a, b) 上有

$$\lambda_k \ll |f^{(k)}(x)| \ll \lambda_k \text{ 及 } \varphi(x) \ll B$$

令 $K = 2^{k-1}$,则有

$$\sum_{a < n \leqslant b} \varphi(n) e^{2\pi i f(n)} \ll B(U\lambda_k^{\frac{1}{2K-2}} + U^{1-\frac{2}{K}} \lambda_k^{-\frac{1}{2K-2}})$$

引理 2 设 U,A,q,r 是实数，满足条件

$$U^2 \gg A \gg 1, 0 < r-q \leqslant U$$

$f(x)$ 是次数不超过某常数的实代数函数，在区间 $q \leqslant t \leqslant r$ 上满足条件

$$A^{-1} \ll f''(t) \ll A^{-1} (\text{或 } A^{-1} \ll -f''(t) \ll A^{-1})$$

$$f'''(t) \ll A^{-1}U^{-1}$$

则有

$$\sum_{q\leqslant t\leqslant r} e^{2\pi i f(t)} = e^{\frac{\pi i}{4}} \sum_{f'(q)\leqslant n\leqslant f'(r)} \frac{e^{2\pi i\{-nt_n+f(t_n)\}}}{\sqrt{f''(t_n)}} + O(A^{\frac{1}{2}}) + O(\log(U+1))$$

$$(\text{或} \sum_{q\leqslant t\leqslant r} e^{2\pi i f(t)} = e^{-\frac{\pi i}{4}} \sum_{f'(r)\leqslant n\leqslant f'(q)} |f''(t_n)|^{-\frac{1}{2}} e^{2\pi i\{-nt_n+f(t_n)\}} + O(A^{\frac{1}{2}}) + O(\log(U+1)))$$

这里 t_n 由方程 $f'(t_n)=n$ 确定.

在我们以后应用时常有 $\log(U+1) \ll x^{\varepsilon} \ll x^{\varepsilon}A^{\frac{1}{2}}$，而因子 x^{ε} 对我们的讨论过程不产生影响（仅需在最后结果中引入），故常略去 $O(\log(U+1))$ 这一项.

引理 3 设 $a_{\mu,\upsilon}$ 是一组实数或复数，满足条件

$$\left|\sum_{\mu=1}^{m}\sum_{\upsilon=1}^{n} a_{\mu,\upsilon}\right| \leqslant G \quad (1\leqslant m\leqslant M, 1\leqslant n\leqslant N)$$

又令 $b_{m,n}$ 表示实数，$0\leqslant b_{m,n}\leqslant H$，并假设对问题中所有 m 和 n 的值，下面的表达式

$$b_{m,n}-b_{m,n+1}, b_{m,n}-b_{m+1,n}, b_{m,n}-b_{m+1,n}-b_{m,n+1}+b_{m+1,n+1}$$

都不变号，则有

$$\left|\sum_{m=1}^{M}\sum_{n=1}^{N} a_{m,n}b_{m,n}\right| \leqslant 5GH$$

引理 4 设 $f(x,y)$ 是 x,y 的实函数，以及

$$S=\sum\sum e^{2\pi i f(m,n)}$$

这里求和是对包含于矩形 $a\leqslant x\leqslant b,\alpha\leqslant y\leqslant\beta$ 的子区域 D 中的所有格点进行的. 又令

$$S_\mu=\sum\sum e^{2\pi i\{f(m+\mu,n)-f(m,n)\}}$$

这里 μ 是整数,而 S_μ 是对所有使(m,n) 和$(m+\mu,n)$ 都属于 D 的 m 和 n 的值求和,令 ρ 是不超过 $b-a$ 的正整数,则

$$S\ll\frac{(b-a)(\beta-\alpha)}{\rho^{\frac{1}{2}}}+\left\{\frac{(b-a)(\beta-\alpha)}{\rho}\sum_{\mu=1}^{\rho-1}|S_\mu|\right\}^{\frac{1}{2}}$$

3　$V\geqslant x^{\frac{33}{94}},V^{\frac{1}{3}}\leqslant R\leqslant x^{\frac{38}{423}}V^{\frac{2}{9}}$ 的情形

1. 当 $V\geqslant x^{\frac{118}{235}}$ 时,令 $h=x^{-\frac{3}{47}}V^{\frac{74}{183}}$. 记

$$R_l=\min\{R+(l+1)h,2R\}$$

$$R_{ly}=\min(R_l,R_y)$$

$$\Omega_l=\sum_{R+lh<r\leqslant R_{ly}}e^{6\pi i(xyr)^{\frac{1}{3}}}$$

为叙述方便,我们约定:当 $a>b$ 时,$\sum\limits_{a<t\leqslant b}=0$. 则由第 2 节 ② 有(略去因子 x^ε)

$$\Omega\ll\sum_{Y<y\leqslant 4Y}\sum_{l=0}^{[R/h]}|\Omega_l|=\sum_{l=0}^{[R/h]}\sum_{Y<y\leqslant 4Y}|\Omega_l|\qquad①$$

现在考虑上式等号右边的内和,有

$$\Big(\sum_{Y<y\leqslant 4Y}|\Omega_l|\Big)^2$$
$$\ll Y\sum_{Y<y\leqslant 4Y}|\Omega_l|^2$$

$$\ll Y^2h+Y\left|\sum_{Y<y\leqslant 4Y}\sum_{\substack{R+lh<r,r'\leqslant R_{ly}\\ r>r'}}\mathrm{e}^{6\pi i x^{\frac{1}{3}}y^{\frac{1}{3}}(r^{\frac{1}{3}}-r'^{\frac{1}{3}})}\right|$$

$$\ll Y^2h+Y\left|\sum_{1\leqslant\xi\leqslant h}\sum_{R+lh+\xi<r\leqslant R_l}\sum_{Y<y\leqslant\min\left(4y,\frac{X}{r}\right)}\mathrm{e}^{2\pi i f(y,r,\xi)}\right| \tag{②}$$

这里 $\xi=r-r',f(y,r,\xi)=3x^{\frac{1}{3}}y^{\frac{1}{3}}(r^{\frac{1}{3}}-(r-\xi)^{\frac{1}{3}})$. 而对 r 和 y 求和,用到前面的约定,显然有

$$f_y(y,r,\xi)=x^{\frac{1}{3}}y^{-\frac{2}{3}}(r^{\frac{1}{3}}-(r-\xi)^{\frac{1}{3}})$$

$$f_{y^2}(y,r,\xi)=-\frac{2}{3}x^{\frac{1}{3}}y^{-\frac{5}{3}}(r^{\frac{1}{3}}-(r-\xi)^{\frac{1}{3}}) \tag{③}$$

再考虑到 $\xi\leqslant h=o(R)$,得

$$x^{\frac{1}{3}}V^{-\frac{2}{3}}\xi\ll f_y(y,r,\xi)$$
$$\ll x^{\frac{1}{3}}V^{-\frac{2}{3}}\xi$$
$$x^{\frac{1}{3}}V^{-\frac{5}{3}}R\xi\ll -f_{y^2}(y,r,\xi)$$
$$\ll x^{\frac{1}{3}}V^{-\frac{5}{3}}R\xi \tag{④}$$

对式 ②,我们把 $\sum\limits_{1\leqslant\xi\leqslant h}$ 分成 $\log h\ll x^{\varepsilon}$ 个形如 $\sum\limits_{H<\xi\leqslant 2H}$ 的和,这里 $0<H\leqslant\frac{h}{2}$. 现在考虑和式

$$\sum_{H<\xi\leqslant 2H}\sum_{R+lh+\xi<r\leqslant R_l}\sum_{Y<y\leqslant\min(4Y,\frac{X}{r})}\mathrm{e}^{2\pi i f(y,r,\xi)}$$

对其中的内和应用第 2 节引理 2(取 $U=Y,A=x^{-\frac{1}{3}}V^{\frac{5}{3}}R^{-1}\xi^{-1}$)得

$$\sum_{Y<y\leqslant\min(4Y,\frac{X}{r})}\mathrm{e}^{2\pi i f(y,r,\xi)}$$
$$=\mathrm{e}^{-\frac{\pi i}{4}}\sum_{v_1(r,\xi)\leqslant v<v_2(r,\xi)}|f_{y^2}(y(v),r,\xi)|^{-\frac{1}{2}}\mathrm{e}^{2\pi i F(v,r,\xi)}+$$
$$O(x^{-\frac{1}{6}}V^{\frac{5}{6}}R^{-\frac{1}{2}}\xi^{-\frac{1}{2}}) \tag{⑤}$$

这里 $\upsilon=f_y(y,r,\xi)$，$y(\upsilon)$ 为其反函数

$$\begin{aligned}F(\upsilon,r,\xi)&=f(y(\upsilon),r,\xi)-\upsilon y(\upsilon)\\&=2x^{\frac{1}{2}}\upsilon^{-\frac{1}{2}}\{r^{\frac{1}{3}}-(r-\xi)^{\frac{1}{3}}\}^{\frac{3}{2}}\end{aligned}\qquad ⑥$$

$$\upsilon_1(r,\xi)=f_y(\min(4Y,\frac{X}{r}),r,\xi)$$

$$\upsilon_2(r,\xi)=f_y(Y,r,\xi)$$

由 ③ 容易知道，$\upsilon_1(r,\xi)$ 和 $\upsilon_2(r,\xi)$ 对 r 都是递减的，同时对 ξ 是递增的. 令 $\omega_i(\upsilon,\xi)(i=1,2)$ 是 $\upsilon=\upsilon_i(r,\xi)$ 关于 r 的反函数，显然 $\omega_i(\upsilon,\xi)$ 对 υ 递减而对 ξ 递增. 又令 $z_i(\upsilon,r)(i=1,2)$ 是 $\upsilon=\upsilon_i(r,\xi)$ 关于 ξ 的反函数，则有

$$\begin{aligned}&\sum_{H<\xi\leqslant 2H}\ \sum_{R+lh+\xi<r\leqslant R_l}\ \sum_{\upsilon_1(r,\xi)\leqslant\upsilon<\upsilon_2(r,\xi)}\\=&\sum_{\upsilon_1(R_l,H)\leqslant\upsilon\leqslant\upsilon_2(R+lh+H,2H)}\ \sum_{r_1<r\leqslant r_2}\ \sum_{H_1(r)<\xi\leqslant H_2(r)}\end{aligned}\qquad ⑦$$

这里 $r_1=r_1(\upsilon)=\max(R+lh+H,\omega_1(\upsilon,H))$，$r_2=r_2(\upsilon)=\min(R_l,\omega_2(\upsilon,2H))$，$H_1(r)=H_1(r,\upsilon)=\max(H,z_1(\upsilon,r))$，$H_2(r)=H_2(r,\upsilon)=\min(2H,z_2(\upsilon,r),r-(R+lh))$.

显然

$$R+lh\leqslant r_1,r_2\leqslant R+(l+1)h\qquad ⑧$$

由 ③④⑥⑦⑨，利用第 2 节引理 3，得

$$\begin{aligned}\Omega^2\ll& V^2h^{-1}+\max_{H,\upsilon}\Big\{x^{\frac{1}{3}}V^{\frac{1}{3}}Rh^{-2}H\cdot\\&\Big|\sum_{r_1<r\leqslant r_2}\ \sum_{H_1(r)<\xi\leqslant H_2(r)}|f_{y^2}(y(\upsilon),r,\xi)|^{-\frac{1}{2}}e^{2\pi iF(\upsilon,r,\xi)}\Big|\Big\}+\\&x^{-\frac{1}{6}}V^{\frac{11}{6}}R^{\frac{1}{2}}h^{-\frac{1}{2}}\\\ll& V^2h^{-1}+\max_{H,\upsilon}\{x^{\frac{1}{6}}V^{\frac{7}{6}}R^{\frac{1}{2}}h^{-2}H^{\frac{1}{2}}\,|S|\}+\\&x^{-\frac{1}{6}}V^{\frac{11}{6}}R^{\frac{1}{2}}h^{-\frac{1}{2}}\end{aligned}\qquad ⑨$$

其中

$$S=S(H,v)=\sum_{r_1<r\leqslant r_2}\ \sum_{H_1(r)<\xi\leqslant H_2(r)}e^{2\pi iF(v,r,\xi)} \qquad ⑩$$

应该说明的是：⑨ 的写法不甚严密，我们这样写仅仅是为了叙述简便. 严格说来，这里 $|S|$ 应换为 $\max\limits_{1\leqslant m\leqslant h,1\leqslant n\leqslant H}|S(H,v,m,n)|$，而

$$S(H,v,m,n)=\sum_{r_1<r\leqslant \min(r_2,R+lh+m)}\ \sum_{H_1(r)<\xi\leqslant \min(H_2(r),H+n)}e^{2\pi iF(v,r,\xi)}$$

不过，从我们估计 $S(H,v)$ 的方法看，对 $S(H,v)$ 能得到的估计，对 $S(H,v,m,n)$ 也同样能得到. 因此，如果把 S 理解为后面估计的结果，⑨ 就完全正确了. 对本章中其他用到引理 3 或分部求和的地方，也可做类似的说明.

现在来估计 S. 由于本节开始时的约定，我们可只考虑 $r_2>r_1$ 的情形. 我们不妨设

$$\frac{h}{3}\leqslant r_2-r_1\leqslant h \qquad ⑪$$

因为在相反的情形下，将有 $r_1>R+lh+\frac{h}{3}$ 或 $r_2<R+lh+\frac{2h}{3}$，于是我们可利用等式

$$r_2-r_1=(r_2-(R+lh))-(r_1-(R+lh))$$

或

$$r_2-r_1=(R+(l+1)h-r_1)-(R+(l+1)h-r_2)$$

将 $\sum\limits_{r_2<r\leqslant r_2}$ 分成对应的两个和式，这两个和式的求和区间都满足一个类似于 ⑪ 的不等式，从而可按下面的方法进行估值，而得到同样的结果. 类似的，我们不妨设

$$H\ll H_2(r)-H_1(r)\ll H \qquad ⑫$$

因为在相反的情形下，我们可利用等式 $H_2(r)-$

$H_1(r)=\{3H-H_1(r)\}-\{3H-H_2(r)\}$，将 $\sum\limits_{H_1(r)<\xi\leqslant H_2(r)}$ 分成对应的两个和式，再进行估值.

当 $H\leqslant V^{\frac{211}{549}}R^{-\frac{1}{3}}$ 时，取一般估计，得

$$S\ll hH\ll V^{\frac{211}{366}}R^{-\frac{1}{2}}hH^{-\frac{1}{2}} \tag{13}$$

下面假设 $H>V^{\frac{211}{549}}R^{-\frac{1}{3}}$，利用第2节引理4，取 $\rho=[V^{-\frac{43}{183}}R]$，得

$$S\ll hH\rho^{-\frac{1}{2}}+\left(hH\rho^{-1}\sum_{\mu=1}^{\rho-1}|S_\mu|\right)^{\frac{1}{2}} \tag{14}$$

这里

$$S_\mu=\sum_{r_1<r\leqslant r_2-\mu}\ \sum_{H_1(r)<\xi\leqslant H_2(r)}\mathrm{e}^{2\pi\mathrm{i}J(r,\xi)} \tag{15}$$

而

$$\begin{aligned}J(r,\xi)&=J(r,\xi,\upsilon,\mu)\\&=F(\upsilon,r+\mu,\xi)-F(\upsilon,r,\xi)\\&=\int_0^1\mu F_r(\upsilon,r+\mu t,\xi)\mathrm{d}t\end{aligned} \tag{16}$$

其中记号 $F_r(\upsilon,r+\mu t,\xi)$ 表示函数 $F(\upsilon,r,\xi)$ 对变量 r 的偏导数在点 $(\upsilon,r+\mu t,\xi)$ 的值，以下类此.

为了后面的应用，先计算一些导数. 由 ⑥，因为 $\xi=o(r)$，可用泰勒展开式，得

$$\begin{aligned}F(\upsilon,r,\xi)&=2x^{\frac{1}{2}}\upsilon^{-\frac{1}{2}}r^{\frac{1}{2}}\left\{1-\left(1-\frac{\xi}{r}\right)^{\frac{1}{3}}\right\}^{\frac{3}{2}}\\&=2\cdot3^{-\frac{3}{2}}x^{\frac{1}{2}}\upsilon^{-\frac{1}{2}}r^{-1}\xi^{\frac{3}{2}}\left\{1-\frac{1}{2}\cdot\frac{\xi}{r}+\cdots\right\}\end{aligned} \tag{17}$$

逐项微分，并记 $B=2\cdot3^{-\frac{3}{2}}x^{\frac{1}{2}}\upsilon^{-\frac{1}{2}}$，得

$$F_r(\upsilon,r,\xi)=-Br^{-2}\xi^{\frac{3}{2}}\{1+o(1)\}$$

$$F_\xi(\upsilon,r,\xi)=\frac{3}{2}Br^{-1}\xi^{\frac{1}{2}}\{1+o(1)\}$$

$$F_{r^2}(\upsilon,r,\xi)=2Br^{-3}\xi^{\frac{3}{2}}\{1+o(1)\}$$

$$F_{r\xi}(\upsilon,r,\xi)=-\frac{3}{2}Br^{-2}\xi^{\frac{1}{2}}\{1+o(1)\}$$

$$F_{\xi^2}(\upsilon,r,\xi)=\frac{3}{4}Br^{-1}\xi^{-\frac{1}{2}}\{1+o(1)\}$$

$$F_{r^3}(\upsilon,r,\xi)=-6Br^{-4}\xi^{\frac{3}{2}}\{1+o(1)\}$$

$$F_{r^2\xi}(\upsilon,r,\xi)=3Br^{-3}\xi^{\frac{1}{2}}\{1+o(1)\}$$

$$F_{r\xi^2}(\upsilon,r,\xi)=-\frac{3}{4}Br^{-2}\xi^{-\frac{1}{2}}\{1+o(1)\}$$

$$F_{r^4}(\upsilon,r,\xi)=24Br^{-5}\xi^{\frac{3}{2}}\{1+o(1)\}$$

$$F_{r^3\xi}(\upsilon,r,\xi)=-9Br^{-4}\xi^{\frac{1}{2}}\{1+o(1)\}$$

$$F_{r^2\xi^2}(\upsilon,r,\xi)=\frac{3}{2}Br^{-3}\xi^{-\frac{1}{2}}\{1+o(1)\}$$

$$F_{r\xi^3}(\upsilon,r,\xi)=\frac{3}{8}Br^{-2}\xi^{-\frac{3}{2}}\{1+o(1)\}$$

$$F_{r^5}(\upsilon,r,\xi)=-120Br^{-6}\xi^{\frac{3}{2}}\{1+o(1)\}$$

$$F_{r^4\xi}(\upsilon,r,\xi)=36Br^{-5}\xi^{\frac{1}{2}}\{1+o(1)\}$$

$$F_{r^3\xi^2}(\upsilon,r,\xi)=-\frac{9}{2}Br^{-4}\xi^{-\frac{1}{2}}\{1+o(1)\}$$

$$F_{r^2\xi^3}(\upsilon,r,\xi)=-\frac{3}{4}Br^{-3}\xi^{-\frac{3}{2}}\{1+o(1)\} \tag{18}$$

于是有

$$x^{\frac{1}{3}}V^{\frac{1}{3}}R^{-3}\xi \ll F_{r^2}(\upsilon,r,\xi) \ll x^{\frac{1}{3}}V^{\frac{1}{3}}R^{-3}\xi$$

$$x^{\frac{1}{3}}V^{\frac{1}{3}}R^{-4}\xi \ll -F_{r^3}(\upsilon,r,\xi) \ll x^{\frac{1}{3}}V^{\frac{1}{3}}R^{-4}\xi \tag{19}$$

由 ⑯,通过积分号下微分,有

$$J_{r^i\xi^j}(r,\xi)=\mu F_{r^{i+1}\xi^j}(\upsilon,r,\xi)\{1+o(1)\},i,j=0,1,2,\cdots \tag{20}$$

于是

$$x^{\frac{1}{3}}V^{\frac{1}{3}}R^{-4}H\mu \ll -J_{r^2}(r,\xi) \ll x^{\frac{1}{3}}V^{\frac{1}{3}}R^{-4}H\mu$$

$$x^{\frac{1}{3}}V^{\frac{1}{3}}R^{-2}H^{-1}\mu \ll -J_{\xi^2}(r,\xi) \ll x^{\frac{1}{3}}V^{\frac{1}{3}}R^{-2}H^{-1}\mu \quad ㉑$$

现在来估计 S_μ. 分两种情形讨论：

(1) 当 $H \geqslant x^{\frac{1}{3}}V^{\frac{1}{3}}R^{-2}\mu$ 时，利用引理 2(取 $U=H$，$A=x^{-\frac{1}{3}}V^{-\frac{1}{3}}R^{2}H\mu^{-1}$)，有

$$\sum_{H_1(r)<\xi\leqslant H_2(r)} e^{2\pi i J(r,\xi)}$$
$$=e^{-\frac{\pi i}{4}}\sum_{\eta_2(r)\leqslant\eta<\eta_1(r)} \mid J_{\xi^2}(r,\xi(\eta,r))\mid^{-\frac{1}{2}} e^{2\pi i G(r,\eta)} +$$
$$O(x^{-\frac{1}{6}}V^{-\frac{1}{6}}RH^{\frac{1}{2}}\mu^{-\frac{1}{2}}) \quad ㉒$$

这里 $\eta=J_\xi(r,\xi)$，$\xi(\eta,r)$ 为其关于 ξ 的反函数

$$G(r,\eta)=J(r,\xi(\eta,r))-\eta\xi(\eta,r) \quad ㉓$$

$$\eta_i(r)=J_\xi(r,H_i(r)),i=1,2 \quad ㉔$$

由 ㉒ 有

$$x^{\frac{1}{3}}V^{\frac{1}{3}}R^{-2}\mu \ll -\eta \ll x^{\frac{1}{3}}V^{\frac{1}{3}}R^{-2}\mu \quad ㉕$$

显然，$\eta_i(r)$ 对 r 是分段单调的. 将 ㉒ 代入 ⑮，得

$$S_\mu \ll \left|\sum_{r_1<r\leqslant r_2-\mu}\ \sum_{\eta_2(r)\leqslant\eta<\eta_1(r)} \mid J_{\xi^2}(r,\xi(\eta,r))\mid^{-\frac{1}{2}} e^{2\pi i G(r,\eta)}\right| +$$
$$x^{-\frac{1}{6}}V^{-\frac{1}{6}}RhH^{\frac{1}{2}}\mu^{-\frac{1}{2}} \quad ㉖$$

先计算一些导数，由 ㉓ 得

$$G_r(r,\eta)=J_r(r,\xi(\eta,r))+\{J_\xi(r,\xi(\eta,r))-\eta\}\frac{\partial\xi(\eta,r)}{\partial r}$$
$$=J_r(r,\xi(\eta,r))$$

$$G_\eta(r,\eta)=\{J_\xi(r,\xi(\eta,r))-\eta\}\frac{\partial\xi(\eta,r)}{\partial\eta}-\xi(\eta,r)$$
$$=-\xi(\eta,r)$$

$$G_{r^2}(r,\eta)=J_{r^2}(r,\xi(\eta,r))-\frac{\{J_{r\xi}(r,\xi(\eta,r))\}^2}{J_{\xi^2}(r,\xi(\eta,r))}$$
$$=6Br^{-4}\xi^{\frac{3}{2}}\mu\{1+o(1)\}$$

$$G_{r\eta}(r,\eta)=\frac{J_{r\xi}(r,\xi(\eta,r))}{J_{\xi^2}(r,\xi(\eta,r))}=-4r^{-1}\xi\{1+o(1)\}$$

$$G_{\eta^2}(r,\eta)=-\frac{1}{J_{\xi^2}}(r,\xi(\eta,r))$$

$$\begin{aligned}G_{r^3}(r,\eta)&=J_{r^3}-3J_{r^2\xi}(J_{\xi^2})^{-1}+3(J_{r\xi})^2J_{r\xi^2}(J_{\xi^2})^{-2}-\\&\quad(J_{r\xi})^3J_{\xi^3}(J_{\xi^2})^{-3}\\&=12Br^{-5}\xi^{\frac{3}{2}}\mu\{1+o(1)\}\end{aligned}$$

$$\begin{aligned}G_{r^2\eta}(r,\eta)&=\{J_{r^2\xi}(J_{\xi^2})^2-2J_{r\xi^2}J_{r\xi}J_{\xi^2}+J_{\xi^3}(J_{r\xi})^2\}(J_{\xi^2})^{-3}\\&=-12r^{-2}\xi\{1+o(1)\}\end{aligned}$$

$$\begin{aligned}G_{r\eta^2}(r,\eta)&=\{J_{r\xi^2}J_{\xi^2}-J_{\xi^3}J_{r\xi}\}(J_{\xi^2})^{-3}\\&=\frac{16}{3}B^{-1}r\xi^{\frac{1}{2}}\mu^{-1}\{1+o(1)\}\end{aligned}$$

$$\begin{aligned}G_{r^4}(r,\eta)&=J_{r^4}-3J_{r^3\xi}J_{r\xi}(J_{\xi^2})^{-1}-3(J_{r^2\xi})^2(J_{\xi^2})^{-1}+\\&\quad 9J_{r\xi}\cdot J_{r^2\xi}(J_{\xi^2})^{-2}+3(J_{r\xi})^2\cdot J_{r^2\xi^2}(J_{\xi^2})^{-2}-\\&\quad 6(J_{r\xi})^2(J_{r\xi^2})^2(J_{\xi^2})^{-3}-3(J_{r\xi})^2J_{r^2\xi}J_{\xi^3}(J_{\xi^2})^{-3}-\\&\quad(J_{r\xi})^3J_{r\xi^3}(J_{\xi^2})^{-3}+3(J_{r\xi})^3J_{\xi^3}J_{r\xi^2}(J_{\xi^2})^{-4}\\&=-60Br^{-6}\xi^{\frac{3}{2}}\mu\{1+o(1)\}\end{aligned}\qquad ㉗$$

现在来估计

$$S_1(\mu)=\sum_{r_1<r\leqslant r_2}\ \sum_{\eta_2(r)\leqslant\eta<\eta_1(r)}e^{2\pi iG(r,\eta)}\qquad ㉘$$

利用第 2 节引理 4，取 $\rho_1=[V^{\frac{13}{183}}\mu]$，由 ⑧，㉕ 得

$$S_1(\mu)\ll hx^{\frac{1}{3}}V^{\frac{1}{3}}R^{-2}\mu\rho_1^{-\frac{1}{2}}+\Big(hx^{\frac{1}{3}}V^{\frac{1}{3}}R^{-2}\mu\rho_1^{-1}\sum_{\mu_1=1}^{\rho_1-1}|S_{\mu_1}|\Big)^{\frac{1}{2}}\qquad ㉙$$

这里

$$S_{\mu_1}=\sum_{r_1<r\leqslant r_2-\mu-\mu_1}\ \sum_{\eta_2(r)\leqslant\eta<\eta_1(r)}e^{2\pi iI(r,\eta)}\qquad ㉚$$

$$I(r,\eta)=G(r+\mu_1,\eta)-G(r,\eta)=\int_0^1\mu_1G_r(r+\mu_1t,\eta)\mathrm{d}t$$

由此通过积分号下微分得

$$I_\eta(r,\eta)=-4r^{-1}\xi\mu_1\{1+o(1)\}$$

$$I_{r^2}(r,\eta)=12Br^{-5}\xi^{\frac{3}{2}}\mu\mu_1\{1+o(1)\}$$

$$I_{r\eta}(r,\eta)=-12r^{-2}\xi\mu_1\{1+o(1)\}$$

$$I_{\eta^2}(r,\eta)=\frac{16}{3}B^{-1}r\xi^{\frac{1}{2}}\mu^{-1}\mu_1\{1+o(1)\} \tag{32}$$

故

$$x^{-\frac{1}{3}}V^{-\frac{1}{3}}RH\mu^{-1}\mu_1 \ll I_{\eta_2} \ll x^{-\frac{1}{3}}V^{-\frac{1}{3}}RH\mu^{-1}\mu_1 \tag{33}$$

对 ㉚ 的内和利用第2节引理2(取 $U=x^{\frac{1}{3}}V^{\frac{1}{3}}R^{-2}\mu, A=x^{\frac{1}{3}}V^{\frac{1}{3}}R^{-1}H^{-1}\mu\mu_1^{-1}$) 得

$$\begin{aligned}&\sum_{\eta_2(r)\leqslant\eta<\eta_1(r)}\mathrm{e}^{2\pi\mathrm{i}I(r,\eta)}\\&=\mathrm{e}^{\frac{\pi\mathrm{i}}{4}}\sum_{\zeta_2(r)\leqslant\zeta<\zeta_1(r)}\{I_{\eta^2}(r,\eta(\zeta,r))\}^{-\frac{1}{3}}\mathrm{e}^{2\pi\mathrm{i}E(r,\zeta)}+\\&\quad O(x^{\frac{1}{6}}V^{\frac{1}{6}}R^{-\frac{1}{2}}H^{-\frac{1}{2}}\mu^{\frac{1}{2}}\mu_1^{-\frac{1}{2}})\end{aligned} \tag{34}$$

这里 $\zeta=I_\eta(r,\eta),\eta(\zeta,r)$ 为其关于 η 的反函数

$$E(r,\zeta)=I(r,\eta(\zeta,r))-\zeta\cdot\eta(\zeta,r) \tag{35}$$

$$\zeta_i(r)=I_\eta(r,\eta_i(r)),i=1,2 \tag{36}$$

不难看出,$\zeta_i(r),i=1,2$ 对 r 是分段单调的.由 ㉚,㉞,并交换求和次序,得

$$\begin{aligned}S_{\mu_1}\ll&\sum_{\zeta_2\leqslant\zeta<\zeta_1}\left|\sum_{r_1<r\leqslant r_2}{}'\,|I_{\eta^2}(r,\eta(\zeta,r))|^{-\frac{1}{2}}\mathrm{e}^{2\pi\mathrm{i}E(r,\zeta)}\right|+\\&x^{\frac{1}{6}}V^{\frac{1}{6}}R^{-\frac{1}{2}}hH^{-\frac{1}{2}}\mu^{\frac{1}{2}}\mu_1^{-\frac{1}{2}}\end{aligned} \tag{37}$$

这里 $\sum\limits_{r_1<r\leqslant r_2}{}'$ 表示在$(r_1,r_2]$的若干(有限个)子区间上求和.(以后用类似的记号时不再说明)又由 ㊱ 知

$$\zeta_1-\zeta_2\ll R^{-1}H\mu_1\leqslant V^{-\frac{30}{183}}H \tag{38}$$

由 ㉟ 微分得

$$E_r(r,\zeta)=I_r(r,\eta(\zeta,r))$$

$$E_{r^2}(r,\zeta)=I_{r^2}(r,\eta(\zeta,r))-\frac{\{I_{r\eta}(r,\eta(\zeta,r))\}^2}{I_{\eta^2}(r,\eta(\zeta,r))}$$
$$=-15Br^{-5}\{\xi(\eta(\zeta,r),r)\}^{\frac{3}{2}}\mu\mu_1\{1+o(1)\}$$
㊴

故

$$x^{\frac{1}{3}}V^{\frac{1}{3}}R^{-5}H\mu\mu_1\ll -E_{r^2}(r,\zeta)\ll x^{\frac{1}{3}}V^{\frac{1}{3}}R^{-5}H\mu\mu_1 \quad ㊵$$

对 ㊲ 应用第 2 节引理 1($k=2$),注意 ㉝,㊳,得

$$S_{\mu_1}\ll x^{\frac{1}{3}}V^{\frac{1}{3}-\frac{30}{183}}R^{-3}hH\mu+V^{-\frac{30}{183}}R^2\mu_1^{-1}+$$
$$x^{\frac{1}{6}}V^{\frac{1}{6}}R^{-\frac{1}{2}}hH^{-\frac{1}{2}}\mu^{\frac{1}{2}}\mu_1^{-\frac{1}{2}}$$

将上式代入 ㉙,注意 ρ_1 的取值,有

$$S_1(\mu)\ll x^{\frac{1}{3}}V^{\frac{1}{3}-\frac{13}{366}}R^{-2}h\mu^{\frac{1}{2}}+x^{\frac{1}{3}}V^{\frac{1}{3}-\frac{15}{183}}R^{-\frac{5}{2}}hH^{\frac{1}{2}}\mu+$$
$$x^{\frac{1}{6}}V^{\frac{1}{6}-\frac{43}{366}}h^{\frac{1}{2}}+x^{\frac{1}{4}}V^{\frac{1}{4}-\frac{13}{732}}R^{-\frac{5}{4}}hH^{-\frac{1}{4}}\mu^{\frac{1}{2}}$$

再由 ㉖㉘ 及第 2 节引理 3 得

$$S_\mu\ll x^{\frac{1}{6}}V^{\frac{1}{6}-\frac{13}{366}}R^{-1}h^{\frac{3}{2}}+x^{\frac{1}{6}}V^{\frac{1}{6}-\frac{15}{183}}R^{-\frac{3}{2}}h^2\mu^{\frac{1}{2}}+$$
$$V^{-\frac{43}{366}}Rh\mu^{-\frac{1}{2}}+x^{\frac{1}{12}}V^{\frac{1}{12}-\frac{13}{732}}R^{-\frac{1}{4}}h^{\frac{5}{4}}+$$
$$x^{-\frac{1}{6}}V^{-\frac{1}{6}}Rh^{\frac{3}{2}}\mu^{-\frac{1}{2}}$$

从而,由 ⑩⑬⑭ 得

$$S\ll h^2\rho^{-\frac{1}{2}}+x^{\frac{1}{12}}V^{\frac{1}{12}-\frac{13}{732}}R^{-\frac{1}{2}}h^{\frac{7}{4}}+x^{\frac{1}{12}}V^{\frac{1}{12}-\frac{15}{366}}R^{-\frac{3}{4}}h^2\rho^{\frac{1}{4}}+$$
$$V^{-\frac{43}{732}}R^{\frac{1}{2}}h^{\frac{3}{2}}\rho^{-\frac{1}{4}}+x^{\frac{1}{24}}V^{\frac{1}{24}-\frac{13}{1\,464}}R^{-\frac{1}{8}}h^{\frac{13}{8}}+$$
$$x^{-\frac{1}{12}}V^{-\frac{1}{12}}R^{\frac{1}{2}}h^{\frac{7}{4}}\rho^{-\frac{1}{4}}+V^{\frac{211}{366}}R^{-\frac{1}{2}}hH^{-\frac{1}{2}} \quad ㊶$$

(2) 当 $H<x^{\frac{1}{3}}V^{\frac{1}{3}}R^{-2}\mu$ 时. 由 ⑮,并利用第 2 节引理 4,仍取 $\rho_1=[V^{\frac{13}{183}}\mu]$,得

$$S_\mu\ll hH\rho_1^{-\frac{1}{2}}+\left(hH\rho_1^{-1}\sum_{\mu_1=1}^{\rho_1-1}|S'_{\mu_1}|\right)^{\frac{1}{2}} \quad ㊷$$

这里

$$S'_{\mu_1}=\sum_{r_1<r\leqslant r_2-\mu-\mu_1}\sum_{H_1(r)<\xi\leqslant H_2(r)}e^{2\pi iK(r,\xi)} \tag{43}$$

而

$$K(r,\xi)=J(r+\mu_1,\xi)-J(r,\xi)=\int_0^1\mu_1J_r(r+\mu_1t,\xi)\mathrm{d}t \tag{44}$$

由此得

$$K_{\xi}(r,\xi)=3Br^{-3}\xi^{\frac{1}{2}}\mu\mu_1\{1+o(1)\}$$

$$K_{\xi^2}(r,\xi)=\frac{3}{2}Br^{-3}\xi^{-\frac{1}{2}}\mu\mu_1\{1+o(1)\} \tag{45}$$

故

$$x^{\frac{1}{3}}V^{\frac{1}{3}}R^{-3}H^{-1}\mu\mu_1\ll K_{\xi^2}(r,\xi)\ll x^{\frac{1}{3}}V^{\frac{1}{3}}R^{-3}H^{-1}\mu\mu_1 \tag{46}$$

对 ㊸ 的内和应用第 2 节引理 2(取 $U=H,A=x^{-\frac{1}{3}}V^{-\frac{1}{3}}R^3H\mu^{-1}\mu_1^{-1}$) 得

$$\begin{aligned}&\sum_{H_1(r)<\xi\leqslant H_2(r)}e^{2\pi iK(r,\xi)}\\&=e^{\frac{\pi i}{4}}\sum_{\lambda_1(r)<\lambda\leqslant\lambda_2(r)}\{K_{\xi^2}(r,\xi(\lambda,r))\}^{-\frac{1}{2}}e^{2\pi iD(r,\lambda)}+\\&\quad O(x^{-\frac{1}{6}}V^{-\frac{1}{6}}R^{\frac{3}{2}}H^{\frac{1}{2}}\mu^{-\frac{1}{2}}\mu_1^{-\frac{1}{2}})\end{aligned} \tag{47}$$

这里 $\lambda=K_{\xi}(r,\xi)$,$\xi(\lambda,r)$ 为其关于 ξ 的反函数

$$D(r,\lambda)=K(r,\xi(\lambda,r))-\lambda\xi(\lambda,r) \tag{48}$$

$$\lambda_i(r)=K_{\xi}(r,H_i(r)),i=1,2 \tag{49}$$

显然,$\lambda_i(r)$ 是分段单调的. 由 ㊸㊼ 并交换求和次序,得

$$\begin{aligned}S'_{\mu_1}\ll&\sum_{\lambda_1<\lambda\leqslant\lambda_2}\Big|\sum_{r_1<r\leqslant r_2}{}'\ |K_{\xi^2}(r,\xi(\lambda,r))|^{-\frac{1}{2}}e^{2\pi iD(r,\lambda)}\Big|+\\&x^{-\frac{1}{6}}V^{-\frac{1}{6}}R^{\frac{3}{2}}hH^{\frac{1}{2}}\mu^{-\frac{1}{2}}\mu_1^{-\frac{1}{2}}\end{aligned} \tag{50}$$

由 ㊾,㊺ 知

$$\lambda_2 - \lambda_1 \ll x^{\frac{1}{3}} V^{\frac{1}{3}} R^{-3} \mu\mu_1 \leqslant x^{\frac{1}{3}} V^{-\frac{12}{183}} R^{-1}$$

由 ㊽㊹ 微分,得

$$D_{r^2}(r,\lambda) = K_{r^2}(r,\xi(\lambda,r)) - \frac{\{K_{r\xi}(r,\xi(\lambda,r))\}^2}{K_{\xi^2}(r,\xi(\lambda,r))}$$

$$= -30Br^{-5}\{\xi(\lambda,r)\}^{\frac{3}{2}} \mu\mu_1 \{1 + o(1)\}$$

故

$$x^{\frac{1}{3}} V^{\frac{1}{3}} R^{-5} H\mu\mu_1 \ll -D_{r^2}(r,\lambda) \ll x^{\frac{1}{3}} V^{\frac{1}{3}} R^{-5} H\mu\mu_1$$

利用第 2 节引理 1($k=2$),由 ㊿ 得

$$S'_{\mu_1} \ll x^{\frac{1}{3}} V^{-\frac{12}{183}} R^{-2} hH + V^{-\frac{73}{183}} R^3 \mu^{-1} \mu_1^{-1} +$$

$$x^{-\frac{1}{6}} V^{-\frac{1}{6}} R^{\frac{3}{2}} hH^{\frac{1}{2}} \mu^{-\frac{1}{2}} \mu_1^{-\frac{1}{2}}$$

代入 ㊷,考虑到 $H < x^{\frac{1}{3}} V^{\frac{1}{3}} R^{-2} \mu$ 或 $H^{\frac{1}{2}} < x^{\frac{1}{6}} V^{\frac{1}{6}} R^{-1} \mu^{\frac{1}{2}}$,有

$$S_\mu \ll x^{\frac{1}{6}} V^{\frac{1}{6}-\frac{13}{366}} R^{-1} h^{\frac{3}{2}} + x^{\frac{1}{6}} V^{-\frac{6}{183}} R^{-1} h^2 +$$

$$V^{-\frac{43}{183}} R^{\frac{3}{2}} h\mu^{-1} + x^{\frac{1}{12}} V^{\frac{1}{12}-\frac{13}{732}} R^{-\frac{1}{4}} h^{\frac{5}{4}}$$

由 ⑩⑬⑭ 知仍有 ㊶ 成立.

将 ㊶ 代入 ⑨,并注意 R,h,ρ 的取值,得

$$\Omega^2 \ll V^2 h^{-1} + x^{\frac{1}{6}} V^{\frac{7}{6}+\frac{43}{366}} h^{\frac{1}{2}} + x^{\frac{1}{4}} V^{\frac{5}{4}-\frac{13}{732}} h^{\frac{1}{4}} +$$

$$x^{\frac{1}{4}} V^{\frac{5}{4}-\frac{73}{732}} h^{\frac{1}{2}} + x^{\frac{1}{6}} V^{\frac{7}{6}} R^{\frac{3}{4}} +$$

$$x^{\frac{5}{24}} V^{\frac{29}{24}-\frac{13}{1\,464}} R^{\frac{3}{8}} h^{\frac{1}{8}} + x^{\frac{1}{12}} V^{\frac{13}{12}+\frac{43}{732}} R^{\frac{3}{4}} h^{\frac{1}{4}} +$$

$$x^{\frac{1}{6}} V^{1+\frac{136}{183}} h^{-1} + x^{-\frac{1}{6}} V^{\frac{11}{6}} R^{\frac{1}{2}} h^{-\frac{1}{2}} \ll x^{\frac{11}{47}} V^{\frac{4}{3}}$$

2. 当 $x^{\frac{33}{94}} \leqslant V < x^{\frac{118}{235}}$ 时,取 $h = x^{-\frac{11}{47}} V^{\frac{2}{3}}$,和前面一样,仍可得到 ⑨⑩. 对 ⑩ 作一般估计,得

$$\Omega^2 \ll V^2 h^{-1} + x^{\frac{1}{6}} V^{\frac{7}{6}} R^{\frac{1}{2}} h^{\frac{1}{2}} + x^{-\frac{1}{6}} V^{\frac{11}{6}} R^{\frac{1}{2}} h^{-\frac{1}{2}} \ll x^{\frac{11}{47}} V^{\frac{4}{3}}$$

4　$V \geqslant x^{\frac{33}{94}}, x^{\frac{38}{423}} V^{\frac{2}{9}} < R \leqslant V^{\frac{80}{183}}$ 的情形

1. 当 $x^{\frac{38}{423}} V^{\frac{2}{9}} < R \leqslant V^{\frac{155}{366}}$ 时，令 $h = x^{-\frac{3}{47}} V^{\frac{74}{183}}, \rho = [x^{-\frac{7}{47}} V^{-\frac{1}{183}} R]$，和第 3 节一样，我们有：

（1）当 $H \geqslant x^{\frac{1}{3}} V^{\frac{1}{3}} R^{-2} \mu$ 时，第 3 节 ① ～ ㉗ 诸式成立. 将第 3 节 ㉖ 变换求和次序，得

$$S_{\mu} \ll \sum_{\eta_2 \leqslant \eta < \eta_1} \left| \sum_{r_1 < r \leqslant r_2}{}' \mid J_{\xi^2}(r, \xi(\eta, r)) \mid^{-\frac{1}{2}} e^{2\pi i G(r, \eta)} \right| + x^{-\frac{1}{6}} V^{-\frac{1}{6}} R h H^{\frac{1}{2}} \mu^{-\frac{1}{2}} \qquad ①$$

由第 3 节 ㉗ 得

$$x^{\frac{1}{3}} V^{\frac{1}{3}} R^{-4} H \mu \ll G_{r^2}(r, \eta) \ll x^{\frac{1}{3}} V^{\frac{1}{3}} R^{-4} H \mu$$

利用第 2 节引理 2（取 $U = R, A = x^{-\frac{1}{3}} V^{-\frac{1}{3}} R^4 H^{-1} \mu^{-1}$）得

$$\sum_{r_1 < r \leqslant r_2}{}' e^{2\pi i G(r, \eta)} \ll \left| \sum_{t_1 < t \leqslant t_2}{}' \{G_{r^2}(r(t), \eta)\}^{-\frac{1}{2}} e^{2\pi i E_1(t)} \right| + x^{-\frac{1}{6}} V^{-\frac{1}{6}} R^2 H^{-\frac{1}{2}} \mu^{-\frac{1}{2}} \qquad ②$$

这里 $t = G_r(r, \eta), r(t)$ 为其关于 r 的反函数

$$E_1(t) = G(r(t), \eta) - t \cdot r(t) \qquad ③$$

$$\begin{aligned} t_2 - t_1 &= G_r(r_2, \eta) - G_r(r_1, \eta) \\ &= \int_{r_1}^{r_2} G_{r^2}(r, \eta) \mathrm{d}r \\ &\ll h \cdot x^{\frac{1}{3}} V^{\frac{1}{3}} R^{-4} H \mu \\ &\leqslant x^{\frac{1}{3}} V^{\frac{1}{3}} R^{-4} h H \rho \end{aligned}$$

对 ③ 微分，有

$$E_1^{(4)}(t) = \frac{\{G_{r^4}(r(t), \eta) \cdot G_{r^2}(r(t), \eta) - 3(G_{r^3}(r(t), \eta))^2\}}{\{G_{r^2}(r(t), \eta)\}^5}$$

故

$$x^{-1}V^{-1}R^{10}H^{-3}\mu^{-3} \ll -E_1^{(4)}(t) \ll x^{-1}V^{-1}R^{10}H^{-3}\mu^{-3}$$

利用第 2 节引理 1($k=4$),得

$$\sum_{t_1<t\leqslant t_2}{}' \mathrm{e}^{2\pi \mathrm{i} E_1(t)} \ll x^{\frac{11}{42}}V^{\frac{11}{42}}R^{-\frac{23}{7}}hH^{\frac{11}{14}}\mu^{-\frac{3}{14}}\rho + x^{\frac{9}{28}}V^{\frac{9}{28}}R^{-\frac{26}{7}}h^{\frac{3}{4}}H^{\frac{27}{28}}\mu^{\frac{3}{14}}\rho^{\frac{3}{4}}$$

再由 ①②,利用分部求和法,得

$$S_\mu \ll x^{\frac{11}{42}}V^{\frac{11}{42}}R^{-\frac{16}{7}}hH^{\frac{11}{14}}\mu^{-\frac{3}{14}}\rho + x^{\frac{9}{28}}V^{\frac{9}{28}}R^{-\frac{19}{7}}h^{\frac{3}{4}}H^{\frac{27}{28}}\mu^{\frac{3}{14}}\rho^{\frac{3}{4}} + R + x^{-\frac{1}{6}}V^{-\frac{1}{6}}RhH^{\frac{1}{2}}\mu^{-\frac{1}{2}} \qquad ④$$

(2) 当 $H < x^{\frac{1}{3}}V^{\frac{1}{3}}R^{-2}\mu$ 时,由第 3 节 ⑮ 交换求和次序,得

$$S_\mu \ll \sum_{H<\xi\leqslant 2H}\left|\sum_{r_1<r\leqslant r_2}{}' \mathrm{e}^{2\pi \mathrm{i} J(r,\xi)}\right| \qquad ⑤$$

利用第2节引理2(取$U=R, A=x^{-\frac{1}{3}}V^{-\frac{1}{3}}R^4H^{-1}\mu^{-1}$)得

$$\sum_{r_1<r\leqslant r_2}{}' \mathrm{e}^{2\pi \mathrm{i} J(r,\xi)} \ll \left|\sum_{\tau_1<\tau\leqslant\tau_2}{}' \left|J_{r^2}(r(\tau),\eta)\right|^{-\frac{1}{2}} \mathrm{e}^{2\pi \mathrm{i} E_2(\tau)}\right| + x^{-\frac{1}{6}}V^{-\frac{1}{6}}R^2H^{-\frac{1}{2}}\mu^{-\frac{1}{2}} \qquad ⑥$$

这里 $\tau = J_r(r,\xi)$,$r(\tau)$ 为其关于 r 的反函数

$$E_2(\tau) = J(r(\tau),\xi) - \tau \cdot r(\tau)$$

$$\begin{aligned}\tau_2 - \tau_1 &= J_r(r_1,\xi) - J_r(r_2,\xi) \\ &= -\int_{r_1}^{r_2} J_{r^2}(r,\xi)\,\mathrm{d}r \\ &\ll h \cdot x^{\frac{1}{3}}V^{\frac{1}{3}}R^{-4}H\mu \\ &\leqslant x^{\frac{1}{3}}V^{\frac{1}{3}}R^{-4}hH\rho\end{aligned}$$

又对 $E_2(\tau)$ 微分,有

$$E_2^{(4)}(\tau) = \frac{\{J_{r^4}(r(\tau),\xi) - J_{r^2}(r(\tau),\xi) - 3(J_{r^3}(r(\tau),\xi))^2\}}{\{J_{r^2}(r(\tau),\xi)\}^5}$$

故

$$x^{-1}V^{-1}R^{10}H^{-3}\mu^{-3} \ll E_2^{(4)}(\tau) \ll x^{-1}V^{-1}R^{10}H^{-3}\mu^{-3}$$

利用第 2 节引理 1($k=4$),得

$$\sum_{\tau_1<\tau\leqslant\tau_2}{}' \mathrm{e}^{2\pi \mathrm{i}E_2(\tau)} \ll x^{\frac{11}{42}}V^{\frac{11}{42}}R^{-\frac{23}{7}}hH^{\frac{11}{14}}\mu^{-\frac{3}{14}}\rho + x^{\frac{9}{28}}V^{\frac{9}{28}}R^{-\frac{26}{7}}h^{\frac{3}{4}}H^{\frac{27}{28}}\mu^{\frac{3}{14}}\rho^{\frac{3}{4}}$$

再由 ⑤⑥,利用分部求和法知仍有 ④ 成立.

综合(1)(2),由第 3 节 ⑩⑬⑭ 以及本节 ④ 得

$$S \ll h^2\rho^{-\frac{1}{2}} + x^{\frac{11}{84}}V^{\frac{11}{84}}R^{-\frac{8}{7}}h^{\frac{53}{28}}\rho^{\frac{11}{28}} + x^{\frac{9}{56}}V^{\frac{9}{56}}R^{-\frac{19}{14}}h^{\frac{13}{7}}\rho^{\frac{27}{56}} + R^{\frac{1}{2}}h + x^{-\frac{1}{12}}V^{-\frac{1}{12}}R^{\frac{1}{2}}h^{\frac{7}{4}}\rho^{-\frac{1}{4}} + V^{\frac{211}{366}}R^{-\frac{1}{2}}hH^{-\frac{1}{2}} \quad ⑦$$

将上式代入第 3 节 ⑨,并注意 R,h,ρ 的取值,得

$$\Omega^2 \ll V^2h^{-1} + x^{\frac{1}{6}}V^{\frac{7}{6}}R^{\frac{1}{2}}h^{\frac{1}{2}}\rho^{-\frac{1}{2}} + x^{\frac{25}{84}}V^{1+\frac{25}{84}}R^{-\frac{9}{14}}h^{\frac{11}{28}}\rho^{\frac{11}{28}} + x^{\frac{55}{168}}V^{1+\frac{55}{168}}R^{-\frac{6}{7}}h^{\frac{5}{14}}\rho^{\frac{27}{56}} + x^{\frac{1}{6}}V^{\frac{7}{6}}Rh^{-\frac{1}{2}} + x^{\frac{1}{12}}V^{\frac{13}{12}}Rh^{\frac{1}{4}}\rho^{-\frac{1}{4}} + x^{\frac{1}{6}}V^{1+\frac{136}{183}}h^{-1} + x^{-\frac{1}{6}}V^{\frac{11}{6}}R^{\frac{1}{2}}h^{-\frac{1}{2}}$$

$$\ll x^{\frac{11}{47}}V^{\frac{4}{3}} \quad ⑧$$

2. 当 $\max(V^{\frac{155}{366}}, x^{\frac{38}{423}}V^{\frac{2}{9}}) < R \leqslant V^{\frac{79}{183}}$ 时,令 $h = x^{-\frac{3}{47}}V^{\frac{77}{183}}$,$\rho = [x^{-\frac{7}{47}}V^{\frac{4}{183}}R]$. 仿照前面,再考虑到 R,h,ρ 的取值,仍有 ⑧ 成立.

3. 当 $V^{\frac{79}{183}} < R \leqslant V^{\frac{80}{183}}$ 时,令 $h = x^{-\frac{3}{47}}V^{\frac{79}{183}}$,$\rho = [x^{-\frac{7}{47}}V^{\frac{4}{183}}R]$.

(1) 当 $H \geqslant x^{\frac{1}{3}}V^{\frac{1}{3}}R^{-2}\mu$ 时,对 ① 的内和应用第 2 节引理 1($k=2$) 得

$$S_\mu \ll x^{\frac{1}{3}}V^{\frac{1}{3}}R^{-3}hH\mu + R + x^{-\frac{1}{6}}V^{-\frac{1}{6}}RhH^{\frac{1}{2}}\mu^{-\frac{1}{2}} \quad ⑨$$

(2) 当 $H < x^{\frac{1}{3}}V^{\frac{1}{3}}R^{-2}\mu$ 时,对 ⑤ 应用第 2 节引理 1($k=2$) 得

$$S_\mu \ll H(hx^{\frac{1}{6}}V^{\frac{1}{6}}R^{-2}H^{\frac{1}{2}}\mu^{\frac{1}{2}} + x^{-\frac{1}{6}}V^{-\frac{1}{6}}R^2H^{-\frac{1}{2}}\mu^{-\frac{1}{2}})$$

因为 $H^{\frac{1}{2}} \leqslant x^{\frac{1}{6}}V^{\frac{1}{6}}R^{-1}\mu^{\frac{1}{2}}$,故仍有 ⑨ 成立.

综合(1)(2),由第 3 节 ⑨⑬⑭ 及本节 ⑨ 得

$$\Omega^2 \ll V^2h^{-1} + x^{\frac{1}{6}}V^{\frac{7}{6}}R^{\frac{1}{2}}h^{\frac{1}{2}}\rho^{-\frac{1}{2}} + x^{\frac{1}{3}}V^{\frac{4}{3}}R^{-1}h^{\frac{1}{2}}\rho^{\frac{1}{2}} + x^{\frac{1}{6}}V^{\frac{7}{6}}Rh^{-\frac{1}{2}} + x^{\frac{1}{12}}V^{\frac{13}{12}}Rh^{\frac{1}{4}}\rho^{-\frac{1}{4}} + x^{\frac{1}{6}}V^{1+\frac{136}{183}}h^{-1} + x^{-\frac{1}{6}}V^{\frac{11}{6}}R^{\frac{1}{2}}h^{-\frac{1}{2}}$$

$$\ll x^{\frac{11}{47}}V^{\frac{4}{3}}$$

5 $V \geqslant x^{\frac{33}{94}}, V^{\frac{80}{183}} < R \leqslant x^{\frac{14}{141}}V^{\frac{1}{3}}$ 的情形

1. 当 $V^{\frac{80}{183}} < R \leqslant V^{\frac{84}{183}}$ 时，令 $h = x^{-\frac{28}{141}}V^{\frac{112}{183}}$，我们有第 3 节 ①～⑤ 诸式成立. 由第 3 节 ⑤ 变换求和次序，有

$$\sum_{1\leqslant\xi\leqslant h}\sum_{R+lh+\xi<r\leqslant R_l}\sum_{Y<y\leqslant\min(4Y,\frac{X}{r})}e^{2\pi if(y,r,\xi)}$$

$$\ll \sum_{1\leqslant\xi\leqslant h}\sum_{\upsilon_1(R_l,\xi)<\upsilon\leqslant\upsilon_2(R+lh+\xi,\xi)}\left|\sum_{r_1<r\leqslant r_2}\frac{e^{2\pi iF(\upsilon,r,\xi)}}{\sqrt{f_{y^2}(y(\upsilon),r,\xi)}}\right| + x^{-\frac{1}{6}}V^{\frac{5}{6}}R^{-\frac{1}{2}}h^{\frac{3}{2}} \qquad ①$$

这里 $r_1 = \max\{R + lh + \xi, \omega_1(\upsilon,\xi)\}, r_2 = \min\{R_l, \omega_2(\upsilon,\xi)\}$. 我们先来估计 $\sum\limits_{r_1<r\leqslant r_2}e^{2\pi iF(\upsilon,r,\xi)}$，当 $\xi \leqslant x^{-\frac{19}{141}}V^{\frac{87}{183}}$ 时，利用第 2 节引理 1($k=1$) 得

$$\sum_{r_1<r\leqslant r_2}e^{2\pi iF(\upsilon,r,\xi)} \ll h\cdot x^{\frac{1}{6}}V^{\frac{1}{6}}R^{-\frac{3}{2}}\xi^{\frac{1}{2}} + x^{-\frac{1}{6}}V^{-\frac{1}{6}}R^{\frac{3}{2}}\xi^{-\frac{1}{2}} \qquad ②$$

从而有

$$\sum_{1\leqslant\xi\leqslant x^{-\frac{19}{141}}V^{\frac{87}{183}}}\sum_{\upsilon_1(R_l,\xi)<\upsilon\leqslant\upsilon_2(R+lh+\xi,\xi)}\left|\sum_{r_1<r\leqslant r_2}\frac{e^{2\pi iF(\upsilon,r,\xi)}}{\sqrt{f_{y^2}(y(\upsilon),r,\xi)}}\right|$$

$$\ll x^{\frac{3}{47}}V^{\frac{235}{183}}R^{-2}h + x^{-\frac{19}{141}}V^{\frac{87}{183}}R \qquad ③$$

当 $\xi > x^{-\frac{19}{141}}V^{\frac{87}{183}}$ 时，利用第 2 节引理 2（取 $U=R, A=x^{-\frac{1}{3}}V^{-\frac{1}{3}}R^3\xi^{-1}$）有

$$\sum_{r_1<r\leqslant r_2} e^{2\pi i F(\upsilon,r,\xi)}$$

$$\ll \left|\sum_{s_1<s<s_2} |F_{r^2}(\upsilon,r(s),\xi)|^{-\frac{1}{2}} e^{2\pi i L(s)}\right| + x^{-\frac{1}{6}}V^{-\frac{1}{6}}R^{\frac{3}{2}}\xi^{-\frac{1}{2}} \tag{4}$$

这里 $s=F_r(\upsilon,r,\xi)$，$r(s)$ 为其关于 r 的反函数

$$L(s)=F(\upsilon,r(s),\xi)-s\cdot r(s) \tag{5}$$

$$s_2-s_1=F_r(\upsilon,r_2,\xi)-F_r(\upsilon,r_1,\xi)=\int_{r_1}^{r_2}F_{r^2}(\upsilon,r,\xi)\mathrm{d}r$$

由第 3 节 ⑪ 及 ⑲ 得

$$h\cdot x^{\frac{1}{3}}V^{\frac{1}{3}}R^{-3}\xi \ll s_2-s_1 \ll h\cdot x^{\frac{1}{3}}V^{\frac{1}{3}}R^{-3}\xi \tag{6}$$

下面分两种情形讨论：

（1）当 $V^{\frac{80}{183}}<R\leqslant V^{\frac{82}{183}}$ 时，利用第 2 节引理 4 的特例，取 $\rho_2=[V^{\frac{8}{183}}]$，得

$$\sum_{s_1<s\leqslant s_2} e^{2\pi i L(s)}$$

$$\ll x^{\frac{1}{3}}V^{\frac{1}{3}}R^{-3}h\xi\rho_2^{-\frac{1}{2}} +$$

$$x^{\frac{1}{6}}V^{\frac{1}{6}}R^{-\frac{3}{2}}h^{\frac{1}{2}}\xi^{\frac{1}{2}}\rho_2^{-\frac{1}{2}}\left\{\sum_{\mu_2=1}^{\rho_2-1}\left|\sum_{s_1<s\leqslant s_2-\mu_2} e^{2\pi i M(s)}\right|\right\}^{\frac{1}{2}} \tag{7}$$

其中

$$M(s)=L(s+\mu_2)-L(s)=\int_0^1 \mu_2 L'(s+\mu_2 t)\mathrm{d}t$$

通过积分号下微分，得

$$M''(s)=\int_0^1 \mu_2 L'''(s+\mu_2 t)\mathrm{d}t$$

$$=\int_0^1 \mu_2 \frac{F_{r^3}}{(F_{r^2})^3}\mathrm{d}t$$

$$=-\frac{3}{4}B^{-2}\{r(s)\}^5\xi^{-3}\mu_2\{1+o(1)\}$$

$$M'''(s)=\int_0^1\mu_2L^{(4)}(s+\mu_2t)\mathrm{d}t$$

$$=\int_0^1\mu_2\frac{F_{r^4}\cdot F_{r^2}-3(F_{r^3})^2}{(F_{r^2})^5}\mathrm{d}t$$

$$=-\frac{15}{8}B^{-3}\{r(s)\}^7\xi^{-\frac{9}{2}}\mu_2\{1+o(1)\}$$

故

$$x^{-\frac{2}{3}}V^{-\frac{2}{3}}R^5\xi^{-2}\mu_2\ll -M''(s)\ll x^{-\frac{2}{3}}V^{-\frac{2}{3}}R^5\xi^{-2}\mu_2$$

$$x^{-1}V^{-1}R^7\xi^{-3}\mu_2\ll -M'''(s)\ll x^{-1}V^{-1}R^7\xi^{-3}\mu_2 \quad ⑧$$

1° 当 $x^{\frac{2}{3}}V^{\frac{2}{3}}R^{-5}\xi^2\mu_2^{-1}\geqslant 1$ 时,应用第 2 节引理 2(取 $U=x^{\frac{1}{3}}V^{\frac{1}{3}}R^{-2}\xi, A=x^{\frac{2}{3}}V^{\frac{2}{3}}R^{-5}\xi^2\mu_2^{-1}$) 得

$$\sum_{s_1<s\leqslant s_2}\mathrm{e}^{2\pi\mathrm{i}M(s)}\ll\left|\sum_{u_1\leqslant u<u_2}|M''(s(u))|^{-\frac{1}{2}}\mathrm{e}^{2\pi\mathrm{i}N(u)}\right|+ x^{\frac{1}{3}}V^{\frac{1}{3}}R^{-\frac{5}{2}}\xi\mu_2^{-\frac{1}{2}} \quad ⑨$$

这里 $u=M'(s)$, $s(u)$ 为其反函数

$$N(u)=M(s(u))-u\cdot s(u) \quad ⑩$$

$$u_2-u_1=M'(s_1)-M'(s_2)$$

$$=\int_{s_2}^{s_1}M''(s)\mathrm{d}s$$

$$\ll x^{-\frac{1}{3}}V^{-\frac{1}{3}}R^2h\xi^{-1}\mu_2$$

对 ⑩ 微分,得

$$N'''(u)=\frac{M'''(s(u))}{\{M''(s(u))\}^3}$$

故

$$xVR^{-8}\xi^3\mu_2^{-2}\ll N'''(u)\ll xVR^{-8}\xi^3\mu_2^{-2}$$

应用第 2 节引理 1($k=3$) 及分部求和,由 ⑨ 得

$$\sum_{s_1<s\leqslant s_2}\mathrm{e}^{2\pi\mathrm{i}M(s)}\ll x^{\frac{1}{6}}V^{\frac{1}{6}}R^{-\frac{11}{6}}h\xi^{\frac{1}{2}}\mu_2^{\frac{1}{6}}+R^{-\frac{1}{6}}h^{\frac{1}{2}}\mu_2^{\frac{1}{3}}+$$

$$x^{\frac{1}{3}}V^{\frac{1}{3}}R^{-\frac{5}{2}}\xi\mu_2^{-\frac{1}{2}} \tag{11}$$

2° 当 $x^{\frac{2}{3}}V^{\frac{2}{3}}R^{-5}\xi^2\mu_2^{-1}<1$ 时，应用第 2 节引理 1 $(k=3)$ 得

$$\sum_{s_1<s\leqslant s_2}\mathrm{e}^{2\pi\mathrm{i}M(s)}\ll x^{\frac{1}{6}}V^{\frac{1}{6}}R^{-\frac{11}{6}}h\xi^{\frac{1}{2}}\mu_2^{\frac{1}{6}}+x^{\frac{1}{3}}V^{\frac{1}{3}}R^{-\frac{8}{3}}h^{\frac{1}{2}}\xi\mu_2^{-\frac{1}{6}}$$

考虑到当 $x^{\frac{2}{3}}V^{\frac{2}{3}}R^{-5}\xi^2\mu_2^{-1}<1$ 时，$x^{\frac{1}{3}}V^{\frac{1}{3}}R^{-\frac{8}{3}}h^{\frac{1}{2}}\xi\mu_2^{-\frac{1}{6}}\leqslant R^{-\frac{1}{6}}h^{\frac{1}{2}}\mu_2^{\frac{1}{3}}$，故仍有 ⑪ 成立.

综合 1°，2°，由 ④⑦⑪，用分部求和法知

$$\begin{aligned}\sum_{r_1<r\leqslant r_2}\mathrm{e}^{2\pi\mathrm{i}F(v,r,\xi)}\ll{}& x^{\frac{1}{6}}V^{\frac{1}{6}}R^{-\frac{3}{2}}h\xi^{\frac{1}{2}}\rho_2^{-\frac{1}{2}}+x^{\frac{1}{12}}V^{\frac{1}{12}}R^{-\frac{1}{12}}h\xi^{\frac{1}{4}}\rho_2^{\frac{1}{12}}+\\&R^{-\frac{1}{12}}h^{\frac{3}{4}}\rho_2^{\frac{1}{6}}+x^{\frac{1}{6}}V^{\frac{1}{6}}R^{-\frac{5}{4}}h^{\frac{1}{2}}\xi^{\frac{1}{2}}\rho_2^{-\frac{1}{4}}+\\&x^{-\frac{1}{6}}V^{-\frac{1}{6}}R^{\frac{3}{2}}\xi^{-\frac{1}{2}}\end{aligned}$$

再由第 3 节 ①②④ 及本节 ①③，用分部求和法知在情形(1) 时有

$$\begin{aligned}\Omega^2\ll{}& V^2h^{-1}+x^{\frac{1}{3}}V^{\frac{1}{3}}R^{-1}h\rho_2^{-\frac{1}{2}}+x^{\frac{1}{4}}V^{\frac{1}{4}}R^{-\frac{5}{12}}h^{\frac{3}{4}}\rho_2^{\frac{1}{12}}+\\&x^{\frac{1}{6}}V^{\frac{7}{6}}R^{\frac{5}{12}}h^{\frac{1}{4}}\rho_2^{\frac{1}{6}}+x^{\frac{1}{3}}V^{\frac{4}{3}}R^{-\frac{3}{4}}h^{\frac{1}{2}}\rho_2^{-\frac{1}{4}}+VR^2h^{-1}+\\&x^{\frac{3}{47}}V^{2+\frac{52}{183}}R^{-1}h^{-1}+x^{-\frac{19}{141}}V^{1+\frac{87}{181}}R^2h^{-2}+\\&x^{-\frac{1}{6}}V^{\frac{11}{6}}R^{\frac{1}{2}}h^{-\frac{1}{2}}\\\ll{}& x^{\frac{11}{47}}V^{\frac{4}{3}}\end{aligned}$$

(2) 当 $V^{\frac{82}{183}}\leqslant R\leqslant V^{\frac{84}{183}}$ 时，直接利用第 2 节引理 1$(k=3)$，由 ⑤ 微分，得

$$\begin{aligned}L'''(s)&=\frac{F_{r^3}(v,r(s),\xi)}{\{F_{r^2}(v,r(s),\xi)\}^3}\\&=-\frac{3}{4}B^{-2}\{r(s)\}^5\xi^{-3}\{1+o(1)\}\end{aligned}$$

故

$$x^{-\frac{2}{3}}V^{-\frac{2}{3}}R^5\xi^{-2}\ll-L'''(s)\ll x^{-\frac{2}{3}}V^{-\frac{2}{3}}R^5\xi^{-2}$$

$$\sum_{s_1<s\leqslant s_2} e^{2\pi i L(s)} \ll x^{\frac{2}{9}}V^{\frac{2}{9}}R^{-\frac{13}{6}}h\xi^{\frac{2}{3}} + x^{\frac{5}{18}}V^{\frac{5}{18}}R^{-\frac{7}{3}}h^{\frac{1}{2}}\xi^{\frac{5}{6}}$$

再由第 3 节 ①②④ 及本节 ①③④，用分部求和法得

$$\begin{aligned}\Omega^2 \ll\ & V^2h^{-1} + x^{\frac{2}{9}}V^{\frac{11}{9}}R^{-\frac{1}{6}}h^{\frac{2}{3}} + x^{\frac{5}{18}}V^{\frac{23}{18}}R^{-\frac{1}{3}}h^{\frac{1}{3}} + VR^2h^{-1} + \\ & x^{\frac{3}{47}}V^{2+\frac{52}{183}}R^{-1}h^{-1} + x^{-\frac{19}{141}}V^{1+\frac{87}{183}}R^2h^{-2} + \\ & x^{-\frac{1}{6}}V^{\frac{11}{6}}R^{\frac{1}{2}}h^{-\frac{1}{2}} \\ \ll\ & x^{\frac{11}{47}}V^{\frac{4}{3}}\end{aligned}$$

2. 当 $V^{\frac{84}{183}} < R \leqslant x^{\frac{14}{141}}V^{\frac{1}{3}}$ 时，令 $h = x^{-\frac{14}{141}}R$. 仿照前面，仍得 ① 及 ②，再由第 3 节 ①②④，用分部求和法得

$$\begin{aligned}\Omega^2 &\ll V^2h^{-1} + x^{\frac{1}{3}}V^{\frac{4}{3}}R^{-1}h + VR^2h^{-1} + x^{-\frac{1}{6}}V^{\frac{11}{6}}R^{\frac{1}{2}}h^{-\frac{1}{2}} \\ &\ll x^{\frac{11}{47}}V^{\frac{4}{3}}\end{aligned}$$

6　$V \geqslant x^{\frac{33}{94}}, R \geqslant x^{\frac{14}{141}}V^{\frac{1}{3}}$ 和 $V \leqslant x^{\frac{33}{94}}$ 的情形

1. 当 $V \geqslant x^{\frac{33}{94}}, x^{\frac{14}{141}}V^{\frac{1}{3}} \leqslant R \leqslant x^{\frac{1}{3}}V^{\frac{1}{3}}$ 时，对第 1 节 ② 中的内和应用第 2 节引理 2(取 $U = R, A = x^{-\frac{1}{3}}y^{-\frac{1}{3}}R^{\frac{5}{3}}$)，得

$$\sum_{R<r\leqslant R_y} e^{6\pi i(xyr)^{\frac{1}{3}}} = e^{\frac{\pi i}{4}}\sqrt{-\frac{3}{2}}\sum_{u_1\leqslant u<u_2} B(y,u)e^{2\pi i C(y,u)} + O(x^{-\frac{1}{6}}y^{-\frac{1}{6}}R^{\frac{5}{6}}) \quad ①$$

这里

$$u_1 = u_1(y) = (xy)^{\frac{1}{3}}R_y^{-\frac{2}{3}}$$

$$u_2 = u_2(y) = (xy)^{\frac{1}{3}}R^{-\frac{2}{3}}$$

$$B(y,u) = x^{\frac{1}{4}}y^{\frac{1}{4}}u^{-\frac{5}{4}}$$

$$C(y,u) = 2(xy)^{\frac{1}{2}}u^{-\frac{1}{2}}$$

由 $VR^{-1}=Y<y\leqslant 4Y$ 有

$$2^{-\frac{2}{3}}x^{\frac{1}{3}}V^{\frac{1}{3}}R^{-1}\leqslant u_1\leqslant u_2\leqslant 4^{\frac{1}{3}}x^{\frac{1}{3}}V^{\frac{1}{3}}R^{-1}$$

令 $N=[V^{\frac{2}{3}}R^{-1}]$，$M_k=2^{-\frac{2}{3}}x^{\frac{1}{3}}V^{\frac{1}{3}}R^{-1}+kN$，我们有

$$\begin{aligned}\Omega &\ll \sum_{Y<y\leqslant 4Y}\left|\sum_{u_1\leqslant u<u_2}B(y,u)\mathrm{e}^{2\pi \mathrm{i}C(y,u)}\right|+x^{-\frac{1}{6}}V^{\frac{5}{6}}\\ &\ll \sum_{Y<y\leqslant 4Y}\left\{\sum_{k=0}^{[4x^{\frac{1}{3}}V^{\frac{1}{3}}R^{-1}N^{-1}]}|S_k'|+x^{\frac{1}{4}}y^{\frac{1}{4}}N(x^{\frac{1}{3}}y^{\frac{1}{3}}R^{-1})^{-\frac{5}{4}}\right\}+\\ &\quad x^{-\frac{1}{6}}V^{\frac{5}{6}}\\ &\ll \sum_{k=0}^{[4x^{\frac{1}{3}}V^{\frac{1}{3}}R^{-1}N^{-1}]}\sum_{Y<y\leqslant 4Y}|S_k'|+x^{-\frac{1}{6}}V^{\frac{5}{6}}N+x^{-\frac{1}{6}}V^{\frac{5}{6}}\end{aligned}\qquad ②$$

这里

$$S_k'=\sum_{M_k\leqslant u<M_{k+1}}B(y,u)\mathrm{e}^{2\pi\mathrm{i}C(y,u)}$$

显然有

$$\begin{aligned}&\left(\sum_{Y<y\leqslant 4Y}|S_k'|\right)^2\\ &\ll \sum_{u}\sum_{u'}\sum_{Y<y\leqslant 4Y}Yx^{\frac{1}{2}}y^{\frac{1}{2}}\mathrm{e}^{4\pi\mathrm{i}x^{\frac{1}{2}}}(u^{-\frac{1}{2}}-u'^{-\frac{1}{2}})y^{\frac{1}{2}}\cdot\\ &\quad u^{-\frac{5}{4}}u'^{-\frac{5}{4}}\end{aligned}$$

这里 u,u' 经过 $M_k\leqslant u,u'<M_{k+1}$ 中的一切整数，因此

$$\begin{aligned}\left(\sum_{Y<y\leqslant 4Y}|S_k'|\right)^2 &\ll \left|\sum_{u}\sum_{\substack{u'\\ u>u'}}\sum_{Y<y\leqslant 4Y}H(u,u',y)\mathrm{e}^{2\pi\mathrm{i}K(u,u',y)}\right|+\\ &\quad Y^2x^{\frac{1}{2}}y^{\frac{1}{2}}N(x^{\frac{1}{3}}V^{\frac{1}{3}}R^{-1})^{-\frac{5}{2}}\end{aligned}\qquad ③$$

这里

$$H(u,u',y)=Yx^{\frac{1}{2}}y^{\frac{1}{2}}u^{-\frac{5}{4}}u'^{-\frac{5}{4}}$$

$$K(u,u',y)=2x^{\frac{1}{2}}(u^{-\frac{1}{2}}-u'^{-\frac{1}{2}})y^{\frac{1}{2}}$$

令 $m=u-u'$，由 $x^{\frac{1}{3}}V^{\frac{1}{3}}R^{-1}\ll u,u'\ll x^{\frac{1}{3}}V^{\frac{1}{3}}R^{-1}$，有

$$x^{\frac{1}{2}}u^{-\frac{3}{2}}mY^{-\frac{3}{2}} \ll K_{y^2}(u,u',y) \ll x^{\frac{1}{2}}u^{-\frac{3}{2}}mY^{-\frac{3}{2}}$$

对于给定的 m，因为 $m=u-u'$ 的解数 $\ll N$，以及 $x^{\frac{1}{3}}V^{\frac{1}{3}}R^{-1} \ll u,u' \ll x^{\frac{1}{3}}V^{\frac{1}{3}}R^{-1}$ 成立，根据第 2 节引理 3 及引理 1($k=2$) 得

$$\sum_{u}\sum_{\substack{u' \\ u>u'}}\sum_{Y<y\leqslant 4Y} H(u,u',y)\mathrm{e}^{2\pi \mathrm{i}K(u,u',y)}$$

$$\ll N\sum_{m=1}^{N}\frac{Y^{\frac{3}{2}}x^{\frac{1}{2}}}{(x^{\frac{1}{3}}V^{\frac{1}{3}}R^{-1})^{\frac{5}{2}}}\{Yx^{\frac{1}{4}}(x^{\frac{1}{3}}V^{\frac{1}{3}}R^{-1})^{-\frac{3}{4}}m^{\frac{1}{2}}Y^{-\frac{3}{4}}+$$

$$x^{-\frac{1}{4}}(x^{\frac{1}{3}}V^{\frac{1}{3}}R^{-1})^{\frac{3}{4}}m^{-\frac{1}{2}}Y^{\frac{3}{4}}\}$$

$$\ll x^{-\frac{1}{3}}V^{\frac{2}{3}}R^{\frac{3}{2}}N^{\frac{3}{2}}+x^{-\frac{1}{3}}V^{\frac{5}{3}}R^{-\frac{1}{2}}N^{\frac{3}{2}}$$

$$\ll x^{-\frac{1}{3}}V^{\frac{2}{3}}R^{\frac{3}{2}}N^{\frac{5}{2}} \qquad ④$$

由 ④ 及 ⑤ 得

$$\Big(\sum_{Y<y\leqslant 4Y}|S_k'|\Big)^2 \ll x^{-\frac{1}{3}}V^{\frac{2}{3}}R^{\frac{3}{2}}N^{\frac{5}{2}}+x^{-\frac{1}{3}}V^{\frac{5}{3}}N \qquad ⑤$$

由 ②⑤ 及 $N=[V^{\frac{2}{3}}R^{-1}]$ 知

$$\Omega^2 \ll x^{\frac{1}{3}}V^{\frac{4}{3}}R^{-\frac{1}{2}}N^{\frac{1}{2}}+x^{\frac{1}{3}}V^{\frac{7}{3}}R^{-2}N^{-1}+$$

$$x^{-\frac{1}{3}}V^{\frac{5}{3}}N^2+x^{-\frac{1}{3}}V^{\frac{5}{3}}$$

$$\ll x^{\frac{11}{47}}V^{\frac{4}{3}}$$

2. 当 $V\geqslant x^{\frac{33}{94}}$，$R\geqslant x^{\frac{1}{3}}V^{\frac{1}{3}}$ 时，直接对第 1 节 ② 中的内和应用第 2 节引理 1($k=2$)，得

$$\Omega \ll Y(R\cdot x^{\frac{1}{6}}Y^{\frac{1}{6}}R^{-\frac{5}{6}}+x^{-\frac{1}{6}}Y^{-\frac{1}{6}}R^{\frac{5}{6}})$$

$$\ll x^{\frac{1}{6}}V^{\frac{7}{6}}R^{-1}+x^{-\frac{1}{6}}V^{\frac{5}{6}}$$

$$\ll x^{\frac{11}{94}}V^{\frac{2}{3}}$$

3. 当 $V\leqslant x^{\frac{33}{94}}$ 时，取一般估计，得

$$\Omega \ll V \ll x^{\frac{11}{94}}V^{\frac{2}{3}}$$

7　结　果

由第 3 节至第 6 节知:不论何种情形发生,总有

$$\Omega^2 \ll x^{\frac{11}{47}} V^{\frac{4}{3}} \text{ 或 } \Omega \ll x^{\frac{11}{94}} V^{\frac{2}{3}}$$

由此出发,用对数分和与分部求和法,从第 1 节 ① 推知

$$\Delta_3(x) \ll x^{\frac{127}{282}+\varepsilon}$$

这正是本章所要证明的结果.

第三编

k 维除数问题

第13章 除数问题(Ⅰ)

设 $d_k(n)$ 是 n 分解为 k 个因子乘积的方法数，$D_k(x)=\sum\limits_{n\leqslant x}d_k(n)$，设

$$R_k(x)=(a_{k,0}+a_{k,1}\ln x+\cdots+a_{k,k-1}\ln^{k-1}x)x \quad (x>0)$$

是 $\zeta^k(s)\dfrac{x^s}{s}$ 在 $s=1$ 处的留数. 定义

$$\Delta_k(x)=D_k(x)-R_k(x)$$

当 $n=2$ 时，下列的沃罗诺伊公式是大家熟悉的

$$\frac{1}{2}(\Delta(x-0)+\Delta(x+0))$$

$$=\frac{1}{4}+\frac{x^{\frac{1}{4}}}{\sqrt{2}\pi}\sum_{n=1}^{+\infty}\frac{d(n)}{n^{\frac{3}{4}}}\cos\left(4\pi\sqrt{nx}-\frac{\pi}{4}\right)+O(x^{-\frac{1}{4}})$$

其中 $d(n)$ 与 $\Delta(x)$ 分别是 $d_2(n)$ 与 $\Delta_2(x)$ 的缩写.

这个公式是研究 $\Delta(x)$ 的性质的基础公式. 浙江大学的董光昌教授于 1955 年拓广了上述公式于一般情形,由此公式导出了一些关于 $\Delta_k(x)$ 的性质的结果.

设 $C_j(j=0,1,2,\cdots)$ 是用直线段联结下列相邻诸点所成的围道

$$-\mathrm{i}\infty,-\mathrm{i},j+\frac{3}{2}-\mathrm{i},j+\frac{3}{2}+\mathrm{i},\mathrm{i},+\mathrm{i}\infty$$

记

$$I_{k,j}(n,x)=\frac{2^k}{2\pi\mathrm{i}}\int_{C_j}\frac{x^{j+1-s}}{(2\pi)^{ks}n^s}\cdot\frac{\left(\Gamma(s)\cos\frac{\pi s}{2}\right)^k}{(1-s)\cdot(2-s)\cdot\cdots\cdot(j+1-s)}\mathrm{d}s$$

$$(x>0,n=1,2,3,\cdots)$$

定理 1 当 $N\geqslant 0$, h 是一个大于 $\frac{k}{2}$ 的正整数以及 $\min(x,x+hy)>0$ 时,则

$$\int_0^y\cdots\int_0^y\Delta_k(x+y_1+\cdots+y_h)\mathrm{d}y_1\cdots\mathrm{d}y_h$$
$$=\left(-\frac{1}{2}\right)^k y^h+$$
$$\sum_{n\leqslant N}d_k(n)\int_0^y\cdots\int_0^y I_{k,0}(n,x+y_1+\cdots+y_h)\mathrm{d}y_1\cdots\mathrm{d}y_h+$$
$$\sum_{l=0}^{h}(-1)^{h-l}\binom{h}{l}\sum_{n>N}d_k(n)I_{k,h}(n,x+ly)$$

证明 设 C,C',C'' 分别是用直线段联结下列相邻诸点所成的围道

$$C:2-\mathrm{i}\infty,2-\mathrm{i},-h-\frac{1}{2}-\mathrm{i},-h-\frac{1}{2}+\mathrm{i},2+\mathrm{i},2+\mathrm{i}\infty$$

$$C':-\frac{1}{4}-\mathrm{i}\infty,-\frac{1}{4k}-\mathrm{i},-h-\frac{1}{2}-\mathrm{i},-h-\frac{1}{2}+\mathrm{i},$$

$$-\frac{1}{4k}+\mathrm{i},-\frac{1}{4k}+\mathrm{i}\infty$$

$$C'':1+\frac{1}{4k}-\mathrm{i}\infty,1+\frac{1}{4k}-\mathrm{i},h+\frac{3}{2}-\mathrm{i},h+\frac{3}{2}+\mathrm{i},$$

$$1+\frac{1}{4k}+\mathrm{i},1+\frac{1}{4k}+\mathrm{i}\infty$$

由熟知的围道积分公式

$$\frac{1}{2\pi\mathrm{i}}\int_{2-\mathrm{i}\infty}^{2+\mathrm{i}\infty}\frac{x^{s+1}}{n^s}\cdot\frac{\mathrm{d}s}{s(s+1)}=\begin{cases}x-n,n<x\\0,n\geqslant x\end{cases}$$

得到

$$\begin{aligned}\int_0^{\pi}D_k(u)\mathrm{d}u&=\int_0^x\sum_{n\leqslant u}d_k(n)\mathrm{d}u\\&=\sum_{n\leqslant x}d_k(n)\int_n^x\mathrm{d}u\\&=\sum_{n\leqslant x}d_k(n)(x-n)\\&=\sum_{n=1}^{+\infty}\frac{d_k(n)}{2\pi\mathrm{i}}\int_{2-\mathrm{i}\infty}^{2+\mathrm{i}\infty}\frac{x^{s+1}}{n^s}\cdot\frac{\mathrm{d}s}{s(s+1)}\\&=\frac{1}{2\pi\mathrm{i}}\int_{2-\mathrm{i}\infty}^{2+\mathrm{i}\infty}\zeta^k(s)x^{s+1}\frac{\mathrm{d}s}{s(s+1)}\end{aligned}$$

$$\begin{aligned}\int_0^yD_k(x+y_1)\mathrm{d}y_1&=\int_0^{x+y}D_k(u)\mathrm{d}u-\int_0^xD_k(u)\mathrm{d}u\\&=\frac{1}{2\pi\mathrm{i}}\int_{2-\mathrm{i}\infty}^{2+\mathrm{i}\infty}\zeta^k(s)\frac{(x+y)^{s+1}-x^{s+1}}{s(s+1)}\mathrm{d}s\\&=\operatorname*{Res}_{s=1}\left[\zeta^k(s)\frac{(x+y)^{s+1}-x^{s+1}}{s(s+1)}\right]+\\&\qquad\zeta^k(0)y+\frac{1}{2\pi\mathrm{i}}\int_C\zeta^k(s)\frac{(x+y)^{s+1}-x^{s+1}}{s(s+1)}\mathrm{d}s\end{aligned}\qquad①$$

记 $\zeta^k(s)\dfrac{(x+y_1)^s}{s}$ 在点 $s=1$ 的罗兰展开式为

$$\sum_{m=-k}^{+\infty} a_m(y_1)s^m$$

则

$$a_{-1}(y_1)=R_k(x+y_1)$$

又

$$\begin{aligned}\zeta^k(s)\frac{(x+y)^{s+1}-x^{s+1}}{s(s+1)}&=\int_0^y\zeta^k(s)\frac{(x+y_1)^s}{s}\mathrm{d}y_1\\&=\int_0^y\left[\sum_{m=-k}^{+\infty}a_m(y_1)s^m\right]\mathrm{d}y_1\\&=\sum_{m=-k}^{+\infty}s^m\int_0^y a_m(y_1)\mathrm{d}y_1\end{aligned}$$

因此

$$\begin{aligned}&\operatorname*{Res}_{s=1}\left[\zeta^k(s)\frac{(x+y)^{s+1}-x^{s+1}}{s(s+1)}\right]\\=&\int_0^y a_{-1}(y_1)\mathrm{d}y_1\\=&\int_0^y R_k(x+y_1)\mathrm{d}y_1\end{aligned}$$

把上式代入 ①,得

$$\begin{aligned}&\int_0^y\Delta_k(x+y_1)\mathrm{d}y_1-\left(-\frac{1}{2}\right)^k y\\=&\frac{1}{2\pi\mathrm{i}}\int_C\zeta^k(s)\frac{(x+y)^{s+1}-x^{s+1}}{s(s+1)}\mathrm{d}s\end{aligned}$$

$$\int_0^y\cdots\int_0^y\Delta_k(x+y_1+\cdots+y_h)\mathrm{d}y_1\cdots\mathrm{d}y_h-\left(-\frac{1}{2}\right)^k y^h$$

$$=\frac{1}{2\pi\mathrm{i}}\int_0^y\cdots\int_0^y\mathrm{d}y_2\cdots\mathrm{d}y_h\frac{1}{2\pi\mathrm{i}}\int_C\zeta^k(s)[(x+y+y_2+\cdots+y_h)^{s+1}-$$

$$(x+y_2+\cdots+y_h)^{s+1}]\frac{\mathrm{d}s}{s(s+1)}$$

$$=\frac{1}{2\pi\mathrm{i}}\int_C\zeta^k(s)\frac{\mathrm{d}s}{s(s+1)}\int_0^y\cdots\int_0^y[(x+y+y_2+\cdots+y_h)^{s+1}-$$

$$(x+y_2+\cdots+y_h)^{s+1}]\mathrm{d}y_2\cdots\mathrm{d}y_h$$

$$=\sum_{l=0}^{h}(-1)^{h-l}\binom{h}{l}\frac{1}{2\pi\mathrm{i}}\int_C\zeta^k(s)(x+ly)^{s+h}\ \frac{\Gamma(s)}{\Gamma(s+h+1)}\mathrm{d}s \tag{②}$$

记

$$f(k,s)=\frac{2^k}{2\pi\mathrm{i}}(2\pi)^{-ks}\left(\Gamma(s)\cos\frac{\pi s}{2}\right)^k$$

则 $\zeta(s)$ 的函数关系式可写成

$$\frac{1}{2\pi\mathrm{i}}\zeta^k(1-s)=f(k,s)\zeta^k(s)$$

因此

$$\frac{1}{2\pi\mathrm{i}}\int_C\zeta^k(s)u^{s+h}\ \frac{\Gamma(s)}{\Gamma(s+h+1)}\mathrm{d}s$$

$$=\frac{1}{2\pi\mathrm{i}}\int_{C'}\zeta^k(s)u^{s+h}\ \frac{\Gamma(s)}{\Gamma(s+h+1)}\mathrm{d}s$$

(上式的成立，由于$\int_{-\frac{1}{4k}+\mathrm{i}t}^{2+\mathrm{i}t}\zeta^k(s)u^{s+h}\ \frac{\Gamma(s)}{\Gamma(s+h+1)}\mathrm{d}s\ll |t|^{\left(\frac{1}{2}+\frac{1}{4k}\right)k-h-1}=o(1)$)

$$=\frac{1}{2\pi\mathrm{i}}\int_{C''}\zeta^k(1-s)u^{h+1-t}\ \frac{\Gamma(1-s)}{\Gamma(h+2-s)}\mathrm{d}s$$

$$=\int_{C''}\zeta^k(s)u^{h+1-s}f(k,s)\ \frac{\Gamma(1-s)}{\Gamma(h+2-s)}\mathrm{d}s$$

$$=\sum_{n=1}^{+\infty}d_k(n)\int_{C''}\frac{u^{h+1-s}}{n^s}f(k,s)\ \frac{\Gamma(1-s)}{\Gamma(h+2-s)}\mathrm{d}s$$

(上式的成立，由于$\sum_{n=1}^{+\infty}d_k(n)\int_{C''}\left|\frac{u^{h+1-s}}{n^s}f(k,s)\frac{\Gamma(1-s)}{\Gamma(h+2-s)}\mathrm{d}s\right|\ll\sum_{n=1}^{+\infty}\frac{d_k(n)}{n^{1+\frac{1}{4k}}}\int_{-\infty}^{+\infty}(1+|t|)^{\left(\frac{1}{2}+\frac{1}{4k}\right)k-h-1}\mathrm{d}t<+\infty$，因为 $h\geqslant\left[\frac{k}{2}\right]+1>\frac{k}{2}+\frac{1}{4}$)

$$=\sum_{n=1}^{+\infty}d_k(n)\int_{C_h}\frac{u^{h+1-s}}{n^s}f(k,s)\frac{\Gamma(1-s)}{\Gamma(h+2-s)}\mathrm{d}s$$

(上式的成立，由于 $=\int_{\mathrm{i}t}^{1+\frac{1}{4k}+\mathrm{i}t}\frac{u^{h+1-s}}{n^s}f(k,s)\cdot\frac{\Gamma(1-s)}{\Gamma(h+2-s)}\mathrm{d}s\ll|t|^{(\frac{1}{2}+\frac{1}{4k})k-h-1}=o(1)$)

$$=\sum_{n=1}^{+\infty}d_k(n)I_{k,h}(n,u) \quad ③$$

当 $j=0,1,2,\cdots$，且 $\min(u,u+y)>0$ 时

$$\int_0^y I_{k,j}(n,u+y_1)\mathrm{d}y_1$$

$$=\int_0^y\mathrm{d}y_1\int_{C_j}\frac{(u+y_1)^{j+1-s}}{n^s}f(k,s)\frac{\Gamma(1-s)}{\Gamma(j+2-s)}\mathrm{d}s$$

$$=\int_0^y\mathrm{d}y_1\int_{C_{j+1}}\frac{(u+y_1)^{j+1-s}}{n^s}f(k,s)\frac{\Gamma(1-s)}{\Gamma(j+2-s)}\mathrm{d}s$$

$$=\int_{C_{j+1}}\frac{(u+y)^{j+2-s}-u^{j+2-s}}{n^s}f(k,s)\frac{\Gamma(1-s)}{\Gamma(j+3-s)}\mathrm{d}s$$

$$=I_{k,j+1}(n,u+y)-I_{k,j+1}(n,u) \quad ④$$

重复应用 ④ 多次，得到

$$\int_0^y\cdots\int_0^y I_{k,0}(n,x+y_1+\cdots+y_h)\mathrm{d}y_1\cdots\mathrm{d}y_h$$

$$=\sum_{l=0}^{h}(-1)^{h-l}\binom{h}{l}I_{k,h}(n,x+ly) \quad ⑤$$

合并 ②③⑤，就得到定理的证明.

这个定理成立的范围可以拓广到 $h>\frac{k-3}{2}$. 特别在 $k=2$ 时，我们的定理就是沃罗诺伊公式，在 $k=2$，$h=0$ 时就是本章开始时所述的公式.

定理 2 当 nx 很大时，下面的渐近展开式成立

$$I_{k,j}(n,x)\sim\sum_{m=0}^{+\infty}\frac{c_{kjm}x^{j+1}}{(nx)^{\frac{k+1}{2k}+\frac{j+m}{k}}}\cos(2k\pi(nx)^{\frac{1}{k}}+\theta_{kjm})$$

其中 $j=0,1,2,\cdots,c_{kj0}=(2^j\pi^{1+j}\sqrt{k})^{-1},\theta_{kj0}=\frac{\pi}{2}\left(\frac{k-3}{2}-j\right)$，又 c_{kjm} 与 θ_{kjm} 都是实数.

证明　当 $j\geqslant 1$，y 是充分大的正数时，记

$$J_{k,j}(y)=\frac{1}{2\pi\mathrm{i}}\int_{C_{j-1}}\frac{\left(\Gamma(s)\cos\frac{\pi s}{2}\right)^k}{(1-s)\cdot(2-s)\cdot\cdots\cdot(j-s)}y^{-ks}\mathrm{d}s \tag{6}$$

应用最速下降法来求 $J_{k,j}(y)$ 的渐近展开式. 下面的式子是大家熟悉的

$$\Gamma(s)\sim\exp\left\{\left(s-\frac{1}{2}\right)\ln s-s\right\}\cdot\sum_{m=0}^{+\infty}\frac{b_m}{s^m}(|\operatorname{amp} s|<\pi-\Delta,0<\Delta<\pi) \tag{7}$$

其中 $b_0=\sqrt{2\pi}$. 令 $s=yw$，在点 $w=\mathrm{i}$ 的小邻域中，令 $w=\mathrm{i}(1+\xi)$，由 ⑦ 得

$$\begin{aligned}&\frac{\left(\Gamma(s)\cos\frac{\pi s}{2}\right)^k y^{-ks}}{(1-s)\cdot(2-s)\cdot\cdots\cdot(j-s)}\\&\sim\exp\left\{k\left[\left(s-\frac{1}{2}\right)\ln s-s-\frac{\pi\mathrm{i}}{2}s\right]-ks\ln y\right\}\cdot\sum_{m=j}^{+\infty}\frac{b'_m}{s^m}\\&\sim\exp\left\{kyw\left(\ln w-1-\frac{\pi\mathrm{i}}{2}\right)\right\}\cdot\sum_{m=j}^{+\infty}\frac{b'_m}{(yw)^{\frac{k}{2}+m}}\\&\sim\mathrm{e}^{-ky\mathrm{i}}\exp\{ky\mathrm{i}[(1+\xi)\ln(1+\xi)-\xi]\}\cdot\sum_{m=j}^{+\infty}\frac{b'_m}{[y\mathrm{i}(1+\xi)]^{\frac{k}{2}+m}}\end{aligned}$$

其中

$$b'_j=(-1)^j\frac{b_0^k}{2^k}=(-1)^j\left(\frac{\pi}{2}\right)^{\frac{k}{2}}$$

在点 $\xi=0$ 的小邻域中，令

$$\eta=\sqrt{-k\mathrm{i}[(1+\xi)\ln(1+\xi)-\xi]}=\sqrt{\frac{k}{2}}\mathrm{i}^{-\frac{1}{2}}\xi+\cdots$$

解 ξ,得

$$\xi=\xi(\eta)=\sum_{m=1}^{+\infty}b''_m\eta^m$$

其中

$$b''_1=\sqrt{\frac{2}{k}}\mathrm{i}^{\frac{1}{2}}$$

设 δ 是一个充分小的正数(与 y 无关),记号 J_0 由下式定义

$$J_0=\frac{1}{2\pi\mathrm{i}}\int_{-\delta\leqslant\eta\leqslant\delta}\frac{\left(\Gamma(s)\cos\frac{\pi s}{2}\right)^k}{(1-s)\cdot(2-s)\cdot\cdots\cdot(j-s)}y^{-ks}\mathrm{d}s$$

$$\sim\frac{\mathrm{e}^{-ky\mathrm{i}}}{2\pi\mathrm{i}}\int_{-\delta}^{\delta}\mathrm{e}^{-y\eta^2}\left[\sum_{m=j}^{+\infty}\frac{b'_m}{(y\mathrm{i})^{\frac{k}{2}+m}}\left(1+\sum_{m=1}^{+\infty}b''_m\eta^m\right)^{-\frac{k}{2}-m}\right]\cdot$$

$$y\mathrm{i}\left[\sum_{m=1}^{+\infty}mb''_m\eta^{m-1}\right]\mathrm{d}\eta$$

$$\sim\mathrm{e}^{-ky\mathrm{i}}y^{1-\frac{k}{2}}\int_{-\delta}^{\delta}\mathrm{e}^{-y\eta^2}\left(\sum_{m=j}^{+\infty}\frac{1}{y^m}\sum_{l=0}^{+\infty}b_{ml}\eta^{2l}\right)\mathrm{d}\eta$$

(上式的成立,由于 η 的奇次项积分为零. 令 $\sqrt{y}\eta=\lambda$, $m+l=g$, $b_{ml}=b'_{gl}$, 则 $\sum_{m=j}^{+\infty}\frac{1}{y^m}\sum_{l=0}^{+\infty}b_{ml}\eta^{2l}=\sum_{m=j}^{+\infty}\sum_{l=0}^{+\infty}\frac{b_{ml}\lambda^{2l}}{y^{m+l}}=\sum_{g=j}^{+\infty}\frac{1}{y^g}\sum_{l=0}^{g-j}b'_{gl}\lambda^{2l}$)

$$\sim\mathrm{e}^{-ky\mathrm{i}}y^{-\frac{k-1}{2}}\int_{-\sqrt{y}\delta}^{\sqrt{y}\delta}\mathrm{e}^{-\lambda^2}\left[\sum_{g=j}^{+\infty}\frac{1}{y^g}\sum_{l=0}^{g-j}b'_{gl}\lambda^{2l}\right]\mathrm{d}\lambda$$

$$\sim\mathrm{e}^{-ky\mathrm{i}}y^{-\frac{k-1}{2}}\int_{-\infty}^{+\infty}\mathrm{e}^{-\lambda^2}\left[\sum_{g=j}^{+\infty}\frac{1}{y^g}\sum_{l=0}^{g-j}b'_{gl}\lambda^{2l}\right]\mathrm{d}\lambda$$

$$\sim\mathrm{e}^{-ky\mathrm{i}}\sum_{m=0}^{+\infty}b'''_m y^{-\frac{k-1}{2}-j-m} \qquad ⑧$$

其中 $b_{j0}=\frac{1}{2\pi\mathrm{i}}\cdot\frac{b_j'}{\mathrm{i}^{\frac{k}{2}+j}}\mathrm{i}b_1''=\frac{1}{2\pi}\left(\frac{\pi}{2}\right)^{\frac{k}{2}}\sqrt{\frac{2}{k}}\,\mathrm{i}^{-1+2j-\left(\frac{k}{2}+j\right)+1+\frac{1}{2}}=$
$\frac{\left(\frac{\pi}{2}\right)^{\frac{k-1}{2}}}{2\sqrt{\pi k}}\mathrm{i}^{j-\frac{k-1}{2}}$，$b'_{j0}=b_{j0}$，$b'''_0=b'_{j0}\int_{-\infty}^{+\infty}\mathrm{e}^{-\lambda^2}\mathrm{d}\lambda=$
$\frac{1}{2\sqrt{k}}\left(\frac{\pi}{2}\right)^{\frac{k-1}{2}}\mathrm{i}^{j-\frac{k-1}{2}}$.

记

$w=u+\mathrm{i}v$，$w_h=u_h+\mathrm{i}v_h=\mathrm{i}(1+\xi(\eta))\mid_{\eta=(-1)^{h}\delta}(h=1,$
$2)$，又 J' 以及 J_1，J_2 由下式定义

$$J'=\left(\int_{-\delta\leqslant\eta\leqslant\delta}+\int_{\substack{u=u_1\\0\leqslant v\leqslant v_1}}+\int_{\substack{u=u_2\\v_2\leqslant v<+\infty}}\right)\frac{1}{2\pi\mathrm{i}}\cdot\frac{\left(\Gamma(s)\cos\frac{\pi s}{2}\right)^k}{(1-s)\cdot(2-s)\cdot\cdots\cdot(j-s)}y^{-ks}\mathrm{d}s$$
$$=J_0+J_1+J_2 \qquad ⑨$$

(其中 $s=yw=y(u+\mathrm{i}v)$). 应用 ⑦ 得

$$J_2\ll\int_{\substack{v_2\\(u=u_2)}}^{+\infty}y\frac{\left|\Gamma(yw)\cos\frac{\pi yw}{2}y^{-yw}\right|^k}{|(1-yw)\cdot(2-yw)\cdot\cdots\cdot(j-yw)|}\mathrm{d}v$$
$$\ll\max_{\substack{u=u_2\\v_2\leqslant v\leqslant+\infty}}\left|w\left\{\Gamma(yw)\cos\frac{\pi yw}{2}y^{-yw}\right\}^k\right|\int_{v_2}^{+\infty}\frac{\mathrm{d}v}{|w|^2}$$
$$\ll\max_{\substack{u=u_2\\v_2\leqslant v\leqslant+\infty}}|w|\exp\left\{ky\mathrm{Re}\left[w\left(\ln w-1-\frac{\pi\mathrm{i}}{2}\right)\right]\right\}$$
$$=|w_2|\exp\left\{ky\mathrm{Re}\left[w_2\left(\ln w_2-1-\frac{\pi\mathrm{i}}{2}\right)\right]\right\}$$

(上式的成立，由于$\frac{\partial}{\partial v}\left\{\mathrm{Re}\left[kyw\left(\ln w-1-\frac{\pi\mathrm{i}}{2}\right)\right]+\right.$
$\left.\ln|w|\right\}_{u=u_2}=ky\left[\frac{\pi}{2}-\mathrm{amp}(u_2+\mathrm{i}v)\right]+\frac{v}{u_2^2+v^2}=$

$\frac{v}{u_2^2+v^2}+ky\tan^{-1}\frac{u_2}{v}<\frac{1}{2v}(2-ky\delta)<0$（当 $v_2\leqslant v<+\infty$ 时成立））

再因 w_2 是在最速下降区域上的一点，由上式得

$$J_2\ll|w_2|\mathrm{e}^{-\delta^2 y}\ll\mathrm{e}^{-\delta^2 y} \tag{⑩}$$

同法得

$$\begin{aligned}J_1&\ll\max_{\substack{u=u_1\\0\leqslant v\leqslant v_1}}\left|\Gamma(yw)\cos\frac{\pi yw}{2}y^{-yw}\right|^k\cdot\int_0^{v_1}\mathrm{d}v\\&\ll\max_{\substack{u=u_1\\0\leqslant v\leqslant v_1}}\exp\left\{ky\mathrm{Re}\left[w\left(\ln w-1-\frac{\pi\mathrm{i}}{2}\right)\right]\right\}\\&=\exp\left\{ky\mathrm{Re}\left[w_1\left(\ln w_1-1-\frac{\pi\mathrm{i}}{2}\right)\right]\right\}=\mathrm{e}^{-\delta^2 y}\end{aligned} \tag{⑪}$$

改变⑥等号右端的积分路径，使得它在 $\mathrm{Im}\,s\geqslant 0$ 的部分的积分路径和 J' 相同，而且积分路径的可能性以及数值不变性是容易核验的. 因此得到 $J_{k,j}=2\mathrm{Re}\,J'$，应用⑧～⑪得

$$\begin{aligned}J_{k,j}(y)&=2\mathrm{Re}\,J'\\&=2\mathrm{Re}\,J_0+O(\mathrm{e}^{-\delta^2 y})\\&\sim\sum_{m=0}^{+\infty}\frac{\tilde{b}_m\cos(ky+\varphi_m)}{y^{\frac{k-1}{2}+j+m}}\end{aligned}$$

其中 $\tilde{b}_0=2|b'''_0|=\frac{1}{\sqrt{k}}\left(\frac{\pi}{2}\right)^{\frac{k-1}{2}}$，$\varphi_0=-\mathrm{amp}\,b'''_0=\frac{\pi}{2}\left(\frac{k-1}{2}-j\right)$，又 $\tilde{b}_m,\varphi_m$ 都是实数.

因为

$$I_{k,j}(n,x)=2^k x^{j+1}J_{k,j+1}(2\pi(nx)^{\frac{1}{k}})$$

因而定理 2 所要求的渐近展开式得到了，其中

$c_{kj0}=2^k\tilde{b}_0(2\pi)^{-\left(\frac{k-1}{2}+j+1\right)}=(2^j\pi^{1+j}\sqrt{k})^{-1}$，$\theta_{kj0}=\varphi_0-\frac{\pi}{2}=\frac{\pi}{2}\left(\frac{k-3}{2}-j\right)$，又 c_{kjm} 与 θ_{kjm} 都是实数.

下面的定理将来要用，它的证明和定理 2 类似.

定理 3　设 $F_j(s)=\sum_{m=-j-1}^{+\infty}\frac{B_m}{s^m}$（$j=0,1,2,\cdots$，其中系数 B_m 都是实数），当 $|s|>j+1$ 时是正则的. 设 Γ_j 是用直线段联结下列相邻诸点所成的围道

$$-j-\mathrm{i}\infty,\ -j-\mathrm{i}(j+2),\ j+\frac{3}{2}-\mathrm{i}(j+2)$$

$$j+\frac{3}{2}+\mathrm{i}(j+2),\ -j+\mathrm{i}(j+2),\ -j+\mathrm{i}\infty$$

当 x 为正且很大时，下面的渐近展开式成立

$$\frac{2^k}{2\pi\mathrm{i}}\int_{\Gamma_j}\frac{x^{-s}}{(2\pi)^{ks}}\left(\Gamma(s)\cos\frac{\pi s}{2}\right)^kF_j(s)\mathrm{d}s$$

$$\sim\sum_{m=0}^{+\infty}\mathrm{Re}\{b_{kjm}x^{-\frac{k+1}{2k}-\frac{j+m}{k}}\mathrm{e}^{-2k\pi\mathrm{i}x^{\frac{1}{k}}}\}$$

定理 4　必定有正的常数 c_k 与 C_k 存在，使得对于任何 $x\geqslant 1$ 与任何在 $[-C_kx^{\frac{k-1}{2k}},C_kx^{\frac{k-1}{2k}}]$ 中的 t，方程 $\Delta_k(y)=t$ 在 $[x,x+c_kx^{1-\frac{1}{k}}]$ 中至少有一个解.

这个定理是对哈代的结果[2] $\overline{\lim_{x\to\infty}}\frac{\Delta_k(x)}{x^{\frac{k-1}{2k}}}\leqslant 0$ 的改进.

证明　设 $x\leqslant X\leqslant 2x$，$1\leqslant u\leqslant x$，$j=0$ 或 1，由定理 1，定理 2 与式 ④ 得

$$(-1)^j\int_0^u\mathrm{d}y\int_0^y\cdots\int_0^y\Delta_k(X+y_1+\cdots+y_h)\mathrm{d}y_1\cdots\mathrm{d}y_h$$

$$=(-1)^j\int_0^u\left\{\left(-\frac{1}{2}\right)^ky^h+\right.$$

$$\sum_{l=0}^{h}(-1)^{h-l}\binom{h}{l}\sum_{n=1}^{+\infty}d_k(n)I_{k,h}(n,X+ly)\Big\}\,\mathrm{d}y$$

$$=\frac{(-1)^j}{h+1}\left(-\frac{1}{2}\right)^k u^{h+1}+u\Big\{(-1)^{j+h}I_{k,h}(1,X)+$$

$$(-1)^{j+h}\sum_{n=2}^{+\infty}d_k(n)I_{k,h}(n,X)\Big\}+$$

$$\sum_{l=1}^{h}\frac{(-1)^{j+h-l}}{l}\binom{h}{l}\sum_{n=1}^{+\infty}d_k(n)\Big\{I_{k,h+1}(n,X+lu)-$$

$$I_{k,h}(n,X)\Big\}$$

$$\geqslant O(u^{h+1})+$$

$$u\Big\{(-1)^{j+h}c_{kh0}X^{\frac{k-1}{2k}+h\left(1-\frac{1}{k}\right)}\cos\left(2k\pi X+\frac{\pi}{2}\left(\frac{k-3}{2}-h\right)\right)-$$

$$c_{kh0}X^{\frac{k-1}{2k}+h\left(1-\frac{1}{k}\right)}\sum_{n=2}^{+\infty}\frac{d_k(n)}{n^{\frac{k+1}{2k}+\frac{h}{k}}}+O\left(x^{\frac{k-3}{2k}+h\left(1-\frac{1}{k}\right)}\right)\Big\}-$$

$$\Big\{\sum_{l=1}^{h}\binom{h}{l}\sum_{n=1}^{+\infty}\frac{d_k(n)}{n^{\frac{k+1}{2k}+\frac{h+1}{k}}}c_{k,h+1,0}(X+lu)^{\frac{k-1}{2k}+(h+1)\left(1-\frac{1}{k}\right)}+$$

$$O\left(x^{\frac{k-3}{2k}+(h+1)\left(1-\frac{1}{k}\right)}\right)\Big\}$$

$$\geqslant X^{\frac{k-1}{2k}+(h+1)\left(1-\frac{1}{k}\right)}\Big\{\frac{u}{X^{1-\frac{1}{k}}}c_{kh0}\Big[1+(-1)^{j+h}\cdot$$

$$\cos\left(2k\pi X^{\frac{1}{k}}+\frac{\pi}{2}\left(\frac{k-3}{2}-h\right)\right)-\zeta^k\left(\frac{k+1}{2k}+\frac{h}{k}\right)\Big]-$$

$$c_{k,h+1,0}2^h(h+1)^{h+1}\zeta^k\left(\frac{k+3}{2k}+\frac{h}{k}\right)+$$

$$O(x^{-\frac{1}{k}})+\left(\frac{u}{x^{1-\frac{1}{k}}}\right)^{h+1}\cdot O(x^{-\frac{k-1}{2k}})\Big\}$$

设 X_m 是方程 $2kX^{\frac{1}{k}}+\frac{1}{2}\left(\frac{k-3}{2}-h\right)=m$ 的解，则由 $k(X_{m+2}^{\frac{1}{k}}-X_m^{\frac{1}{k}})=1$ 得 $X_{m+2}-X_m\sim X_m^{1-\frac{1}{k}}$，故当 x 充

分大时，必有 m 满足下列式子

$$x+1 \leqslant X_m < X_{m+1} \leqslant x+2x^{1-\frac{1}{k}}$$

当 $j+h+m$ 是偶数时，令 $X=X_m$；当 $j+h+m$ 是奇数时，令 $X=X_{m+1}$，则得

$$(-1)^{j+h}\cos\left(2k\pi X^{\frac{1}{k}}+\frac{\pi}{2}\left(\frac{k-3}{2}-h\right)\right)=1$$

取 $h=h(k)$ 充分大，使得 $\zeta^k\left(\frac{k+1}{2k}+\frac{h}{k}\right)<2$，令 $u=c'x^{1-\frac{1}{k}}$，其中 $c'=c'(k)$ 满足不等式

$$c'c_{kh0}\left\{2-\zeta^k\left(\frac{k+1}{2k}+\frac{h}{k}\right)\right\}$$

$$>c_{k,h+1,0}2^h(h+1)^{h+1}\zeta^k\left(\frac{k+3}{2k}+\frac{h}{k}\right)$$

把这些关系式代入上面的式子，得到

$$\int_0^{c'x^{1-\frac{1}{k}}}\mathrm{d}y\int_0^y\cdots\int_0^y(-1)^{h+1}\Delta_k(X_l+y_1+\cdots+y_h)\mathrm{d}y_1\cdots\mathrm{d}y_h$$

$$\gg x^{\frac{k-1}{2k}+(h+1)\left(1-\frac{1}{k}\right)}\quad(\text{其中 } l=m,m+1) \tag{12}$$

记 $\bar{c}=hc'+2$，由 ⑫ 得

$$x^{\frac{k-1}{2k}} \ll \operatorname*{upper\ bound}_{x+1\leqslant X\leqslant x+\bar{c}x^{1-\frac{1}{k}}} \pm\Delta_k(X)x^{-(h+1)\left(1-\frac{1}{k}\right)}\cdot$$

$$\int_0^{c'x^{1-\frac{1}{k}}}\mathrm{d}y\int_0^y\cdots\int_0^y\mathrm{d}y_1\cdots\mathrm{d}y_h$$

$$\ll \operatorname*{upper\ bound}_{x+1\leqslant X\leqslant x+\bar{c}x^{1-\frac{1}{k}}} \pm\Delta_k(X)$$

$$\leqslant \max_{x\leqslant n\leqslant x+\bar{c}x^{1-\frac{1}{k}}}\left\{\pm\Delta_k(n)+\max_{n\leqslant X\leqslant n+1}\left|\int_n^X R_k'(u)\mathrm{d}u\right|\right\}$$

$$=\max_{x\leqslant n\leqslant x+\bar{c}x^{1-\frac{1}{k}}}\pm\Delta_k(n)+O(\log^{k-1}x)\quad(n\text{ 是一个正整数})$$

故得 $\max\limits_{x\leqslant n\leqslant x+\bar{c}x^{1-\frac{1}{k}}}\pm\Delta_k(n)\geqslant 2C_k x^{\frac{k-1}{2k}}$（当 $x\geqslant x_0(k)$ 时成立）.

设 $c_k=4\bar{c}^2x_0$，由上式知对于任何 $x\geqslant 1$，必有两个整数 n_1 与 n_2，使得

$$x\leqslant n_1<n_2\leqslant x+c_kx^{1-\frac{1}{k}},\Delta_k(n_1)\geqslant 2C_kx^{\frac{k-1}{2k}}$$

$$\Delta_k(n_2)\leqslant -2C_kx^{\frac{k-1}{2k}}$$

当 $-C_kx^{\frac{k-1}{2k}}\leqslant t\leqslant C_kx^{\frac{k-1}{2k}}$ 时，必有整数 n_3 存在，使得

$$n_1<n_3\leqslant n_2,\Delta_k(n_3)>t,\Delta_k(n_3+1)\leqslant t$$

由此

$$\Delta_k(n_3+1-0)=\Delta_k(n_3+1)-d_k(n_3)<t$$

由于当 $n_3\leqslant y\leqslant n_3+1-0$ 时，$\Delta_k(y)$ 是一个连续函数，故 $\Delta_k(y)=t$ 在 (n_3,n_3+1) 中至少有一个解，定理 4 证毕.

定理 5 必定有正的常数 $\widetilde{C}_k$ 存在，使得对于任何 $\lambda\geqslant 1$ 与任何 $x\geqslant 1$，不等式

$$\sqrt[\lambda]{\frac{1}{x}\int_0^x|\Delta_k(y)|^\lambda\mathrm{d}y}\geqslant \widetilde{C}_kx^{\frac{k-1}{2k}}$$

成立.

这个定理是对蒂奇马什的结果

$$\varlimsup_{x\to\infty}\frac{\ln\sqrt{\frac{1}{x}\int_0^x\Delta_k^2(y)\mathrm{d}y}}{\ln x}\geqslant\frac{k-1}{2k}$$

的改进与拓广.

证明 由 ⑫ 得

$$\begin{aligned}x^{\frac{k-1}{2k}+(h+1)\left(1-\frac{1}{k}\right)}&\ll\int_0^{\bar{c}x^{1-\frac{1}{k}}}|\Delta_k(x+y_1)|\mathrm{d}y_1\cdot\\&\qquad\int_0^{c'x^{1-\frac{1}{k}}}\mathrm{d}y\int_0^y\cdots\int_0^y\mathrm{d}y_2\cdots\mathrm{d}y_h\\&\ll x^{h\left(1-\frac{1}{k}\right)}\int_x^{x+\bar{c}x^{1-\frac{1}{k}}}|\Delta_k(y)|\mathrm{d}y\end{aligned}$$

所以

$$\int_x^{x+\bar{c}x^{1-\frac{1}{k}}} |\Delta_k(y)|\,\mathrm{d}y \gg x^{\frac{3k-3}{2k}}$$

$$\int_0^x |\Delta_k(y)|\,\mathrm{d}y$$

$$\geqslant \int_{\frac{x}{2}}^x |\Delta_k(y)|\,\mathrm{d}y$$

$$\geqslant \sum_{j=0}^{\left[\frac{1}{2}\bar{c}^{-1}x^{\frac{1}{k}}\right]} \int_{\frac{x}{2}+j\bar{c}x^{1-\frac{1}{k}}}^{\frac{x}{2}+(j+1)\bar{c}x^{1-\frac{1}{k}}} |\Delta_k(y)|\,\mathrm{d}y \gg x^{\frac{3k-1}{2k}}$$

或

$$\int_0^x |\Delta_k(y)|\,\mathrm{d}y \geqslant C_k' x^{\frac{3k-1}{2k}} \quad (当\ x > x_1 = x_1(k)\ 时成立)$$

当 $1 \leqslant x \leqslant x_1$ 时

$$\int_0^x |\Delta_k(y)|\,\mathrm{d}y \geqslant \int_0^1 |\Delta_k(y)|\,\mathrm{d}y$$

$$= \int_0^1 |R_k(y)|\,\mathrm{d}y > 0$$

(因为 $R_k(y) \not\equiv 0$,当 $0 \leqslant y \leqslant 1$ 时).

令 $\widetilde{C}_k = \min\left(C_k', x_1^{-\frac{3k-1}{2k}} \int_0^1 |R_k(y)|\,\mathrm{d}y\right)$

则得

$$\int_0^x |\Delta_k(y)|\,\mathrm{d}y \geqslant \widetilde{C}_k x^{1+\frac{k-1}{2k}} \quad (x \geqslant 1)$$

由上式与赫尔德(Hölder)不等式得到

$$x\sqrt[\lambda]{\frac{1}{x}\int_0^x |\Delta_k(y)|^\lambda \mathrm{d}y} = x^{1-\frac{1}{\lambda}}\left[\int_0^x |\Delta_k(y)|^\lambda \mathrm{d}y\right]^{\frac{1}{\lambda}}$$

$$\geqslant \int_0^x |\Delta_k(y)|\,\mathrm{d}y$$

$$\geqslant \widetilde{C}_k x^{1+\frac{k-1}{2k}} \quad (\lambda \geqslant 1, x \geqslant 1)$$

定理证毕.

除数问题(Ⅱ)

第14章

设 $d_k(n)$ 是 n 分解为 k 个因子乘积的方法数，$D_k(x)=\sum\limits_{n\leqslant x}d_k(n)$，设

$$R_k(x)=(a_{k,0}+a_{k,1}\ln x+\cdots+a_{k,k-1}\ln^{k-1}x)x\quad(x>0)$$

是 $\zeta^k(s)\dfrac{x^s}{s}$ 在 $s=1$ 处的留数. 定义 $\Delta_k(x)=D_k(x)-R_k(x)$，设 σ_k 是使估计式

$$\int_{-T}^{T}|\zeta(\sigma+\mathrm{i}t)|^{2k}\mathrm{d}t\ll T^{1+\varepsilon}$$

(ε 是任意正数)

成立的 σ 的下界. 蒂奇马什曾经证明等式

$$\overline{\lim_{x\to\infty}}\frac{\ln\sqrt{\dfrac{1}{x}\displaystyle\int_0^x\Delta_k^2(y)\mathrm{d}y}}{\ln x}=\frac{k-1}{2k}$$

成立的充要条件是 $\sigma_k\leqslant\dfrac{k+1}{2k}$. 浙江大学的董光昌教授早在1956年就得到改

进蒂奇马什的结果中的充分条件的部分成为下面的结果：

定理 1　如果 $\sigma_k \leqslant \frac{k+1}{2k}$，则对于任意正数 ε，下面的关系式成立

$$\int_0^x \Delta_k^2(y)\mathrm{d}y = \frac{1}{(4k-2)\pi^2}\sum_{n=1}^{+\infty}\frac{d_k^2(n)}{n^{1+\frac{1}{k}}}x^{2-\frac{1}{k}} + O(x^{2-\frac{3-4\sigma_k}{2k(1-\sigma_k)-1}+\varepsilon}) \quad ①$$

特别是当 $k=2$ 时，上面的结果还可以更加精确一些，成为

$$\int_0^x \Delta^2(y)\mathrm{d}y = \frac{1}{6\pi^2}\sum_{n=1}^{+\infty}\frac{d^2(n)}{n^{\frac{3}{2}}}x^{\frac{3}{2}} + O(x\ln^5 x) \quad ②$$

（其中 $\Delta(y)$，$d(n)$ 分别是 $\Delta_2(y)$，$d_2(n)$ 的缩写）.

在证明定理 1 之前，需要做一系列的准备工作.

在本章中，$\delta,\varepsilon,\varepsilon',\cdots$ 专门表示充分小的正常数. 设 $x>1$，$\frac{1}{2}\leqslant P\leqslant P'\leqslant P''\leqslant(1+\delta)P$，$\lambda=\lambda(k)$ 是一个实数，则由第二平均值定理[①]与范德科皮特的预定理[②]得

$$\int_{P'}^{P''} u^{\lambda}\mathrm{e}^{\pm\mathrm{i}(t\ln u-ux)}\mathrm{d}u \ll P^{\lambda}\max_{P'\leqslant P_1\leqslant P_2\leqslant P''}\left|\int_{P_1}^{P_2}\mathrm{e}^{\pm\mathrm{i}(t\ln u-ux)}\mathrm{d}u\right|$$

---

① 先分解为实、虚两部分，每一部分分别应用第二平均值定理，然后再重新化为指数形式. 这个步骤在下面的预定理中要经常使用.

② 范德科皮特的预定理是：$f(x)$ 是实函数，如果 $f''(x)$ 在 $[a,b]$ 中符号不变，则有 $\left|\int_a^b \mathrm{e}^{\mathrm{i}f(x)}\mathrm{d}x\right| \leqslant \underset{a\leqslant x\leqslant b}{\text{upper bound}}\frac{8}{\sqrt{|f''(x)|}}$.

$$\ll P^{\lambda}\max_{P'\leqslant u\leqslant P''}\sqrt{\frac{u^2}{t}}$$

$$\ll x^{-\frac{1}{2}}P^{\lambda+\frac{1}{2}} \qquad ③$$

上面最后一个估计式,是在条件$(1-\delta)Px\leqslant t\leqslant(1+2\delta)Px$之下成立的.如果$-\infty<t<(1-\delta)Px$或者$(1+2\delta)Px<t<+\infty$,则由第二平均值定理得

$$\int_{P'}^{P''}u^{\lambda}\mathrm{e}^{\pm\mathrm{i}(t\ln u-ux)}\mathrm{d}u$$

$$\ll P^{\lambda}\max_{P'\leqslant P_1\leqslant P_2\leqslant P''}\left|\int_{P_1}^{P_2}\mathrm{e}^{\pm\mathrm{i}(t\ln u-ux)}\mathrm{d}u\right|$$

$$\ll P^{\lambda}\max_{P'\leqslant P_1\leqslant P_2\leqslant P''}\left(\left|\frac{t}{P_1}-x\right|^{-1},\left|\frac{t}{P_2}-x\right|^{-1}\right)$$

$$\ll\begin{cases}P^{\lambda}x^{-1}(Px)^{\varepsilon}(1+|t|)^{-\varepsilon}\\ P^{\lambda}x^{-1}\end{cases} \qquad ④$$

联立解 ③ 与 ④ 得到对于任意实数t,下式成立

$$\int_{P'}^{P''}u^{\lambda}\mathrm{e}^{\pm\mathrm{i}(t\ln u-ux)}\mathrm{d}u\ll x^{-\frac{1}{2}}P^{\lambda+\frac{1}{2}}(1+|t|)^{-\varepsilon}(Px)^{\varepsilon} \qquad ⑤$$

当$y>1,\frac{1}{2}\leqslant M<N\leqslant+\infty$,又$M,N$与$y$无关时,记

$$I(\lambda,M,N,y)=I_k(\lambda,M,N,y)$$

$$=2\pi\mathrm{i}\int_M^N\frac{u^{\lambda}\Delta_k(u)\mathrm{e}^{-2k\pi\mathrm{i}(uy)^{\frac{1}{k}}}}{u^{1+\frac{k-1}{2k}}}\mathrm{d}u \qquad ⑥$$

预定理 1 如果$M<N\leqslant x^{2k}$,n是一个正整数,满足$n\leqslant\frac{M}{2}$,则

$$\int_{x}^{(1+\delta)x} I(0,M,N,y)y\cos\left(2k\pi(ny)^{\frac{1}{k}}+\frac{\pi}{4}(k-3)\right)\mathrm{d}y$$

$$\ll x^{2-\frac{3}{2k}+\varepsilon'}\max_{M\leqslant R\leqslant N} R^{\sigma_k-\frac{k+2}{2k}}$$

证明　由 ζ 一函数的理论——$\zeta^{2k}(s)$ 的平均次数是连续的，以及 σ_k 的定义得到

$$\int_{-T}^{T}|\zeta(\sigma_k+\mathrm{i}t)|^{2k}\mathrm{d}t\leqslant T^{1+\varepsilon} \tag{7}$$

$$\int_{-T}^{T}|\zeta(\sigma_k+\mathrm{i}t)|^{k}\mathrm{d}t\leqslant\sqrt{2T\int_{-T}^{T}|\zeta(\sigma_k+\mathrm{i}t)|^{2k}\mathrm{d}t}$$

$$\ll T^{1+\frac{\varepsilon}{2}}$$

$$\int_{-\infty}^{+\infty}\frac{|\zeta(\sigma_k+\mathrm{i}t)|^{k}}{(1+|t|)^{1+\varepsilon}}\mathrm{d}t$$

$$=2\left.\frac{\int_{0}^{t}|\zeta(\sigma_k+\mathrm{i}\tau)|^{k}\mathrm{d}\tau}{(1+|t|)^{1+\varepsilon}}\right|_{t=0}^{+\infty}+$$

$$2(1+\varepsilon)\int_{0}^{+\infty}\frac{\int_{0}^{t}|\zeta(\sigma_k+\mathrm{i}\tau)^{k}|\mathrm{d}\tau}{(1+|t|)^{2+\varepsilon}}\mathrm{d}t$$

$$\ll\int_{0}^{+\infty}\frac{(1+t)^{1+\frac{\varepsilon}{2}}}{(1+t)^{2+\varepsilon}}<+\infty \tag{8}$$

由佩龙公式与留数定理得(注意到 $0<\sigma_k<1$)

$$\frac{1}{2}(\Delta_k(u-0)+\Delta_k(u+0))$$

$$=\lim_{T\to\infty}\frac{1}{2\pi\mathrm{i}}\int_{2-\mathrm{i}T}^{2+\mathrm{i}T}\zeta^{k}(s)\frac{u^{s}}{s}\mathrm{d}s-R_k(u)$$

$$=\lim_{T\to\infty}\frac{1}{2\pi\mathrm{i}}\left(\int_{2-\mathrm{i}T}^{\sigma_k-\mathrm{i}T}+\int_{\sigma_k-\mathrm{i}T}^{\sigma_k+\mathrm{i}T}+\int_{\sigma_k+\mathrm{i}T}^{2+\mathrm{i}T}\right)\zeta^{k}(s)\frac{u^{s}}{s}\mathrm{d}s$$

$$=\lim_{T\to+\infty}\frac{1}{2\pi \mathrm{i}}\int_{\sigma_k-\mathrm{i}T}^{\sigma_k+\mathrm{i}T}\zeta^k(s)\frac{u^s}{s}\mathrm{d}s$$ ①

设 $\frac{1}{2}\leqslant P<Q\leqslant(1+\delta)P$，由 ⑥ 与上式得

$$I(\lambda,P,Q,y)=\int_P^Q u^{\lambda-1-\frac{k-1}{2k}}\mathrm{e}^{-2k\pi\mathrm{i}(uy)^{\frac{1}{k}}}\mathrm{d}u\cdot\lim_{T\to+\infty}\int_{\sigma_k-\mathrm{i}T}^{\sigma_k+\mathrm{i}T}\zeta^k(s)\frac{u^s}{s}\mathrm{d}s$$

$$=\lim_{T\to+\infty}\int_{\sigma_k-\mathrm{i}T}^{\sigma_k+\mathrm{i}T}\zeta^k(s)\frac{\mathrm{d}s}{s}\cdot\int_P^Q u^{\lambda+s-1-\frac{k-1}{2k}}\mathrm{e}^{-2k\pi\mathrm{i}(uy)^{\frac{1}{k}}}\mathrm{d}u$$

（上式中积分的交换可以由 ⑤ 与 ⑧ 校验）

$$=\int_{\sigma_k-\mathrm{i}\infty}^{\sigma_k+\mathrm{i}\infty}\zeta^k(s)\frac{\mathrm{d}s}{s}\int_P^Q u^{\lambda+\sigma_k-\frac{3}{2}+\frac{1}{2k}}\mathrm{e}^{\mathrm{i}(t\ln u-2k\pi(uy)^{\frac{1}{k}})}\mathrm{d}u$$

$$(s=\sigma_k+\mathrm{i}t)\qquad ⑨$$

今设 $0<n\leqslant\frac{P}{2}$，则有

---

① 要验证等式成立，只需证明当 $0\geqslant\sigma_k$，$|t|\to+\infty$ 时，$\frac{\zeta^k(s)}{s}\to 0$ 一致地成立.

由于 $\zeta^{2k}(s)$ 的平均次数是 σ 的连续函数且是递减函数，因此利用 ⑦，必能找到正数 δ 使得

$$\int_{-T}^{T}|\zeta(s)|^{2k}\mathrm{d}t\ll T^{\frac{3}{2}}$$

当 $\sigma\geqslant\sigma_k-\delta$ 时一致地成立.

因为任何正则函数在圆心的绝对值小于在圆内的绝对值的平均值，故当 $\sigma\geqslant\sigma_k$ 时下式成立

$$|\zeta(s)|^{2k}\leqslant\frac{1}{\pi\delta^2}\iint_{|s-s_1|\leqslant\delta}|\zeta(s_1)|^{2k}\mathrm{d}\sigma_1\mathrm{d}t_1$$

$$\ll\max_{\sigma_1\geqslant\sigma_k-\delta}\int_{t-\delta}^{t+\delta}|\zeta(s_1)|^{2k}\mathrm{d}t_1$$

$$\leqslant\max_{\sigma_1\geqslant\sigma_k-\delta}\int_{-|t|-\delta}^{|t|+\delta}|\zeta(s_1)|^{2k}\mathrm{d}t_1\ll|t|^{\frac{3}{2}}$$

由此得到，当 $\sigma\geqslant\sigma_k$，$|t|\to+\infty$ 时，$\frac{\zeta^k(s)}{s}\to 0$ 一致地成立.

$$\int_x^{(1+\delta)x} I(0,P,Q,y)\, y\mathrm{e}^{\pm 2k\pi\mathrm{i}(ny)^{\frac{1}{k}}}\mathrm{d}y$$

$$=\int_x^{(1+\delta)x} y\mathrm{e}^{\pm 2k\pi\mathrm{i}(ny)^{\frac{1}{k}}}\mathrm{d}y\int_{\sigma_k-\mathrm{i}\infty}^{\sigma_k+\mathrm{i}\infty}\frac{\zeta^k(s)}{s}\mathrm{d}s\cdot$$

$$\int_P^Q \mathrm{e}^{-2k\pi\mathrm{i}(uy)^{\frac{1}{k}}}u^{\sigma_k-\frac{3}{2}+\frac{1}{2k}+\mathrm{i}t}\mathrm{d}u$$

$$=\int_{\sigma_k-\mathrm{i}\infty}^{\sigma_k+\mathrm{i}\infty}\frac{\zeta^k(s)}{s}\mathrm{d}s\int_P^Q\int_x^{(1+\delta)x} y\mathrm{e}^{-2k\pi\mathrm{i}((uy)^{\frac{1}{k}}\mp(ny)^{\frac{1}{k}})}u^{\sigma_k-\frac{3}{2}-\frac{1}{2k}+\mathrm{i}t}\mathrm{d}u\mathrm{d}y$$

（积分的交换可以由 ⑤ 与 ⑧ 校验）

$$=\int_{\sigma_k-\mathrm{i}\infty}^{\sigma_k+\mathrm{i}\infty}\frac{\zeta^k(s)}{s}I_s\mathrm{d}s\quad（这样记一记）$$

令 $u^{\frac{1}{k}}=U,P^{\frac{1}{k}}=P_0,Q^{\frac{1}{k}}=P_1,2k\pi y^{\frac{1}{k}}=Y,2k\pi x^{\frac{1}{k}}=X_0,2k\pi((1+\delta)x)^{\frac{1}{k}}=X_1$ 以及 $kt=T$，则得

$$I_s=k^2(2k\pi)^{-2k}\int_{P_0}^{P_1}\int_{X_0}^{X_1}Y^{2k-1}\mathrm{e}^{-\mathrm{i}(U\mp n^{\frac{1}{k}})Y}U^{k(\sigma_k-\frac{1}{2})-\frac{1}{2}+\mathrm{i}T}\mathrm{d}Y\mathrm{d}U$$

$$=\mathrm{i}k^2(2k\pi)^{-2k}\Big\{\sum_{j=0}^{1}\int_{P_0}^{P_1}\frac{U^{k(\sigma_k-\frac{1}{2})-\frac{1}{2}+\mathrm{i}T}}{U\mp n^{\frac{1}{k}}}\cdot$$

$$X_j^{2k-1}\mathrm{e}^{-\mathrm{i}(U\mp n^{\frac{1}{k}})X_j}\mathrm{d}U-$$

$$(2k-1)\int_{X_0}^{X_1}\mathrm{d}Y\int_{P_0}^{P_1}\frac{U^{k(\sigma_k-\frac{1}{2})-\frac{1}{2}+\mathrm{i}T}}{U\mp n^{\frac{1}{k}}}Y^{2k-2}\mathrm{e}^{-\mathrm{i}(U\mp n^{\frac{1}{k}})Y}\mathrm{d}U\Big\}$$

（上式是分部积分）

$$\ll X_0^{2k-1}\max_{X_0\leqslant Y\leqslant X_1}\left|\int_{P_0}^{P_1}U^{k(\sigma_k-\frac{1}{2})-\frac{1}{2}}\frac{\mathrm{e}^{\mathrm{i}(T\ln U-UY)}}{U\mp n^{\frac{1}{k}}}\mathrm{d}U\right|$$

$$\ll\frac{X_0^{2k-1}}{P_0-n^{\frac{1}{k}}}\max_{X_0\leqslant Y\leqslant X_1,P_0\leqslant P^*\leqslant P_1}\left|\int_{P_0}^{P^*}U^{k(\sigma_k-\frac{1}{2})-\frac{1}{2}}\mathrm{e}^{\mathrm{i}(T\ln U-UY)}\mathrm{d}U\right|$$

（上式是应用了第二平均值定理而得）

$$\ll\frac{X_0^{2k-1}}{P_0}X_0^{-\frac{1}{2}}P_0^{k(\sigma_k-\frac{1}{2})}(P_0X_0)^{\varepsilon}(1+|t|)^{-\varepsilon}$$

（上式由 ⑤ 与 $n\leqslant\frac{P}{2}$ 得出）

$$\ll x^{2-\frac{3}{2k}} P^{\sigma_k-\frac{k+2}{2k}} (Px)^{\varepsilon} (1+|t|)^{-\varepsilon}$$

由上式与 ⑧ 得

$$\int_x^{(1+\delta)x} I(0,P,Q,y) y \mathrm{e}^{\pm 2k\pi \mathrm{i}(ny)^{\frac{1}{k}}} \mathrm{d}y$$

$$=\int_{\sigma_k-\mathrm{i}\infty}^{\sigma_k+\mathrm{i}\infty} \frac{\zeta^k(s)}{s} I_s \mathrm{d}s$$

$$\ll x^{2-\frac{3}{2k}} P^{\sigma_k-\frac{k+2}{2k}} (Px)^{\varepsilon} \int_{-\infty}^{+\infty} \frac{|\zeta(\sigma_k+\mathrm{i}t)|^k}{(1+|t|)^{1+\varepsilon}} \mathrm{d}t$$

$$\ll x^{2-\frac{3}{2k}} P^{\sigma_k-\frac{k+2}{2k}} (Px)^{\varepsilon}$$

当 $\frac{1}{2} \leqslant M < N \leqslant x^{2k}$ 时，把区间 (M,N) 分解为 r 个小区间 (M_0,M_1)，(M_1,M_2)，…，(M_{r-1},M_r)，使 $M_0=M, M_r=N$ 以及下列关系式成立

$$r \ll \ln x, M_j < M_{j+1} \leqslant M_j(1+\delta)$$
$$(j=0,1,\cdots,r-1) \tag{10}$$

则得

$$\int_x^{(1+\delta)x} I(0,M,N,y) y \mathrm{e}^{\pm 2k\pi \mathrm{i}(ny)^{\frac{1}{k}}} \mathrm{d}y$$

$$=\sum_{j=0}^{r-1} \int_x^{(1+\delta)x} I(0,M_j,M_{j+1},y) y \mathrm{e}^{\pm 2k\pi \mathrm{i}(ny)^{\frac{1}{k}}} \mathrm{d}y$$

$$\ll \sum_{j=0}^{r-1} x^{2-\frac{3}{2k}} M_j^{\sigma_k-\frac{k+2}{2k}} (M_j x)^{\varepsilon}$$

$$\ll x^{2-\frac{3}{2k}+\varepsilon'} \max_{M \leqslant R \leqslant N} R^{\sigma_k-\frac{k+2}{2k}}$$

预定理 1 证毕.

预定理 2 如果 $M < N \leqslant x^{2k}$，则

$$\int_x^{(1+\delta)x} |I(\lambda,M,N,y)|^2 \mathrm{d}y \ll x^{1-\frac{2}{k}+\varepsilon'} \max_{M \leqslant R \leqslant N} R^{2\lambda+2\left(\sigma_k-\frac{k+1}{2k}\right)}$$

证明 由 ⑨ 得

$$\int_x^{(1+\delta)x} \mid I(\lambda,P,Q,y) \mid^2 \mathrm{d}y$$

$$=\int_x^{(1+\delta)x}\mathrm{d}y\left\{\int_{\sigma_k-\mathrm{i}\infty}^{\sigma_k+\mathrm{i}\infty}\frac{\zeta^k(s)}{s}\mathrm{d}s\int_P^Q u^{\lambda+\sigma_k-\frac{3}{2}+\frac{1}{2k}+\mathrm{i}t}\mathrm{e}^{-2k\pi\mathrm{i}(uy)^{\frac{1}{k}}}\mathrm{d}u\right\}\cdot$$

$$\left\{\int_{\sigma_k-\mathrm{i}\infty}^{\sigma_k+\mathrm{i}\infty}\frac{\zeta^k(\overline{s'})}{\overline{s'}}\mathrm{d}\overline{s'}\int_P^Q v^{\lambda+\sigma_k-\frac{3}{2}+\frac{1}{2k}-\mathrm{i}t'}\mathrm{e}^{2k\pi\mathrm{i}(vy)^{\frac{1}{k}}}\mathrm{d}v\right\}$$

$$=\int_{\sigma_k-\mathrm{i}\infty}^{\sigma_k+\mathrm{i}\infty}\int_{\sigma_k-\mathrm{i}\infty}^{\sigma_k+\mathrm{i}\infty}\frac{\zeta^k(s)}{s}\cdot\frac{\zeta^k(\overline{s'})}{\overline{s'}}\mathrm{d}s\mathrm{d}\overline{s'}\int_x^{(1+\delta)x}\mathrm{d}y\int_P^Q\mathrm{e}^{-2k\pi\mathrm{i}(uy)^{\frac{1}{k}}}\cdot$$

$$u^{\lambda+\sigma_k-\frac{3}{2}+\frac{1}{2k}+\mathrm{i}t}\mathrm{d}u\int_P^Q\mathrm{e}^{2k\pi\mathrm{i}(vy)^{\frac{1}{k}}}v^{\lambda+\sigma_k-\frac{3}{2}+\frac{1}{2k}-\mathrm{i}t'}\mathrm{d}v$$

（交换积分次序，由 ⑤ 与 ⑧ 核验之）

$$=\int_{\sigma_k-\mathrm{i}\infty}^{\sigma_k+\mathrm{i}\infty}\int_{\sigma_k-\mathrm{i}\infty}^{\sigma_k+\mathrm{i}\infty}\frac{\zeta^k(s)}{s}\cdot\frac{\zeta^k(\overline{s'})}{\overline{s'}}I_{s,s'}\mathrm{d}s\mathrm{d}\overline{s'}\quad（这样记一记）$$

令 $2k\pi(uy)^{\frac{1}{k}}=U, 2k\pi(vy)^{\frac{1}{k}}=V, P^{\frac{1}{k}}=P_0, Q^{\frac{1}{k}}=P_1, 2k\pi y^{\frac{1}{k}}=Y, 2k\pi x^{\frac{1}{k}}=X_0, 2k\pi((1+\delta)x)^{\frac{1}{k}}=X_1$, $kt=T_0, kt'=T_1$，以及 $k\left(\lambda+\sigma_k-\frac{1}{2}\right)=\mu$. 由于 $P<Q\leqslant(1+\delta)P$，故得

$$P_0X_0\leqslant P_1X_1\leqslant(1+2\delta)P_0X_0$$

$$I_{s,s'}=k^3(2k\pi)^{-k}\int_{X_0}^{X_1}Y^{-2\mu+k-2-\mathrm{i}(T_0-T_1)}\mathrm{d}Y\cdot$$

$$\int_{P_0Y}^{P_1Y}U^{\mu-\frac{1}{2}}\mathrm{e}^{\mathrm{i}(T_0\ln U-U)}\mathrm{d}U\int_{P_0Y}^{P_1Y}V^{\mu-\frac{1}{2}}\mathrm{e}^{-\mathrm{i}(T_1\ln V-V)}\mathrm{d}V$$

估计 $I_{s,s'}$ 需要分为三种情形如下：

情形 1　T_0 与 T_1 都在区间 $((1-2\delta)P_0X_0,(1+4\delta)P_0X_0)$ 之外.

由 ④ 得

$$I_{s,s'}\ll X_0^{-2\mu+k-1}\max_{X_0\leqslant Y\leqslant X_1}\left|\int_{P_0Y}^{P_1Y}U^{\mu-\frac{1}{2}}\mathrm{e}^{\mathrm{i}(T_0\ln U-U)}\mathrm{d}U\right|\cdot$$

$$\max_{X_0\leqslant Y\leqslant X_1}\left|\int_{P_0Y}^{P_1Y}V^{\mu-\frac{1}{2}}\mathrm{e}^{-\mathrm{i}(T_1\ln V-V)}\mathrm{d}V\right|$$

$$\ll X_0^{k-2} P_0^{2\mu-1} (P_0 X_0)^{2\varepsilon} (1+|T_0|)^{-\varepsilon} (1+|T_1|)^{-\varepsilon}$$

情形 2 T_0 与 T_1，一个在区间 $((1-2\delta)P_0X_0, (1+4\delta)P_0X_0)$ 之内，一个在区间之外. 不妨假设 T_0 在区间之内，如果 $|T_0-T_1| \leqslant \delta P_0 X_0$ 成立，则必须 $T_0 < (1-\delta)P_0X_0$ 或 $T_0 > (1+3\delta)P_0X_0$，在这样的情况下，情形 1 中的估计仍然成立. 现在讨论 $|T_0-T_1| > \delta P_0X_0$ 的情况，由第二平均值定理得

$$I_{s,s'} \ll \max_{X_0 \leqslant X_2 \leqslant X_3 \leqslant X_1} \left| X_0^{-2\mu+k-2} \int_{X_2}^{X_3} Y^{-\mathrm{i}(T_0-T_1)} \mathrm{d}Y \cdot \int_{P_0Y}^{P_1Y} U^{\mu-\frac{1}{2}} \mathrm{e}^{\mathrm{i}(T_0 \ln U - U)} \mathrm{d}U \int_{P_0Y}^{P_1Y} V^{\mu-\frac{1}{2}} \mathrm{e}^{-\mathrm{i}(T_1 \ln V - V)} \mathrm{d}V \right|$$

关于 Y 分部积分

$$\begin{aligned} & I_{s,s'} \\ \ll & X_0^{-2\mu+k-2} \frac{1}{|1-\mathrm{i}(T_0-T_1)|} \cdot \\ & \max_{X_0 \leqslant X_2 \leqslant X_3 \leqslant X_1} \left| \sum_{j=2}^{3} (-1)^{j-1} X_j^{1-\mathrm{i}(T_0-T_1)} \cdot \right. \\ & \int_{P_0X_j}^{P_1X_j} U^{\mu-\frac{1}{2}} \mathrm{e}^{\mathrm{i}(T_0 \ln U - U)} \mathrm{d}U \int_{P_0X_j}^{P_1X_j} V^{\mu-\frac{1}{2}} \mathrm{e}^{-\mathrm{i}(T_1 \ln V - V)} \mathrm{d}V + \\ & \sum_{j=0}^{1} (-1)^j P_j^{\mu+\frac{1}{2}+\mathrm{i}T_0} \int_{X_2}^{X_3} Y^{\mu+\frac{1}{2}} \mathrm{e}^{\mathrm{i}(T_1 \ln Y - P_jY)} \mathrm{d}Y \cdot \\ & \int_{P_0Y}^{P_1Y} V^{\mu-\frac{1}{2}} \mathrm{e}^{-\mathrm{i}(T_1 \ln V - V)} \mathrm{d}V + \sum_{j=0}^{1} (-1)^j P_j^{\mu+\frac{1}{2}-\mathrm{i}T_1} \cdot \\ & \left. \int_{X_2}^{X_3} Y^{\mu+\frac{1}{2}} \mathrm{e}^{-\mathrm{i}(T_0 \ln Y - P_jY)} \mathrm{d}Y \int_{P_0Y}^{P_1Y} U^{\mu-\frac{1}{2}} \mathrm{e}^{\mathrm{i}(T_0 \ln U - U)} \mathrm{d}U \right| \\ = & \frac{X^{-2\mu+k-2}}{|1-\mathrm{i}(T_0-T_1)|} \max_{X_2,X_3} |I_1+I_2+I_3| \end{aligned} \tag{11}$$

由 ③④ 得

$$I_1 \ll X_0 (P_0X_0)^{\mu} (P_0X_0)^{\mu-\frac{1}{2}} = X_0 (P_0X_0)^{2\mu-\frac{1}{2}}$$

由 ④ 得

$$I_2 \ll P_0^{\mu+\frac{1}{2}} X_0^{\mu+\frac{3}{2}} \max_{X_2 \leqslant Y \leqslant X_3} \left| \int_{P_0 Y}^{P_1 Y} V^{\mu-\frac{1}{2}} \mathrm{e}^{-\mathrm{i}(T_1 \ln V - V)} \mathrm{d}V \right|$$

$$\ll P_0^{\mu+\frac{1}{2}} X_0^{\mu+\frac{3}{2}} (P_0 X_0)^{\mu-\frac{1}{2}}$$

$$= X_0 (P_0 X_0)^{2\mu}$$

由第二平均值定理得

$$I_3 \ll (P_0 X_0)^{\mu+\frac{1}{2}} \max_{P_0 \leqslant P^* \leqslant P_1, X_2 \leqslant X_4 \leqslant X_7 \leqslant X_3} \left| \int_{X_4}^{X_7} \mathrm{e}^{-\mathrm{i}(T_0 \ln Y - P^* Y)} \mathrm{d}Y \cdot \right.$$

$$\left. \int_{P_0 Y}^{P_1 Y} U^{\mu-\frac{1}{2}} \mathrm{e}^{\mathrm{i}(T_0 \ln U - U)} \mathrm{d}U \right|$$

$$= (P_0 X_0)^{\mu+\frac{1}{2}} \max_{P^*, X_4, X_7} | I_4 |$$

令 $X_5 = \frac{T_0}{P^*} - \left(\frac{X_0}{P_0}\right)^{\frac{1}{2}}, X_0 = \frac{T_0}{P^*} + \left(\frac{X_0}{P_0}\right)^{\frac{1}{2}}$，当 $X_4 \leqslant X_5 < X_6 \leqslant X_7$ 时，令

$$I_4 = \int_{X_4}^{X_5} + \int_{X_5}^{X_6} + \int_{X_6}^{X_7} = I_5 + I_6 + I_7$$

由 ③ 得

$$I_6 \ll (X_6 - X_5) \max_{X_5 \leqslant Y \leqslant X_6} \left| \int_{P_0 Y}^{P_1 Y} U^{\mu-\frac{1}{2}} \mathrm{e}^{\mathrm{i}(T \ln U - U)} \mathrm{d}U \right|$$

$$\ll \left(\frac{X_0}{P_0}\right)^{\frac{1}{2}} (P_0 X_0)^{\mu} = X_0 (P_0 X_0)^{\mu-\frac{1}{2}}$$

对 I_5 施行分部积分得

$$I_5 = \sum_{j=4}^{5} (-1)^{j-1} \frac{\mathrm{i} X_j}{T_0 - P^* X_j} \mathrm{e}^{-\mathrm{i}(T_0 \ln X_j - P^* X_j)} \cdot$$

$$\int_{P_0 X_j}^{P_1 X_j} U^{\mu-\frac{1}{2}} \mathrm{e}^{\mathrm{i}(T_0 \ln(U-U))} \mathrm{d}U +$$

$$\sum_{j=0}^{1} (-1)^j \mathrm{i} P_j^{\mu+\frac{1}{2}+\mathrm{i}T_0} \int_{X_4}^{X_5} \frac{Y^{\mu+\frac{1}{2}}}{T_0 - P^* Y} \mathrm{e}^{\mathrm{i}(P^* - P_j) Y} \mathrm{d}Y$$

$$= I_8 + I_9$$

由 ③ 得

$$I_8 \ll \frac{X_0}{(P_0 X_0)^{\frac{1}{2}}}(P_0 X_0)^{\mu} = X_0 (P_0 X_0)^{\mu-\frac{1}{2}}$$

又

$$\begin{aligned}
|I_9| &\leqslant \sum_{j=0}^{1} P_j^{\mu+\frac{1}{2}} \int_{X_4}^{X_5} \frac{Y^{\mu+\frac{1}{2}}}{T_0 - P^* Y} \mathrm{d}Y \\
&\ll P_0^{\mu-\frac{1}{2}} \int_{X_4}^{X_5} \frac{X^{\mu-\frac{1}{2}}}{T_0 - P^* Y} \mathrm{d}(P^* Y) \\
&\ll X_0 (P_0 X_0)^{\mu-\frac{1}{2}} \ln(P_0, X_0) \\
&\ll X_0 (P_0 X_0)^{\mu-\frac{1}{2}+\varepsilon}
\end{aligned}$$

因此得到

$$I_5 = I_8 + I_9 \ll X_0 (P_0 X_0)^{\mu-\frac{1}{2}+\varepsilon}$$

I_7 的估计与 I_5 类似

$$I_7 \ll X_0 (P_0 X_0)^{\mu-\frac{1}{2}+\varepsilon}$$

故得

$$I_4 = I_5 + I_6 + I_7 \ll X_0 (P_0 X_0)^{\mu-\frac{1}{2}+\varepsilon}$$

上面关于 I_4 的估计是在 $X_4 \leqslant X_5 < X_6 \leqslant X_7$ 的情况下进行的，在其他的情况下，只要把积分的分解步骤稍加改变，仍然得到同样的估计结果（例如在 $X_5 < X_4 \leqslant X_6 \leqslant X_7$ 时，令 $I_4 = \int_{X_4}^{X_7} = \int_{X_4}^{X_6} + \int_{X_6}^{X_7} = I_6 + I_7$ 即可）. 因此得到

$$I_3 \ll (P_0 X_0)^{\mu+\frac{1}{2}} \max_{P^*, X_4, X_7} |I_4| \ll X_0 (P_0 X_0)^{2\mu+\varepsilon}$$

由于 $|T_0 - T_1| > \delta P_0 X_0$ 以及 $(1-2\delta) P_0 X_0 < T_0 < (1+4\delta) P_0 X_0$ 得到

$$|T_0 - T_1| \gg (P_0 X_0)^{1-2\varepsilon} (1 + |T_0|)^{\varepsilon} (1 + |T_1|)^{\varepsilon}$$

由这个式子与①，以及上面的关于 I_1, I_2, I_3 的估计得到

$$
\begin{aligned}
I_{s,s'} &\ll X_0^{-2\mu+k-2}\frac{1}{|1-\mathrm{i}(T_0-T_1)|}\max_{X_2,X_3}|I_1+I_2+I_3| \\
&\ll X_0^{-2\mu+k-2}(P_0X_0)^{-1+2\varepsilon}(1+|T_0|)^{-\varepsilon}(1+|T_1|)^{-\varepsilon}\cdot \\
&\quad X_0(P_0X_0)^{2\mu+\varepsilon} \\
&=X_0^{k-2}P_0^{2\mu-1}(P_0X_0)^{3\varepsilon}(1+|T_0|)^{-\varepsilon}(1+|T_1|)^{-\varepsilon}
\end{aligned}
$$

情形 3　T_0 与 T_1 都在区间 $((1-2\delta)P_0X_0,(1+4\delta)P_0X_0)$ 之内. 把 $I_{s,s'}$ 分解为 ⑪ 的形式,用情形 2 的方法去估计 I_3,用类似于估计 I_3 的方法估计 I_2,又由 ③ 得

$$
\begin{aligned}
I_1 &\ll X_0\max_{X_0\leqslant Y\leqslant X_1}\left|\int_{P_0Y}^{P_1Y}U^{\mu-\frac{1}{2}}\mathrm{e}^{\mathrm{i}(T_0\ln U-U)}\mathrm{d}U\right|\cdot \\
&\quad \max_{X_0\leqslant Y\leqslant X_1}\left|\int_{P_0Y}^{P_1Y}V^{\mu-\frac{1}{2}}\mathrm{e}^{-\mathrm{i}(T_1\ln V-V)}\mathrm{d}V\right| \\
&\ll X_0(P_0X_0)^{\mu}(P_0X_0)^{\mu}=X_0(P_0X_0)^{2\mu}
\end{aligned}
$$

由这些估计式与 ⑪ 得

$$
\begin{aligned}
I_{s,s'} &\ll \frac{X_0^{-2\mu+k-2}}{1+|T_0-T_1|}X_0(P_0X_0)^{2\mu+\varepsilon} \\
&=\frac{X_0^{k-1}P_0^{2\mu}}{1+|T_0-T_1|}(P_0X_0)^{\varepsilon}
\end{aligned}
$$

令 $2\pi(Px)^{\frac{1}{k}}=T$,用上述三种情形的关于 $I_{s,s'}$ 的估计得到

$$
\begin{aligned}
&\int_x^{(1+\delta)x}|I(\lambda,P,Q,y)|^2\mathrm{d}y \\
=&\int_{\sigma_k-\mathrm{i}\infty}^{\sigma_k+\mathrm{i}\infty}\int_{\sigma_k-\mathrm{i}\infty}^{\sigma_k+\mathrm{i}\infty}\frac{\zeta_k(s)}{s}\cdot\frac{\zeta^k(\bar{s}')}{\bar{s}'}I_{s,s'}\mathrm{d}s\mathrm{d}\bar{s}' \\
\ll & x^{1-\frac{2}{k}}P^{\frac{2\mu-1}{k}}\left\{T^{3\varepsilon}\int_{-\infty}^{+\infty}\int_{-\infty}^{+\infty}\frac{|\zeta(\sigma_k+\mathrm{i}t)|^k}{1+|t|}\cdot\right. \\
&\frac{|\zeta(\sigma_k-\mathrm{i}t')|^k}{1+|t'|}\cdot\frac{\mathrm{d}t}{(1+|t|)^{\varepsilon}}\cdot \\
&\frac{\mathrm{d}t'}{(1+|t'|)^{\varepsilon}}+
\end{aligned}
$$

$$T^{1+\varepsilon}\int_{(1-2\delta)T}^{(1+4\delta)T}\int_{(1-2\delta)T}^{(1+4\delta)T}\frac{|\zeta(\sigma_k+\mathrm{i}t)|^k}{t}\cdot$$

$$\frac{|\zeta(\sigma_k-\mathrm{i}t')|^k}{t'}\cdot\frac{\mathrm{d}t\mathrm{d}t'}{1+|t-t'|}\Big\}$$

$$\ll x^{1-\frac{2}{k}}P^{\frac{2\mu-1}{k}}\Big\{T^{3\varepsilon}\int_{-\infty}^{+\infty}\int_{-\infty}^{+\infty}\frac{|\zeta(\sigma_k+\mathrm{i}t)|^k}{(1+|t|)^{1+\varepsilon}}\cdot$$

$$\frac{|\zeta(\sigma_k-\mathrm{i}t')|^k}{(1+|t'|)^{1+\varepsilon}}\mathrm{d}t\mathrm{d}t'+$$

$$T^{-1+\varepsilon}\int_{-2T}^{2T}\int_{-2T}^{2T}\frac{|\zeta(\sigma_k+\mathrm{i}t)|^k|\zeta(\sigma_k-\mathrm{i}t')|^k}{1+|t-t'|}\mathrm{d}t\mathrm{d}t'\Big\}$$

$$=x^{1-\frac{2}{k}}P^{\frac{2\mu-1}{k}}\{T^{3\varepsilon}I+T^{-1+3\varepsilon}I'\}$$ （这样记一记）

由 ⑧ 得

$$I=\int_{-\infty}^{+\infty}\frac{|\zeta(\sigma_k+\mathrm{i}t)|^k}{(1+|t|)^{1+\varepsilon}}\mathrm{d}t\cdot\int_{-\infty}^{+\infty}\frac{|\zeta(\sigma_k-\mathrm{i}t')|^k}{(1+|t'|)^{1+\varepsilon}}\mathrm{d}t'<+\infty$$

在 I' 中，令 $t=t_1+t_2$，$t'=t_1-t_2$，应用布尼亚科夫斯基(Буняковский)不等式与 ⑦ 得

$$I'\ll\max_{-4T\leqslant t_2\leqslant 4T}\int_{-4T}^{4T}|\zeta(\sigma_k+\mathrm{i}(t_1+t_2))|^k\cdot$$

$$|\zeta(\sigma_k-\mathrm{i}(t_1-t_2))|^k\mathrm{d}t_1\cdot\int_{-4T}^{4T}\frac{\mathrm{d}t_2}{1+|t_2|}$$

$$\ll T^{\varepsilon}\max_{-4T\leqslant t_2\leqslant 4T}\Big\{\int_{-4T}^{4T}|\zeta(\sigma_k+\mathrm{i}(t_1+t_2))|^{2k}\mathrm{d}t_1\cdot$$

$$\int_{-4T}^{4T}|\zeta(\sigma_k-\mathrm{i}(t_1-t_2))|^{2k}\mathrm{d}t_1\Big\}^{\frac{1}{2}}$$

$$\ll T^{1+2\varepsilon}$$

因此得到

$$\int_x^{(1+\delta)x}|I(\lambda,P,Q,y)|^2\mathrm{d}y$$

$$\ll x^{1-\frac{2}{k}}P^{\frac{2\mu-1}{k}}T^{2\varepsilon}$$

$$\ll x^{1-\frac{2}{k}+3\varepsilon}P^{2\lambda+2\left(\sigma_k-\frac{k+1}{2k}\right)+3\varepsilon}$$

如果$\frac{1}{2}\leqslant M_0<M_1<\cdots<M_r<+\infty$,而且 $M_{j+1}\leqslant M_j(1+\delta)(j=0,1,2,\cdots,r-1)$,则由布尼亚科夫斯基(Буняковский)不等式与上面的估计得到

$$\begin{aligned}&\int_x^{(1+\delta)x}\left|\sum_{j=0}^{r-1}I(\lambda,M_j,M_{j+1},y)\right|^2\mathrm{d}y\\&\ll\sum_{h,j=0}^{r-1}\int_x^{(1+\delta)x}\left|I(\lambda,M_h,M_{h+1},y)I(\lambda,M_j,M_{j+1},y)\right|\mathrm{d}y\\&\ll\sum_{h,j=0}^{r-1}\sqrt{\int_x^{(1+\delta)x}\left|I(\lambda,M_h,M_{h+1},y)\right|^2\mathrm{d}y}\cdot\\&\quad\sqrt{\int_x^{(1+\delta)x}\left|I(\lambda,M_j,M_{j+1},y)\right|^2\mathrm{d}y}\\&=\left\{\sum_{j=0}^{r-1}\sqrt{\int_x^{(1+\delta)x}\left|I(\lambda,M_j,M_{j+1},y)\right|^2\mathrm{d}y}\right\}^2\\&\ll x^{1-\frac{2}{k}+3\varepsilon}\left\{\sum_{j=0}^{r-1}M_j^{\lambda+\sigma_k-\frac{k+1}{2k}+2\varepsilon}\right\}^2\end{aligned}\tag{⑫}$$

现在把区间(M,N)像 ⑩ 的样子分解,再应用 ⑫,就得到预定理 2.

预定理 3　如果 $N\leqslant x^{2k}$,$\lambda+\sigma_k<\frac{k+1}{2k}$,则必有

$$\int_x^{(1+\delta)x}\left|I(\lambda,N,+\infty,y)\right|^2\mathrm{d}y\ll x^{1-\frac{2}{k}+\varepsilon'}N^{2\lambda+2\left(\sigma_k-\frac{k+1}{2k}\right)}$$

证明　在 ⑫ 中令 $M_j=N(1+\delta)^j(j=0,1,\cdots,r-1)$,得

$$\begin{aligned}&\int_x^{(1+\delta)x}\left|I(\lambda,N,N(1+\delta)^\gamma,y)\right|^2\mathrm{d}y\\&\ll x^{1-\frac{2}{k}+3\varepsilon}N^{2\lambda+2\left(\sigma_k-\frac{k+1}{2k}\right)+4\varepsilon}\left\{\sum_{j=0}^{r-1}(1+\delta)^{j\left(\lambda+\sigma_k-\frac{k+1}{2k}+2\varepsilon\right)}\right\}^2\\&\ll x^{1-\frac{2}{k}+\varepsilon'}N^{2\lambda+2\left(\sigma_k-\frac{k+1}{2k}\right)}\end{aligned}$$

令 $r\to+\infty$,就证明了预定理 3.

令 $f(k,s)=\frac{2^k}{2\pi i}(2\pi)^{-ks}\left(P(s)\cos\frac{\pi s}{2}\right)^k$，$F_j(s)=\sum_{m=-j-1}^{+\infty}\frac{B_m}{s^m}$（$j=0,1,\cdots$，又 B_m 都是实数）当 $|s|>j+1$ 时是正则的. 设 Γ_j 是用直线段联结下列诸点所成的围道

$$-j-i\infty,-j-i(j+2),j+\frac{3}{2}-i(j+2)$$

$$j+\frac{3}{2}+i(j+2),-j+i(j+2),-j+i\infty$$

则当 x 是充分大的正数时，下面的渐近展开式成立

$$\int_{\Gamma_j}x^{-s}f(k,s)F_i(s)\mathrm{d}s\sim\sum_{m=0}^{+\infty}\mathrm{Re}\{b_{kjm}x^{-\frac{k+1}{2k}-\frac{j+m}{k}}\mathrm{e}^{-2k\pi ix^{\frac{1}{k}}}\}$$

当 $x>1,u>1$ 时，令

$$J_{k,h}(u,x)=\int_{\Gamma_0}u^{-s}x^{1-s}\frac{f(k,s)}{(1-s)^{h+1}}\mathrm{d}s\quad(h=0,1,\cdots,k-1)$$

改变 $J_{k,h}(u,x)$ 的积分路径，得到

$$J_{k,h}(u,x)=\int_{\Gamma_j}u^{-s}x^{1-s}\frac{f(k,s)}{(1-s)^{h+1}}\mathrm{d}s$$

上式对于任意的 j 成立. 令 $y>1$，$\tilde{y}$ 与 $\int_{E_k}g(\tilde{y})\mathrm{d}Y$ 分别是 $y+\frac{1}{x}(y_1+y_2+\cdots+y_k)$ 与 $\int_0^1\cdots\int_0^1 g(\tilde{y})\mathrm{d}y_1\cdots\mathrm{d}y_k$ 的缩写（$g(\tilde{y})$ 是任意的函数）. 由上面的渐近展开式得

$$J_{k,h}(u,x)=\int_{\Gamma_0}x(ux)^{-s}\frac{f(k,s)}{(1-s)^{h+1}}\mathrm{d}s$$
$$\ll x^{\frac{k-1}{2k}-\frac{h}{k}}u^{-\frac{k+1}{2k}-\frac{h}{k}}\quad(h=0,1,\cdots,k-1)$$

$$\int_{E_k}J_{k,h}(u,\tilde{y})\mathrm{d}y$$

$$=\int_{E_k}\mathrm{d}y\int_{\Gamma_k}u^{-s}\ \frac{f(k,s)}{(1-s)^{h+1}}\tilde{y}^{1-s}\mathrm{d}s$$

$$=\int_{\Gamma_k}u^{-s}\ \frac{f(k,s)}{(1-s)^{h+1}}\mathrm{d}s\int_{E_k}\tilde{y}^{1-s}\mathrm{d}Y$$

$$=x^k\sum_{l=0}^{k}(-1)^l\binom{k}{l}\cdot$$

$$\int_{\Gamma_k}\frac{u^{-s}(y+lx^{-1})^{k+1-s}f(k,s)}{(1-s)^{h+1}\cdot(2-s)\cdot(3-s)\cdot\cdots\cdot(k+1-s)}\mathrm{d}s$$

$$\ll x^k y^{k-\frac{k+1}{2k}-\frac{h}{k}}u^{-1-\frac{k+1}{2k}-\frac{h}{k}} \tag{14}$$

$$\frac{\mathrm{d}^j}{\mathrm{d}x^j}\ \frac{\mathrm{d}}{\mathrm{d}u}J_{k,0}(u,x)$$

$$=\frac{\mathrm{d}^j}{\mathrm{d}x^j}\ \frac{\mathrm{d}}{\mathrm{d}u}\int_{\Gamma_{j+1}}u^{-s}x^{1-s}\ \frac{f(k,s)}{1-s}\mathrm{d}s$$

$$=(-1)^j\int_{\Gamma_{j+1}}u^{-s-1}x^{-j+1-s}f(k,s)s^2\cdot(s+1)\cdot$$

$$(s+2)\cdot\cdots\cdot(s+j-2)\mathrm{d}s$$

$$\sim\sum_{m=0}^{+\infty}\mathrm{Re}\left\{c_{kjm}\ \frac{(ux)^{\frac{k+1}{2k}-\frac{j+m}{k}}}{u^2x^j}\mathrm{e}^{-2k\pi\mathrm{i}(ux)^{\frac{1}{k}}}\right\}$$

$$(j=0,1,2,\cdots) \tag{15}$$

$$\int_{E_k}\frac{\mathrm{d}}{\mathrm{d}u}J_{k,0}(u,\tilde{y})\mathrm{d}Y$$

$$=\int_{\Gamma_k}\frac{\mathrm{d}}{\mathrm{d}u}u^{-s}\ \frac{f(k,s)}{1-s}\mathrm{d}s\int_{E_k}\tilde{y}^{1-s}\mathrm{d}Y$$

$$=x^k\sum_{l=0}^{k}(-1)^l\binom{k}{l}\cdot$$

$$\int_{\Gamma_k}\frac{u^{-1-s}(y+lx^{-1})^{k+1-s}f(k,s)(-s)}{(1-s)\cdot(2-s)\cdot(3-s)\cdot\cdots\cdot(k+1-s)}\mathrm{d}s$$

$$\sim\sum_{m=0}^{+\infty}\sum_{l=0}^{k}\mathrm{Re}\left\{c'_{klm}\ \frac{x^k(y+lx^{-1})^{k-\frac{k-1}{2k}-\frac{m}{k}}}{u^{2+\frac{k-1}{2k}+\frac{m}{k}}}\mathrm{e}^{-2k\pi\mathrm{i}(u(y+lxI^{-1}))^{\frac{1}{k}}}\right\}$$

$$\tag{16}$$

由第 13 章定理 2 得

$$J_{k,0}(n,x)=\int_{\Gamma_0} n^{-s}x^{1-s}\frac{f(k,s)}{1-s}\mathrm{d}s$$

$$=\frac{1}{\sqrt{k}\,\pi}\cdot\frac{x^{\frac{k-1}{2k}}}{n^{\frac{k+1}{2k}}}\cos\left(2k\pi(nx)^{\frac{1}{k}}+\frac{\pi}{4}(k-3)\right)+O\left(\frac{x^{\frac{k-3}{2k}}}{n^{\frac{k+3}{2k}}}\right)$$

$$(n=1,2,3,\cdots) \tag{17}$$

下面开始证明本章开始时所叙述的定理. 设

$$1<x\leqslant y\leqslant(1+\delta)x \tag{18}$$

$$M\text{ 不是整数，又 }\Delta_k(M)=0 \tag{19}$$

$$\frac{1}{2}\leqslant M=M(x)\leqslant\sqrt{N} \tag{20}$$

$$N=x^{2k-1-\varepsilon} \tag{21}$$

由第 13 章定理 1 得

$$\int_{E_k}\Delta_k(\widetilde{y})\mathrm{d}Y-\left(-\frac{1}{2}\right)^k=\sum_{n=1}^{+\infty}d_k(n)\int_{E_k}J_{k,0}(n,\widetilde{y})\mathrm{d}Y$$

$$=\sum_{n\leqslant M}+\sum_{n>M}=\sum+\sum{}' \tag{22}$$

(这样记一记).

由 ⑰⑱ 与简单的估计式

$$d_k(n)\ll n^{\varepsilon} \tag{23}$$

得到

$$\sum-\frac{1}{\sqrt{k}\,\pi}\sum_{n\leqslant M}\frac{d_k(n)y^{\frac{k-1}{2k}}}{n^{\frac{k+1}{2k}}}\cos\left(2k\pi(ny)^{\frac{1}{k}}+\frac{\pi}{4}(k-3)\right)$$

$$=\frac{1}{\sqrt{k}\,\pi}\sum_{n\leqslant M}\frac{d_k(n)}{n^{\frac{k+1}{2k}}}\int_{E_k}\mathrm{d}Y\int_y^{\widetilde{y}}\frac{\mathrm{d}}{\mathrm{d}u}\left\{u^{\frac{k-1}{2k}}\cdot\right.$$

$$\left.\cos\left(2k\pi(nu)^{\frac{1}{k}}+\frac{\pi}{4}(k-3)\right)\right\}\mathrm{d}u+O\left(\sum_{N\leqslant M}\frac{d_k(n)}{n^{\frac{k+3}{2k}}}y^{\frac{k-3}{2k}}\right)$$

$$\ll\sum_{n\leqslant M}\frac{d_k(n)}{n^{\frac{k-1}{2k}}}x^{-\frac{3k-1}{2k}}+\sum_{n\leqslant M}\frac{d_k(n)}{n^{\frac{k+3}{2k}}}x^{\frac{k-3}{2k}}$$

$$\ll x^{-\frac{3k-1}{2k}}M^{\frac{k+1}{2k}+\varepsilon}+x^{\frac{k-3}{2k}}M^{\frac{k-2}{2k}+\varepsilon} \tag{24}$$

（因为$\sum\limits_{n\leqslant M}\frac{d_k(n)}{n^{\frac{k+3}{2k}}}\ll \max(1,M^{\frac{k-3}{2k}+\varepsilon})\ll M^{\frac{k-2}{2k}+\varepsilon}$），又

$$\begin{aligned}\sum{}'&=\sum_{n>M}d_k(n)\int_{E_k}J_{k,0}(n,\widetilde{y})\mathrm{d}Y\\&=\int_M^{+\infty}\mathrm{d}D_k(u)\int_{E_k}J_{k,0}(u,\widetilde{y})\mathrm{d}Y\\&=\int_M^{+\infty}\mathrm{d}R_k(u)\int_{E_k}J_{k,0}(n,\widetilde{y})\mathrm{d}Y+\\&\quad\int_M^{+\infty}\mathrm{d}\Delta_k(u)\int_{E_k}J_{k,0}(u,\widetilde{y})\mathrm{d}Y\\&=\int_M^{+\infty}R_k'(u)\mathrm{d}u\int_{E_k}J_{k,0}(u,\widetilde{y})\mathrm{d}Y-\\&\quad\left(\int_M^N+\int_N^{+\infty}\right)\Delta_k(u)\mathrm{d}u\int_{E_k}\frac{\mathrm{d}}{\mathrm{d}u}J_{k,0}(u,\widetilde{y})\mathrm{d}Y\end{aligned}$$

（由后面一项分部积分而得）

$$=I_1-(I_2+I_3) \tag{25}$$

上面诸积分的收敛性以及在分部积分时，已积分出来的部分

$$\Delta_k(u)\int_{E_k}J_{k,0}(u,\widetilde{y})\mathrm{d}y\Big|_{u=M}^{+\infty}$$

的数值为零，以上是由 ⑲⑯⑭ 以及下面的粗糙估计而得到的

$$\begin{aligned}\Delta_k(u)&=\sum_{n\leqslant u}d_k(n)-R_k(u)\\&\ll\sum_{n\leqslant u}n^{\varepsilon}+u\ln^{k-1}u\ll u^{1+\varepsilon}\quad（应用了 ㉓）\end{aligned} \tag{26}$$

令 $R_k'(u)=s_1(u),us_h'(u)=s_{h+1}(u)(0<h<k)$. 由 $R_k(u)$ 与 $J_{k,h}(u)$ 的定义得：$s_h(u)\ll\ln^{k-1}u\ll u^{\varepsilon}$ $(0<h\leqslant k),J_{k,h}(u,y)=\frac{1}{u}\int_0^u J_{k,h-1}(v,y)\mathrm{d}v(0<h<$

k). 把 I_1 关于 u 分部积分 $k-1$ 次并应用 ⑬⑭ 与 ⑱ 得

$$I_1=\int_M^{+\infty}S_1(u)\mathrm{d}u\int_{E_k}J_{k,0}(u,\widetilde{y})\mathrm{d}Y$$

$$=\sum_{h=1}^{k-1}(-1)^h Ms_h(M)\int_{E_k}J_{k,h}(M,\widetilde{y})\mathrm{d}Y+$$

$$(-1)^{k-1}\int_M^{+\infty}s_k(u)\mathrm{d}u\int_{E_k}J_{k,k-1}(u,\widetilde{y})\mathrm{d}Y$$

$$\ll\sum_{h=1}^{k-1}M^{1+\varepsilon}x^{\frac{k-1}{2k}-\frac{h}{k}}M^{-\frac{k+1}{2k}-\frac{h}{k}}+\int_M^{+\infty}u^{\varepsilon}x^{\frac{k-1}{2k}-\frac{k-1}{k}}u^{-\frac{k+1}{2k}-\frac{k-1}{k}}\mathrm{d}u$$

$$\ll M^{1+\varepsilon}x^{\frac{k-3}{2k}}M^{-\frac{k+3}{2k}}$$

$$=x^{\frac{k-3}{2k}}M^{\frac{k-3}{2k}+\varepsilon} \qquad ㉗$$

由泰勒公式及 ⑮⑱ 得

$$I_2=\int_M^N\Delta_k(u)\mathrm{d}u\int_{E_k}\frac{\mathrm{d}}{\mathrm{d}u}J_{k,0}(u,\widetilde{y})\mathrm{d}Y$$

$$=\int_M^N\Delta_k(u)\mathrm{d}u\int_{E_k}\Bigg\{\sum_{0\leqslant j\leqslant 2k^2\varepsilon}\frac{\mathrm{d}^j}{\mathrm{d}y^j}\frac{\mathrm{d}}{\mathrm{d}u}J_{k,0}(u,y)\cdot$$

$$\frac{(\widetilde{y}-y)^j}{j\,!}+\frac{\mathrm{d}^{[2k^2\varepsilon^{-1}]+1}}{\mathrm{d}v^{[2k^2\varepsilon^{-1}]+1}}\frac{\mathrm{d}}{\mathrm{d}u}J_{k,0}(u,v)\Bigg|_{\substack{v=y\theta+\widetilde{y}(1-\theta)\\(0<\theta<1)}}\cdot$$

$$\frac{(\widetilde{y}-y)^{[2k^2\varepsilon^{-1}]+1}}{([2k^2\varepsilon^{-1}]+1)\,!}\Bigg\}\mathrm{d}Y$$

$$=\sum_{0\leqslant j\leqslant 2k^2\varepsilon^{-1}}c_{kj}\int_M^N x^{-j}\Delta_k(u)\frac{\mathrm{d}^j}{\mathrm{d}y^j}\frac{\mathrm{d}}{\mathrm{d}u}J_{k,0}(u,y)\mathrm{d}u+$$

$$O\Bigg(\max_{y\leqslant v\leqslant y+kx^{-1}}\int_M^N x^{-[2k^2\varepsilon^{-1}]-1}\cdot$$

$$\left|\Delta_k(u)\frac{\mathrm{d}^{[2k^2\varepsilon^{-1}]+1}}{\mathrm{d}v^{[2k^2\varepsilon^{-1}]+1}}\frac{\mathrm{d}}{\mathrm{d}u}J_{k,0}(u,v)\right|\mathrm{d}u\Bigg)$$

$$=\sum_{0\leqslant j,m\leqslant 2k^2\varepsilon^{-1}}\mathrm{Re}\Bigg\{c_{kj}c_{kjm}\int_M^N\Delta_k(u)\cdot$$

$$\frac{(uy)^{\frac{k+1}{2k}+\frac{j-m}{k}}}{u^2(xy)^j}\mathrm{e}^{-2k\pi\mathrm{i}(uy)^{\frac{1}{k}}}\mathrm{d}u\Bigg\}+x^{-\frac{1}{2k}}O\Bigg\{\max_{0\leqslant j\leqslant 2k^2\varepsilon^{-1}}\int_M^N|\Delta_k(u)|\cdot$$

$$\frac{(ux)^{\frac{k+2}{2k}-\frac{[2k^2\varepsilon^{-1}]+1}{k}}}{u^{2+\frac{1}{2k}}}\left(\frac{(ux)^{\frac{1}{k}}}{x^2}\right)^j\mathrm{d}u+\int_M^N|\Delta_k(u)|\cdot$$

$$\left.\frac{(ux)^{\frac{k+2}{2k}}}{u^{2+\frac{1}{2k}}}\left(\frac{(ux)^{\frac{1}{k}}}{x^2}\right)^{[2k^2\varepsilon^{-1}]+1}\mathrm{d}u\right\}$$

由 ⑳㉑ 与 ㉖ 得

上面大 O 项内

$$\ll\int_M^N\frac{|\Delta_k(u)|}{u^{2+\frac{1}{2k}}}\mathrm{d}u\left\{1+(x^{2k-1-\varepsilon}\cdot x)^{\frac{k+2}{2k}}\cdot\right.$$

$$\left.\left(\frac{(x^{2k-1-\varepsilon}\cdot x)^{\frac{1}{k}}}{x^2}\right)^{[2k^2\varepsilon^{-1}]+1}\right\}$$

$$\ll\int_{\frac{1}{2}}^{+\infty}\frac{|\Delta_k(u)|}{u^{2+\frac{1}{2k}}}\mathrm{d}u\{1+x^{k+2-\frac{\varepsilon}{k}(2k^2\varepsilon^{-1})}\}\ll 1$$

记 $c_{k0}c_{k00}=b_k$，由上面两个关系式以及 ⑱⑥ 得到

$$I_2-\mathrm{Re}\left(\frac{b_k}{2\pi\mathrm{i}}y^{\frac{k+1}{2k}}I(0,M,N,y)\right)$$

$$=\sum_{0\leqslant j,m\leqslant 2k^2\varepsilon^{-1},j+m>0}\mathrm{Re}\left\{\frac{c_{kj}}{2\pi\mathrm{i}}c_{kjm}x^{-j}y^{\frac{k+1}{2k}+\frac{j-m}{k}-j}\cdot\right.$$

$$\left.I\left(\frac{j-m}{k},M,N,y\right)\right\}+O(x^{-\frac{1}{2k}})$$

$$\ll\sum_{0\leqslant j,m\leqslant 2k^2\varepsilon^{-1},j+m>0}x^{\frac{k+1}{2k}-\frac{m}{k}-j\left(2-\frac{1}{k}\right)}\cdot$$

$$\left|I\left(\frac{j-m}{k},M,N,y\right)\right|+x^{-\frac{1}{2k}} \tag{28}$$

由 ⑯⑥㉑㉖ 与 ⑱ 得

$$I_3=\int_N^{+\infty}\Delta_k(u)\mathrm{d}u\int_{E_k}\frac{\mathrm{d}}{\mathrm{d}u}J_{k,0}(u,\tilde{y})\mathrm{d}Y$$

$$=\sum_{l,m=0}^{k}\mathrm{Re}\left\{c'_{klm}\int_N^{+\infty}\Delta_k(u)\frac{x^k(y+lx^{-1})^{k-\frac{k-1}{2k}-\frac{m}{k}}}{u^{2+\frac{k-1}{2k}+\frac{m}{k}}}\cdot\right.$$

$$\left.\mathrm{e}^{-2k\pi\mathrm{i}(u(y+lx^{-1}))^{\frac{1}{k}}}\mathrm{d}u\right\}+$$

$$O\left(x^{-\frac{1}{2k}}\int_N^{+\infty}\frac{|\Delta_k(u)|}{u^{2+\frac{1}{2k}}}\cdot\frac{x^{2k-\frac{3}{2}}}{u^{\frac{3}{2}}}\mathrm{d}u\right)$$

$$=\sum_{l,m=0}^{k}\mathrm{Re}\left\{\frac{C'_{kjm}}{2\pi\mathrm{i}}x^k(y+lx^{-1})^{k-\frac{k-1}{2k}-\frac{m}{k}}\cdot\right.$$

$$\left.I\left(-1-\frac{m}{k},N,+\infty,y+lx^{-1}\right)\right\}+O(x^{-\frac{1}{2k}})$$

$$\ll\sum_{l,m=0}^{k}x^{2k-\frac{k-1}{2k}-\frac{m}{k}}\left|I\left(-1-\frac{m}{k},N,+\infty,y+lx^{-1}\right)\right|+$$

$$x^{-\frac{1}{2k}}\qquad ㉙$$

把㉔㉕㉗㉘与㉙代入㉒得到

$$\int_{E_k}\Delta_k(\tilde{y})\mathrm{d}Y=f_k(y)+g_k(y)\qquad ㉚$$

其中 $f_k(y),g_k(y)$ 分别适合

$$f_k(y)=\frac{1}{\sqrt{k}\,\pi}\sum_{n\leqslant M}\frac{d_k(n)y^{\frac{k-1}{2k}}}{n^{\frac{k+1}{2k}}}\cos\left(2k\pi(ny)^{\frac{1}{k}}+\right.$$

$$\left.\frac{\pi}{4}(k-3)\right)-\mathrm{Re}\left(\frac{b_k}{2\pi\mathrm{i}}y^{\frac{k+1}{2k}}I(0,M,N,y)\right)$$

$$㉛$$

$$g_k(y)\ll\sum_{0\leqslant j,m\leqslant 2k^2\varepsilon^{-1},j+m>0}x^{\frac{k+1}{2k}-\frac{m}{k}-j(2-\frac{1}{k})}\left|I\left(\frac{j-m}{k},M,N,y\right)\right|+$$

$$\sum_{l,m=0}^{k}x^{2k-\frac{k-1}{2k}-\frac{m}{k}}\left|I\left(-1-\frac{m}{k},N,+\infty,y+lx^{-1}\right)\right|+$$

$$x^{-\frac{1}{2k}}+x^{-\frac{3k-1}{2k}}M^{\frac{k+1}{2k}+\varepsilon}+x^{\frac{k-3}{2k}}M^{\frac{k-2}{2k}+\varepsilon}+$$

$$x^{\frac{k-3}{2k}}M^{\frac{k-3}{2k}+\varepsilon}+\left(-\frac{1}{2}\right)^k$$

$$\ll\left\{\sum_{0\leqslant j,m\leqslant 2k^2\varepsilon^{-1},j+m>0}x^{1+\frac{1}{k}-\frac{2m}{k}-2j(2-\frac{1}{k})}\cdot\right.$$

$$\left|I\left(\frac{j-m}{k},M,N,y\right)\right|^2+$$

$$\sum_{l,m=0}^{k} x^{4k-1+\frac{1}{k}-\frac{2m}{k}}\left|I\left(-1-\frac{m}{k},N,+\infty,y+lx^{-1}\right)\right|^{2}+$$
$$x^{-\frac{1}{k}}+x^{-3+\frac{1}{k}}M^{1+\frac{1}{k}+2\varepsilon}+x^{1-\frac{3}{k}}M^{1-\frac{2}{k}+2\varepsilon}\Big\}^{\frac{1}{2}}$$

$$(\text{当 } k\geqslant 3 \text{ 时成立}) \tag{32}$$

（上式所以要限制 $k\geqslant 3$ 的理由是：$\left(-\frac{1}{2}\right)^{k}\ll x^{\frac{k-3}{2k}}M^{\frac{k-2}{2k}+\varepsilon}$ 仅当 $k\geqslant 3$ 才成立）.

现在我们要用到关于 σ_k 所满足的条件了，这是

$$\frac{1}{2}\leqslant\sigma_k\leqslant\frac{k+1}{2k} \tag{33}$$

其中 $\sigma_k\leqslant\frac{k+1}{2k}$ 是本章开始所叙述定理中的假设，又 $\sigma_k\geqslant\frac{1}{2}$，则是 $\zeta-$ 函数的简单性质.

由预定理 2，⑳㉑ 与 ㉝ 得

$$\int_{x}^{(1+\delta)x}\sum_{0\leqslant j,m\leqslant 2k^2\varepsilon^{-1},j+m>0} x^{1+\frac{1}{k}-\frac{2m}{k}-2j\left(2-\frac{1}{k}\right)}\cdot$$
$$\left|I\left(\frac{j-m}{k},M,N,y\right)\right|^{2}\mathrm{d}y$$
$$\ll\sum_{0\leqslant j,m\leqslant 2k^2\varepsilon^{-1},j+m>0} x^{1+\frac{1}{k}-\frac{2m}{k}-2j\left(2-\frac{1}{k}\right)+1-\frac{2}{k}+\varepsilon'}\cdot$$
$$\max_{M\leqslant R\leqslant N} R^{-\frac{2m}{k}+\frac{2j}{k}+2\left(\sigma_k-\frac{k+1}{2k}\right)}$$
$$\ll x^{2-\frac{1}{k}+\varepsilon'}\sum_{0<m\leqslant 2k^2\varepsilon^{-1}}(Mx)^{-\frac{2m}{k}}M^{2\left(\sigma_k-\frac{k+1}{2k}\right)}\cdot$$
$$\sum_{0\leqslant j\leqslant 2k^2\varepsilon^{-1}}\left(\frac{(Nx)^{\frac{1}{k}}}{x^2}\right)^{2j}+x^{2-\frac{1}{k}+\varepsilon'}\sum_{0\leqslant m\leqslant 2k^2\varepsilon^{-1}}(Mx)^{-\frac{2m}{k}}\cdot$$
$$\sum_{0<j\leqslant 2k^2\varepsilon^{-1}}\left(\frac{(Nx)^{\frac{1}{k}}}{x^2}\right)^{2j}N^{2\left(\sigma_k-\frac{k+1}{2k}\right)}$$
$$\ll x^{2-\frac{3}{k}+\varepsilon'}+x^{2-\frac{1}{k}+\varepsilon'}M^{4\left(\sigma_k-\frac{k+1}{2k}\right)}$$

由预定理 3,⑳㉑ 与 ㉝ 得

$$\int_x^{(1+\delta)x}\sum_{l,m=0}^{k}x^{4k-1+\frac{1}{k}-\frac{2m}{k}}\left|I\left(-1-\frac{m}{k},N,+\infty,y+lx^{-1}\right)\right|^2\mathrm{d}y$$

$$\ll\sum_{l,m=0}^{k}x^{4k-1+\frac{1}{k}-\frac{2m}{k}}N^{-2\left(1+\frac{m}{k}\right)}\int_{x-lx^{-1}}^{(1+\delta)x-lx^{-1}}N^{2\left(1+\frac{m}{k}\right)}\cdot$$

$$\left|I\left(-1-\frac{m}{k},N,+\infty,y\right)\right|^2\mathrm{d}y$$

$$\ll$$

$$x^{1+\frac{1}{k}+2\varepsilon}\sum_{m=0}^{k}\int_{(1-\delta)x}^{(1+\delta)x}N^{2\left(1+\frac{m}{k}\right)}\left|I\left(-1-\frac{m}{k},N,+\infty,y\right)\right|^2\mathrm{d}y$$

$$\ll x^{1+\frac{1}{k}+1-\frac{2}{k}+\varepsilon_1}N^{2\left(\sigma_k-\frac{k+1}{2k}\right)}$$

$$\ll x^{2-\frac{1}{k}+\varepsilon_1}M^{4\left(\sigma_k-\frac{k+1}{2k}\right)}$$

由 ㉜ 与上面两个估计式得

$$\int_x^{(1+\delta)x}g_k^2(y)\mathrm{d}y$$

$$\ll x^{2-\frac{3}{k}+\varepsilon'}+x^{2-\frac{1}{k}+\varepsilon'}M^{4\left(\sigma_k-\frac{k+1}{2k}\right)}+x^{2-\frac{1}{k}+\varepsilon_1}M^{4\left(\sigma_k-\frac{k+1}{2k}\right)}+$$

$$x^{-2+\frac{1}{k}}M^{1+\frac{1}{k}+2\varepsilon}+x^{2-\frac{3}{k}}M^{1-\frac{2}{k}+2\varepsilon}$$

$$\ll x^{2-\frac{3}{k}+\varepsilon'}M^{1-\frac{2}{k}+2\varepsilon}+x^{2-\frac{1}{k}+\varepsilon_2}M^{4\left(\sigma_k-\frac{k+1}{2k}\right)}+x^{-2+\frac{1}{k}}M^{1+\frac{1}{k}+2\varepsilon} \qquad ㉞$$

由 ㉛ 得

$$\int_x^{(1+\delta)x}f_y^2(y)\mathrm{d}y$$

$$=\sum_{n\leqslant M}\frac{1}{k\pi^2}\int_x^{(1+\delta)x}\frac{d_k^2(n)y^{1-\frac{1}{k}}}{n^{1+\frac{1}{k}}}\cos^2\left[2k\pi(ny)^{\frac{1}{k}}+\frac{\pi}{4}(k-3)\right]\mathrm{d}y+$$

$$\sum_{m<n\leqslant M}\frac{2}{k\pi^2}\cdot\frac{d_k(m)d_k(n)}{(mn)^{\frac{k+1}{2k}}}\cdot$$

$$\int_x^{(1+\delta)x}y^{1-\frac{1}{k}}\cos\left[2k\pi(my)^{\frac{1}{k}}+\frac{\pi}{4}(k-3)\right]\cdot$$

$$\cos\left[2k\pi(ny)^{\frac{1}{k}}+\frac{\pi}{4}(k-3)\right]\mathrm{d}y+$$

$$\int_x^{(1+\delta)x}\left[\operatorname{Re}\left(\frac{b_k}{2\pi i}y^{\frac{k+1}{2k}}I(0,M,N,y)\right)\right]^2 dy+$$

$$\left(\sum_{n\leqslant\frac{M}{2}}+\sum_{\frac{M}{2}<n\leqslant M}\right)\frac{d_k(n)}{n^{\frac{k+1}{2k}}}\cdot$$

$$\operatorname{Re}\frac{-b_k}{\sqrt{k}\,\pi^2 i}\int_x^{(1+\delta)x}I(0,M,N,y)y\cdot$$

$$\cos\left[2k\pi(ny)^{\frac{1}{k}}+\frac{\pi}{4}(k-3)\right]dy$$

$$=\sum{}_1+\sum{}_2+\sum{}_3+\left(\sum{}_4+\sum{}_5\right)\quad(\text{这样记一记})\tag{35}$$

由第二平均值定理与 ㉓ 得到

$$\sum{}_1-\frac{1}{2k\pi^2}\sum_{n=1}^{+\infty}\frac{d_k(n)}{n^{1+\frac{1}{k}}}\int_x^{(1+\delta)x}y^{1-\frac{1}{k}}dy$$

$$=\frac{1}{2k\pi^2}\sum_{n\leqslant M}\frac{d_k^2(n)}{n^{1+\frac{1}{k}}}\int_x^{(1+\delta)x}y^{1-\frac{1}{k}}\cos\left[4k\pi(ny)^{\frac{1}{k}}+\frac{\pi}{2}(k-3)\right]dy-$$

$$\frac{1}{2k\pi^2}\sum_{n>M}\frac{d_k^2(n)}{n^{1+\frac{1}{k}}}\int_x^{(1+\delta)x}y^{1-\frac{1}{k}}dy$$

$$\ll\sum_{n\leqslant M}n^{-1-\frac{2}{k}+2\varepsilon}x^{2-\frac{2}{k}}\cdot$$

$$\max_{x\leqslant x'\leqslant(1+\delta)x}\left|\int_{x'}^{(1+\delta)x}\cos\left[4k\pi(ny)^{\frac{1}{k}}+\frac{\pi}{2}(k-3)\right]d(ny)^{\frac{1}{k}}\right|+$$

$$\sum_{n>M}n^{-1-\frac{1}{k}+2\varepsilon}x^{2-\frac{1}{k}}$$

$$\ll x^{2-\frac{2}{k}}+x^{2-\frac{1}{k}}M^{-\frac{1}{k}+2\varepsilon}\tag{36}$$

$$\sum{}_2\ll\sum_{m<n\leqslant M}\frac{d_k(m)d_k(n)}{(mn)^{\frac{k+1}{2k}}}x^{2-\frac{2}{k}}\cdot$$

$$\max_{x\leqslant x'\leqslant(1+\delta)x}\left|\int_{x'}^{(1+\delta)x}\left\{\cos\left[2k\pi(n^{\frac{1}{k}}-m^{\frac{1}{k}})y^{\frac{1}{k}}\right]+\right.\right.$$

$$\left.\left.\cos\left[2k\pi(n^{\frac{1}{k}}+m^{\frac{1}{k}})y^{\frac{1}{k}}+\frac{\pi}{2}(k-3)\right]\right\}dy^{\frac{1}{k}}\right|$$

$$\ll \sum_{m<n\leqslant M}\frac{(mn)^{\varepsilon}}{(mn)^{\frac{k+1}{2k}}}x^{2-\frac{2}{k}}\ \frac{1}{n^{\frac{1}{k}}-m^{\frac{1}{k}}}$$

$$\ll x^{2-\frac{2}{k}}\left\{\sum_{n\leqslant M}n^{-\frac{k+3}{2k}+2\varepsilon}\sum_{m\leqslant\frac{n}{2}}m^{-\frac{k+1}{2k}}+\right.$$

$$\left.\sum_{n\leqslant M}n^{-\frac{2}{k}+\varepsilon}\sum_{\frac{n}{2}<m<n}\frac{1}{n-m}\right\}$$

$$\ll x^{2-\frac{2}{k}}\sum_{n\leqslant M}n^{-\frac{2}{k}+2\varepsilon}\ln n$$

$$\ll x^{2-\frac{2}{k}}M^{1-\frac{2}{k}+3\varepsilon} \tag{37}$$

由预定理与㉝得

$$\sum\nolimits_{3}\ll x^{1+\frac{1}{k}}\int_{x}^{(1+\delta)x}|\ I(0,M,N,y)\ |^{2}\mathrm{d}y$$

$$\ll x^{1+\frac{1}{k}+1-\frac{2}{k}+\varepsilon'}\max_{M\leqslant R\leqslant N}R^{2\left(\sigma_k-\frac{k+1}{2k}\right)}$$

$$=x^{2-\frac{1}{k}+\varepsilon'}M^{2\left(\sigma_k-\frac{k+1}{2k}\right)} \tag{38}$$

由预定理1,㉓与㉝得

$$\sum\nolimits_{4}\ll\sum_{n\leqslant\frac{M}{2}}n^{-\frac{k+1}{2k}+\varepsilon}x^{2-\frac{3}{2k}+\varepsilon'}\max_{M\leqslant R\leqslant N}R^{\sigma_k-\frac{k+2}{2k}}$$

$$\ll x^{2-\frac{3}{2k}+\varepsilon'}M^{\sigma_k-\frac{3}{2k}+\varepsilon} \tag{39}$$

由布尼亚科夫斯基不等式得

$$\sum\nolimits_{5}^{2}\ll x^{3-\frac{1}{k}}\int_{x}^{(1+\delta)x}|\ I(0,M,N,y)\ |^{2}\mathrm{d}y\ \cdot$$

$$\int_{x}^{(1+\delta)x}\left\{\sum_{\frac{M}{2}<n\leqslant M}\frac{d_k(n)}{n^{\frac{k+1}{2k}}}\cos(2k\pi(ny)^{\frac{1}{k}}+\right.$$

$$\left.\frac{\pi}{4}(k-3))\right\}^{2}\mathrm{d}y^{\frac{1}{k}}$$

$$=x^{3-\frac{1}{k}}\sum\nolimits_{6}\cdot\sum\nolimits_{7}\quad(\text{这样记一记})$$

由预定理2与㉝得

$$\sum\nolimits_{6}\ll x^{1-\frac{2}{k}+\varepsilon'}\max_{M\leqslant R\leqslant N}R^{2\left(\sigma_k-\frac{k+1}{2k}\right)}=x^{1-\frac{2}{k}+\varepsilon'}M^{2\left(\sigma_k-\frac{k+1}{2k}\right)}$$

应用㉓得

$$\sum\nolimits_7 = \frac{1}{2k}\sum_{\frac{M}{2}<n\leqslant M}\frac{d_k^2(n)}{n^{1+\frac{1}{k}}}\int_x^{(1+\delta)x}\left(1+\cos(4k\pi(ny)^{\frac{1}{k}}+\frac{\pi}{2}(k-3))\right)\mathrm{d}y^{\frac{1}{k}}+\frac{1}{2k}\sum_{\frac{M}{2}<m<n\leqslant M}\frac{d_k(m)d_k(n)}{(mn)^{\frac{k+1}{2k}}}\cdot$$

$$\int_x^{(1+\delta)x}\cos(2k\pi(n^{\frac{1}{k}}-m^{\frac{1}{k}})y^{\frac{1}{k}})+\cos\left(2k\pi(n^{\frac{1}{k}}+m^{\frac{1}{k}})y^{\frac{1}{k}}+\frac{\pi}{2}(k-3)\right)\mathrm{d}y^{\frac{1}{k}}$$

$$\ll \sum_{\frac{M}{2}<n\leqslant M}\frac{n^{2\varepsilon}}{n^{1+\frac{1}{k}}}x^{\frac{1}{k}}+\sum_{\frac{M}{2}<m<n\leqslant M}\frac{(mn)^{\varepsilon}}{(mn)^{\frac{k+1}{2k}}}\cdot\frac{1}{n^{\frac{1}{k}}-m^{\frac{1}{k}}}$$

$$\ll x^{\frac{1}{k}}M^{-\frac{1}{k}+2\varepsilon}+\sum_{\frac{M}{2}<n\leqslant M}n^{-\frac{2}{k}+2\varepsilon}\ln n$$

$$\ll x^{\frac{1}{k}}M^{-\frac{1}{k}+2\varepsilon}+M^{1-\frac{2}{k}+3\varepsilon}$$

故得

$$\sum\nolimits_5=\sqrt{x^{3-\frac{1}{k}}\sum\nolimits_6\cdot\sum\nolimits_7}$$

$$\ll\sqrt{x^{3-\frac{1}{k}}x^{1-\frac{2}{k}+\varepsilon'}M^{2(\sigma_k-\frac{k+1}{2k})}(x^{\frac{1}{k}}M^{-\frac{1}{k}+2\varepsilon}+M^{1-\frac{2}{k}+3\varepsilon})}$$

$$\ll x^{2-\frac{1}{k}+\varepsilon'}M^{\sigma_k-\frac{k+2}{2k}+\varepsilon}+x^{2-\frac{3}{2k}+\varepsilon'}M^{\sigma_k-\frac{3}{2k}+2\varepsilon} \quad ㊵$$

由㉝㉟㊱～㊵得到

$$\int_x^{(1+\delta)x}f_k^2(y)\mathrm{d}y-\frac{1}{2k\pi^2}\sum_{n=1}^{+\infty}\frac{d_k^2(n)}{n^{1+\frac{1}{k}}}\int_x^{(1+\delta)x}y^{1-\frac{1}{k}}\mathrm{d}y$$

$$\ll x^{2-\frac{2}{k}}+x^{2-\frac{1}{k}}M^{-\frac{1}{k}+3\varepsilon}+x^{2-\frac{2}{k}}M^{1-\frac{2}{k}+3\varepsilon}+x^{2-\frac{1}{k}+\varepsilon'}M^{2(\sigma_k-\frac{k+1}{2k})}+x^{2-\frac{3}{2k}+\varepsilon'}M^{\sigma_k-\frac{3}{2k}+\varepsilon}+x^{2-\frac{1}{k}+\varepsilon'}M^{\sigma_k-\frac{k+2}{2k}+\varepsilon}+x^{2-\frac{3}{2k}+\varepsilon'}M^{\sigma_k-\frac{3}{2k}+2\varepsilon}$$

$$\ll x^{2-\frac{2}{k}}M^{1-\frac{2}{k}+3\varepsilon}+x^{2-\frac{1}{k}+\varepsilon'}M^{2(\sigma_k-\frac{k+1}{2k})+3\varepsilon}+x^{2-\frac{3}{2k}+\varepsilon'}M^{\sigma_k-\frac{3}{2k}+2\varepsilon} \quad ㊶$$

由第 13 章定理 4 可知，对于任何 $v\geqslant 1$，方程

$\Delta_k(u)=0$ 在区间$(v,v+c_kv^{1-\frac{1}{k}})$中至少有一个(不是正整数)根.令 $v=x^{\frac{1}{2k(1-\sigma_k)-1}}$,而$M$为方程$u(v)=0$ 的一个根,则 ⑬ 成立,而且有

$$x^{\frac{1}{2k(1-\sigma_k)-1}}\ll M\ll x^{\frac{1}{2k(1-\sigma_k)-1}} \tag{42}$$

由 ㊷ 与 ㉝,可知 ⑭ 是满足的.

由 ㊶㊷ 与 ㉝ 得

$$\int_x^{(1+\delta)x}f_k^2(y)\mathrm{d}y$$

$$=\frac{1}{2k\pi^2}\sum_{n=1}^{+\infty}\frac{d_k^2(n)}{n^{1+\frac{1}{k}}}\int_x^{(1+\delta)x}y^{1-\frac{1}{k}}\mathrm{d}y+O(x^{2-\frac{3-4\sigma_k}{2k(1-\sigma_k)-1}+\varepsilon_3})$$

$$\ll x^{2-\frac{1}{k}+\varepsilon_3}$$

把 ㊷ 代入 ㉞ 得

$$\int_x^{(1+\delta)x}g_k^2(y)\mathrm{d}y$$

$$\ll x^{2-\frac{3}{k}+\frac{1-\frac{2}{k}}{2k(1-\sigma_k)-1}+\varepsilon_4}+x^{2-\frac{1}{k}+\frac{4\left(\sigma_k-\frac{k+1}{2k}\right)}{2k(1-\sigma_k)-1}+\varepsilon_2}+x^{-2+\frac{1}{k}+\frac{1+\frac{1}{k}}{2k(1-\sigma_k)-1}+\varepsilon_5}$$

$$\ll x^{2+\frac{1}{k}-2-\frac{3-4\sigma_k}{2k(1-\sigma_k)-1}+\varepsilon_6}$$

$$=x^{2-\frac{3-4\sigma_k}{2k(1-\sigma_k)-1}+\frac{2\left(\sigma_k-\frac{k+1}{2k}\right)}{2k(1-\sigma_k)-1}+\varepsilon_6}$$

由布尼亚科夫斯基不等式与上面两个式子得到

$$\int_x^{(1+\delta)x}f_k(y)g_k(y)\mathrm{d}y$$

$$\leqslant\sqrt{\int_x^{(1+\delta)x}f_k^2(y)\mathrm{d}y\int_x^{(1+\delta)x}g_k^2(y)\mathrm{d}y}$$

$$\ll x^{2-\frac{3-4\sigma_k}{2k(1-\sigma_k)-1}+\varepsilon_7}$$

由 ㉚ ～ ㉜,上面三个式子以及 ㉝ 得到

$$\int_x^{(1+\delta)x}\left(\int_{E_k}\Delta_k(\tilde{y})\mathrm{d}Y\right)^2\mathrm{d}y$$

$$=\int_x^{(1+\delta)x}(f_k(y)+g_k(y))^2\mathrm{d}y$$

$$=\frac{1}{2k\pi^2}\sum_{n=1}^{+\infty}\frac{d_k^2(n)}{n^{1+\frac{1}{k}}}\int_x^{(1+\delta)x}y^{1-\frac{1}{k}}\mathrm{d}y+O(x^{2-\frac{3-4\sigma_k}{2k(1-\sigma_k)-1}+\varepsilon_8})$$

㊸

当 $[y]<y<[y]+1-kx^{-1}$ 时，下式成立

$$\int_{E_k}(\Delta_k(\widetilde{y})-\Delta_k(y))\mathrm{d}Y=\int_{E_k}\mathrm{d}Y\int_y^{\widetilde{y}}R'_k(u)\mathrm{d}u$$

$$\ll kx^{-1}\max_{y\leqslant u\leqslant y+kx^{-1}}|R'_k(u)|$$

$$\ll x^{-1}\ln^{k-1}y$$

当 $[y]+1-kx^{-1}\leqslant y\leqslant[y]+1$ 时，由 ㉓ 得

$$\int_{E_k}(\Delta_k(\widetilde{y})-\Delta_k(y))\mathrm{d}Y\ll \mathrm{d}([y]+1)+x^{-1}\ln^{k-1}y\ll y^{\varepsilon}$$

由这两个关系式以及 ㉖ 得

$$\int_x^{(1+\delta)x}\left(\int_{E_k}\Delta_k(\widetilde{y})\mathrm{d}Y\right)^2\mathrm{d}y-\int_x^{(1+\delta)x}\Delta_k^2(y)\mathrm{d}y$$

$$\ll\max_{x\leqslant y\leqslant(1+\delta)x}\left|\int_{E_k}(\Delta_k(\widetilde{y})+\Delta_k(y))\mathrm{d}Y\right|\cdot$$

$$\int_x^{(1+\delta)x}\left|\int_{E_k}(\Delta_k(\widetilde{y})-\Delta_k(y))\mathrm{d}Y\right|\mathrm{d}y$$

$$\ll x^{1+\varepsilon}\sum_{x\leqslant n\leqslant(1+\delta)x+1}\left(\int_{n-1}^{n-kx^{-1}}x^{-1}\ln^{k-1}y\mathrm{d}y+\int_{n-kx^{-1}}^{n}y^{\varepsilon}\mathrm{d}y\right)$$

$$\ll x^{1+2\varepsilon}$$

由 ㊸ 与上面的式子得

$$\int_x^{(1+\delta)x}\Delta_k^2(y)\mathrm{d}y-\frac{1}{2k\pi^2}\sum_{n=1}^{+\infty}\frac{d_k^2(n)}{n^{1+\frac{1}{k}}}\int_x^{(1+\delta)x}y^{1-\frac{1}{k}}\mathrm{d}y$$

$$\ll x^{2-\frac{3-4\sigma_k}{2k(1-\sigma_k)-1}+\varepsilon_8}+x^{1+2\varepsilon}$$

$$\ll x^{2-\frac{3-4\sigma_k}{2k(1-\sigma_k)-1}+\varepsilon_9}$$

由上式与 ㉖ 得到

$$\int_0^x\Delta_k^2(y)\mathrm{d}y$$

$$=\sum_{0\leqslant j\leqslant \frac{1}{\delta}\ln x}\int_{\frac{x}{(1+\delta)^{j+1}}}^{\frac{x}{(1+\delta)^{j}}}\Delta_k^2(y)\mathrm{d}y+O\left(\int_0^{x^\delta}\Delta_k^2(y)\mathrm{d}y\right)$$

$$=\sum_{0\leqslant j\leqslant \frac{1}{\delta}\ln x}\left\{\frac{1}{2k\pi^2}\sum_{n=1}^{+\infty}\frac{d_k(n)}{n^{1+\frac{1}{k}}}\int_{\frac{x}{(1+\delta)^{j+1}}}^{\frac{x}{(1+\delta)^{j}}}y^{1-\frac{1}{k}}\mathrm{d}y\right\}+$$

$$O\{[(1+\delta)^{-j}x^{2-\frac{3-4\sigma_k}{2k(1-\sigma_k)-1}+\varepsilon_9}]\}+O(x^{\varepsilon_{10}})$$

$$=\frac{1}{(4k-2)\pi^2}\sum_{n=1}^{+\infty}\frac{d_k^2(n)}{n^{1+\frac{1}{k}}}x^{2-\frac{1}{k}}+O(x^{2-\frac{3-4\sigma_k}{2k(1-\sigma_k)-1}+\varepsilon_0})$$

这就证明了①,但是仅限于$k\geqslant 3$(见㉜).当$k=2$时,把㉜中$g_k(y)$的末尾项$\left(-\frac{1}{2}\right)^k$分别处理,则用上法可知①对$k=2$仍然成立,但用这个方法得不出更精确的结果②,故改用另法如下.

设$x\gg 1$,记$f\left(y+\frac{1}{x}\right)-f(y)=\partial f(y)$,则有:

预定理 4 设$M\geqslant 1$:

(1) 当$-M\leqslant N<M$时

$$\int_0^x y^{\frac{3}{2}}\partial \mathrm{e}^{M\sqrt{y}\mathrm{i}}\partial \mathrm{e}^{-N\sqrt{y}\mathrm{i}}\mathrm{d}y\ll\frac{M}{x(M-N)}\min(x^{\frac{3}{2}},|N|)$$

$$(2)\int_0^x y^{\frac{3}{2}}|\partial \mathrm{e}^{M\sqrt{y}\mathrm{i}}|^2\mathrm{d}y\begin{cases}=\frac{M^2}{4x^2}\int_0^x y^{\frac{1}{2}}\mathrm{d}y+O\left(\frac{M^4}{x^{\frac{5}{2}}}\right),\text{当}M\leqslant x^{\frac{3}{2}}\text{时}\\ \ll x^{\frac{5}{2}},\text{当}M>x^{\frac{3}{2}}\text{时}\end{cases}$$

证明 (1) 记$y^2(\mathrm{e}^{M\mathrm{i}\partial\sqrt{y}}-1)(\mathrm{e}^{-N\mathrm{i}\partial\sqrt{y}}-1)=F(y)$,则(1)的左端等于

$$\int_0^x \mathrm{e}^{(M-N)\sqrt{y}\mathrm{i}}F(y)\frac{\mathrm{d}y}{\sqrt{y}}$$

$$=\frac{2}{(M-N)\mathrm{i}}\left\{\mathrm{e}^{(M-N)\sqrt{y}\mathrm{i}}F(y)\Big|_0^x-\int_0^x\mathrm{e}^{(M-N)\sqrt{y}\mathrm{i}}F'(y)\mathrm{d}y\right\}$$

$$\ll\frac{1}{M-N}\int_0^x|F'(y)|\mathrm{d}y$$

(上面最后一式的成立，由于 $\mathrm{e}^{(M-N)\sqrt{y}\mathrm{i}}F(y)\big|_0^x=\mathrm{e}^{(M-N)\sqrt{x}\mathrm{i}}F(x)\ll|F(x)|=\left|\int_0^x F'(y)\mathrm{d}y\right|\leqslant\int_0^x|F'(y)|\mathrm{d}y$)，则

$$\begin{aligned}F'(y)&=2y(\mathrm{e}^{M\mathrm{i}\partial\sqrt{y}}-1)(\mathrm{e}^{-N\mathrm{i}\partial\sqrt{y}}-1)+\\&\quad y^2\frac{M\mathrm{i}}{2}\partial\frac{1}{\sqrt{y}}\mathrm{e}^{M\mathrm{i}\partial\sqrt{y}}(\mathrm{e}^{-N\mathrm{i}\partial\sqrt{y}}-1)-\\&\quad y^2\frac{N\mathrm{i}}{2}\partial\frac{1}{\sqrt{y}}(\mathrm{e}^{M\mathrm{i}\partial\sqrt{y}}-1)\mathrm{e}^{-N\mathrm{i}\partial\sqrt{y}}\\&\ll yM\partial\sqrt{y}\min(1,|N|\partial\sqrt{y})+\\&\quad y^2M\left|\partial\frac{1}{\sqrt{y}}\right|\min(1,|N|\partial\sqrt{y})+\\&\quad y^2|N|\left|\partial\frac{1}{\sqrt{y}}\right|\min(1,M\partial\sqrt{y})\\&\leqslant 3yM\partial\sqrt{y}\min(1,|N|\partial\sqrt{y})\end{aligned}$$

(上式的成立，由于 $\left|\partial\frac{1}{\sqrt{y}}\right|=\left|\frac{1}{\sqrt{y+\frac{1}{x}}}-\frac{1}{\sqrt{y}}\right|=\frac{\partial\sqrt{y}}{\sqrt{y+\frac{1}{x}}\sqrt{y}}<\frac{\partial\sqrt{y}}{y}$ 以及 $|N|\min(1,M\partial\sqrt{y})=\min(|N|,M|N|\partial\sqrt{y})\leqslant\min(M,M|N|\partial\sqrt{y})=M\min(1,|N|\partial\sqrt{y})$)

$$\ll\frac{M}{x^2}\min(x\sqrt{y},|N|)$$

(上式的成立，由于 $\partial\sqrt{y}=\sqrt{y+\frac{1}{x}}-\sqrt{y}=\frac{\frac{1}{x}}{\sqrt{y+\frac{1}{x}}+\sqrt{y}}\ll\frac{1}{x\sqrt{y}}$)．所以

$$\frac{1}{M-N}\int_0^x |F'(y)|\,\mathrm{d}y$$

$$\ll \frac{1}{M-N}\int_0^x \frac{M}{x^2}\min(x\sqrt{y},|N|)\mathrm{d}y$$

$$\ll \frac{M}{x(M-N)}\min(x^{\frac{3}{2}},|N|)$$

(1) 证毕.

(2) 当 $M\leqslant x^{\frac{3}{2}}$ 时,由于 $\partial\sqrt{y}=\sqrt{y+\frac{1}{x}}-\sqrt{y}=\frac{1}{2x\sqrt{y}}\left(1+O\left(\frac{1}{xy}\right)\right)$,故得

$$\int_0^x y^{\frac{3}{2}}\,|\partial e^{M\sqrt{y}\mathrm{i}}|^2\mathrm{d}y$$

$$=\int_0^x y^{\frac{3}{2}}\,|e^{M\mathrm{i}\partial\sqrt{y}}-1|^2\mathrm{d}y$$

$$=\int_0^x y^{\frac{3}{2}}(e^{M\mathrm{i}\partial\sqrt{y}}-1)(e^{-M\mathrm{i}\partial\sqrt{y}}-1)\mathrm{d}y$$

$$=\int_0^x y^{\frac{3}{2}}\{2-2\cos(M\partial\sqrt{y})\}\,\mathrm{d}y$$

$$=\int_0^x y^{\frac{3}{2}}(M\partial\sqrt{y})^2\mathrm{d}y+O\left(\int_0^x y^{\frac{3}{2}}(M\partial\sqrt{y})^4\mathrm{d}y\right)$$

$$=\int_0^x y^{\frac{3}{2}}\frac{M^2}{4x^2y}\left(1+O\left(\frac{1}{xy}\right)\right)\mathrm{d}y+O\left(\int_0^x y^{\frac{3}{2}}M^4\frac{\mathrm{d}y}{x^4y^2}\right)$$

$$=\frac{M^2}{4x^2}\int_0^x y^{\frac{1}{2}}\mathrm{d}y+O\left(\frac{M^4}{x^{\frac{5}{2}}}\right)$$

当 $M>x^{\frac{3}{2}}$ 时,$\int_0^x y^{\frac{3}{2}}\,|\partial e^{M\sqrt{y}\mathrm{i}}|^2\mathrm{d}y=\int_0^x y^{\frac{3}{2}}\{2-2\cos(M\partial\sqrt{y})\}\mathrm{d}y\ll\int_0^x y^{\frac{3}{2}}\mathrm{d}y\ll x^{\frac{5}{2}}$.

(2) 证明完毕.

预定理 5 设 $g(n)\geqslant 0(n=1,2,\cdots)$,$\sum\limits_{n\leqslant x}g(n)=$

$G(x) \ll x\ln^{\mu}x\ (\mu \geqslant 0)$，则有：

(1) $\sum_{n \leqslant x} \frac{g(n)\ln^{\upsilon}n}{n^{\lambda}} \ll \begin{cases} x^{1-\lambda}\ln^{\mu+\upsilon}x, 0 < \lambda < 1, \upsilon \geqslant 0 \\ \ln^{\mu+\upsilon+1}x, \lambda = 1, \upsilon \geqslant 0 \end{cases}$；

(2) $\sum_{n > x} \frac{g(n)\ln^{\upsilon}n}{n^{\lambda}} \ll x^{1-\lambda}\ln^{\mu+\upsilon}x, \lambda > 1, \gamma \geqslant 0.$

证明　(1)

$$\begin{aligned}\sum_{n \leqslant x} \frac{g(n)\ln^{\upsilon}n}{n^{\lambda}} &= \int_{\frac{1}{2}}^{x} \frac{\ln^{\upsilon}x}{x^{\lambda}} \mathrm{d}G(x) \\ &= \frac{\ln^{\upsilon}x}{x^{\lambda}} G(x) \Big|_{\frac{1}{2}}^{x} + \int_{\frac{1}{2}}^{x} \frac{\lambda\ln^{\upsilon}x - \upsilon\ln^{\upsilon-1}x}{x^{\lambda+1}} G(x)\mathrm{d}x \\ &\ll \int_{\frac{1}{2}}^{x} \frac{\ln^{\upsilon}x}{x^{\lambda+1}} \cdot x\ln^{\mu}x\,\mathrm{d}x \\ &\ll \begin{cases} x^{1-\lambda}\ln^{\mu+\upsilon}x, \text{当 } \lambda < 1 \text{ 时} \\ \ln^{\mu+\upsilon+1}x, \text{当 } \lambda = 1 \text{ 时} \end{cases}\end{aligned}$$

这就证明了(1)，同法可证(2)为真.

定理 1 的证明　由沃罗诺伊公式得

$$\begin{aligned}&\int_{0}^{x} \left(\Delta(u) - \frac{1}{4}\right) \mathrm{d}u \\ &= -\frac{1}{144} + \sum_{m=0}^{3} c_{21m} \sum_{n=0}^{+\infty} d(n) \frac{x^{\frac{3}{4}-\frac{m}{2}}}{n^{\frac{5}{4}+\frac{m}{2}}} \cos(4\pi\sqrt{nx} + \theta_{21m}) + \\ &\quad O(x^{-\frac{5}{4}}) \qquad ㊹\end{aligned}$$

(这个式子的成立，是由第 13 章定理 1 得到 $\int_{0}^{y}\int_{0}^{x}\Delta(u+\upsilon)\mathrm{d}u\mathrm{d}\upsilon$ 的沃罗诺伊展开式之后，两端除以 y，令 $y \to 0$，再应用第 13 章定理 2，就得到上式).

今设 $x \leqslant y \leqslant (1+\delta)x$（$\delta$ 是一个充分小的正常数），把 ㊹ 中的 x 改写为 y，两端施行运算 ∂，经过简单的计算得到

$$\int_{0}^{1} \Delta\left(y + \frac{u}{x}\right) \mathrm{d}u - \frac{1}{4} = f(y) + O(x^{-\frac{1}{4}})$$

其中

$$f(y)\doteq c_{210}x\sum_{n=1}^{+\infty}d(n)\frac{y^{\frac{3}{4}}}{n^{\frac{5}{4}}}\partial\cos(4\pi\sqrt{ny}+\theta_{210})$$

$$=\frac{x}{4\sqrt{2}\pi^2}\sum_{n=1}^{+\infty}d(n)\frac{y^{\frac{3}{4}}}{n^{\frac{5}{4}}}(\mathrm{e}^{\theta_{210}\mathrm{i}}\mathrm{e}^{4\pi\sqrt{n}\mathrm{i}\partial\sqrt{y}}+\mathrm{e}^{-\theta_{210}\mathrm{i}}\mathrm{e}^{-4\pi\sqrt{n}\mathrm{i}\partial\sqrt{y}}) \quad ㊺$$

(其中 $c_{210}=\frac{1}{2\sqrt{2}\pi^2}$,见第 13 章定理 2).

应用预定理 4(在预定理 4 中,积分区间改为由 x 到 $(1+\delta)x$,结果仍然成立)得到

$$\frac{1}{x^2}\int_x^{(1+\delta)x}f^2(y)\mathrm{d}y$$

$$=\frac{1}{16\pi^4}\sum_{n\leqslant x^3}\frac{d^2(n)}{n^{\frac{5}{2}}}\cdot\frac{(4\pi\sqrt{n})^2}{4x^2}\int_x^{(1+\delta)x}y^{\frac{1}{2}\mathrm{d}y}+$$

$$O\left\{\sum_{n\leqslant x^3}\frac{d^2(n)}{n^{\frac{5}{2}}}\cdot\frac{n^2}{x^{\frac{5}{2}}}+\sum_{n>x^3}\frac{d^2(n)}{n^{\frac{5}{2}}}x^{\frac{5}{2}}+\sum_{n=1}^{+\infty}\frac{d^2(n)}{n^{\frac{5}{2}}}\cdot\frac{\min(x^{\frac{3}{2}},n^{\frac{1}{2}})}{x}+\frac{1}{x}\sum_{\substack{m,n=1\\(n<m)}}^{+\infty}\frac{d(m)d(n)}{(mn)^{\frac{5}{4}}}\cdot\frac{\sqrt{m}\min(x^{\frac{3}{2}},n^{\frac{1}{2}})}{\sqrt{m}-\sqrt{n}}\right\}$$

整理一下,得到

$$x^{-2}\int_x^{(1+\delta)x}f^2(y)\mathrm{d}y-\frac{1}{4\pi^2}\sum_{n=0}^{+\infty}\frac{d^2(n)}{n^{\frac{3}{2}}}x^{-2}\int_x^{(1+\delta)x}y^{\frac{1}{2}}\mathrm{d}y$$

$$\ll x^{-\frac{1}{2}}\sum_{n>x^3}\frac{d^2(n)}{n^{\frac{3}{2}}}+x^{-\frac{5}{2}}\sum_{n\leqslant x^3}\frac{d^2(n)}{\sqrt{n}}+x^{\frac{5}{2}}\sum_{n>x^3}\frac{d^2(n)}{n^{\frac{5}{2}}}+$$

$$x^{-1}\sum_{n=1}^{+\infty}\frac{d^2(n)}{n^{\frac{5}{2}}}\min(x^{\frac{3}{2}},n^{\frac{1}{2}})+$$

$$\frac{1}{x}\sum_{n=1}^{+\infty}\sum_{m=n+1}^{+\infty}\frac{d(m)d(n)\min(x^{\frac{3}{2}},n^{\frac{1}{2}})}{m^{\frac{1}{4}}n^{\frac{5}{4}}(m-n)}$$

$$=\sum\nolimits_1+\sum\nolimits_2+\sum\nolimits_3+\sum\nolimits_4+\frac{1}{x}\sum\nolimits_5 \qquad ㊻$$

下面两个式子是大家熟悉的

$$\sum_{n\leqslant x}d(n)\ll x\ln x \qquad ㊼$$

$$\sum_{n\leqslant x}d^2(n)\ll x\ln^3 x \qquad ㊽$$

由 ㊽ 导出另一个估计式

$$\begin{aligned}&\sum_{n\leqslant x}d(n+t)d(n)\\ \leqslant&\sqrt{\sum_{n\leqslant x}d^2(n+t)\cdot\sum_{n\leqslant x}d^2(n)}\\ \ll& x\ln^3 x\quad(\text{当 } t\leqslant x \text{ 时成立})\end{aligned} \qquad ㊾$$

由 ㊽ 与预定理 5 中(2)得：$\sum_1\ll x^{-2}\ln^3 x$，$\sum_3\ll x^{-2}\ln^3 x$；

由 ㊽ 与预定理 5 中(1)得：$\sum_2\ll x^{-1}\ln^3 x$.

同理有

$$\sum\nolimits_4\ll x^{-1}\sum_{n=1}^{+\infty}\frac{d^2(n)}{n^{\frac{5}{2}}}\cdot n^{\frac{1}{2}}\ll x^{-1}$$

$$\begin{aligned}\sum\nolimits_5\ll&\sum_{n=1}^{+\infty}\frac{d(n)}{n^{\frac{5}{4}}}\min(x^{\frac{3}{2}},n^{\frac{1}{2}})\sum_{m>2n}\frac{d(m)}{m^{\frac{5}{4}}}+\\ &\sum_{n\leqslant x^3}\sum_{t=1}^{n}\frac{d(n+t)d(n)}{nt}+\\ &x^{\frac{3}{2}}\sum_{n>x^3}\sum_{t=1}^{n}\frac{d(n+t)d(n)}{n^{\frac{3}{2}}t}\\ =&\sum\nolimits_6+\sum\nolimits_7+\sum\nolimits_8\end{aligned}$$

由 ㊼ 与预定理 5 得

$$\sum\nolimits_6\ll\sum_{n=1}^{+\infty}\frac{d(n)}{n^{\frac{5}{4}}}\min(x^{\frac{3}{2}},n^{\frac{1}{2}})\frac{\ln n}{n^{\frac{1}{4}}}$$

$$=\sum_{n\leqslant x^3}\frac{d(n)\ln n}{n}+x^{\frac{3}{2}}\sum_{n>x^3}\frac{d(n)\ln n}{n^{\frac{3}{2}}}$$

$$\ll \ln^3 x$$

由 ㊾ 与预定理 5 得

$$\sum\nolimits_7 \ll \sum_{t\leqslant x^3}\frac{1}{t}\sum_{n\leqslant x^3}\frac{d(n+t)d(n)}{n}\ll \sum_{t\leqslant x^3}\frac{\ln^4 x}{t}\ll \ln^5 x$$

$$\sum\nolimits_8 = x^{\frac{3}{2}}\left\{\sum_{t\leqslant x^3}\sum_{n>x^3}\frac{d(n+t)d(n)}{n^{\frac{3}{2}}t}+\sum_{t>x^3}\sum_{n>t}\frac{d(n+t)d(n)}{n^{\frac{3}{2}}t}\right\}$$

$$\ll x^{\frac{3}{2}}\left\{\sum_{t\leqslant x^3}\frac{1}{t}\cdot\frac{\ln^3 x}{x^{\frac{3}{2}}}+\sum_{t>x^3}\frac{\ln^3 t}{t^{\frac{3}{2}}}\right\}$$

$$\ll \ln^4 x$$

把 $\sum_1,\sum_2,\cdots,\sum_8$ 代入 ㊻ 得

$$\int_x^{(1+\delta)x}f^2(y)\mathrm{d}y=\frac{1}{4\pi^2}\sum_{n=1}^{+\infty}\frac{d^2(n)}{n^{\frac{3}{2}}}\int_x^{(1+\delta)x}y^{\frac{1}{2}}\mathrm{d}y+O(x\ln^5 x)$$

由 ㊺ 与上式得

$$\int_x^{(1+\delta)x}\left[\int_0^1\Delta\left(y+\frac{u}{x}\right)\mathrm{d}u-\frac{1}{4}\right]^2\mathrm{d}y-\int_x^{(1+\delta)x}f^2(y)\mathrm{d}y$$

$$=\int_x^{(1+\delta)x}\{[f(y)+O(x^{-\frac{1}{4}})]^2-f^2(y)\}\,\mathrm{d}y$$

$$\ll x^{-\frac{1}{4}}\int_x^{(1+\delta)x}|f(y)|\mathrm{d}y+\sqrt{x}$$

$$\ll x^{-\frac{1}{4}}\sqrt{x\int_x^{(1+\delta)x}f^2(y)\mathrm{d}y}+\sqrt{x}\ll x$$

又应用 ㊹ 得

$$\int_x^{(1+\delta)x}\int_0^1\Delta\left(y+\frac{u}{x}\right)\mathrm{d}u\mathrm{d}y$$

$$=\int_0^1\left\{\left(\int_0^{(1+\delta)x+\frac{u}{x}}-\int_0^{x+\frac{u}{x}}\right)\Delta(y)\mathrm{d}y\right\}\mathrm{d}u$$

$$\ll x^{-\frac{3}{4}}$$

由上面三个式子得到

$$\int_x^{(1+\delta)x}\left\{\int_0^1\Delta\left(y+\frac{u}{x}\right)\mathrm{d}u\right\}^2\mathrm{d}y$$

$$=\frac{1}{4\pi^2}\sum_{n=1}^{+\infty}\frac{d^2(n)}{n^{\frac{3}{2}}}\int_x^{(1+\delta)x}y^{\frac{1}{2}}\mathrm{d}y+O(x\ln^5 x)$$

又

$$\int_x^{(1+\delta)x}\left\{\int_0^1\Delta\left(y+\frac{u}{x}\right)\mathrm{d}u\right\}^2\mathrm{d}y-\int_x^{(1+\delta)x}\Delta^2(y)\mathrm{d}y$$

$$\leqslant\max_{x\leqslant y\leqslant(1+\delta)x}\left|\int_0^1\Delta\left(y+\frac{u}{x}\right)\mathrm{d}u+\Delta(u)\right|\cdot$$

$$\int_x^{(1+\delta)x}\left|\int_0^1\left(\Delta\left(y+\frac{u}{x}\right)-\Delta(y)\right)\mathrm{d}u\right|\mathrm{d}y$$

$$\ll x\left\{\int_x^{(1+\delta)x}\int_0^1\left|R_2\left(y+\frac{u}{x}\right)-R_2(y)\right|\mathrm{d}u\mathrm{d}y+\right.$$

$$\left.\int_x^{(1+\delta)x}\int_0^1\left(D\left(y+\frac{u}{x}\right)-D(y)\right)\mathrm{d}u\mathrm{d}y\right\}$$

(上式的成立，由于 $\Delta(y)\ll y$ 以及 $D\left(y+\frac{u}{x}\right)-D(y)\geqslant 0$)

$$=x\left\{\int_x^{(1+\delta)x}\int_0^1\left|\int_y^{y+\frac{u}{x}}R_2'(v)\mathrm{d}v\right|\mathrm{d}u\mathrm{d}y+\right.$$

$$\left.\int_0^1\left[\int_{x+\frac{u}{x}}^{(1+\delta)x+\frac{u}{x}}D(y)\mathrm{d}y-\int_x^{(1+\delta)x}D(y)\mathrm{d}y\right]\mathrm{d}u\right\}$$

$$\leqslant x\left\{\max_{x\leqslant v\leqslant(1+\delta)x+\frac{1}{x}}|R_2'(v)|\int_x^{(1+\delta)x}\int_0^1\int_y^{y+\frac{u}{x}}\mathrm{d}v\mathrm{d}u\mathrm{d}y+\right.$$

$$\left.\int_0^1\left[\int_{(1+\delta)x}^{(1+\delta)x+\frac{u}{x}}D(y)\mathrm{d}y-\int_x^{x+\frac{u}{x}}D(y)\mathrm{d}y\right]\mathrm{d}u\right\}$$

$$\ll x\left\{\ln x+\frac{1}{x}\max_{x\leqslant y\leqslant(1+\delta)x+\frac{1}{x}}D(y)\right\}\ll x\ln x$$

由上面两个式子得到

$$\int_x^{(1+\delta)x}\Delta^2(y)\mathrm{d}y=\frac{1}{4\pi^2}\sum_{n=1}^{+\infty}\frac{d^2(n)}{n^{\frac{3}{2}}}\int_x^{(1+\delta)x}y^{\frac{1}{2}}\mathrm{d}y+O(x\ln^5 x)$$

因而

$$\begin{aligned}\int_0^x\Delta^2(y)\mathrm{d}y&=\sum_{0\leqslant j\leqslant\frac{\ln x}{\delta}}\int_{\frac{x}{(1+\delta)^{j+1}}}^{\frac{x}{(1+\delta)^j}}\Delta^2(y)\mathrm{d}y+O\left(\int_0^{x^\delta}\Delta^2(y)\mathrm{d}y\right)\\&=\frac{1}{6\pi^2}\sum_{n=1}^{+\infty}\frac{d^2(n)}{n^{\frac{3}{2}}}x^{\frac{3}{2}}+O(x\ln^5 x)\end{aligned}$$

② 证明完毕.

我们还要叙述并证明一个结果:设 $r(n)$ 是圆 $x^2+y^2=n$ 上格点的数目,$R(x)=\sum\limits_{n\leqslant x}r(n)$,则有:

定理 2 $\int_0^x(R(y)-\pi y)^2\mathrm{d}y=\frac{1}{3\pi^2}\sum\limits_{n=1}^{+\infty}\frac{r^2(n)}{n^{\frac{3}{2}}}x^{\frac{3}{2}}+O(x\ln^3 x)$.

这个定理是朗道的结果——上式的大 O 项为 $O(x^{1+\varepsilon})$——的稍微改进.

证明 对应于沃罗诺伊公式 ㊹ 有下面的哈代公式

$$\begin{aligned}&\int_0^x(R(y)-\pi y)\mathrm{d}y\\&=\sum_{m=0}^{3}c_m\sum_{n=1}^{+\infty}r(n)\frac{x^{\frac{3}{4}-\frac{m}{2}}}{n^{\frac{5}{4}+\frac{m}{2}}}\cos(2\pi\sqrt{nx}+\theta_m)+O(x^{-\frac{5}{4}})\end{aligned}$$

$$\left(c_0=\frac{1}{\pi^2}\right)$$

对应于 ㊼ 有

$$\sum_{n\leqslant x}r(n)\ll x \tag{50}$$

如果我们能导出一个对应于 ㊽ 的式子

$$\sum_{n\leqslant x}r^2(n)\ll x\ln x \tag{51}$$

则证明的其他步骤与证明 ② 类似. 现在来证明 (51).

设 l_1, m_1, n_1 表示由不同的 $4m+1$ 形式的质因子的一次方之积所构成的正整数(l, m, n 仍表示一般正整数), 由 $r(n)$ 的初等性质得:

当 $n = m^2 n_1$ 或 $n = 2m^2 n_1$ 时, $r(n) = r(n_1) = 4d(n_1)$, 否则 $r(n) = 0$.

因此

$$\sum_{0<n\leqslant x} r(n) \geqslant \sum_{m^2 n_1 \leqslant x} d(n_1) = \sum_{n_1 \leqslant x} \left[\sqrt{\frac{x}{n_1}}\right] d(n_1)$$

$$\gg \sum_{n_1 \leqslant x} \sqrt{\frac{x}{n_1}} d(n_1)$$

由这个式子与 (50) 得

$$\sum_{n_1 \leqslant x} \frac{d(n_1)}{\sqrt{n_1}} \ll \sqrt{x}$$

$$\sum_{0<n\leqslant x} r^2(n)$$

$$\leqslant 32 \sum_{m^2 n_1 \leqslant x} d^2(n_1)$$

$$= 32 \sum_{n_1 \leqslant x} \left[\sqrt{\frac{x}{n_1}}\right] d^2(n_1)$$

$$\ll \sqrt{x} \sum_{n_1 \leqslant x} \frac{d^2(n_1)}{\sqrt{n_1}}$$

$$\leqslant \sqrt{x} \sum_{l_1 m_1 \leqslant x} \frac{d(l_1) d(m_1)}{\sqrt{l_1 m_1}}$$

$$= \sqrt{x} \sum_{l_1 \leqslant x} \frac{d(l_1)}{\sqrt{l_1}} \sum_{m_1 \leqslant \frac{x}{l_1}} \frac{d(m_1)}{\sqrt{m_1}}$$

$$\ll \sqrt{x} \sum_{l_1 \leqslant x} \frac{d(l_1)}{\sqrt{l_1}} \sqrt{\frac{x}{l_1}}$$

(应用了上面式子)

$$=x\sum_{l_1\leqslant x}\frac{d(l_1)}{l_1}\leqslant x\sum_{l\leqslant x}\frac{r(l)}{l}\ll x\ln x$$

(应用 ⑤⓪ 与预定理 5 中(1) 得出).

第15章　一个除数问题

令 $d_k(n)$ 表示将 n 分解成 k 个因子之积的方法数，则有渐近公式

$$\sum_{n\leqslant x} d_k(n)=xP_k(\ln x)+\Delta_k(x)$$

于此，$P_k(\ln x)$ 为 $\ln x$ 的一个 $(k-1)$ 次多项式，为 $\frac{\zeta^k(s)x^{s-1}}{s}$ 在极点 $s=1$ 处的残数，而

$$\Delta_k(x)=O(x^{\alpha})$$

对某一 α 成立. 设 k 固定，令 α_k 为使上式成立的 α 的下确界，则有

$$\alpha_k\leqslant\frac{k-1}{k}\quad(k=2,3,\cdots)\quad(\text{蒂奇马什})$$

$$\alpha_k\leqslant\frac{k-1}{k+1}\quad(k=2,3,\cdots)$$

（沃罗诺伊，朗道）

$$\alpha_k\leqslant\max\left(\frac{1}{2},\frac{k-1}{k+2}\right)$$

（哈代和李特伍德）

特别地，当 $k=3$ 时，有

$$\alpha_3 \leqslant \frac{43}{87} \quad \text{（瓦尔菲施）}$$

$$\alpha_3 \leqslant \frac{37}{75} \quad \text{（阿特金森）}$$

中国科学院数学研究所的越民义研究员在 1958 年证明了

$$\alpha_3 \leqslant \frac{14}{29}$$

实际上，若将我们所用的方法作进一步地精密化，我们所得的结果尚可作进一步地改进.

记号：$\alpha=\frac{15}{29}, X=\frac{x^{\frac{16}{29}}}{8\pi^3}=\frac{x^{3\alpha-1}}{8\pi^3}, h=x^{-\frac{1}{3}}X^{\frac{11}{12}}=x^{\frac{15}{87}}$，$h_0=x^{-\frac{1}{3}}X^{\frac{3}{4}}=x^{\frac{7}{87}}$，$(\beta)$ 表示 β 的小数部分，ε 为任意的正数，但并非每次出现皆代表同样的数.

我们知道

$$\Delta_3(x)=\frac{x^{\frac{1}{3}}}{\pi\sqrt{3}}\sum_{n\leqslant X}\frac{d_3(n)}{n^{\frac{2}{3}}}\cos 6\pi(nx)^{\frac{1}{3}}+O(x^{1-\alpha+\delta})$$

于此，$\delta>0$ 为任意给定的正数. 令 $a_n=\mathrm{e}^{6\pi\mathrm{i}(nx)^{\frac{1}{3}}}$，则有

$$\begin{aligned}\sum_{n\leqslant X}\frac{d_3(n)}{n^{\frac{2}{3}}}a_n &= \sum\sum_{pqr\leqslant X}\sum\frac{1}{(pqr)^{\frac{2}{3}}}a_{pqr}\\ &=6\sum_{r\leqslant X^{\frac{1}{3}}}r^{-\frac{2}{3}}\sum_{q\leqslant\sqrt{\frac{X}{r}}}q^{-\frac{2}{3}}\sum_{p\leqslant\frac{X}{qr}}p^{-\frac{2}{3}}a_{pqr}-\\ &\quad 3\sum_{r\leqslant X^{\frac{1}{3}}}r^{-\frac{2}{3}}\sum_{q\leqslant\sqrt{\frac{X}{r}}}q^{-\frac{2}{3}}\sum_{p\leqslant\sqrt{\frac{X}{r}}}p^{-\frac{2}{3}}a_{pqr}-\\ &\quad 3\sum_{r\leqslant X^{\frac{1}{3}}}r^{-\frac{2}{3}}\sum_{q\leqslant X^{\frac{1}{3}}}q^{-\frac{2}{3}}\sum_{p\leqslant\frac{X}{qr}}p^{-\frac{2}{3}}a_{pqr}+\\ &\quad \sum_{r\leqslant X^{\frac{1}{3}}}r^{-\frac{2}{3}}\sum_{q\leqslant X^{\frac{1}{3}}}q^{-\frac{2}{3}}\sum_{p\leqslant X^{\frac{1}{3}}}p^{-\frac{2}{3}}a_{pqr}\end{aligned}$$

$$=6S_1-3S_2-3S_3+S_4$$

欲估计 $\Delta_3(x)$，我们只需估计 S_1 即可，因为 S_2，S_3 及 S_4 的估计与 S_1 的估计类似. 在估计 S_1 时，我们曾采用了维诺格拉多夫在处理球内整点问题时所引进的方法.

我们要用到下面的引理：

引理1（范德科皮特） 设 $f(x)$ 为一个实函数，并具有连续 k 次导数，又设

$$\lambda_k \ll f^{(k)}(x) \ll \lambda_k$$

$b-a \geqslant 1, K=2^{k-1}$，则

$$\sum_{a<n\leqslant b} \mathrm{e}^{2\pi \mathrm{i} f(n)} \ll (b-a)\lambda_k^{\frac{1}{2K-2}}+(b-a)^{1-\frac{2}{K}}\lambda_k^{-\frac{1}{2k-2}}$$

引理2（范德科皮特） 设 A,U,q,r 满足条件

$$U^2 \gg A \gg 1, 0<r-q \ll U$$

又设实函数 $f(x)$ 在区间 $[q,r]$ 内满足关系

$$A^{-1} \ll f''(x) \ll A^{-1}, f'''(x) \ll \frac{1}{AU}$$

则

$$\sum_{q<x\leqslant r} \mathrm{e}^{2\pi \mathrm{i} f(x)}=\sum_{f'(q)\leqslant n\leqslant f'(r)} Z_n+O(T+\ln(U+1))$$

于此

$$Z_n=l_n \mathrm{e}^{\frac{1}{4}\pi \mathrm{i}}=\frac{1}{\sqrt{f''(x_n)}} \mathrm{e}^{2\pi \mathrm{i}(-n x_n+f(x_n))}$$

x_n 由方程 $f'(x_n)=n$ 所定义；$l_n=1$，若 n 不等于 $f'(q)$ 和 $f'(r)$；$l_n=\frac{1}{2}$，若 n 等于 $f'(q)$ 或 $f'(r)$；$T \ll \sqrt{A}$.

显而易见

$$S_1=\sum_{r\leqslant X^{\frac{1}{3}}} \sum_{q\leqslant\sqrt{\frac{X}{r}}} \sum_{p\leqslant\sqrt{\frac{X}{r}}}+\sum_{r\leqslant X^{\frac{1}{3}}} \sum_{q\leqslant\sqrt{\frac{X}{r}}} \sum_{\sqrt{\frac{X}{r}}<p\leqslant\frac{X}{qr}}=\sum{}_1+\sum{}_2 \tag{①}$$

今先估计$\sum_1$. 记$\left[\frac{1}{h}\sqrt{\frac{X}{r}}\right]=g(r)$，显而易见，我们有

$$\sum_1=\sum_{r\leqslant X^{\frac{1}{3}}}\sum_{q\leqslant\sqrt{\frac{X}{r}}}\sum_{p\leqslant g(r)h}+\sum_{r\leqslant X^{\frac{1}{3}}}\sum_{q\leqslant\sqrt{\frac{X}{r}}}\sum_{g(r)h<p\leqslant\sqrt{\frac{X}{r}}}=\sum_{11}+\sum_{12} \quad ②$$

我们将$\sum_{11}$写成

$$\begin{aligned}\sum_{11}=&\sum_{r\leqslant h}\sum_{q\leqslant h}\sum_{p\leqslant h}+\sum_{r\leqslant X^{\frac{1}{3}}}\sum_{q\leqslant\sqrt{\frac{X}{r}}}\sum_{h<p\leqslant g(r)h}+\\&\sum_{q\leqslant h}\sum_{p\leqslant h}\sum_{h<r\leqslant X^{\frac{1}{3}}}+\sum_{r\leqslant X^{\frac{1}{3}}}\sum_{p\leqslant h}\sum_{h<q\leqslant\sqrt{\frac{X}{r}}}\\=&\sum_{10}+\sum_{11}'+\sum_{11}''+\sum_{11}'''\end{aligned} \quad ③$$

先估计$\sum_{11}'$，我们将$\sum_{11}'$写成

$$\begin{aligned}\sum_{11}'=&\sum_{R}\sum_{R<r\leqslant R'}r^{-\frac{2}{3}}\sum_{q\leqslant\sqrt{\frac{X}{r}}}q^{-\frac{2}{3}}\sum_{h<p\leqslant g(r)h}p^{-\frac{2}{3}}\mathrm{e}^{6\pi\mathrm{i}(pqrx)^{\frac{1}{3}}}\\=&\sum_{R}\sum_{11R}'\end{aligned} \quad ④$$

的形式，于此，$1\leqslant R<R'\leqslant 2R\leqslant X^{\frac{1}{3}}$. 故至多有$O(\ln x)$项$\sum_{11R}'$.

易见

$$\begin{aligned}&\sum_{11R}'\\\leqslant&\sum_{Q}\sum_{R<r\leqslant R'}r^{-\frac{2}{3}}\sum_{Q<q\leqslant Q'}q^{-\frac{2}{3}}\left|\sum_{h<p\leqslant g(r)h}p^{-\frac{2}{3}}\mathrm{e}^{6\pi\mathrm{i}(pqrx)^{\frac{1}{3}}}\right|\\\leqslant&\sum_{Q}\sum_{l=1}^{O\left(\frac{1}{h}\sqrt{\frac{X}{R}}\right)}(RQ)^{-\frac{2}{3}}\sum_{R<r\leqslant R'}\sum_{Q<q\leqslant Q'}\left|\sum_{lh<p\leqslant(l+1)h}p^{-\frac{2}{3}}\mathrm{e}^{6\pi\mathrm{i}(pqrx)^{\frac{1}{3}}}\right|\\=&\sum_{Q}\sum_{l}(RQ)^{-\frac{2}{3}}\Omega\end{aligned} \quad ⑤$$

于此，$1\leqslant Q<Q'\leqslant 2Q\leqslant\sqrt{\frac{X}{R}}$. 故对于固定的 R，$\sum\limits_{Q}$ 至多包含 $O(\ln x)$ 个项. 令 $rq=t$，对于固定的 t，此方程关于 r,q 至多有 $\ll x^{\varepsilon}$ 个解. 故得

$$\Omega\ll x^{\varepsilon}\sum_{RQ<t\leqslant R'Q'}\left|\sum_{lh\leqslant p\leqslant(l+1)h}p^{-\frac{2}{3}}\mathrm{e}^{6\pi\mathrm{i}(ptx)^{\frac{1}{3}}}\right|$$

由施瓦茨不等式，有

$$\begin{aligned}\Omega^{2}\ll{}& x^{\varepsilon}RQ\sum_{\substack{lh<p,p'\leqslant(l+1)h\\ p\neq p'}}(pp')^{-\frac{2}{3}}\sum_{RQ<t\leqslant R'Q'}\mathrm{e}^{2\pi\mathrm{i}(p^{\frac{1}{3}}-p'^{\frac{1}{3}})(tx)^{\frac{1}{3}}}+\\&(RQ)^{2}h^{-\frac{1}{3}}l^{-\frac{4}{3}}x^{\varepsilon}\\ \ll{}& x^{\varepsilon}RQ(lh)^{-\frac{4}{3}}\sum_{\substack{lh<p,p'\leqslant(l+1)h\\ p\neq p'}}\left|\sum_{RQ<t\leqslant R'Q'}\mathrm{e}^{2\pi\mathrm{i}(p^{\frac{1}{3}}-p'^{\frac{1}{3}})(tx)^{\frac{1}{3}}}\right|+\\&(RQ)^{2}h^{-\frac{1}{3}}l^{-\frac{4}{3}}x^{\varepsilon}\end{aligned}$$

令 $p-p'=\xi$，则对固定的 $\xi\neq 0$，$p-p'=\xi$ 关于 p,p' 至多有 h 个解. 又易见

$$(lh)^{-\frac{2}{3}}\xi\ll p^{\frac{1}{3}}-p'^{\frac{1}{3}}=\frac{1}{3}\int_{p'}^{p}y^{-\frac{2}{3}}\mathrm{d}y\ll(lh)^{-\frac{2}{3}}\xi$$

故由引理 1(取 $k=3$)，即得

$$\begin{aligned}\Omega^{2}\ll{}& x^{\varepsilon}RQ(lh)^{-\frac{4}{3}}h\sum_{\xi=1}^{h}\{RQ(x^{\frac{1}{3}}(lh)^{-\frac{2}{3}}\xi(RQ)^{-\frac{8}{3}})^{\frac{1}{6}}+\\&(RQ)^{\frac{1}{2}}(x^{\frac{1}{3}}(lh)^{-\frac{2}{3}}\xi(RQ)^{-\frac{8}{3}})^{-\frac{1}{6}}\}+(RQ)^{2}h^{-\frac{1}{3}}l^{-\frac{4}{3}}\\ \ll{}& x^{\varepsilon}\{(RQ)^{\frac{14}{9}}x^{\frac{1}{18}}l^{-\frac{13}{9}}h^{\frac{13}{18}}+(RQ)^{\frac{35}{18}}x^{-\frac{1}{18}}l^{-\frac{11}{9}}h^{\frac{11}{18}}+\\&(RQ)^{2}h^{-\frac{1}{3}}l^{-\frac{4}{3}}\}\end{aligned}$$

故

$$\Omega\ll x^{\varepsilon}\{(RQ)^{\frac{7}{9}}x^{\frac{1}{36}}l^{-\frac{13}{18}}h^{\frac{13}{36}}+(RQ)^{\frac{35}{36}}x^{-\frac{1}{36}}l^{-\frac{11}{18}}h^{\frac{11}{36}}+RQh^{-\frac{1}{6}}l^{-\frac{2}{3}}\}$$

由 ④ 及 ⑤，即得

$$\begin{aligned}{\sum}'_{11R}\ll{}& x^{\varepsilon}\sum_{Q}\{x^{\frac{1}{36}}h^{\frac{1}{12}}X^{\frac{6}{36}}Q^{\frac{1}{9}}R^{-\frac{1}{36}}+\\&x^{-\frac{1}{36}}h^{-\frac{1}{12}}X^{\frac{7}{36}}Q^{\frac{11}{36}}R^{\frac{1}{9}}+X^{\frac{1}{6}}R^{\frac{1}{6}}h^{-\frac{1}{2}}Q^{\frac{1}{3}}\}\end{aligned}$$

$$\ll x^{\frac{1}{36}+\varepsilon}h^{\frac{1}{12}}X^{\frac{7}{36}}R^{-\frac{1}{12}}+x^{-\frac{1}{36}+\varepsilon}h^{-\frac{1}{12}}X^{\frac{25}{72}}R^{-\frac{1}{24}}+$$
$$x^{\varepsilon}X^{\frac{1}{3}}h^{-\frac{1}{2}}$$

由 ④，有

$$\sum\nolimits'_{11}\ll x^{\frac{1}{36}+\varepsilon}h^{\frac{1}{12}}X^{\frac{7}{36}}+x^{-\frac{1}{36}+\varepsilon}h^{-\frac{1}{12}}X^{\frac{25}{72}}+X^{\frac{1}{3}}h^{-\frac{1}{2}}x^{\varepsilon}$$

取 $h=x^{-\frac{1}{3}}X^{\frac{11}{12}}$，则得

$$\sum\nolimits''_{11}\ll X^{\frac{13}{48}+\varepsilon} \tag{6}$$

同法可证

$$\sum\nolimits'''_{11}\ll X^{\frac{13}{48}+\varepsilon} \tag{7}$$

现来估计 $\sum_{12}$. 将 $\sum_{12}$ 写成

$$\sum\nolimits_{12}=\sum_{r\leqslant X^{\frac{1}{3}}}\sum_{g(r)h<p\leqslant\sqrt{\frac{X}{r}}}\sum_{q\leqslant h}+\sum_{r\leqslant X^{\frac{1}{3}}}\sum_{g(r)h<p\leqslant\sqrt{\frac{X}{r}}}\sum_{h<q\leqslant g(r)h}+$$
$$\sum_{r\leqslant X^{\frac{1}{3}}}\sum_{g(r)h<p\leqslant\sqrt{\frac{X}{r}}}\sum_{g(r)h<q\leqslant\sqrt{\frac{X}{r}}}$$
$$=\sum\nolimits'_{12}+\sum\nolimits''_{12}+\sum\nolimits'''_{12} \tag{8}$$

现在我们先估计 $\sum'_{12}$. 将区间 $(1,X^{\frac{1}{3}})$ 分成 $O(\ln x)$ 个形如 (R,R') 的区间，于此，$1\leqslant R<R'\leqslant 2R$；又将 $(1,h)$ 分成 $O(\ln x)$ 个形如 (Q,Q') 的区间，于此，$1\leqslant Q<Q'\leqslant 2Q$. 显而易见，我们有

$$\sum\nolimits'_{12}\ll\sum_{R}\sum_{R<r\leqslant R'}r^{-\frac{2}{3}}\sum_{C\sqrt{\frac{X}{R}}<p\leqslant\sqrt{\frac{X}{R}}}p^{-\frac{2}{3}}\left|\sum_{q\leqslant h}q^{-\frac{2}{3}}\mathrm{e}^{6\pi\mathrm{i}(pqrx)^{\frac{1}{3}}}\right|$$
$$\ll X^{-\frac{1}{3}+\varepsilon}\sum_{R}R^{-\frac{1}{3}}\sum_{Q}\sum_{C\sqrt{XR}<t\leqslant 2\sqrt{XR}}\left|\sum_{Q<q\leqslant Q'}q^{-\frac{2}{3}}\mathrm{e}^{6\pi\mathrm{i}(qtx)^{\frac{1}{3}}}\right|$$
$$\ll X^{-\frac{1}{3}+\varepsilon}\sum_{R}R^{-\frac{1}{3}}\sum_{Q}\Omega$$

于此，c 为一个小于 1 的正常数. 由施瓦茨不等式及引理 1（取 $k=3$），我们有（令 $q-q'=\xi$）

$$\Omega^2 \ll (RX)^{\frac{1}{2}} Q^{-\frac{1}{3}} \sum_{\xi=1}^{Q} \{ (XR)^{\frac{1}{2}} (Q^{-\frac{2}{3}} \xi x^{\frac{1}{3}} (XR)^{-\frac{4}{3}})^{\frac{1}{6}} +$$

$$(XR)^{\frac{1}{4}} (Q^{-\frac{2}{3}} \xi x^{\frac{1}{3}} (XR)^{-\frac{4}{3}})^{-\frac{1}{6}} \} + XRQ^{-\frac{1}{3}}$$

$$\ll (XR)^{\frac{7}{9}} x^{\frac{1}{18}} Q^{\frac{13}{18}} + (XR)^{\frac{35}{36}} Q^{\frac{11}{18}} x^{-\frac{1}{18}} + XRQ^{-\frac{1}{3}}$$

$$\Omega \ll (XR)^{\frac{7}{18}} x^{\frac{1}{36}} Q^{\frac{13}{36}} + (XR)^{\frac{35}{72}} Q^{\frac{11}{36}} x^{-\frac{1}{36}} + (XR)^{\frac{1}{2}} Q^{-\frac{1}{6}}$$

$$\sum\nolimits'_{12} \ll x^{\frac{1}{36}+\varepsilon} X^{\frac{2}{27}} h^{\frac{13}{36}} + x^{-\frac{1}{36}+\varepsilon} X^{\frac{11}{54}} h^{\frac{11}{36}} + X^{\frac{2}{9}+\varepsilon}$$

$$\ll X^{\frac{13}{48}+\varepsilon} \tag{9}$$

利用估计 $\sum'_{11}$ 的方法，我们可得

$$\sum\nolimits''_{12} \ll X^{\frac{13}{48}+\varepsilon} \tag{10}$$

现来我们估计 $\sum'''_{12}$. 显而易见，由引理 1（取 $k=4$）

$$\sum\nolimits'''_{12} = \sum_{r \leqslant X^{\frac{1}{3}}} r^{-\frac{2}{3}} \sum_{g(r)h < p \leqslant \sqrt{\frac{X}{r}}} p^{-\frac{2}{3}} \sum_{g(r)h < q \leqslant \sqrt{\frac{X}{r}}} q^{-\frac{2}{3}} e^{6\pi i (pqrx)^{\frac{1}{3}}}$$

$$\ll \sum_{r \leqslant X^{\frac{1}{3}}} r^{-\frac{2}{3}} \sum_{g(r)h < p \leqslant \sqrt{\frac{X}{r}}} p^{-\frac{2}{3}} \left(\frac{X}{r}\right)^{-\frac{1}{3}} \cdot$$

$$\left\{ h \left((prx)^{\frac{1}{3}} \left(\frac{X}{r}\right)^{-\frac{11}{6}} \right)^{\frac{1}{14}} + \right.$$

$$\left. h^{\frac{3}{4}} \left((prx)^{\frac{1}{3}} \left(\frac{X}{r}\right)^{-\frac{11}{6}} \right)^{-\frac{1}{14}} \right\}$$

$$\ll \sum_{r \leqslant X^{\frac{1}{3}}} r^{-\frac{2}{3}} \left\{ h^2 \left(\frac{X}{r}\right)^{-\frac{11}{14}} r^{\frac{1}{42}} x^{\frac{1}{42}} + h^{\frac{7}{4}} \left(\frac{X}{r}\right)^{-\frac{23}{42}} r^{-\frac{1}{42}} x^{-\frac{1}{42}} \right\}$$

$$\ll h^2 x^{\frac{1}{42}} X^{-\frac{17}{42}} + h^{\frac{7}{4}} x^{-\frac{1}{42}} X^{-\frac{11}{42}}$$

$$\ll X^{\frac{13}{48}+\varepsilon} \tag{11}$$

由 ⑧ ～ ⑪ 即得

$$\sum\nolimits_{12} \ll X^{\frac{13}{48}+\varepsilon} \tag{12}$$

利用估计$\sum_{12}$的方法,可得

$$\sum\nolimits'''_{11} \ll X^{\frac{13}{48}+\varepsilon} \tag{13}$$

现在我们估计$\sum_{10}$. 取$k=x^{-\frac{1}{3}}h^{\frac{11}{4}}$,并将$\sum_{10}$写成

$$\begin{aligned}\sum\nolimits_{10} &= \sum_{r\leqslant k}\sum_{q\leqslant k}\sum_{p\leqslant k} + \sum_{r\leqslant h}\sum_{q\leqslant h}\sum_{k<p\leqslant h} + \\ &\quad \sum_{r\leqslant h}\sum_{p\leqslant k}\sum_{k<q\leqslant h} + \sum_{q\leqslant k}\sum_{p\leqslant k}\sum_{k<r\leqslant h} \\ &= \sum\nolimits'_{10} + \sum\nolimits''_{10} + \sum\nolimits'''_{10} + \sum\nolimits^{(4)}_{10}\end{aligned} \tag{14}$$

对于$\sum''_{10}$,$\sum'''_{10}$及$\sum^{(4)}_{10}$,我们可以仿照估计$\sum'_{11}$的方法加以估计,易证有

$$\sum\nolimits''_{10}, \sum\nolimits'''_{10}, \sum\nolimits^{(4)}_{10} \ll X^{\frac{13}{48}+\varepsilon} \tag{15}$$

利用引理1,取$k=4$,则得$(0<P<P'\leqslant 2P\leqslant k)$

$$\begin{aligned}\sum\nolimits'_{10} &\ll \sum_{r\leqslant k} r^{-\frac{2}{3}} \sum_{q\leqslant k} q^{-\frac{2}{3}} \sum_{P} P^{-\frac{2}{3}} \left| \sum_{P<p\leqslant P'} \mathrm{e}^{6\pi\mathrm{i}(pqrx)^{\frac{1}{3}}} \right| \\ &\ll \sum_{r\leqslant k} r^{-\frac{2}{3}} \sum_{q\leqslant k} q^{-\frac{2}{3}} \{(rq)^{\frac{1}{42}} x^{\frac{1}{42}} k^{\frac{1}{14}} + (rq)^{-\frac{1}{42}} x^{-\frac{1}{42}} k^{\frac{29}{84}}\} \\ &\ll x^{\frac{1}{42}} k^{\frac{11}{14}} + x^{-\frac{1}{42}} k^{\frac{27}{28}} \\ &\ll X^{\frac{13}{48}+\varepsilon}\end{aligned} \tag{16}$$

由 ⑭ ~ ⑯ 即得

$$\sum\nolimits_{10} \ll X^{\frac{13}{48}+\varepsilon} \tag{17}$$

由 ②③⑥⑦⑫⑬ 及 ⑰ 即得

$$\sum\nolimits_{1} \ll X^{\frac{13}{48}+\varepsilon} \tag{18}$$

现在我们估计$\sum_2$

$$\sum\nolimits_2 = \sum_{r\leqslant X^{\frac{1}{3}}} r^{-\frac{2}{3}} \sum_{q\leqslant\sqrt{\frac{X}{r}}} q^{-\frac{2}{3}} \sum_{\sqrt{\frac{X}{r}}<q\leqslant\frac{X}{rq}} p^{-\frac{2}{3}} \mathrm{e}^{6\pi\mathrm{i}(pqrx)^{\frac{1}{3}}}$$

取$h_0=x^{-\frac{1}{3}}X^{\frac{3}{4}}$,因为$p\geqslant\frac{1}{q}X^{\frac{13}{16}}$及$q\leqslant h$时,$\frac{X}{p^2}\leqslant 1$,

故我们可将 $\sum_2$ 写成下面的形式

$$\sum_2=\sum_{r\leqslant X^{\frac{1}{3}}}\ \sum_{h<q\leqslant\sqrt{\frac{X}{r}}}\ \sum_{\sqrt{\frac{X}{r}}<p\leqslant\frac{X}{rq}}+\sum_{q\leqslant h}\sum_{r\leqslant X^{\frac{3}{16}}}\ \sum_{\frac{1}{q}X^{\frac{13}{16}}<p\leqslant\frac{X}{rq}}+$$

$$\sum_{q\leqslant h}\ \sum_{\frac{1}{q}X^{\frac{2}{3}}\leqslant p\leqslant\frac{1}{q}X^{\frac{13}{16}}}\ \sum_{\left(\left[\frac{X}{h_0p^2}\right]+1\right)h_0<r\leqslant\frac{X}{pq}}+$$

$$\sum_{q\leqslant h}\ \sum_{X^{\frac{1}{3}}<p\leqslant\frac{1}{q}X^{\frac{2}{3}}}\ \sum_{\left(\left[\frac{X}{h_0p^2}\right]+1\right)h_0<r\leqslant X^{\frac{1}{3}}}+$$

$$\sum_{q\leqslant h}\ \sum_{p_n<p\leqslant\frac{1}{q}X^{\frac{13}{16}}}\ \sum_{\frac{X}{p^2}<r\leqslant\left(\left[\frac{X}{h_0p^2}\right]+1\right)h_0}$$

$$\sum_{q\leqslant h}\ \sum_{X^{\frac{1}{3}}<p\leqslant p_n}\ \sum_{\frac{X}{p^2}<r\leqslant X^{\frac{1}{3}}}$$

$$=\sum\nolimits_{21}+\sum\nolimits_{22}+\sum\nolimits_{23}+\sum\nolimits_{24}+\sum\nolimits_{25}+\sum\nolimits_{25}'$$

于此，p_n 是这样确定的：即给定一个整数 n，使得 $\frac{X}{p_n^2}=nh_0\leqslant X^{\frac{1}{3}}<(n+1)h_0$，注意 $\sum_{25}$ 只当 $X^{\frac{1}{3}}$ 不为 h_0 的倍数时出现.（对于固定的 q，$p=\frac{X}{rq}$ 及 $p=\sqrt{\frac{X}{r}}$ 皆为 r 的单调递减函数，且当 $r\leqslant X^{\frac{1}{3}}$ 及 $q\leqslant h$ 时，$\frac{X}{rq}$ 常大于 $\sqrt{\frac{X}{r}}$，故上面的等式由直接推理或由图形皆可看出.）

$\sum_{21}$ 可写成 $\sum_{21}=\sum_{r\leqslant X^{\frac{1}{3}}}\ \sum_{\sqrt{\frac{X}{r}}<p\leqslant\frac{X}{rh}}\ \sum_{h<q\leqslant\frac{X}{rp}}$ 的形式，而此式又可写成

$$\sum\nolimits_{21}=\sum_R\sum_P\sum\nolimits_{21RP}$$

的形式，于此

$$\sum_{21RP}=\frac{1}{4X}\sum_{R<r\leqslant R'}r^{-\frac{2}{3}}\sum_{P<p\leqslant P'}p^{-\frac{2}{3}}\sum_{h<q\leqslant\frac{X}{PR}}q^{-\frac{2}{3}}M$$

$$M=\sum_{s=0}^{X-1}\sum_{k=1}^{4X}\mathrm{e}^{2\pi\mathrm{i}\{3(pqrx)^{\frac{1}{3}}+\frac{pqr-X+s}{4X}k\}}$$

由此即得

$$\begin{aligned}&\sum_{21RP}\\&\leqslant\frac{1}{4X}\sum_{k=1}^{4X}\sum_{R<r\leqslant R'}r^{-\frac{2}{3}}\sum_{P<p\leqslant P'}p^{-\frac{2}{3}}\cdot\\&\quad\left|\sum_{h<q\leqslant\frac{X}{PR}}q^{-\frac{2}{3}}\mathrm{e}^{2\pi\mathrm{i}\{3(pqrx)^{\frac{1}{3}}+\frac{pqr}{4X}k\}}\right|\left|\sum_{s=0}^{X-1}\mathrm{e}^{2\pi\mathrm{i}\frac{sk}{4X}}\right|\\&\ll\frac{1}{X}\max_{1\leqslant k\leqslant 4X}\sum_{R<r\leqslant R'}r^{-\frac{2}{3}}\sum_{P<p\leqslant P'}p^{-\frac{2}{3}}\cdot\\&\quad\left|\sum_{h<q\leqslant\frac{X}{RP}}q^{-\frac{2}{3}}\mathrm{e}^{2\pi\mathrm{i}\{3(pqrx)^{\frac{1}{3}}+\frac{pqr}{4X}k\}}\right|\left(\sum_{k=1}^{4X}\min\left(X,\frac{1}{\left(\frac{k}{X}\right)}\right)\right)\\&\ll x^{\varepsilon}\max_{1\leqslant k\leqslant 4X}\sum_{R<r\leqslant R'}r^{-\frac{2}{3}}\sum_{P<p\leqslant P'}p^{-\frac{2}{3}}\cdot\\&\quad\sum_{l=1}^{O\left(\frac{X}{hRP}\right)}\left|\sum_{lh<q\leqslant lh+h'}q^{-\frac{2}{3}}\mathrm{e}^{2\pi\mathrm{i}\{3(qrpx)^{\frac{1}{3}}+\frac{pqr}{4X}k\}}\right|\end{aligned}\tag{19}$$

于此$\left(\frac{k}{X}\right)$表示$\frac{k}{X}$的分数部分，$0<h'\leqslant h$.

根据上面的不等式，并利用估计$\sum'_{11}$的方法，我们即得

$$\sum_{21}\ll X^{\frac{13}{48}+\varepsilon}\tag{20}$$

根据同样的方法，我们可得

$$\sum_{23},\sum_{24}\ll X^{\frac{13}{48}+\varepsilon}\tag{21}$$

现在我们估计$\sum_{25}$

$$\sum_{25}=\sum_{q\leqslant h}\sum_{p_n<p\leqslant\frac{1}{q}X^{\frac{13}{16}}}\sum_{\frac{X}{p^2}<r\leqslant\left(\left[\frac{X}{h_0p^2}\right]+1\right)h_0}$$

我们现在将上式中 p 的求和区间 $\left(p_n,\frac{1}{q}X^{\frac{13}{16}}\right)$ 分成小区间 $(p_{l+1},p_l)(l=n-1,n-2,\cdots)$，其中 $p_i=\sqrt{\frac{X}{ih_0}}$，因为 $p=\sqrt{\frac{X}{rh_0}}$ 为 r 的单调函数，故此种分法是可行的，由此即得

$$\sum_{25}=\sum_{q\leqslant h}\sum_{m\leqslant l\leqslant n-1}\sum_{p_{l+1}<p\leqslant p_l}\sum_{\frac{X}{p^2}\leqslant r\leqslant\left(\left[\frac{X}{h_0p^2}\right]+1\right)h_0}+$$
$$\sum_{q\leqslant h}\sum_{p_m<p\leqslant\frac{1}{q}X^{\frac{13}{16}}}\sum_{\frac{X}{p^2}\leqslant r\leqslant\left(\left[\frac{X}{h_0p^2}\right]+1\right)h_0}$$

式中 $p_m\leqslant\frac{1}{q}X^{\frac{13}{16}}<p_{m-1}$. 因为当 $p\geqslant\frac{1}{q}X^{\frac{13}{16}}$ 及 $q\leqslant h$ 时，$\frac{X}{p^2}\leqslant 1$，且由定义，m 必为正，故 $m=1,p_1=\sqrt{\frac{X}{h_0}}$. 于是

$$\sum_{25}=\sum_{q\leqslant h}\sum_{1\leqslant l\leqslant n-1}\sum_{lh_0<r\leqslant(l+1)h_0}\sum_{\sqrt{\frac{X}{r}}<p\leqslant\sqrt{\frac{X}{lh_0}}}+$$
$$\sum_{q\leqslant h}\sum_{\sqrt{\frac{X}{h_0}}<p\leqslant\frac{1}{q}X^{\frac{13}{16}}}\sum_{\frac{X}{p^2}\leqslant r\leqslant\left(\left[\frac{X}{h_0p^2}\right]+1\right)h_0}$$
$$=\sum\nolimits''_{25}+\sum\nolimits_{26}$$

又因为 $\sum'_{25}$ 可写成

$$\sum\nolimits'_{25}=\sum_{q\leqslant h}\sum_{nh_0<r\leqslant X^{\frac{1}{3}}}\sum_{\sqrt{\frac{X}{r}}<p\leqslant\sqrt{\frac{X}{nh_0}}}$$

我们现将 $\sum''_{25}+\sum'_{25}$ 合写成

$$\sum\nolimits''_{25}+\sum\nolimits'_{25}=\sum_{q\leqslant h}\sum_{1\leqslant l\leqslant n}\sum_{lh_0<r\leqslant lh_0+h'_0}\sum_{\sqrt{\frac{X}{r}}<p\leqslant\sqrt{\frac{X}{nh_0}}}$$

的形式，其中 $0<h'_0\leqslant h_0$，事实上，仅当 $l=n$ 时才可能有 $h'_0\neq h_0$.

注意：当 $lh_0<r\leqslant lh_0+h'_0, l\geqslant 1$ 时，有

$$0<\sqrt{\frac{X}{lh_0}}-\sqrt{\frac{X}{r}}\leqslant\sqrt{\frac{X}{lh_0}}-\sqrt{\frac{X}{lh_0+h'_0}}\ll\frac{h_0\sqrt{X}}{(lh_0)^{\frac{3}{2}}}$$

则由引理 1(取 $k=2$)，即得

$$\begin{aligned}\sum\nolimits''_{25}+\sum\nolimits'_{25}&\ll\sum_{q\leqslant h}q^{-\frac{2}{3}}\sum_{l\geqslant 1}\sum_{lh_0\leqslant r\leqslant lh_0+h'_0}r^{-\frac{2}{3}}\left(\frac{X}{lh_0}\right)^{-\frac{1}{3}}\cdot\\&\quad\left\{\frac{X^{\frac{1}{2}}}{l^{\frac{3}{2}}h_0^{\frac{1}{2}}}\left((rqx)^{\frac{1}{3}}\left(\frac{X}{lh_0}\right)^{-\frac{11}{6}}\right)^{\frac{1}{14}}+\right.\\&\quad\left.\frac{X^{\frac{3}{8}}}{l^{\frac{9}{8}}h_0^{\frac{3}{8}}}\left((rqx)^{\frac{1}{3}}\left(\frac{X}{lh_0}\right)^{-\frac{11}{6}}\right)^{-\frac{1}{14}}\right\}\\&\ll x^{\frac{1}{42}}X^{\frac{1}{28}}h_0^{\frac{9}{28}}h^{\frac{5}{14}}+x^{-\frac{1}{42}}X^{\frac{29}{168}}h_0^{\frac{23}{168}}h^{\frac{13}{42}}\\&\ll X^{\frac{13}{48}+\varepsilon}\end{aligned}\tag{22}$$

现在我们估计 $\sum_{26}$. 显而易见(因当 $p>\sqrt{\frac{X}{h_0}}$ 时，$\frac{X}{h_0p^2}<1$)

$$\begin{aligned}\sum\nolimits_{26}&=\sum_{q\leqslant h}\sum_{\sqrt{\frac{X}{h_0}}<p\leqslant\frac{1}{r}X^{\frac{13}{16}}}\sum_{r\leqslant h_0}+\sum_{q\leqslant h}\sum_{r\leqslant h_0}\sum_{p\leqslant\sqrt{\frac{X}{r}}}\\&=\sum\nolimits'_{26}+\sum\nolimits''_{26}\end{aligned}\tag{23}$$

利用 ⑯ 中估计 $\sum'_{10}$ 的方法，易证

$$\sum\nolimits''_{26}\ll X^{\frac{13}{48}+\varepsilon}\tag{24}$$

现在我们来估计 $\sum'_{26}$. 如前

$$\left|\sum\nolimits_{26}'\right| \leqslant \sum_{Q}\sum_{P}\sum_{Q<q\leqslant Q'} q^{-\frac{2}{3}} \sum_{P<p\leqslant P'} p^{-\frac{2}{3}} \sum_{R}\left|\sum_{R<r\leqslant R'} r^{-\frac{2}{3}} e^{6\pi i(pqrx)^{\frac{1}{3}}}\right|$$
$$= \sum_{Q}\sum_{P}\sum_{R}\Omega$$

于此，$0<Q<Q'\leqslant 2Q\leqslant h$，$\sqrt{\frac{X}{h_0}}<P<P'\leqslant 2P\leqslant \frac{1}{Q}X^{\frac{13}{16}}$，$0<R<R'\leqslant 2R\leqslant h_0$. 易见

$$\Omega \ll x^{\varepsilon}(PQ)^{-\frac{2}{3}} \sum_{PQ<t\leqslant P'Q'}\left|\sum_{R<r\leqslant R'} r^{-\frac{2}{3}} e^{6\pi i(trx)^{\frac{1}{3}}}\right|$$

由施瓦茨不等式

$$\Omega^2 \ll x^{\varepsilon}R^{-\frac{4}{3}}(PQ)^{-\frac{1}{3}} \sum_{R<r,r'\leqslant R'}\left|\sum_{PQ<t\leqslant P'Q'} e^{6\pi i(r^{\frac{1}{3}}-r'^{\frac{1}{3}})(tx)^{\frac{1}{3}}}\right|$$

令 $\xi=r-r'$，由引理 1(取 $k=3$)，则得

$$\Omega^2 \leqslant x^{\varepsilon}(RPQ)^{-\frac{1}{3}} \sum_{1\leqslant\xi\leqslant R}\{PQ(x^{\frac{1}{3}}R^{-\frac{2}{3}}\xi(PQ)^{-\frac{8}{3}})^{\frac{1}{6}} +$$
$$(PQ)^{\frac{1}{2}}(x^{\frac{1}{3}}R^{-\frac{2}{3}}\xi(PQ)^{-\frac{8}{3}})^{-\frac{1}{6}}\} + x^{\varepsilon}R^{-\frac{1}{3}}(PQ)^{\frac{2}{3}}$$
$$\ll x^{\frac{1}{18}+\varepsilon}(PQ)^{\frac{2}{9}}R^{\frac{13}{18}} + x^{-\frac{1}{18}+\varepsilon}(PQ)^{\frac{11}{18}}R^{\frac{11}{18}} + x^{\varepsilon}(PQ)^{\frac{2}{3}}R^{-\frac{1}{3}}$$
$$\Omega \ll x^{\frac{1}{36}+\varepsilon}(PQ)^{\frac{1}{9}}R^{\frac{13}{36}} + x^{-\frac{1}{36}+\varepsilon}(PQ)^{\frac{11}{36}}R^{\frac{11}{36}} + x^{\varepsilon}(PQ)^{\frac{1}{3}}R^{-\frac{1}{6}}$$

故得

$$\sum\nolimits_{26}' \ll \sum_{Q}\sum_{P}\{x^{\frac{1}{36}+\varepsilon}(PQ)^{\frac{1}{9}}h_0^{\frac{13}{36}} +$$
$$x^{-\frac{1}{36}+\varepsilon}(PQ)^{\frac{11}{36}}h_0^{\frac{11}{36}} + x^{\varepsilon}(PQ)^{\frac{1}{3}}\}$$
$$\ll x^{\frac{1}{36}+\varepsilon}X^{\frac{13}{144}}h_0^{\frac{13}{36}} + x^{-\frac{1}{36}+\varepsilon}X^{\frac{143}{576}}h_0^{\frac{11}{36}} + X^{\frac{13}{48}+\varepsilon}$$
$$\ll X^{\frac{13}{48}+\varepsilon} \tag{25}$$

由 ㉓ ~ ㉕，即得

$$\sum\nolimits_{26} \ll X^{\frac{13}{48}+\varepsilon} \tag{26}$$

现在我们来估计 $\sum_{22}$

$$\sum\nolimits_{22} = \sum_{q\leqslant h}\sum_{r\leqslant X^{\frac{3}{16}}}\sum_{\frac{1}{q}X^{\frac{13}{16}}<p\leqslant\frac{X}{rq}}$$

$$=\sum_{q\leqslant h}q^{-\frac{2}{3}}\sum_{r\leqslant X^{\frac{3}{16}}}r^{-\frac{2}{3}}\sum_{P}P^{-\frac{2}{3}}\mid\Omega_{qrP}\mid \qquad ㉗$$

于此

$$\frac{1}{q}X^{\frac{13}{16}}<P<P'\leqslant 2P\leqslant\frac{X}{rq}$$

$$\Omega_{qrP}=\sum_{P\leqslant p\leqslant P'}\mathrm{e}^{6\pi\mathrm{i}(pqrx)^{\frac{1}{6}}}$$

令 $f(p)=3(qrx)^{\frac{1}{3}}p^{\frac{1}{3}}$,则在我们的求和区域内

$$f''(p)=-\frac{2}{3}(qrx)^{\frac{1}{3}}p^{-\frac{5}{3}}\ll 1$$

取 $A=(qrx)^{-\frac{1}{3}}P^{\frac{5}{3}}$,$U=P$,则引理 2 中的条件皆满足,故

$$\sum_{P<p\leqslant P'}\mathrm{e}^{6\pi\mathrm{i}(pqrx)^{\frac{1}{3}}}=\sqrt{\frac{3}{2}}\mathrm{e}^{-\frac{1}{4}\pi\mathrm{i}}\sum_{\frac{(qrx)^{\frac{1}{3}}}{P'^{\frac{2}{3}}}<n\leqslant\frac{(qrx)^{\frac{1}{3}}}{P^{\frac{2}{3}}}}\frac{(qrx)^{\frac{1}{4}}}{n^{\frac{5}{4}}}\mathrm{e}^{4\pi\mathrm{i}(qrx)^{\frac{1}{2}}n^{-\frac{1}{2}}}+$$

$$O((qrx)^{-\frac{1}{6}}P^{\frac{5}{6}}+\ln x)$$

利用引理 1(取 $k=3$),则得

$$\Omega_{qrP}\ll(qrx)^{-\frac{1}{6}}P^{\frac{5}{6}}\left\{\frac{(qrx)^{\frac{1}{3}}}{P^{\frac{2}{3}}}((qrx)^{-\frac{2}{3}}P^{\frac{7}{3}})^{\frac{1}{6}}+\right.$$

$$\left.\frac{(qrx)^{\frac{1}{6}}}{P^{\frac{1}{3}}}((qrx)^{-\frac{2}{3}}P^{\frac{7}{3}})^{-\frac{1}{6}}\right\}+(qrx)^{-\frac{1}{6}}P^{\frac{5}{6}}+\ln x$$

$$\ll(qrx)^{\frac{1}{18}}P^{\frac{5}{9}}+(qrx)^{\frac{1}{9}}P^{\frac{1}{9}}+(qrx)^{-\frac{1}{6}}P^{\frac{5}{6}}+\ln x$$

$$\ll(qrx)^{\frac{1}{18}}P^{\frac{5}{9}}$$

代入 ㉗ 即得

$$\sum\nolimits_{22}\ll x^{\frac{1}{18}+\varepsilon}\sum_{q\leqslant h}q^{-\frac{11}{18}}\sum_{r\leqslant X^{\frac{3}{16}}}r^{-\frac{11}{18}}\sum_{P}P^{-\frac{1}{9}}$$

$$\ll x^{\frac{1}{18}+\varepsilon}X^{-\frac{13}{144}}\sum_{q\leqslant h}q^{-\frac{1}{2}}\sum_{r\leqslant X^{\frac{3}{16}}}r^{-\frac{11}{18}}$$

$$\ll x^{-\frac{1}{9}+\varepsilon}X^{\frac{127}{288}}$$

$$\ll X^{\frac{13}{48}+\varepsilon} \qquad ㉘$$

由 ⑲ ～ ㉒,㉖ 及 ㉘ 即得

$$\sum\nolimits_2 \ll X^{\frac{13}{48}+\varepsilon} \tag{29}$$

由 ①⑱ 及 ㉙,即得

$$S_1 \ll X^{\frac{13}{48}+\varepsilon}$$

同法可证

$$S_2, S_3, S_4 \ll X^{\frac{13}{48}+\varepsilon}$$

故得

$$\Delta_3(x) \ll x^{\frac{14}{29}+\varepsilon}$$

上式就是我们要证明的.

第四编

其他类型的除数问题

Erdös 除数问题

第16章

对于数论函数值 $f(n+1)/f(n)$ $(n=1,2,3,\cdots)$ 的分布问题，包括除数函数

$$\tau(n)=\sum_{d\mid n}1$$

的值的分布问题，从20世纪50年代到20世纪70年代期间，曾有不少数论工作者用初等方法及筛法得出了若干研究成果，其中最出色的工作是王元教授在20世纪50年代末的新筛法工作．王元教授在《论数论函数 $\varphi(n)$，$\sigma(n)$ 及 $d(n)$ 的一些性质》中，对于一些著名数论函数，如欧拉函数 $\varphi(n)$，除数和函数 $\sigma(n)$，以及除数函数 $\tau(n)$ 等均得到了相当精深的结果．此后，20世纪70年代末，曲阜师范学院的邵品琮教授运用王元教授的方法对其余一些著名数论函数也得出了相应的结论，并作了一些推广工作．

回顾 20 世纪 50 年代(1956 年 3 月),匈牙利科学院院士 Hajös 访华时,曾在北京参加中国科学院数学研究所和北京大学的座谈会上,转述了匈牙利著名数学家爱尔迪希教授提出的一个除数问题:

问题(爱尔迪希) 任给正整数 k 及 n_0,是否存在自然数 n,使当 $n > n_0$ 时,有

$$\tau(n) > \prod_{\upsilon=1}^{k} \tau(n+\upsilon) \cdot \tau(n-\upsilon) \quad ①$$

曲阜师范学院的邵品琮教授于 1981 年解决了爱尔迪希问题,并得到了比 ① 的猜想更强的结果(见定理 1),特别是如今可以运用王元教授的新筛法来彻底回答爱尔迪希除数问题,并得到了比原来爱尔迪希猜想更深刻得多的结果(见定理 2).

定理 1 任给正整数 k, n_0, m 和 $M > 1$,一定存在自然数 $n > n_0$,且满足

$$\log^{(m)} \tau(n) > M \cdot \prod_{\upsilon=1}^{k} \tau(n+\upsilon) \cdot \tau(n-\upsilon) \quad ②$$

其中 $\log^{(r)} x = \log \log^{(r-1)} x$,而 $\log^{(0)} x = x (r = 1, 2, \cdots, m)$.

确切地说,在 $(1, X)$ 内,满足 ② 的 n,其个数 $N_1(X)$ 有

$$N_1(X) > c_1 \frac{X}{\log^{2k+1} X} \quad ③$$

其中 $c_1 = c_1(k, n_0, m, M)$ 是与 X 无关的正的常数.

定理 2 任给正整数 k, n_0, m 和 $M > 1$,一定存在素数 $p > n_0$,且满足

$$\log^{(m)} \tau(p+1) > M \cdot \prod_{\upsilon=1}^{k} \tau(p+1+\upsilon) \cdot \tau(p+1-\upsilon)$$

进一步讲，在$(1,X)$内满足④的素数p的个数$N^*(X)$有

$$N^*(X)>c^*\frac{X}{\log^{2k+1}X\log\log X} \tag{5}$$

其中$c^*=c^*(k,n_0,m,M)$是与X无关的正的常数.

下面我们来给出定理1的证明.

证明 我们以同余方程组

$$\begin{cases} x\equiv 0(\mathrm{mod}\ k^2!) \\ x+1\equiv p_1^{\lambda_1}(\mathrm{mod}\ p_1^{\lambda_1+1}) \\ x+2\equiv p_2^{\lambda_2}(\mathrm{mod}\ p_2^{\lambda_2+1}) \\ \vdots \\ x+k\equiv p_k^{\lambda_k}(\mathrm{mod}\ p_k^{\lambda_{k+1}}) \\ x-1\equiv p_1'^{\lambda_1'}(\mathrm{mod}\ p_1'^{\lambda'_1+1}) \\ x-2\equiv p_2'^{\lambda_2'}(\mathrm{mod}\ p_2'^{\lambda'_2+1}) \\ \vdots \\ x-k\equiv p'_k\lambda'_k(\mathrm{mod}\ p_k'^{\lambda'_k+1}) \end{cases}$$

来代替文献[7]中的基本引理中的同余方程组，那么，针对类似于[8]中的诸已给常数(例如已给定δ_1，$\delta_2,\cdots,\delta_k;\delta'_1,\delta'_2,\cdots,\delta'_k$及$\delta_0$)，适当选取$\lambda_1,\lambda_2,\cdots,\lambda_k$；$\lambda'_1,\lambda'_2,\cdots,\lambda'_k$，采用布伦(Brun)筛法就可得：存在适当大的$n$，例如$n>n_0$，使得下列各式成立(推理类似)

$$\delta_0\leqslant\tau(n)\leqslant c_0\delta_0 \tag{6}$$

$$\delta_\mu\leqslant\tau(n+\mu)\leqslant c_0\delta_\mu\quad(\mu=1,2,\cdots,k) \tag{7}$$

$$\delta'_\gamma\leqslant\tau(n-\upsilon)\leqslant c_0\delta'_\upsilon\quad(\upsilon=1,2,\cdots,k) \tag{8}$$

针对爱尔迪希除数问题而言，我们可以适当选择常数，例如可令

$$\delta_1=\delta_2=\cdots=\delta_k=\delta'_1=\delta'_2=\cdots=\delta'_k=1$$

再令$\delta_0>K_0$，而

$$K_0 = \underbrace{\exp\{\exp\{\cdots\exp}_{m\text{重}}\{Mc_0^{2k}\}\}\cdots\}$$

于是，由 ⑦⑧ 知

$$\begin{aligned} & M \cdot \prod_{\upsilon=1}^{k} \tau(n+\upsilon) \cdot \tau(n-\upsilon) \\ = & M \cdot \prod_{\mu=1}^{k} \tau(n+\mu) \cdot \prod_{\upsilon=1}^{k} \tau(n-\upsilon) \\ \leqslant & M \cdot c_0^{2k} \prod_{\mu=1}^{k} \delta_\mu \cdot \prod_{\upsilon=1}^{k} \delta'_\upsilon = M \cdot c_0^{2k} \end{aligned}$$

再用 ⑥ 就有

$$\log^{(m)}\{\tau(n)\} \geqslant \log^{(m)}\delta_0 > \log^{(m)}K_0 = Mc_0^{2k}$$

于是定理 1 获证.

接下来证明定理 2.

证明 类似于上述处理方式，运用王元教授的文献[9]，只需在[9]中将基本引理改为如下的叙述即可：

令 k 为一个正整数，又令

$$m_0 = (k+1)!^{\,2} q_{01} \cdot \cdots \cdot q_{0t_0}$$

$$m_\upsilon = q_{\upsilon_1} \cdot \cdots \cdot q_{\upsilon t_\upsilon} \quad (1 \leqslant \upsilon \leqslant k)$$

$$m'_\mu = q'_{\mu 1} \cdot \cdots \cdot q'_{\mu t'_\mu} \quad (2 \leqslant \mu \leqslant k)$$

为两两互素的整数，此处 $q_{\upsilon i}$ 及 $q'_{\mu j}(1 \leqslant \upsilon \leqslant k, 1 \leqslant i \leqslant t_\upsilon; 2 \leqslant \mu \leqslant k, 1 \leqslant j \leqslant t'_\mu)$ 均为大于 $k+1$ 的素数. 当 $X > Z > (m_0 \cdot m_1 \cdot \cdots \cdot m_k)^2$ 时，令 $N_Z(X)$ 表示方程组

$$\begin{cases} p+1 = m_0 x_0 \\ p+\upsilon+1 = \upsilon m_\upsilon x_\upsilon, 1 \leqslant \upsilon \leqslant k \\ p+1-\mu = \mu m'_\mu x'_\mu, 2 \leqslant \mu \leqslant k \end{cases}$$

适合条件：$1 < p \leqslant X$，若 $p' \mid x_\upsilon$ 或 $p' \mid x'_\mu$，则 $p' > Z$ $(1 \leqslant \upsilon \leqslant k, 2 \leqslant \mu \leqslant k)$ 的整数解 $(p, x_0, x_1, \cdots, x_k;$

$x'_2, x'_3, \cdots, x'_k$)的个数,此处 p 与 p' 均表示素数.那么,由[9],经过类似推理可得仅与诸 m_υ, m'_μ 有关的正常数 c_1 及 X_1 与仅与 k 有关的正常数 α,使

$$N_{X^\alpha}(X) > c_1 \frac{X}{\log^{2k+1} X \log\log X} \quad (X > X_1) \tag{9}$$

成立.于是采用王元教授的[9]的推理,便有:存在仅与 k 有关的常数 γ 使对任意给定的 $2k$ 个正整数 $a_0, a_1, \cdots, a_k$ 与 $a'_2, a'_3, \cdots, a'_k$,皆存在素数 p,使下式成立

$$a_\upsilon \leqslant \tau(p+1+\upsilon) \leqslant \gamma a_\upsilon \quad (0 \leqslant \upsilon \leqslant k) \tag{10}$$

$$a'_\mu \leqslant \tau(p+1-\mu) \leqslant \gamma a'_\mu \quad (2 \leqslant \mu \leqslant k) \tag{11}$$

且在$(1, X)$内适合于式⑩与⑪的素数个数满足⑨,因此,我们可与处理定理1相仿,选取 $a_\gamma = a'_\mu = 1$ $(0 \leqslant \upsilon \leqslant k, 2 \leqslant \mu \leqslant k)$,又可令 $a_0 > K_0$,而

$$K_0 = \underbrace{\exp\{\exp\{\cdots\exp}_{m重}\{2M\gamma^{2k-1}\}\}\cdots\}$$

于是由⑩⑪,一方面有

$$\tau(p+1) \geqslant a_0 > K_0 \tag{12}$$

另一方面又有

$$\begin{aligned} &M \cdot \prod_{\upsilon=1}^{k} \tau(p+1+\upsilon) \cdot \tau(p+1-\upsilon) \\ &= M \cdot \tau(p) \cdot \prod_{\upsilon=1}^{k} \tau(p+1+\upsilon) \cdot \prod_{\mu=2}^{k} \tau(p+1-\mu) \\ &\leqslant 2M\gamma^{2k-1} \prod_{\upsilon=1}^{k} a_\upsilon \cdot \prod_{\mu=2}^{k} a'_\mu \\ &= 2M\gamma^{2k-1} = \log^{(m)} K_0 \end{aligned} \tag{13}$$

结合⑫与⑬即得④,从而定理2证毕.

当然在定理2中,若将 $p+1$ 改为 $p-1$ 也可得出同样好的结论.然而,若将 $p+1$ 或 $p-1$ 改为 p 的话是显然不行的,因为 $\tau(p)=2$ 是一个并不大的绝对常数,

所以对于爱尔迪希问题中的自然数 n,由定理1知是确实存在的,且存在很多个,并且性质比爱尔迪希教授估计的还要好,但如果是想进一步深化到与素数集有关的整数上去考虑的话,显然 $n=p$ 时是不能满足爱尔迪希猜想要求的,今用王元教授的方法告诉我们,在 $n=p+1$ 或 $n=p-1$ 形式时是能满足的,而且性质比爱尔迪希教授估计的还要好,并且如此素数 p 的个数也是相当多的.

算术级数中的除数问题

第17章

设 q_1, q_2, h_1, h_2 是正整数，$h_1 \leqslant q_1$，$h_2 \leqslant q_2$，则

$$a(n) = \sum_{(q_1 m + h_1)(q_2 h + h_2) = n} 1$$

$$\varphi(s) = (q_1 q_2)^{-s} \zeta\left(s, \frac{h_1}{q_1}\right) \zeta\left(s, \frac{h_2}{q_2}\right)$$

其中 $\zeta(s;a)$ 是胡尔维茨 ζ－函数.

又设 $\rho \geqslant 0$，记

$$A^{\rho}(x) = \frac{1}{\Gamma(\rho + 1)} \sum_{n \leqslant x}{}' a(n)(x - n)^{\rho}$$

求和号上的“′”表示当 $\rho = 0, n = x$ 时，和式中的最后一项乘以 $\frac{1}{2}$.

最后，设 $S_{\rho}(x)$ 是 $\Phi(s;x) = \frac{\Gamma(s)\varphi(s)}{\Gamma(\rho + 1 + s)} x^{\rho + s}$ 在区域

$$D: \sigma > -(\sigma_m + \varepsilon)$$

内的留数和，其中

$$\sigma_m = \frac{1}{2}\left(\rho + m + \frac{1}{2}\right)$$

m 为适当选取的正整数，ε 为充分小的正数，使得 σ_m 和 $\sigma_m+\varepsilon$ 之间没有整数，且

$$\Delta_\rho(x)=A^\rho(x)-S_\rho(x)$$

维卡塔拉曼（Venkataraman），里歇特，诺瓦克（Nowak）分别讨论了 $\Delta_0(x)$ 的估计问题. 华南师范大学数学系的杨照华教授于 1988 年证明了下述定理：

定理 对任意的 $\lambda\geqslant 1$，当 $x\geqslant 4$ 时

$$\left\{\frac{1}{x}\int_1^x \mid \Delta_\rho(y)\mid^\lambda \mathrm{d}y\right\}^{\frac{1}{\lambda}}\geqslant Nx^{\frac{1}{2}(\rho+\frac{1}{2})}$$

特别地，当 $\rho=0$ 时我们有

$$\left\{\frac{1}{x}\int_1^x\left|\sum_{n\leqslant y}a(n)-\right.\right.$$

$$\left.\left.\frac{y}{q_1q_2}\left\{\ln\frac{y}{q_1q_2}-\left[\frac{\Gamma'}{\Gamma}\left(\frac{h_1}{q_1}\right)+\frac{\Gamma'}{\Gamma}\left(\frac{h_2}{q_2}\right)+1\right]\right\}\right|^\lambda\mathrm{d}y\right\}^{\frac{1}{\lambda}}$$

$$\geqslant Nx^{\frac{1}{4}}$$

其中 N 是某个与 λ,x 无关的常数.

先证明几个引理.

引理 1 设 $x,y>0$，m 为非负整数，则

$$\int_0^y\cdots\int_0^y\Delta_\rho(x+y_1+\cdots+y_m)\mathrm{d}y_1\cdots\mathrm{d}y_m$$

$$=\sum_{l=0}^m(-1)^{m-l}\cdot C_m^l\frac{1}{2\pi\mathrm{i}}\int_C\frac{\Gamma(s)\varphi(s)}{\Gamma(\rho+m+1+s)}(x+ly)^{\rho+m+s}\mathrm{d}s$$

其中积分路径 C 是联结下述诸点的折线

$2-\mathrm{i}\infty,2-2\mathrm{i},-\sigma_m-\varepsilon-2\mathrm{i},-\sigma_m-\varepsilon+2\mathrm{i},2+2\mathrm{i},2+\mathrm{i}\infty$

证明 显然，当 $\mathrm{Re}s>1$ 时，$\varphi(s)=\sum_{n=1}^{+\infty}a(n)n^{-s}$.

于是

$$A^{\rho}(x)=\frac{1}{2\pi\mathrm{i}}\int_{2-\mathrm{i}\infty}^{2+\mathrm{i}\infty}\frac{\Gamma(s)\varphi(s)}{\Gamma(\rho+1+s)}x^{\rho+s}\mathrm{d}s$$

又

$$A^{\rho+1}(x)=\int_{0}^{x}A^{\rho}(u)\mathrm{d}u$$

故

$$\begin{aligned}&\int_{0}^{y}A^{\rho}(x+u)\mathrm{d}u\\=&\frac{1}{2\pi\mathrm{i}}\int_{2-\mathrm{i}\infty}^{2+\mathrm{i}\infty}\frac{\Gamma(s)\varphi(s)}{\Gamma(\rho+2+s)}[(x+y)^{\rho+1+s}-x^{\rho+1+s}]\mathrm{d}s\\=&\frac{1}{2\pi\mathrm{i}}\int_{C}\frac{\Gamma(s)\varphi(s)}{\Gamma(\rho+2+s)}[(x+y)^{\rho+1+s}-x^{\rho+1+s}]\mathrm{d}s+S_{\rho}(x,y)\end{aligned} \qquad ①$$

其中 $S_{\rho}(x,y)$ 是 $\Phi(s;x,y)=\frac{\Gamma(s)\varphi(s)}{\Gamma(\rho+2+s)}[(x+y)^{\rho+1+s}-x^{\rho+1+s}]$ 在 D 内的留数和.

由 $\varphi(s)$ 在全平面除以 $s=1$ 为二级极点外解析，可知 $\Phi(s;x)$ 与 $\Phi(s;x,y)$ 在 D 内有相同的奇点，将 $\Phi(s;x+u)$ 在奇点 s_l 展为洛朗(Laurent)级数

$$\Phi(s;x+u)=\sum_{n=-n_l}^{+\infty}a_n^{(l)}(x+u)(s-s_l)^n$$

则

$$\Phi(s;x,y)=\int_{0}^{y}\Phi(s;x+u)\mathrm{d}u=\sum_{n=-n_l}^{+\infty}(s-s_l)^n\int_{0}^{y}a_n^{(l)}(x+u)\mathrm{d}u$$

$$\operatorname*{Res}_{s=s_l}\Phi(s;x,y)=\int_{0}^{y}a_{-1}^{(l)}(x+u)\mathrm{d}u$$

$$S_{\rho}(x,y)=\int_{0}^{y}S_{\rho}(x+u)\mathrm{d}u$$

代入 ① 即得

$$\int_{0}^{y}[A^{\rho}(x+u)-S_{\rho}(x+u)]\mathrm{d}u$$

$$=\frac{1}{2\pi\mathrm{i}}\int_C \frac{\Gamma(s)\varphi(x)}{\Gamma(\rho+2+s)}[(x+y)^{\rho+1+s}-x^{\rho+1+s}]\mathrm{d}s$$

再对 m 用归纳法即得引理 1.

引理 2 当 $\sigma'\leqslant\sigma\leqslant\sigma''$，$|t|>1$ 时，关于 $s=\sigma+\mathrm{i}t$ 一致地有

$$\zeta(s;a)=O(\mathrm{e}^{\frac{\pi}{2}|s|})$$

证明 这是 $\zeta(s;a)=\frac{1}{2}a^{-s}+\frac{1}{1-s}a^{1-s}+2\int_0^{+\infty}\frac{(a^2+y^2)^{-\frac{s}{2}}\sin(\theta s)}{\mathrm{e}^{2\pi y}-1}\mathrm{d}y$（其中 $\theta=\arctan\frac{y}{a}$）的直接推论.

引理 3 设 L 是联结下述诸点的折线

$-\varepsilon-\mathrm{i}\infty,-\varepsilon-2\mathrm{i},-\sigma_m-\varepsilon-2\mathrm{i},-\sigma_m-\varepsilon+2\mathrm{i},-\varepsilon+2\mathrm{i},-\varepsilon+\mathrm{i}\infty$

则

$$\frac{1}{2\pi\mathrm{i}}\int_C \frac{\Gamma(s)\varphi(s)}{\Gamma(\rho+m+1+s)}(x+ly)^{\rho+m+s}\mathrm{d}s$$

$$=\frac{1}{2\pi\mathrm{i}}\int_L \frac{\Gamma(s)\varphi(s)}{\Gamma(\rho+m+1+s)}(x+ly)^{\rho+m+s}\mathrm{d}s$$

证明 众所周知，当 $\sigma'\leqslant\sigma\leqslant\sigma''$ 时，一致地有

$$|\Gamma(\sigma+\mathrm{i}t)|\sim\sqrt{2\pi}\,\mathrm{e}^{-\frac{\pi}{2}|t|}\,|t|\quad(|t|\to+\infty)$$

又知，当 $\sigma<0$ 时

$$\zeta(s;a)=\frac{2\Gamma(1-s)}{(2\pi)^{1-s}}\left\{\sin\frac{\pi s}{2}\sum_{n=1}^{+\infty}\frac{\cos 2\pi na}{n^{1-s}}+\cos\frac{\pi s}{2}\sum_{n=1}^{+\infty}\frac{\sin 2\pi na}{n^{1-s}}\right\}\tag{②}$$

因此，对任意正整数 m，当 $\sigma=2,-\varepsilon$ 时

$$F(s)=\frac{\Gamma(s)\varphi(s)}{\Gamma(\rho+m+1+s)}(x+ly)^{\rho+m+s}=o(1)$$

$$(|t| \to +\infty)$$

再结合引理 2,即知当 $-\varepsilon \leqslant \sigma \leqslant 2$, $|t| \geqslant 2$ 时,$F(s)$ 符合[9]中引理 1 的条件.因此,当 $-\varepsilon \leqslant \sigma \leqslant 2$ 时一致地有

$$F(s)=o(1) \quad (|t| \to +\infty)$$

这意味着,$F(s)$ 在 C 上的积分可移至 L.

引理得证.

由 ② 知,当 $\sigma<0$ 时

$$\zeta(s;a)=\pi^{s-\frac{1}{2}}\left[\frac{\Gamma\left(\frac{1-s}{2}\right)}{\Gamma\left(\frac{s}{2}\right)}\sum_{n=1}^{+\infty}\frac{\cos 2\pi na}{n^{1-s}}+\frac{\Gamma\left(1-\frac{s}{2}\right)}{\Gamma\left(\frac{1+s}{2}\right)}\sum_{n=1}^{+\infty}\frac{\sin 2\pi na}{n^{1-s}}\right]$$

$$\varphi(s)=(q_1q_2)^{-s}\pi^{2s-1}\left[\frac{\Gamma^2\left(\frac{1-s}{2}\right)}{\Gamma^2\left(\frac{s}{2}\right)}\sum_{n=1}^{+\infty}\frac{b_1(n)}{n^{1-s}}+\frac{\Gamma\left(\frac{1-s}{2}\right)\Gamma\left(1-\frac{s}{2}\right)}{\Gamma\left(\frac{s}{2}\right)\Gamma\left(\frac{1+s}{2}\right)}\sum_{n=1}^{+\infty}\frac{b_2(n)}{n^{1-s}}+\frac{\Gamma^2\left(1-\frac{s}{2}\right)}{\Gamma^2\left(\frac{1+s}{2}\right)}\sum_{n=1}^{+\infty}\frac{b_3(n)}{n^{1-s}}\right]$$

其中

$$b_1(n)=\sum_{kd=n}\cos 2\pi\frac{h_1}{q_1}k\cos 2\pi\frac{h_2}{q_2}d$$

$$b_2(n)=\sum_{kd=n}\sin 2\pi\left(\frac{h_1}{q_1}k+\frac{h_2}{q_2}d\right)$$

$$b_3(n)=\sum_{kd=n}\sin 2\pi\frac{h_1}{q_1}k\sin 2\pi\frac{h_2}{q_2}d \qquad ③$$

并且当 $-\sigma_m-\varepsilon\leqslant\sigma\leqslant-\varepsilon$ 时，$\varphi(s)=O(|t|^{-2\sigma-\rho-m})$，因此当 $m\geqslant 2$ 时

$$\begin{aligned}&\frac{1}{2\pi i}\int_L\frac{\Gamma(s)\varphi(s)}{\Gamma(\rho+m+1+s)}(x+ly)^{\rho+m+s}ds\\=&\frac{1}{2\pi i}\int_{-L}\frac{\Gamma(s-)\varphi(-s)}{\Gamma(\rho+m+2-s)}(x+ly)^{\rho+m-s}ds\\=&\frac{1}{\pi}\Big[\sum_{n=1}^{+\infty}\frac{b_1(n)}{n}I_m^{(1)}(\mu_n;x+ly)+\\&\sum_{n=1}^{+\infty}\frac{b_2(n)}{n}I_m^{(2)}(\mu_n;x+ly)+\\&\sum_{n=1}^{+\infty}\frac{b_3(n)}{n}I_m^{(3)}(\mu_n;x+ly)\Big]\end{aligned} \qquad ④$$

其中

$$\mu_n=\frac{\pi^2n}{q_1q_2}$$

$$\begin{aligned}&I_m^{(1)}(\mu_n;x+ly)\\=&\frac{1}{2\pi i}\int_{-L}\frac{\Gamma(-s)\Gamma^2\left(\frac{1+s}{2}\right)(x+ly)^{\rho+m-s}}{\Gamma(\rho+m+1-s)\Gamma^2\left(-\frac{s}{2}\right)\mu_n^s}ds\end{aligned}$$

$$\begin{aligned}&I_m^{(2)}(\mu_n;x+ly)\\=&\frac{1}{2\pi i}\int_{-L}\frac{\Gamma(-s)\Gamma\left(\frac{1+s}{2}\right)\Gamma\left(1+\frac{s}{2}\right)(x+ly)^{\rho+m-s}}{\Gamma(\rho+m+1-s)\Gamma\left(-\frac{s}{2}\right)\Gamma\left(\frac{1-s}{2}\right)\mu_n^s}ds\end{aligned}$$

$$\begin{aligned}&I_m^{(3)}(\mu_n;x+ly)\\=&\frac{1}{2\pi i}\int_{-L}\frac{\Gamma(-s)\Gamma^2\left(1+\frac{s}{2}\right)(x+ly)^{\rho+m-s}}{\Gamma(\rho+m+1-s)\Gamma^2\left(\frac{1-s}{2}\right)\mu_n^s}ds\end{aligned}$$

结合引理 1,引理 3 及 ④ 即得:

引理 4　设 $x,y>0,m\geqslant 2$,则

$$\int_0^y\cdots\int_0^y\Delta_\rho(x+y_1+\cdots+y_m)\mathrm{d}y_1\cdots\mathrm{d}y_m$$

$$=\frac{1}{\pi}\sum_{l=0}^{m}(-1)^{m-l}C_m^l\cdot\sum_{j=1}^{3}\frac{b_j(n)}{n}I_m^{(l)}(\mu_n;x+ly)$$

引理 5　设 $x>0,0<y=O(x)^{\frac{1}{2}}$,则当 $m\geqslant 2$ 时

$$\begin{aligned}&I_m^{(j)}(\mu_n;x+ly)\\=&M_m(x+ly)^{\sigma_m}\mu_n^{\frac{1}{2}-\sigma_m}\cos(4\mu_n^{\frac{1}{2}}(x+ly)^{\frac{1}{2}}-\pi\sigma_m)+\\&O(x^{\sigma_m-\frac{1}{2}}\mu_n^{-\sigma_m})\quad(j=1,2,3)\end{aligned}\tag{5}$$

其中 $M_m=\pi^{-\frac{1}{2}}2^{-\sigma_m}$.

证明　在[9]的定理 2 中令 $\delta=0,\Lambda_2(s)=\Gamma^2\left(\frac{1+s}{2}\right),\Lambda_1(s)=\Gamma^2\left(-\frac{s}{2}\right)$,即得 ⑤ 当 $j=1$ 的情况,类似可得 $j=2,j=3$ 的情况.

引理 6　设 $b(n)=\sum\limits_{j=1}^{3}b_j(n)$,其中 $b_j(n)$ 如 ③ 所定义,则当 $b(1)=b(2)=0$ 时,$b(4)=1$.

证明　记 $A=\frac{h_1}{q_1}+\frac{h_2}{q_2},B=\frac{h_1}{q_1}-\frac{h_2}{q_2}$,则从 $b(1)=b(2)=0$ 可推得 $\cos 2\pi A=0$ 及 $\cos 5\pi B\cos 3\pi A+\sin 5\pi A\cos 3\pi B=0$. 于是 $b(4)=\cos 4\pi B=-\cos 4\pi A=1-2\cos^2 2\pi A=1$.

从引理 4,引理 5,引理 6 出发,仿照[9]中证明定理 3 的办法,可以证明:

引理 7　设 m 是适当选取的自然数,d_1,d_2,N_1 和 x_ε 是适当选取的正数,则当 $x\geqslant x_\rho$ 时,存在 $X:x\leqslant X\leqslant x+d_1x^{\frac{1}{2}}$,使得

$$\left|\int_0^{d_1 x^{\frac{1}{2}}} \mathrm{d}y \int_0^y \cdots \int_0^y \Delta_\rho(X + y_1 + \cdots + y_m)\mathrm{d}y_1 \cdots \mathrm{d}y_m\right| \geqslant N_1 x^{\frac{1}{2}+\sigma_m}$$

最后,我们给出定理的证明.

定理的证明　记 $d' = md_1 + d_1$,则

$$\left|\int_0^{d_2 x^{\frac{1}{2}}} \mathrm{d}y \int_0^y \cdots \int_0^y \Delta_\rho(X + y_1 + \cdots + y_m)\mathrm{d}y_1 \cdots \mathrm{d}y_m\right|$$

$$\leqslant \int_0^{d_2 x^{\frac{1}{2}}} \mathrm{d}y \int_0^y \cdots \int_0^y \mathrm{d}y_2 \cdots \mathrm{d}y_m \int_0^{d' x^{\frac{1}{2}}} |\Delta_\rho(x+z)| \mathrm{d}z$$

$$\ll x^{\frac{m}{2}} \int_x^{d' x^{\frac{1}{2}}} |\Delta_\rho(x+z)| \mathrm{d}z$$

于是由引理 7 知,当 $x \geqslant x_0$ 时

$$\int_x^{x+d' x^{\frac{1}{2}}} |\Delta_\rho(y)| \mathrm{d}y \gg x^{\frac{1}{2}(\rho+\frac{3}{2})} \qquad ⑥$$

而当 $x \geqslant 2x_0$ 时

$$\int_1^x |\Delta_\rho(y)| \mathrm{d}y \geqslant \sum_{j=0}^{\left[\frac{1}{4}x^{\frac{1}{2}}\right]-1} \int_{\frac{x}{2}+2jd' x^{\frac{1}{2}}}^{\frac{x}{2}+2(j+1)d' x^{\frac{1}{2}}} |\Delta_\rho(y)| \mathrm{d}y \qquad ⑦$$

又 $d'\left(\frac{x}{2} + 2jd' x^{\frac{1}{2}}\right)^{\frac{1}{2}} \leqslant 2d' x^{\frac{1}{2}}$. 故由 ⑥⑦ 即知,存在 $N' > 0$,使得

$$\int_1^x |\Delta_\rho(y)| \mathrm{d}y \geqslant N' x^{\frac{1}{2}} \cdot x^{\frac{1}{2}(\rho+\frac{3}{2})} = N' x^{1+\frac{1}{2}(\rho+\frac{1}{2})}$$

显然

$$\int_1^{2x_0} |\Delta_\rho(y)| \mathrm{d}y = N'' > 0$$

故

$$\int_1^x |\Delta_\rho(y)| \mathrm{d}y \geqslant N x^{1+\frac{1}{2}(\rho+\frac{1}{2})}$$

其中 $N=\min(N',N''(2x_0)^{-1-\frac{1}{2}(\rho+\frac{1}{2})})$. 再由赫尔德不等式便知定理成立.

等差数列中的除数问题

第18章

1　等差数列中的除数函数

我们假设$(a,q)=1$，并且令

$$A_r(x,q,a)=\sum_{\substack{n\leqslant x\\ n\equiv a(\bmod q)}} d_r(n)$$

$$A_r(x,q,a)=M_r(x,q,a)+E_r(x,q,a) \quad ①$$

其中$M_r(x,q,a)$是一个合适的主项，并且$E_r(x,q,a)$是$M_r(x,q,a)$估计$A_r(x,q,a)$时的误差项，$d_r(n)$是方程$n=a_1a_2\cdots a_r(a_1,a_2,\cdots,a_r\in\mathbf{N})$解的个数.

在文献中有很多关于$E_r(x,q,a)$的大小和q在渐近公式①中的一致性的文章，这些文章通常被称为等差数列中的除数问题，他们给出了等差数列中素数的类似结果，我们不研究这个方向.

在下一小节，我们只考虑 $r=2$ 的情况. 我们写 $d_2(n)=d(n)$，经典的除数函数. 我们也把 $A_2(x,q,a)$，$M_2(x,q,a)$ 和 $E_2(x,q,a)$ 分别写成 $A(x,q,a)$，$M(x,q,a)$ 和 $E(x,q,a)$.

2　等差数列中除数函数的平均结果

有几篇文章给出了类似的等差数列中除数函数的平均结果. 然而在假设条件 $(a,q)=1$ 的上述结果中，例如，Banks 等(BHS) 对于 $(a,q)=1$ 定义了

$$S(x,q,a)=\sum_{\substack{n\leqslant x\\ n\equiv a(\bmod q)}} d(n)$$

作者(BHS) 提到，在一项未发表的工作中，A. Selberg 和 C. Hooley 独立发现了对于 Kloosterman 求和的 Weil 界表明，对于每个 $\varepsilon>0$，如果存在 $\delta>0$ 使得

$$S(x,q,a)=\frac{xP_q(\log x)}{\varphi(q)}+O\Big(\frac{x^{1-\delta}}{\varphi(q)}\Big) \qquad ①$$

其中 $q<x^{\frac{2}{3}-\varepsilon}$，$P_q$ 为线性多项式

$$P_q(\log x)=\frac{\varphi(q)^2}{q^2}(\log x+2\gamma-1)+\frac{2\varphi(q)}{q}\sum_{d\mid q}\frac{\mu(d)\log d}{d}$$

然后他们(BHS) 表明 ① 平均适用于从 q 到 $x^{1-\varepsilon}$ 的所有模，更精确地说，对于每个 $\varepsilon>0$，存在 $\delta>0$，使得

$$\sum_{a\in\mathbf{Z}_q^*}\left|S(x,q,a)-\frac{xP_q(\log x)}{\varphi(q)}\right|=O(x^{1-\delta})$$

$$\forall q < x^{1-\varepsilon} \qquad ②$$

由此可知，对于所有模 $q < x^{1-\varepsilon}$，除子和 $S(x, q, a)$ 在合适的意义上近似于所有 $a \in \mathbf{Z}_q^*$ 的期望值. 他们的研究结果(BHS) 和本文的研究结果并不互相暗示，前者是第一矩当后者是第二矩. 类似的，Fouvry 和 Iwaniec(FoI) 的研究是另一类第一矩，其中他们使用了一个不同的主项. 实际上，Banks 等(BHS) 使用 $\frac{xP_q(\log x)}{\varphi(q)}$，而 Fouvry 和 Iwaniec(FoI) 使用 $\frac{1}{\varphi(q)}\sum\limits_{\substack{n\leqslant x\\(n,q)=1}} d(n)$ 作为主项. Blomer 的结果可能与我们更接近. 首先，他没有假设条件 $(a, q) = 1$. 其次，他的主项和我们的相同. 他的结果是

$$\sum_{a=1}^{q}\left|\sum_{\substack{n\leqslant x\\ n\equiv a(\bmod q)}} d(n) - \frac{x}{q}\sum_{t\mid q}\frac{c_t(a)}{t}\left(\log\frac{x}{t^2}+2\gamma-1\right)\right|^2 \ll x^{1+\varepsilon} \qquad ③$$

Blomer 的结果和我们的结果没有互相暗示，但是如果我们考虑平均水平下，我们的结果更好一些. 它基本上说在 ③ 中的上界 $x^{1+\varepsilon}$ 平均可以被 $x(\log x)^3$ 替换. 并且它被 Blomer(Bl) 提到，这个结果 (Bl) 比 Banks 等人(BHS) 的结果更强. 因此，一般来说，我们的结果比 Banks 等人(BHS) 的结果更好.

从这一点，我们可以放弃假设 $(a, q) = 1$，然后设

$$V(x, Q) = \sum_{q\leqslant Q}\sum_{a=1}^{q} \mid A(x, q, a) - M(x, q, a) \mid^2$$

目前文献中关于 $V(x, Q)$ 的唯一结果是由 Motohashi(Mot) 给出的. (Mot) 中的主项 $M(x, q, a)$ 看起来与我们的不同，但实际上是相同的. 但是

Motohashi只给出了 $Q=x=N\in\mathbf{N}$ 的结果. 他的主要结果(Mot)是存在常数 g_1,g_2,g_3,g_4 使得

$$V(x,x)=g_1x^2(\log x)^3+g_2x^2(\log x)^2+ g_3x^2\log x+g_4x+O(x^{\frac{15}{8}}(\log x)^2) \quad ④$$

这是文献中唯一一个与我们的论文完全相同的平均结果.

在本章中,我们给出更多这样的结果如下:

(1) 我们在第21章第2节给出了 $V(x,Q)$ 的大 O 结果,$Q\leqslant x$. 这是Barban(Bar),Davenport和Halberstam(DH)的研究的类似结果. 和他们的工作一样,我们证明的基本工具是第19章引理3中给出的形式大筛分不等式. 大筛子是由Linnik发明的. 然后,它被许多研究人员改进, 例如,Renyi,Roth,Davenport,Halberstam,Bombieri,Gallagher,Montgomery和Vaughan,Cohen以及Selberg. 第19章引理3给出的形式由Selberg和Montgomery,Vaughan(MV3)证明,Cohen给出一个额外的形式. 大筛法的综合计算结果参见(Mon2)和(Bo2).

(2) 我们在第21章第6节给出了 $V(x,Q)$,$Q\leqslant x$ 的渐近公式. 这是Montgomery(Mon)和Hooley(Ho)给出的类似结果. 它还将Motohashi的结果从 $Q=x$ 推广到 $Q\leqslant x$ 的情形,具有更好的误差项. 在 $V(x,Q)$ 的计算中,出现了含有3个复杂变量的三重积分函数和36个复杂函数的周线积分. 当我们移动左边的周线时,我们得到了在 $S=1$ 和 $S=0$ 的剩余,并且一些被积函数在这些点上有3或4阶的极点. 因此我们可以看到这涉及到很多计算. 这样做的优点是,与Motohashi(Mot)相比,它给出了一个更小的误差项 $x^{\frac{1}{8}}$.

（3）我们给出了第二矩 $M_2(x,Q,\rho_R)$ 的渐近公式定义

$$M_2(x,Q,\rho_R)=\sum_{q\leqslant Q}\sum_{a=1}^{q}(A(x,q,a)-\rho_R(x,q,a))^2$$

其中

$$\rho_R(x,q,a)=\sum_{\substack{n\leqslant x\\ n\equiv a(\bmod q)}}\sum_{r\leqslant R}\frac{c_r(n)}{r}\left(\log\frac{n}{r^2}+2\gamma\right)$$

这给出了 Vaughan((Va) 和(Va2)) 工作的类似结果. 虽然 $M_2(x,Q,\rho_R)$ 中出现的误差项大于 $V(x,Q)$,但误差项仅比 $\log x$ 大. $M_2(x,Q,\rho_R)$ 优于 $V(x,Q)$ 是因为它的计算量更少. 正因为如此,它有更大的潜力给出在等差数列中除数函数的第三矩.

常用结果回顾

第19章

在本章中,我们给出一些众所周知的结果,这些结果将在以后的计算中使用.

引理1(加法特征的正交关系)

$$\frac{1}{q}\sum_{r=1}^{q}e\left(\frac{r(n-a)}{q}\right)=\begin{cases}1, & \text{如果 } n\equiv a(\bmod q)\\ 0, & \text{其他情况}\end{cases} \quad ①$$

证明　如果 $n\equiv a(\bmod q)$,那么每个被加项是1,结果显然成立.否则,它是可以直接计算的等比数列的和.

引理2　设 $s(\alpha)=\sum_{a<n\leqslant a+b}e(\alpha n)$.如果 $\alpha\in\mathbf{Z}$,那么 $s(\alpha)=b$.如果 $\alpha\notin\mathbf{Z}$,那么

$$|s(\alpha)|\leqslant\frac{1}{\sin\pi\|\alpha\|}\leqslant\frac{1}{2\|\alpha\|}$$

证明　如果 $\alpha\in\mathbf{Z}$,那么每个被加项是1,结果如下.

引理 3(大筛不等式)　设(a_n)是复数序列,那么

$$\sum_{q\leqslant Q}\sum_{\substack{a=1\\(a,q)=1}}^{q}\left|\sum_{M<n\leqslant M+N}a_n e\left(\frac{an}{q}\right)\right|^2 \leqslant (N-1+Q^2)\sum_{M<n\leqslant M+N}|a_n|^2$$

引理 4(柯西积分公式)　如果 f 在开集 Ω 上是正则的,那么 f 在 Ω 上有无穷多个复导数. 而且如果 $C\subseteq\Omega$ 是一个圆,其内部也包含在 Ω 中,那么

$$f^{(n)}(z_0)=\frac{n!}{2\pi\mathrm{i}}\int_C\frac{f(z)}{(z-z_0)^{n+1}}\mathrm{d}z$$

所有 z_0 在 C 的内部,其中周线积分按逆时针取.

引理 5(Perron 公式)　设 $\alpha(s)=\sum_{n=1}^{\infty}a_n n^{-s}$ 是一个 Dirichlet 级数,它收敛于 $\sigma>\sigma_c$,如果 $\sigma_0>\max\{0,\sigma_c\}$,$x>0$,那么

$$\sum_{n\leqslant x}{}' a_n=\frac{1}{2\pi\mathrm{i}}\int_{\sigma_0-\mathrm{i}\infty}^{\sigma_0+\mathrm{i}\infty}\alpha(s)\frac{x^s}{s}\mathrm{d}s$$

其中 $\sum'$ 表明如果 $x\in\mathbf{Z}$,那么最后的项是 $\frac{1}{2}a_x$.

引理 6(Euler 乘积公式)　假设 $\sum_{n=1}^{\infty}f(n)n^{-s}$ 绝对收敛,$\sigma>\sigma_a$. 如果 f 是乘法的,那么

$$\sum_{n=1}^{\infty}\frac{f(n)}{n^s}=\prod_p\left(1+\frac{f(p)}{p^s}+\frac{f(p^2)}{p^{2s}}+\cdots\right),\quad \sigma>\sigma_a$$

引理 7(Dirichlet 双曲线法)　如果 $u,v\in\mathbf{R}^+$,使得 $uv=x$,那么

$$\sum_{\substack{d,q\\dq\leqslant x}}f(d)g(q)$$
$$=\sum_{d\leqslant u}f(d)\sum_{q\leqslant\frac{x}{d}}g(q)+\sum_{q\leqslant v}g(q)\sum_{d\leqslant\frac{x}{q}}f(d)-$$

$$\left(\sum_{d\leqslant u} f(d)\right)\left(\sum_{q\leqslant v} g(q)\right)$$

引理 8(部分求和)　设 a 是算术函数，且 $A(x)=\sum_{n\leqslant x} a(n)$.

假设 f 在$[y,x]$上有连续的导数，其中 $0<y<x$，那么我们有

$$\sum_{y<n\leqslant x} a(n) f(n)$$

$$=A(x) f(x)-A(y) f(y)-\int_y^x A(t) f'(t) \mathrm{d} t$$

引理 9　$\sum_{d \mid n} \mu(d)=\begin{cases}1, & \text{如果 } n=1 \\ 0, & \text{其他情况}\end{cases}$.

引理 10　$\sum_{d \mid n} \varphi(d)=n, \frac{\varphi(n)}{n}=\sum_{d \mid n} \frac{\mu(d)}{d}$.

引理 11　$\sum_{n=1}^{\infty} \frac{\varphi(n)}{n^s}=\frac{\zeta(s-1)}{\zeta(s)}, \sigma>2, \sum_{n=1}^{\infty} \frac{\mu(n)}{n^s}=\frac{1}{\zeta(s)}, \sigma>1$.

引理 12　$\sum_{d \mid n} \log d=\frac{d(n)}{2} \log n$.

证明　这个等价于 $\prod_{d \mid n} d=n^{\frac{d(n)}{2}}$. 对于每个 $u \mid n$，$u<\sqrt{n}$，$v \mid n$，$v\sqrt{n}$ 使得 $vu=n$. 我们把 u,v 组合在一起得到想要的结果.

引理 13　$d(n)=o(n^{\varepsilon})$.

引理 14　对于每个 σ，设 $\mu(\sigma)=\inf\{c \in[0, \infty) \mid |\zeta(\sigma+\mathrm{i} t)| \leqslant t^c\}$，那么 μ 是一个非负的、递减的、连续的向下凸函数使得

$$\mu(\sigma)=\frac{1}{2}-\sigma \quad(\sigma \leqslant 0)$$

$$\mu(\sigma) \leqslant \frac{1-\sigma}{2} \quad (0 \leqslant \sigma \leqslant 1)$$

$$\mu(\sigma) = 0 \quad (\sigma \geqslant 1)$$

且
$$|\zeta(s)| \ll t^{\mu(\sigma)+\delta} \quad (\delta > 0)$$

如果

$$|\zeta(s)| \ll t^{\mu(\sigma)+\delta}$$

那么

$$|\zeta'(s)| \ll t^{\mu(\sigma)+\delta} \tag{②}$$

引理 15 设 $\delta > 0, R = \{s \in \mathbf{C}: |s| \geqslant \delta, |\arg s| < \pi - \delta\}$. 那么 $\frac{\Gamma'}{\Gamma}(s) = \log s + O\left(\frac{1}{|s|}\right), s \in \mathbf{R}$.

引理 16 $\zeta(s)$ 在 $\mathbf{C}$ 上是正则的，除了在 $s=1$ 处有一个简单的极点，它的留数为 1 且 $\zeta(s)$ 在 $s=1$ 处的 Laurent 展开为

$$\zeta(s) = \frac{1}{s-1} + \gamma + \gamma_1(s-1) + \gamma_2(s-1)^2 + \cdots$$

其中 γ 是 Euler 常数，且

$$\gamma_k = \frac{(-1)^k}{k!} \lim_{n\to\infty}\left(\sum_{m\leqslant n} \frac{(\log m)^k}{m} - \frac{(\log n)^{k+1}}{k+1}\right)$$

引理 17 如果 $\operatorname{Re} s > 0$，那么 $\Gamma(s+1) = s\Gamma(s)$. 此外，Γ 在 $\mathbf{C}$ 上的一个亚纯函数有一个解析开拓，该函数的奇点仅为 $s=-n(n=0,1,2,\cdots)$ 处的单极点，其留数为 $\frac{(-1)^n}{n!}$.

引理 18 $\frac{1}{\Gamma}$ 是在 $s=0,-1,-2,\cdots$ 处含有简单 0 的整函数，它无处不在.

引理 19 对于 $\operatorname{Re} s > 0, \operatorname{Re} z > 0$，有

$$\int_0^1 x^{s-1}(1-x)^{z-1}\mathrm{d}x=\frac{\Gamma(s)\Gamma(z)}{\Gamma(s+z)}$$

引理 20　设 g 在 $z=z_0$ 处是解析的，且 $f(z)=\frac{a_{-N}}{(z-z_0)^N}+\frac{a_{-1}}{z-z_0}+a_0+a_1(z-z_0)+a_2(z-z_0)^2+\cdots$ 是 f 的 Laurent 展开式. 其中 $N=1$ 对应于 $f(z)=\sum_{n=-1}^{\infty}a_n(z-z_0)^n$. 那么 $\mathrm{Re}\, s_{z=z_0} f(z)g(z)=\frac{g^{N-1}(z_0)}{(N-1)!}a_{-N}+g(z_0)a_{-1}$.

特别地，我们将在 $N=1,2,3,4$ 时使用：

当 $N=1$，$\mathrm{Re}\, s_{z=z_0} f(z)g(z)=g(z_0)a_{-1}$；

当 $N=2$，$\mathrm{Re}\, s_{z=z_0} f(z)g(z)=g'(z_0)a_{-2}+g(z_0)a_{-1}$；

当 $N=3$，$\mathrm{Re}\, s_{z=z_0} f(z)g(z)=\frac{g''(z_0)}{2}a_{-3}+g(z_0)a_{-1}$；

当 $N=4$，$\mathrm{Re}\, s_{z=z_0} f(z)g(z)=\frac{g^{(3)}(z_0)}{6}a_{-4}+g(z_0)a_{-1}$.

证明　这可以通过直接计算证明.

引理 21

$$\int\frac{\log t}{t}\mathrm{d}t=\frac{(\log t)^2}{2}+C$$

$$\int\frac{(\log t)^2}{t}\mathrm{d}t=\frac{(\log t)^3}{3}+C$$

$$\int\frac{\log t}{t^2}\mathrm{d}t=-\frac{\log t}{t}-\frac{1}{t}+C$$

$$\int\frac{(\log t)^2}{t^2}\mathrm{d}t=-\frac{(\log t)^2}{t}-\frac{2\log t}{t}-\frac{2}{t}+C$$

$$\int\frac{(\log t)^3}{t^2}\mathrm{d}t=-\frac{(\log t)^3}{t}-\frac{3(\log t)^2}{t}-\frac{6\log t}{t}-\frac{6}{t}+C$$

证明　这可以用代换法或分部积分法来计算.

引理 22 设 $U(x)=\frac{f_1(x)\cdots f_n(x)}{g_1(x)\cdots g_m(x)}$,有

$$V(x)=\frac{f'_1(x)}{f_1(x)}+\cdots+\frac{f'_n(x)}{f_n(x)}-\frac{g'_1(x)}{g_1(x)}-\cdots-\frac{g'_m(x)}{g_m(x)}$$

那么

$$\frac{\mathrm{d}}{\mathrm{d}x}U(x)=U(x)V(x)$$

$$\frac{\mathrm{d}^2}{\mathrm{d}x^2}U(x)=U(x)V^2(x)+U(x)V'(x)$$

$$\frac{\mathrm{d}^3}{\mathrm{d}x^3}U(x)=U(x)V^3(x)+3U(x)V(x)V'(x)+U(x)V''(x)$$

证明 我们有

$$\log U(x)=\sum_{i=1}^{n}\log f_i(x)-\sum_{i=1}^{m}\log g_i(x)$$

然后求导得到 $U'(x)=U(x)V(x)$. 另两种情况由 $U'(x)$ 的公式得到.

引理 23 对于 $\sigma>1$,有

$$\sum_{n=1}^{\infty}\frac{d^2(n)}{n^s}=\frac{\zeta^4(s)}{\zeta(2s)}$$

引理 24 $\sum_{n\leqslant x}d^2(n)=a_3x(\log x)^3+a_2x(\log x)^2+a_1x\log x+a_0x+O(x^{\frac{3}{4}})$,其中

$$a_3=\frac{1}{\pi^2},\quad a_2=\frac{3(4\gamma-1)\pi^2-36\zeta'(2)}{\pi^4}$$

$$a_1=(6(\pi^4(-4\gamma_1+6\gamma^2-4\gamma+1)+144\zeta'(2)^2-12\pi^2(\zeta''(2)+4\gamma\zeta'(2)-\zeta'(2))))/\pi^6$$

$$a_0=-\frac{24}{\pi^4}((3-12\gamma_1)\zeta'(2)+2\zeta^{(3)}(2)-3\zeta''(2)+$$

$$18\gamma^2\zeta'(2)-12\gamma(\zeta'(2)-\zeta''(2)))+$$
$$\pi^6(4\gamma_1+\gamma(4-12\gamma_1)+2\gamma_2+4\gamma^3-6\gamma^2-1)-$$
$$1\,728\zeta'(2)^3+144\pi^2\zeta'(2)(2\zeta''(2)+4\gamma\zeta'(2)-\zeta'(2))$$

证明　由引理 23 和 Perron 公式，我们知道要近似得到$\sum_{n\leqslant x}d^2(n)$，需要计算 $s=1$ 处的留数. 由于 $\xi^4(s)$ 在 $s=1$ 处具有 4 阶极点，因此计算时间会很长. 幸运的是，留数已经被 R. Baillie(Bai) 使用数学软件计算出来了.

事实上，我们可以用 $O(x^{\frac{1}{2}+\epsilon})(w_i)$ 或者 $O(x^{\frac{1}{2}}\exp(-A(\log x)^{\frac{3}{5}}(\log\log x)^{-\frac{1}{5}}))$(SSi) 代替误差项 $O(x^{\frac{3}{4}})$，但是 $O(x^{\frac{3}{4}})$ 在我们的情形中已经足够好了.

下一个引理可能是一个标准的结果，但我们没有找到它的参考文献，所以我们给出一个证明.

引理 25　对于 $\eta\in\mathbf{C}$，$\mathrm{Re}\ \eta>0$，$\sigma_0>\max(0,\sigma_a)$，我们有

$$\sum_{r\leqslant x}a_r(x-r)^\eta=\frac{1}{2\pi\mathrm{i}}\int_{\sigma_0-\mathrm{i}\infty}^{\sigma_0+\mathrm{i}\infty}A(s)\ \frac{x^{s+\eta}\Gamma(s)\Gamma(\eta+1)}{\Gamma(s+\eta+1)}\mathrm{d}s$$

其中 $A(s)=\sum_{r=1}^{\infty}a_r r^{-s}$.

证明　易得

$$\left(1-\frac{r}{x}\right)^\eta=\int_r^x\eta\left(1-\frac{u}{x}\right)^{\eta-1}\ \frac{1}{x}\mathrm{d}u$$

两边同时乘以 a_r，对 $r\leqslant x$ 求和，并改变求和的顺序，我们得到

$$\sum_{r\leqslant x}a_r\left(1-\frac{r}{x}\right)^\eta=\frac{1}{x}\int_0^x\eta\left(1-\frac{u}{x}\right)^{\eta-1}\left(\sum_{r\leqslant u}a_r\right)\mathrm{d}u\quad ③$$

我们可以把积分限$[0,x]$分为$[0,1)\cup(1,2)\cup\cdots\cup$

$([x]-1,[x])\cup([x],x]$. 这给出了相同的积分,由 $u\notin\mathbf{Z}$,我们得到

$$\sum_{r\leqslant u}a_r=\frac{1}{2\pi\mathrm{i}}\int_{\sigma_0-\mathrm{i}\infty}^{\sigma_0+\mathrm{i}\infty}A(s)\frac{u^s}{s}\mathrm{d}s \qquad ④$$

将 ④ 代入 ③,我们得到

$$\begin{aligned}&\sum_{r\leqslant x}a_r\left(1-\frac{r}{x}\right)^{\eta}\\&=\frac{\eta}{2\pi\mathrm{i}x}\int_0^x\int_{\sigma_0-\mathrm{i}\infty}^{\sigma_0+\mathrm{i}\infty}\left(1-\frac{u}{x}\right)^{\eta-1}\frac{A(s)u^s}{s}\mathrm{d}s\mathrm{d}u\\&=\frac{\eta}{2\pi\mathrm{i}x}\int_{\sigma_0-\mathrm{i}\infty}^{\sigma_0+\mathrm{i}\infty}\frac{A(s)}{s}\left(\int_0^x\left(1-\frac{u}{x}\right)^{\eta-1}u^s\mathrm{d}u\right)\mathrm{d}s \qquad ⑤\end{aligned}$$

代入 $v=\frac{u}{x}$,上面的内积分是

$$x^{s+1}\int_0^1(1-v)^{\eta-1}v^s\mathrm{d}v=\frac{x^{s+1}\Gamma(s+1)\Gamma(\eta)}{\Gamma(s+\eta+1)}$$

因此 ⑤ 变成

$$\begin{aligned}\sum_{r\leqslant x}a_r\left(1-\frac{r}{x}\right)^{\eta}&=\frac{1}{2\pi\mathrm{i}}\int_{\sigma_0-\mathrm{i}\infty}^{\sigma_0+\mathrm{i}\infty}\frac{A(s)x^s}{s}\frac{\Gamma(s+1)\eta\Gamma(\eta)}{\Gamma(s+\eta+1)}\mathrm{d}s\\&=\frac{1}{2\pi\mathrm{i}}\int_{\sigma_0-\mathrm{i}\infty}^{\sigma_0+\mathrm{i}\infty}A(s)\frac{x^s\Gamma(s)\Gamma(\eta+1)}{\Gamma(s+\eta+1)}\mathrm{d}s\end{aligned}$$

两边乘以 x^{η},我们得到了想要的结果.

等差数列中除数函数求和的渐近公式

第20章

在这一章，我们开始计算 $\sum_{n\leqslant x}d(n)e\left(\frac{a_n}{q}\right)$. 然后我们将利用上一章引理1获取条件 $n\equiv a(\bmod q)$ 来寻找 $\sum_{\substack{n\leqslant x\\ n\equiv a(\bmod q)}}d(n)$ 的一个渐近公式，并且利用上一章引理2来估计其误差项.

定义　设

$$A(x,q,a)=\sum_{\substack{n\leqslant x\\ n\equiv a(\bmod q)}}d(n)$$

$$G(\alpha,x)=\sum_{n\leqslant x}d(n)e(n\alpha)$$

当没有混淆的时候，我们用 $G(\alpha)$ 代替 $G(\alpha,x)$.

引理　设 $(a,q)=1$，那么

$$G\left(\frac{a}{q}\right)=\frac{x}{q}\left(\log\frac{x}{q^2}+2\gamma-1\right)+O((\sqrt{x}+q)(\log 2q))$$

证明　我们有 $d(n)=\sum_{u|n}1$，重新排列求和顺序，使用 Dirichlet 双曲线方法，我们有

$$G\left(\frac{a}{q}\right)=2\sum_{u\leqslant\sqrt{x}}\sum_{v\leqslant\frac{x}{u}}e\left(\frac{a}{q}uv\right)-\sum_{u\leqslant\sqrt{x}}\sum_{v\leqslant\sqrt{x}}e\left(\frac{a}{q}uv\right)$$

然后应用上一章引理 2，我们得到

$$G\left(\frac{a}{q}\right)=2\sum_{\substack{u\leqslant\sqrt{x}\\ q|u}}\left[\frac{x}{u}\right]-\sum_{\substack{u\leqslant\sqrt{x}\\ q|u}}[\sqrt{x}]+O\left(\sum_{\substack{u\leqslant\sqrt{x}\\ q\nmid u}}\frac{1}{\left\|\frac{au}{q}\right\|}\right)$$

$$=\frac{x}{q}\left(\log\frac{x}{q^2}+2\gamma-1\right)+O(\sqrt{x})+O\left(\sum_{\substack{u\leqslant\sqrt{x}\\ q\nmid u}}\frac{1}{\left\|\frac{au}{q}\right\|}\right)$$

如果 $q=1$，结论显然成立，因此我们假设 $q\geqslant 2$.

考虑第二个误差项，我们有

$$\sum_{\substack{u\leqslant\sqrt{x}\\ q\nmid u}}\frac{1}{\left\|\frac{au}{q}\right\|}=\sum_{t=1}^{q-1}\sum_{\substack{u\leqslant\sqrt{x}\\ u\equiv t(\bmod q)}}\frac{1}{\left\|\frac{au}{q}\right\|}\leqslant\sum_{t=1}^{q-1}\frac{1}{\left\|\frac{ta}{q}\right\|}\left(\frac{\sqrt{x}}{q}+1\right)$$

$$=\left(\frac{\sqrt{x}}{q}+1\right)\sum_{n=1}^{q-1}\frac{1}{\left\|\frac{n}{q}\right\|}$$

$$\leqslant\left(\frac{\sqrt{x}}{q}+1\right)\left(2\sum_{1\leqslant n\leqslant\frac{q}{2}}\frac{1}{\left\|\frac{n}{q}\right\|}\right)$$

$$\leqslant\left(\frac{\sqrt{x}}{q}+1\right)\left(\sum_{1\leqslant n\leqslant\frac{q}{2}}\frac{2}{\frac{n}{q}}\right)\ll(\sqrt{x}+q)\log q$$

因此 $G\left(\frac{a}{q}\right)=\frac{x}{q}\left(\log\frac{x}{q^2}+2\gamma-1\right)+O((\sqrt{x}+q)\cdot(\log 2q))$，即为所求.

定理

$$A(x,q,a)=\frac{x}{q}\sum_{t|q}\frac{c_t(a)}{t}\left(\log\frac{x}{t^2}+2\gamma-1\right)+$$

$$O((\sqrt{x}+q)(\log 2q))$$

证明　我们应用上一章引理 1 获取条件 $n\equiv a(\bmod q)$，并重新排列求和的次序得到

$$\begin{aligned}A(x,q,a)&=\sum_{n\leqslant x}d(n)\frac{1}{q}\sum_{r=1}^{q}e\left(\frac{r}{q}(n-a)\right)\\&=\frac{1}{q}\sum_{r=1}^{q}e\left(\frac{-ra}{q}\right)G\left(\frac{r}{q}\right)\\&=\frac{1}{q}\sum_{t\mid q}\sum_{\substack{m=1\\(m,t)=1}}^{t}e\left(\frac{-m}{t}a\right)G\left(\frac{m}{t}\right)\end{aligned}$$

应用上一章引理 2，我们得到主项是

$$\frac{x}{q}\sum_{t\mid q}\frac{c_t(a)}{t}\left(\log\frac{x}{t^2}+2\gamma-1\right)$$

误差项是

$$\begin{aligned}&\frac{1}{q}\sum_{t\mid q}\phi(t)(\sqrt{x}+t)(\log 2t)\\&\leqslant\frac{1}{q}\sum_{t\mid q}\phi(t)(\sqrt{x}+q)(\log 2q)\\&=(\sqrt{x}+q)(\log 2q)\end{aligned}$$

因此

$$A(x,q,a)=\frac{x}{q}\sum_{t\mid q}\frac{c_t(a)}{t}\left(\log\frac{x}{t^2}+2\gamma-1\right)+O((\sqrt{x}+q)(\log 2q))$$

若干新结果

第21章

1 证明概述

首先我们给出量的定义,我们将在证明概述中讨论.

对于 $x,Q\in\mathbf{R},a,q\in\mathbf{N},1\leqslant a\leqslant q\leqslant Q\leqslant x$,我们定义

$$M(x,q,a)=\frac{x}{q}\sum_{t\mid q}\frac{c_t(a)}{t}\left(\log\frac{x}{t^2}+2\gamma-1\right)$$

和

$$V(x,Q)=\sum_{q\leqslant Q}\sum_{a=1}^{q}(A(x,q,a)-M(x,q,a))^2$$

对于 $R<Q\leqslant x$,我们定义

$$V(x,R,Q)=\sum_{R<q\leqslant Q}\sum_{a=1}^{q}(A(x,q,a)-M(x,q,a))^2$$

$$S_1=S_1(x,R,Q)=\sum_{R<q\leqslant Q}\sum_{a=1}^{q}A(x,q,a)^2$$

$$S_2=S_2(x,R,Q)=\sum_{R<q\leqslant Q}\sum_{a=1}^{q}A(x,q,a)M(x,q,a)$$

$$S_3=S_3(x,R,Q)=\sum_{R<q\leqslant Q}\sum_{a=1}^{q}M(x,q,a)^2$$

$$J(x,Q)=\sum_{Q<q\leqslant x}\sum_{\substack{m<n\leqslant x\\ m\equiv n(\bmod q)}}d(m)d(n)$$

对于主要结果,我们首先在第2节中给出$V(x,Q)$的一个上界,然后我们按照 Hooley 的方法计算$V(x,Q)$的一个渐近公式.我们有

$$V(x,Q)=V(x,R)+V(x,R,Q)$$

其中$V(x,R,Q)$是上面已经定义的.然后我们利用在第2节中得到的上界估计$V(x,R)$,得出

$$V(x,Q)=V(x,R,Q)+O(Rx(\log x)^3)$$

所以它只需计算$V(x,R,Q)$.通过把$(A(x,q,a)-M(x,q,a))^2$平方得到$V(x,R,Q)=S_1-2S_2+S_3$,其中S_1,S_2,S_3是上面已经定义的,那么

$$V(x,Q)=S_1-2S_2+S_3+O(Rx(\log x)^3)$$

我们分别在第3节,第4节计算S_3和S_2.

对于S_1,我们有

$$\begin{aligned}S_1&=\sum_{R<q\leqslant Q}\sum_{a=1}^{q}\sum_{\substack{m,n\leqslant x\\ m\equiv n\equiv a(\bmod q)}}d(m)d(n)\\&=\sum_{R<q\leqslant Q}\sum_{\substack{m,n\leqslant x\\ m\equiv n(\bmod q)}}d(m)d(n)\\&=\sum_{R<q\leqslant Q}\sum_{n\leqslant x}d^2(n)+2\sum_{R<q\leqslant Q}\sum_{\substack{m<n\leqslant x\\ m\equiv n(\bmod q)}}d(m)d(n)\\&=([Q]-[R])\sum_{n\leqslant x}d^2(n)+2(J(x,R)-J(x,Q))\end{aligned}$$

其中 $J(x,Q)$ 是上面已经定义的. 我们在第 5 节计算 $J(x,Q)$. 然后我们将在第 6 节中得到的所有计算 $V(x,Q)$ 的结果综合起来,这就得出我们想要的 $V(x,Q)$ 的渐近公式.

2 $V(x,Q)$ 的上界

在这一节,我们给出 $V(x,Q)$ 的上界. 稍后将会看到,这个上界是尖锐的.

定理 1 设 $Q,x\in\mathbf{R},1\leqslant Q\leqslant x$. 如果 $Q\leqslant\sqrt{x}$,那么 $V(x,Q)\ll Qx(\log 2Q)^2$. 如果 $Q>\sqrt{x}$,那么 $V(x,Q)\ll Qx(\log x)^3$.

证明 对于 $t\mid q$,我们有

$$c_t(a)=\sum_{\substack{b=1\\(b,t)=1}}^{t}e\left(\frac{ba}{t}\right)=\sum_{\substack{b=1\\(b,q)=\frac{q}{t}}}^{q}e\left(\frac{ba}{q}\right)$$

然后,我们有

$$\begin{aligned}&M(x,q,a)\\&=\frac{x}{q}\sum_{t\mid q}\sum_{\substack{b=1\\(b,q)=\frac{q}{t}}}^{q}\frac{e\left(\frac{ba}{q}\right)}{t}\left(\log\frac{x}{t^2}+2\gamma-1\right)\\&=\frac{x}{q}\sum_{b=1}^{q}e\left(\frac{ba}{q}\right)\sum_{\substack{t\mid q\\(b,q)=\frac{q}{t}}}\frac{1}{t}\left(\log\frac{x}{t^2}+2\gamma-1\right)\\&=\frac{x}{q}\sum_{b=1}^{q}e\left(\frac{ba}{q}\right)\frac{(q,b)}{q}\left(\log\frac{(q,b)^2x}{q^2}+2\gamma-1\right)\end{aligned}$$

又有

$$A(x,q,a)=\sum_{n\leqslant x}d(n)\frac{1}{q}\sum_{b=1}^{q}e\left(\frac{b(a-n)}{q}\right)$$

$$=\frac{1}{q}\sum_{b=1}^{q}e\left(\frac{ba}{q}\right)\sum_{n\leqslant x}d(n)e\left(-\frac{bn}{q}\right)$$

$$=\frac{1}{q}\sum_{b=1}^{q}e\left(\frac{ba}{q}\right)G\left(-\frac{b}{q}\right)$$

因此

$$V(x,Q)=\sum_{q\leqslant Q}\sum_{a=1}^{q}|A(x,q,a)-M(x,q,a)|^2$$

$$=\sum_{q\leqslant Q}\frac{1}{q^2}\sum_{a=1}^{q}\left|\sum_{b=1}^{q}e\left(\frac{ba}{q}\right)H_1(b,q)\right|^2$$

其中 $H_1(b,q)=G\left(-\frac{b}{q}\right)-x\frac{(q,b)}{q}\left(\log\frac{(q,b)^2x}{q^2}+2\gamma-1\right)$.

由正交关系,得

$$V(x,Q)=\sum_{q\leqslant Q}\frac{1}{q}\sum_{b=1}^{q}|H_1(b,q)|^2$$

$$=\sum_{q\leqslant Q}\frac{1}{q}\sum_{d\mid q}\sum_{\substack{b=1\\(b,d)=1}}^{d}|H(b,d)|^2$$

其中 $H(b,d)=G\left(-\frac{b}{d}\right)-\frac{x}{d}\left(\log\frac{x}{d^2}+2\gamma-1\right)$. 改变求和顺序,我们得到

$$V(x,Q)=\sum_{d\leqslant Q}\frac{1}{d}\sum_{\substack{b=1\\(b,d)=1}}^{d}|H(b,d)|^2\sum_{l\leqslant\frac{Q}{d}}\frac{1}{l}$$

设 $D\leqslant Q$ 为一个待定参数,我们将 $V(x,Q)$ 的和 $d\leqslant Q$ 分为两部分:$d\leqslant D$ 和 $D<d\leqslant Q$,有

$$V(x,Q)=V_1(x,D)+V_2(x,D,Q) \qquad ①$$

其中 $V_1(x,D)$ 和 $V_2(x,D,Q)$ 分别对应于 $d\leqslant D$ 和 $D<d\leqslant Q$,那么

$$V_1(x,D) \ll \sum_{d\leqslant D}\frac{1}{d}\sum_{\substack{b=1\\(b,d)=1}}^{d} |H(b,d)|^2\log\frac{2Q}{d}$$

$$\ll \sum_{d\leqslant D}\frac{\varphi(d)}{d}((\sqrt{x}+d)(\log 2d))^2\log\frac{2Q}{d}$$

（由第 20 章引理和 $H(b,d)$ 的定义）

$$\ll (\log 2D)^2\sum_{d\leqslant D}(\sqrt{x}+d)^2\log\frac{2Q}{d}$$

$$\ll (\log 2D)^2(Dx+D^2\sqrt{x}+D^3)\log\frac{2Q}{D}$$

$$\ll (\log 2D)^2(Dx+D^3)\log\frac{2Q}{D}$$

其中

$$D^2\sqrt{x}\leqslant \max\{Dx,D^3\} \qquad ②$$

特别地，当 $Q\leqslant\sqrt{x}$，我们设 $D=Q$，得

$$V(x,Q)=V_1(x,Q)\ll(\log 2Q)^2(Qx+Q^3)$$
$$\ll Qx(\log 2Q)^2$$

为了得到 $Q>\sqrt{x}$ 的一个清晰估计，我们将仔细计算 $V_2(x,D,Q)$，得

$$V_2(x,D,Q)\ll\sum_{D<d\leqslant Q}\frac{\log\frac{2Q}{d}}{d}\sum_{\substack{b=1\\(b,d)=1}}^{d}|H(b,d)|^2$$

记 $|H(b,d)|^2\leqslant 2\left|G\left(\frac{b}{d}\right)\right|^2+2\frac{x^2}{d^2}\left(\log\frac{x}{d^2}+2\gamma-1\right)^2$，因此

$V_2(x,D,Q)$

$$\ll\sum_{D<d\leqslant Q}\frac{\log\frac{2Q}{d}}{d}\sum_{\substack{b=1\\(b,d)=1}}^{d}\left|G\left(\frac{b}{d}\right)\right|^2+$$

$$\sum_{D<d\leqslant Q}\frac{\log\frac{2Q}{d}}{d}\cdot\varphi(d)\cdot\frac{x^2}{d^2}\left(\log\frac{x}{d^2}+2\gamma-1\right)^2$$

$$\ll\sum_{D<d\leqslant Q}\frac{\log\frac{2Q}{d}}{d}\sum_{\substack{b=1\\(b,d)=1}}^{d}\left|G\left(\frac{b}{d}\right)\right|^2+\log Q\left(\frac{x^2}{D}(\log x)^2\right)$$

③

我们将利用大筛法不等式去估计上面的第一项.

设 $G_0(d)=\sum\limits_{\substack{b=1\\(b,d)=1}}^{d}\left|G\left(\frac{b}{d}\right)\right|^2$，那么由大筛法不等式和界限 $\sum\limits_{n\leqslant x}d^2(n)\ll x(\log x)^3$，我们有

$$\sum_{D<d\leqslant t}G_0(d)\leqslant(t^2+x)\sum_{n\leqslant x}d^2(n)\ll(t^2+x)(x(\log x)^3)$$

④

$$\sum_{D<d\leqslant Q}\frac{\log\frac{2Q}{d}}{d}G_0(d)=\int_D^Q\frac{\log\frac{2Q}{t}}{t}d(A(t)-A(D))$$

其中

$$\begin{aligned}A(t)&=\sum_{d\leqslant t}G_0(d)\\&=\frac{\log 2}{Q}(A(Q)-A(D))+\\&\quad\int_D^Q\frac{A(t)-A(D)}{t^2}\left(\log\frac{2Q}{t}+1\right)\mathrm{d}t\\&=\frac{\log 2}{Q}(A(Q)-A(D))+\\&\quad\int_D^Q\frac{\log\frac{Q}{t}}{t^2}(A(t)-A(D))\mathrm{d}t+\\&\quad\int_D^Q\frac{(1+\log 2)(A(t)-A(D))}{t^2}\mathrm{d}t\end{aligned}$$

$$=\frac{\log 2}{Q}(A(Q)-A(D))+a_1+a_2 \qquad ⑤$$

由 ④,我们有 $A(t)-A(D)\ll(t^2+x)x(\log x)^3$.
因此

$$\frac{\log 2}{Q}(A(Q)-A(D))+a_2$$

$$\ll Qx(\log x)^3+\int_D^Q\frac{(t^2+x)x(\log x)^3}{t^2}\mathrm{d}t$$

$$\ll Qx(\log x)^3+\frac{x^2(\log x)^3}{D} \qquad ⑥$$

$$a_1\ll\int_D^Q\frac{\log\frac{Q}{t}(t^2+x)x(\log x)^3}{t^2}\mathrm{d}t$$

$$=x(\log x)^3\log Q\int_D^Q\left(1+\frac{x}{t^2}\right)\mathrm{d}t-$$

$$x(\log x)^3\int_D^Q\left(1+\frac{x}{t^2}\right)\log t\mathrm{d}t \qquad ⑦$$

我们有

$$\int_D^Q\left(1+\frac{x}{t^2}\right)\mathrm{d}t=Q-D+x\left(\frac{1}{D}-\frac{1}{Q}\right)$$

和

$$\int_D^Q\left(1+\frac{x}{t^2}\right)\log t\mathrm{d}t$$

$$=Q\log Q-Q-D\log D+D+$$

$$x\left(-\frac{\log Q}{Q}-\frac{1}{Q}+\frac{\log D}{D}+\frac{1}{D}\right)$$

$$=(Q-D)\log Q+D\log\frac{Q}{D}-Q+D+x\left(\frac{1}{D}-\frac{1}{Q}\right)+$$

$$x\left(\frac{\log D}{D}-\frac{\log Q}{Q}\right)$$

将上面的积分代入 ⑦ 中,会有一些抵消,我们得到

$$a_1 \ll Qx(\log x)^3 + x(\log x)^3 \log \frac{Q}{D}\left(\frac{x}{D} - D\right) \quad ⑧$$

因此由 ⑤⑥ 和 ⑧,我们得

$$\sum_{D<d\leqslant Q} \frac{\log \frac{2Q}{d}}{d} G_0(d)$$

$$\ll Qx(\log x)^3 + x(\log x)^3 \log \frac{Q}{D}\left(\frac{x}{D} - D\right) + \frac{x^2(\log x)^3}{D}$$

这给出 ③ 中第一项的估计,因此

$$V_2(x,Q,D)$$

$$\ll Qx(\log x)^3 + x(\log x)^3 \log \frac{Q}{D}\left(\frac{x}{D} - D\right) + \frac{x^2(\log x)^3}{D} \quad ⑨$$

回想一下 $Q > \sqrt{x}$. 我们得 $D = \sqrt{x}$,然后由 ①,② 和 ⑨ 得

$$V(x,Q) \ll Qx(\log x)^3$$

所以,当 $Q > \sqrt{x}$,$V(x,Q) \ll Qx(\log x)^3$ 并且当 $Q \leqslant \sqrt{x}$,$V(x,Q) \ll Qx(\log 2Q)^2$.

3　S_3 的计算

在这一节,我们首先给出计算 $S_3(x,Q)$ 的定义

$$S_3(x,Q) = \sum_{q\leqslant Q}\sum_{a=1}^{q} M(x,q,a)^2$$

然后,我们得

$$S_3(x,R,Q) = S_3(x,Q) - S_3(x,R)$$

定理　设 $Q, x \in \mathbf{R}, Q \leqslant x$. 存在常数 C_1, C_2, C_3, C_4 使得

$$
\begin{aligned}
&S_3(x,Q)\\
=&C_1x^2(\log x)^2(\log Q)+(\gamma C_1-C_2)x^2(\log x)^2+\\
&((4\gamma-2)C_1-4C_2)x^2(\log x)(\log Q)+\\
&(2\gamma(2\gamma-1)C_1-2(4\gamma-1)C_2+4C_3)x^2\log x+\\
&((2\gamma-1)^2C_1-(8\gamma-4)C_2+4C_3)x^2\log Q+\\
&((2\gamma-1)^2\gamma C_1-((2\gamma-1)^2+4\gamma(2\gamma-1))C_2+\\
&(12\gamma-4)C_3-4C_4)x^2+O\left(\frac{x^2}{Q}(\log x)^2(\log Q)\right)
\end{aligned}
$$

证明 我们令 $c_t(a)=\sum\limits_{\substack{n=1\\(n,t)=1}}^{t}e\left(\frac{an}{t}\right)$,平方并改变求和次序.

我们看到 $\sum\limits_{a=1}^{q}|M(x,q,a)|^2$ 等于

$$
\begin{aligned}
&\frac{x^2}{q^2}\sum_{t|q}\sum_{t'|q}\frac{1}{tt'}\left(\log\frac{x}{t^2}+2\gamma-1\right)\cdot\\
&\left(\log\frac{x}{t'^2}+2\gamma-1\right)\sum_{\substack{n=1\\(n,t)=1}}^{t}\sum_{\substack{m=1\\(m,t')=1}}^{t'}\sum_{a=1}^{q}e\left(\frac{an}{t}\right)e\left(\frac{-am}{t'}\right)
\end{aligned}
$$

由正交关系,最内层的和为

$$
\sum_{a=1}^{q}e\left(\frac{a}{q}\left(\frac{nq}{t}-\frac{mq}{t'}\right)\right)=\begin{cases}q,\dfrac{nq}{t}-\dfrac{mq}{t'}\equiv 0(\bmod q)\\ 0,\text{其他情况}\end{cases}
$$

由 $0<\frac{n}{t},\frac{m}{t'}\leqslant 1$ 和 $(n,t)=(m,t')=1$,我们有

$$
\frac{nq}{t}-\frac{mq}{t'}\equiv 0(\bmod q)\leftrightarrow\frac{n}{t}=\frac{m}{t'}\leftrightarrow t=t'(n=m)
$$

因此当 $t=t'$ 和 $n=m$ 时,最内层和为 q,或其他情况它是 0,因此

$$
\sum_{a=1}^{q}|M(x,q,a)|^2=\frac{x^2}{q}\sum_{t|q}\frac{\varphi(t)}{t^2}\left(\log\frac{x}{t^2}+2\gamma-1\right)^2 \qquad ①
$$

将 ① 代入 $S_3(x,Q)$ 的定义，并改变求和次序，得

$$S_3(x,Q)=x^2\sum_{t\leqslant Q}\frac{\varphi(t)}{t^3}\left(\log\frac{x}{t^2}+2\gamma-1\right)^2\sum_{k\leqslant\frac{Q}{t}}\frac{1}{k} \quad ②$$

将 $\sum\limits_{k\leqslant\frac{Q}{t}}\frac{1}{k}=\log Q+\gamma-\log t+O\left(\frac{t}{Q}\right)$ 代入 ②，给出误差项 $O\left(\frac{x^2}{Q}(\log x)^2(\log Q)\right)$，因此

$$\begin{aligned}&S_3(x,Q)\\&=x^2\sum_{t\leqslant Q}\frac{\varphi(t)}{t^3}\left(\log\frac{x}{t^2}+2\gamma-1\right)^2(\log Q+\gamma-\log t)+\\&\quad O\left(\frac{x^2}{Q}(\log x)^2(\log Q)\right)\end{aligned}$$

接下来我们将明确地计算主项，我们把主项写作

$$\begin{aligned}&x^2\sum_{t\leqslant Q}\frac{\varphi(t)}{t^3}(\log x+2\gamma-1-2\log t)^2(\log Q+\gamma-\log t)\\&=x^2(a^2bf(Q)-(a^2+4ab)g(Q)+(4a+4b)h(Q)-4I(Q))\end{aligned}$$

其中

$$a=a(x)=\log x+2\gamma-1$$

$$b=b(Q)=\log Q+\gamma$$

$$f(Q)=\sum_{t\leqslant Q}\frac{\varphi(t)}{t^3}$$

$$g(Q)=\sum_{t\leqslant Q}\frac{\varphi(t)\log t}{t^3}$$

$$h(Q)=\sum_{t\leqslant Q}\frac{\varphi(t)(\log t)^2}{t^3}$$

$$I(Q)=\sum_{t\leqslant Q}\frac{\varphi(t)(\log t)^3}{t^3}$$

接下来，令

$$C_1=\sum_{t=1}^{\infty}\frac{\varphi(t)}{t^3}$$

$$C_2=\sum_{t=1}^{\infty}\frac{\varphi(t)\log t}{t^3}$$

$$C_3=\sum_{t=1}^{\infty}\frac{\varphi(t)(\log t)^2}{t^3}$$

$$C_4=\sum_{t=1}^{\infty}\frac{\varphi(t)(\log t)^3}{t^3} \quad ③$$

我们有

$$f(Q)=C_1+O\left(\frac{1}{Q}\right)$$

$$g(Q)=C_2+O\left(\frac{\log Q}{Q}\right)$$

$$h(Q)=C_3+O\left(\frac{(\log Q)^2}{Q}\right)$$

$$I(Q)=C_4+O\left(\frac{(\log Q)^3}{Q}\right)$$

其中误差项由第 19 章引理 21 所估计. 综合起来,得

$$\begin{aligned}
&S_3(x,Q)\\
=&x^2(C_1a^2b-C_2(a^2+4ab)+C_3(4a+4b)-4C_4)+\\
&O\left(\frac{x^2}{Q}(\log x)^2(\log Q)\right)\\
=&C_1x^2(\log x)^2(\log Q)+(\gamma C_1-C_2)x^2(\log x)^2+\\
&((4\gamma-2)C_1-4C_2)x^2(\log x)(\log Q)+\\
&(2\gamma(2\gamma-1)C_1-2(4\gamma-1)C_2+4C_3)x^2\log x+\\
&((2\gamma-1)^2C_1-(8\gamma-4)C_2+4C_3)x^2\log Q+\\
&((2\gamma-1)^2\gamma C_1-((2\gamma-1)^2+4\gamma(2\gamma-1))C_2+\\
&(12\gamma-4)C_3-4C_4)x^2+O\left(\frac{x^2}{Q}(\log x)^2(\log Q)\right)
\end{aligned}$$

证毕.

推论 1 设 $R<Q\leqslant x$,得

$S_3(x,R,Q)$

$$=C_1x^2(\log x)^2\left(\log\frac{Q}{R}\right)+$$

$$((4\gamma-2)C_1-4C_2)x^2(\log x)\left(\log\frac{Q}{R}\right)+$$

$$((2\gamma-1)^2C_1-4(2\gamma-1)C_2+4C_3)x^2\log\frac{Q}{R}+$$

$$O\left(\frac{x^2}{R}(\log x)^2(\log R)\right)$$

证明　$S_3(x,R,Q)=S_3(x,Q)-S_3(x,R)$，应用定理即得.

回想一下等式 ③ 中 C_1,C_2,C_3 的定义. 我们精确地计算如下：

由第 19 章引理 11，我们有

$$\sum_{t=1}^{\infty}\frac{\varphi(t)}{t^s}=\frac{\zeta(s-1)}{\zeta(s)}\quad(\sigma>2)\tag{④}$$

设 $s=3$，得

$$C_1=\sum_{t=1}^{\infty}\frac{\varphi(t)}{t^3}=\frac{\zeta(2)}{\zeta(3)}=\frac{\pi^2}{6\zeta(3)}\tag{⑤}$$

对 ④ 求导，将 $s=3$ 代入得

$$C_2=\frac{\pi^2}{6}\frac{\zeta'(3)}{\zeta^2(3)}-\frac{\zeta'(2)}{\zeta(3)}\tag{⑥}$$

对 ④ 求二阶导数，将 $s=3$ 代入得

$$C_3=\frac{\zeta''(2)}{\zeta(3)}-\frac{2\zeta'(2)\zeta'(3)}{\zeta^2(3)}-\frac{\pi^2}{6}\frac{\zeta''(3)}{\zeta^2(3)}-\frac{\pi^2}{3}\frac{(\zeta'(3))^2}{\zeta^2(3)}\tag{⑦}$$

如果我们将 C_1,C_2,C_3 代入推论 ① 中，将得到 $S_3(x,R,Q)$ 的显式的常数. 我们将在下一个推论中提到它.

推论 2　设 $Q\leqslant x$，存在常数 C'_1,C'_2,C'_3 使得

$$S_3(x,R,Q)$$

$$=C'_1x^2(\log x)^2\left(\log\frac{Q}{R}\right)+$$
$$C'_2x^2(\log x)\left(\log\frac{Q}{R}\right)+C'_3x^2\log\frac{Q}{R}+$$
$$O\left(\frac{x^2}{R}(\log x)^2(\log Q)\right)$$

其中

$$C'_1=\frac{\pi^2}{6\zeta(3)}$$
$$C'_2=\frac{(2\gamma-1)\pi^2}{3\zeta(3)}-\frac{2\pi^2\zeta'(3)}{3\zeta^2(3)}+\frac{4\zeta'(2)}{\zeta(3)}$$
$$C'_3=\frac{(2\gamma-1)^2\pi^2}{6\zeta(3)}-4(2\gamma-1)\left(\frac{\pi^2\zeta'(3)}{6\zeta^2(3)}-\frac{\zeta'(2)}{\zeta(3)}\right)+$$
$$4\left(\frac{\zeta''(2)}{\zeta(3)}-\frac{2\zeta'(2)\zeta'(3)}{\zeta^2(3)}-\frac{\pi^2}{6}\frac{\zeta''(3)}{\zeta^2(3)}-\frac{\pi^2}{3}\frac{(\zeta'(3))^2}{\zeta^2(3)}\right)$$

4 S_2 的计算

如前一节所述,我们首先定义 $S_2(x,Q)$ 有

$$S_2(x,Q)=\sum_{q\leqslant Q}\sum_{a=1}^{q}A(x,q,a)M(x,q,a)$$

由上一章定理得

$$A(x,q,a)=\sum_{\substack{n\leqslant x\\ n\equiv a(\bmod q)}}d(n)$$
$$=\frac{x}{q}\sum_{t\mid q}\frac{c_t(a)}{t}\left(\log\frac{x}{t^2}+2\gamma-1\right)+$$
$$O((\sqrt{x}+q)(\log 2q))$$

如果令 $a=0$,得

$$A(x,q,0)=\sum_{\substack{n\leqslant x\\ q\mid n}}d(n)$$

$$=\frac{x}{q}\sum_{t\mid q}\frac{\varphi(t)}{t}\left(\log\frac{x}{t^2}+2\gamma-1\right)+$$

$$O((\sqrt{x}+q)(\log 2q))$$

在下一个引理中,我们将给出 $A(x,q,0)$ 的一个不同的误差项.

引理 1　假设 $q\leqslant x$,有

$$A(x,q,0)=\frac{x}{q}\sum_{t\mid q}\frac{\varphi(t)}{t}\left(\log\frac{x}{t^2}+2\gamma-1\right)+$$

$$O\left(\sqrt{x}\log x\sum_{k\mid q}\frac{d(k)}{k}\right)$$

证明

$$A(x,q,0)$$

$$=\sum_{\substack{n\leqslant x\\ q\mid n}}d(n)=\sum_{\substack{kl\leqslant x\\ q\mid kl}}1=\sum_{k\leqslant\sqrt{x}}\Big(\sum_{\substack{l\leqslant\frac{x}{k}\\ q\mid kl}}2-\sum_{\substack{l\leqslant\sqrt{x}\\ q\mid kl}}1\Big)$$

$$=\sum_{v\mid q}\sum_{\substack{k\leqslant\sqrt{x}\\ (q,k)=v}}\Big(\sum_{\substack{l\leqslant\frac{x}{k}\\ q\mid kl}}2-\sum_{\substack{l\leqslant\sqrt{x}\\ q\mid kl}}1\Big)$$

$$=\sum_{v\mid q}\sum_{\substack{j\leqslant\frac{\sqrt{x}}{v}\\ \left(j,\frac{q}{v}\right)=1}}\Big(\sum_{\substack{l\leqslant\frac{x}{jv}\\ \frac{q}{v}\mid l}}2-\sum_{\substack{l\leqslant\sqrt{x}\\ \frac{q}{v}\mid l}}1\Big)$$

$$=\sum_{v\mid q}\sum_{\substack{j\leqslant\frac{\sqrt{x}}{v}\\ \left(j,\frac{q}{v}\right)=1}}\left(2\left[\frac{x}{jq}\right]-\left[\frac{\sqrt{x}v}{q}\right]\right)$$

$$=\sum_{v\mid q}\sum_{\substack{j\leqslant\frac{\sqrt{x}}{v}\\ \left(j,\frac{q}{v}\right)=1}}\left(\frac{2x}{jq}-\frac{\sqrt{x}v}{q}\right)+O\Big(\sum_{v\mid q}\sum_{\substack{j\leqslant\frac{\sqrt{x}}{v}\\ \left(j,\frac{q}{v}\right)=1}}1\Big)$$

误差项是 $\ll\sum_{v\mid q}\sum_{\substack{k\leqslant\sqrt{x}\\ (k,q)=v}}1=\sum_{k\leqslant\sqrt{x}}1\ll\sqrt{x}$.

应用第 2 节引理 9,并改变求和的次序,得

$$A(x,q,0)=\sum_{v\mid q}\sum_{\substack{w\mid \frac{q}{v}\\ w\leqslant\frac{\sqrt{x}}{v}}}\mu(w)\sum_{l\leqslant\frac{\sqrt{x}}{vw}}\frac{2x}{lwq}-\frac{\sqrt{x}\,v}{q}+O(\sqrt{x})$$

①

我们标记条件 $w\leqslant\frac{\sqrt{x}}{v}$ 是多余的，但不是在我们替换 $\sum\limits_{l\leqslant\frac{\sqrt{x}}{vw}}\frac{1}{l}=\log\frac{\sqrt{x}}{vw}+\gamma+O\left(\frac{vw}{\sqrt{x}}\right)$ 到 ① 中，得

$$\begin{aligned}&A(x,q,0)\\&=\sum_{v\mid q}\sum_{\substack{w\mid \frac{q}{v}\\ w\leqslant\frac{\sqrt{x}}{v}}}\mu(w)\left[\frac{2x}{wq}\left(\log\frac{\sqrt{x}}{vw}+\gamma+O\left(\frac{vw}{\sqrt{x}}\right)\right)-\right.\\&\left.\frac{x}{wq}+O\left(\frac{\sqrt{x}\,v}{q}\right)\right]+O(\sqrt{x})\end{aligned}$$

误差项为

$$\ll\sum_{v\mid q}\sum_{w\mid\frac{q}{v}}\mid\mu(w)\mid\frac{2x}{wq}\frac{vw}{\sqrt{x}}+\sum_{v\mid q}\sum_{w\mid\frac{q}{v}}\mid u(w)\mid\frac{\sqrt{x}\,v}{q}+\sqrt{x}$$

$$\ll\sqrt{x}\sum_{v\mid q}\sum_{w\mid\frac{q}{v}}\frac{v}{q}+\sqrt{x}$$

$$=\sqrt{x}\sum_{k\mid q}\frac{d(k)}{k}+\sqrt{x}$$

$$\ll\sqrt{x}\sum_{k\mid q}\frac{d(k)}{k}$$

因此

$$A(x,q,0)=\frac{x}{q}\sum_{v\mid q}\sum_{\substack{w\mid \frac{q}{v}\\ w\leqslant\frac{\sqrt{x}}{v}}}\frac{\mu(w)}{w}\left(\log\frac{x}{(vw)^{2}}+2\gamma-1\right)+$$

$$O\left(\sqrt{x}\sum_{k\mid q}\frac{d(k)}{k}\right)$$

上面的主项是

$$\frac{x}{q}\sum_{v\mid q}\sum_{w\mid \frac{q}{v}}\frac{\mu(w)}{w}\left(\log\frac{x}{(vw)^2}+2\gamma-1\right)-$$

$$\frac{x}{q}\sum_{v\mid q}\sum_{\substack{w\mid \frac{q}{v}\\ \frac{\sqrt{x}}{v}<w\leqslant x}}\frac{\mu(w)}{w}\left(\log\frac{x}{(vw)^2}+2\gamma-1\right)$$

由 $q\leqslant x$,上面的第二项为

$$\ll\frac{x}{q}\sum_{v\mid q}\sum_{w\mid \frac{q}{v}}\frac{v}{\sqrt{x}}(\log x)\ll\sqrt{x}\log x\sum_{k\mid q}\frac{d(k)}{k}$$

因此

$$A(x,q,0)=\frac{x}{q}\sum_{v\mid q}\sum_{w\mid \frac{q}{v}}\frac{\mu(w)}{w}\left(\log\frac{x}{(vw)^2}+2\gamma-1\right)+$$

$$O\left(\sqrt{x}\log x\sum_{k\mid q}\frac{d(k)}{k}\right)$$

设 $t=vw$. 那么 $t\mid q,w\mid t$,因此

$$A(x,q,0)=\frac{x}{q}\sum_{t\mid q}\sum_{w\mid t}\frac{\mu(w)}{w}\left(\log\frac{x}{t^2}+2\gamma-1\right)+$$

$$O\left(\sqrt{x}\log x\sum_{k\mid q}\frac{d(k)}{k}\right)$$

$$=\frac{x}{q}\sum_{t\mid q}\frac{\varphi(t)}{t}\left(\log\frac{x}{t^2}+2\gamma-1\right)+$$

$$O\left(\sqrt{x}\log x\sum_{k\mid q}\frac{d(k)}{k}\right)$$

由上一章引理,对 $b,t\in\mathbf{N},(b,t)=1$,我们有

$$G\left(\frac{b}{t}\right)=\frac{x}{t}\left(\log\frac{x}{t^2}+2\gamma-1\right)+O((\sqrt{x}+t)(\log 2t))$$

因此

$$\sum_{\substack{b=1\\(b,t)=1}}^{t} G\left(\frac{b}{t}\right)=\frac{x\varphi(t)}{t}\left(\log\frac{x}{t^2}+2\gamma-1\right)+$$

$$O(\varphi(t)(\sqrt{x}+t)(\log 2t))$$

在引理 2 中,我们将给出 $\sum\limits_{\substack{b=1\\(b,t)=1}}^{t} G\left(\frac{b}{t}\right)$ 的一个不同的误差项.

引理 2

$$\sum_{\substack{b=1\\(b,t)=1}}^{t} G\left(\frac{b}{t}\right)=\sum_{n\leqslant x} d(n)c_t(n)$$

$$=\frac{x}{t}\varphi(t)\left(\log\frac{x}{t^2}+2\gamma-1\right)+$$

$$O\left(\left(\sum_{k\mid t} d(k)\sigma\left(\frac{t}{k}\right)\right)\sqrt{x}\log x\right)$$

证明　应用恒等式 $C_t(n)=\sum\limits_{q\mid(t,n)} q\mu\left(\frac{t}{q}\right)$,改变求和的次序,并应用引理 1,得

$$\sum_{n\leqslant x} d(n)c_t(n)$$

$$=\sum_{q\mid t} q\mu\left(\frac{t}{q}\right)\sum_{\substack{n\leqslant x\\ q\mid n}} d(n)$$

$$=\sum_{q\mid t} q\mu\left(\frac{t}{q}\right)A(x,q,0)$$

$$=\sum_{q\mid t} q\mu\left(\frac{t}{q}\right)\frac{x}{q}\sum_{k\mid q}\frac{\varphi(k)}{k}\left(\log\frac{x}{k^2}+2\gamma-1\right)+$$

$$O\left(\sum_{q\mid t} q\sum_{k\mid q}\frac{d(k)}{k}\sqrt{x}\log x\right)$$

$$=x\sum_{q\mid t}\sum_{k\mid q}\mu\left(\frac{t}{q}\right)\frac{\varphi(k)}{k}\left(\log\frac{x}{k^2}+2\gamma-1\right)+$$

$$O\left(\sum_{q\mid t}\sum_{k\mid q}\frac{qd(k)}{k}\sqrt{x}\log x\right)$$

误差项是

$$\ll \left(\sum_{k\mid t}\frac{d(k)}{k}\sum_{\substack{q\mid t\\ k\mid q}}q\right)\sqrt{x}\log x$$

$$=\left(\sum_{k\mid t}\frac{d(k)}{k}\sum_{l\mid \frac{t}{k}}kl\right)\sqrt{x}\log x$$

$$=\sum_{k\mid t}d(k)\sigma\left(\frac{t}{k}\right)\sqrt{x}\log x$$

主项是

$$x\sum_{k\mid t}\frac{\varphi(k)}{k}\left(\log\frac{x}{k^2}+2\gamma-1\right)\sum_{\substack{q\mid t\\ k\mid q}}\mu\left(\frac{t}{q}\right)$$

$$\sum_{\substack{q\mid t\\ k\mid q}}\mu\left(\frac{t}{q}\right)=\sum_{l\mid \frac{t}{k}}\mu\left(\frac{t}{kl}\right)=\begin{cases}1, & \frac{t}{k}=1\\ 0, & \text{其他}\end{cases}$$

因此主项 $=x\frac{\varphi(t)}{t}\left(\log\frac{x}{t^2}+2\gamma-1\right)$，所以

$$\sum_{n\leqslant x}d(n)c_t(n)=x\frac{\varphi(t)}{t}\left(\log\frac{x}{t^2}+2\gamma-1\right)+O\left(\sum_{k\mid t}d(k)\sigma\left(\frac{t}{k}\right)\sqrt{x}\log x\right)$$

标记

$$\sum_{\substack{b=1\\ (b,t)=1}}^{t}G\left(\frac{b}{t}\right)=\sum_{n\leqslant x}\sum_{\substack{b=1\\ (b,t)=1}}^{t}d(n)e\left(\frac{bn}{t}\right)=\sum_{n\leqslant x}d(n)c_t(n)$$

证毕.

定理　$S_2(x,Q)=S_3(x,Q)O(x^{\frac{3}{2}}(\log x)^2(\log Q)^2)$.

证明　$S_2(x,Q)$ 的最内层求和 $\sum_{a=1}^{q}A(x,q,a)M(x,q,a)$ 等于

$$\frac{x}{q}\sum_{a=1}^{q}A(x,q,a)\sum_{t\mid q}\frac{c_t(a)}{t}\left(\log\frac{x}{t^2}+2\gamma-1\right)$$

$$=\frac{x}{q}\sum_{t\mid q}\frac{1}{t}\left(\log\frac{x}{t^2}+2\gamma-1\right)\sum_{a=1}^{q}c_t(a)A(x,q,a)$$

$$=\frac{x}{q}\sum_{t\mid q}\frac{1}{t}\left(\log\frac{x}{t^2}+2\gamma-1\right)\sum_{n\leqslant x}d(n)c_t(n)$$

$$=\frac{x}{q}\sum_{t\mid q}\frac{1}{t}\left(\log\frac{x}{t^2}+2\gamma-1\right)\frac{x\varphi(t)}{t}\left(\log\frac{x}{t^2}+2\gamma-1\right)+$$

$$O\left(\frac{x}{q}\sum_{t\mid q}\frac{1}{t}\left(\log\frac{x}{t^2}+2\gamma-1\right)\sum_{k\mid t}d(k)\sigma\left(\frac{t}{k}\right)\sqrt{x}\log x\right)$$

由第 3 节 $S_3(x,Q)$ 计算中的等式 ①,我们可以得到上面的主项是 $\sum_{a=1}^{q}|M(x,q,a)|^2$. 因此

$$\begin{aligned}&S_2(x,Q)\\&=S_3(x,Q)+\\&\quad O\left(x^{\frac{3}{2}}\log x\sum_{q\leqslant Q}\frac{1}{q}\sum_{t\mid q}\sum_{k\mid t}\frac{1}{t}\left(\log\frac{x}{t^2}+2\gamma-1\right)\right.\\&\quad\left.d(k)\sigma\left(\frac{t}{k}\right)\right)\end{aligned}$$

设 E 是上面的误差项,那么

$$E\ll x^{\frac{3}{2}}(\log x)^2\sum_{q\leqslant Q}\sum_{t\mid q}\sum_{k\mid t}\frac{1}{qt}d(k)\sigma\left(\frac{t}{k}\right)$$

改变求和次序如下

$$\sum_{q\leqslant Q}\sum_{t\mid q}\sum_{k\mid t}=\sum_{q\leqslant Q}\sum_{k\mid q}\sum_{\substack{t\mid q\\k\mid t}}=\sum_{k\leqslant Q}\sum_{\substack{q\leqslant Q\\k\mid q}}\sum_{\substack{t\mid q\\k\mid t}}$$

令 $t=kl$ 和 $q=kr$. 那么 $\sum_{\substack{q\leqslant Q\\k\mid q}}\sum_{\substack{t\mid q\\k\mid t}}=\sum_{\substack{q\leqslant Q\\k\mid q}}\sum_{l\mid \frac{q}{k}}\sum_{r\leqslant\frac{Q}{k}}\sum_{l\mid r}$,并且

$$E\ll x^{\frac{3}{2}}(\log x)^2\sum_{k\leqslant Q}d(k)\sum_{\substack{q\leqslant Q\\k\mid q}}\sum_{\substack{t\mid q\\k\mid t}}\frac{1}{qt}\sigma\left(\frac{t}{k}\right)$$

$$=x^{\frac{3}{2}}(\log x)^2\sum_{k\leqslant Q}d(k)\sum_{r\leqslant\frac{Q}{k}}\sum_{l\mid r}\frac{1}{(kr)(kl)}\sigma\left(\frac{kl}{k}\right)$$

$$=x^{\frac{3}{2}}(\log x)^2\sum_{k\leqslant Q}\frac{d(k)}{k^2}\sum_{r\leqslant\frac{Q}{k}}\sum_{l\mid r}\frac{\sigma(l)}{rl}$$

$$=x^{\frac{3}{2}}(\log x)^2\sum_{k\leqslant Q}\frac{d(k)}{k^2}\sum_{l\leqslant\frac{Q}{k}}\frac{\sigma(l)}{l^2}\sum_{u\leqslant\frac{Q}{kl}}\frac{1}{u}$$

$$\ll x^{\frac{3}{2}}(\log x)^2(\log Q)\sum_{k\leqslant Q}\frac{d(k)}{k^2}\sum_{l\leqslant Q}\frac{\sigma(l)}{l^2}$$

$$\sum_{l\leqslant Q}\frac{\sigma(l)}{l^2}=\sum_{l\leqslant Q}\sum_{d\mid l}\frac{d}{l^2}=\sum_{d\leqslant Q}\frac{1}{d}\sum_{c\leqslant\frac{Q}{d}}\frac{1}{c^2}\ll\log Q$$

$$\sum_{k\leqslant Q}\frac{d(k)}{k^2}\leqslant\sum_{k=1}^{\infty}\frac{d(k)}{k^2}=\zeta^2(2)=O(1)$$

因此 $E\ll x^{\frac{3}{2}}(\log x)^2(\log Q)^2$.

推论　对于 $R<Q\leqslant x$，我们有

$$S_2(x,R,Q)=S_3(x,R,Q)+O(x^{\frac{3}{2}}(\log x)^2(\log Q)^2)$$

5　$J(x,Q)$ 的计算

在这一节，我们计算 $J(x,Q)$. 我们将把计算分成两部分. 在 5.1 小节中，我们将使用 Hooley 的技巧建立 $J(x,Q)$，然后我们将 $J(x,Q)$ 表示成复积分的形式. 有 36 项出项，将它们分组之后，需要计算 15 个积分，在 5.2 小节中，我们将计算我们在 5.1 小节中所得到的 15 个积分，这将给我们一个 $J(x,Q)$ 的渐近公式.

定理　设 $Q,x\in\mathbf{R},Q\leqslant x,0<\theta<1$. 存在常数 $C_1,C_2,\cdots,C_{22}$ 使得

$$J(x,Q)$$

$$=C_1x^2(\log x)\left(\log\frac{x}{Q}\right)^2+$$

$$C_2 x^2 (\log x)\left(\log \frac{x}{Q}\right)(\log Q) +$$

$$C_3 x^2 \left(\log \frac{x}{Q}\right)^2 + C_4 x^2 (\log x)\left(\log \frac{x}{Q}\right) +$$

$$C_5 x^2 \left(\log \frac{x}{Q}\right)(\log Q) + C_6 x^2 (\log x)(\log Q) x +$$

$$C_7 x^2 \log \frac{x}{Q} + C_8 x^2 \log Q + C_9 x^2 \log x + C_{10} x^2 +$$

$$C_{11} Qx \left(\log \frac{x}{Q}\right)^3 + C_{12} Qx (\log x)\left(\log \frac{x}{Q}\right)^2 +$$

$$C_{13} Qx (\log Q)\left(\log \frac{x}{Q}\right)^2 +$$

$$C_{14} Qx (\log x)\left(\log \frac{x}{Q}\right)(\log Q) + C_{15} Qx \left(\log \frac{x}{Q}\right)^2 +$$

$$C_{16} Qx (\log x)\left(\log \frac{x}{Q}\right) + C_{17} Qx (\log Q)\left(\log \frac{x}{Q}\right) +$$

$$C_{18} Qx (\log x)(\log Q) + C_{19} Qx \log \frac{x}{Q} +$$

$$C_{20} Qx \log x + C_{21} Qx \log Q + C_{22} Qx +$$

$$O\Big(\frac{x^{\frac{5}{2}}}{Q}(\log x)\left(\log \frac{x}{Q}\right) + \frac{x^3}{Q^2}(\log x)\left(\log \frac{x}{Q}\right) +$$

$$x^{\frac{3}{2}}(\log x)\left(\log \frac{x}{Q}\right)^3\Big) +$$

$$O(Q^{1+\theta} x^{1-\theta} (\log x)^2)$$

正如上面所提到的,我们将证明分为了两个部分.

5.1 建立 $J(x,Q)$ 的和

首先,我们有

$$A(x,q,a) = \frac{x}{q} \sum_{t|q} \frac{c_t(a)}{t}\left(\log \frac{x}{t^2} + 2\gamma - 1\right) +$$
$$O((\sqrt{x} + q)(\log 2q))$$

$$=\frac{1}{q}\sum_{t\mid q}\frac{c_t(a)}{t}\int_0^x\left(\log\frac{y}{t^2}+2\gamma\right)\mathrm{d}y+ O((\sqrt{x}+q)(\log 2q)) \quad ①$$

回想一下

$$J(x,Q)=\sum_{Q<q\leqslant x}\sum_{\substack{m<n\leqslant x\\ n\equiv m(\bmod q)}}d(n)d(m)$$

我们按照 Hooley 的方法重新调整求和的次序，令 $n-m=qr$，那么 $n\equiv m(\bmod r)$，$r<\frac{x}{Q}$，$Q<\frac{n-m}{r}\leqslant x$，我们得

$$J(x,Q)=\sum_{r<\frac{x}{Q}}\sum_{\substack{m<n\leqslant x\\ n\equiv m(\bmod r)\\ Q<\frac{n-m}{r}\leqslant x}}d(m)d(n)$$

$$=\sum_{r<\frac{x}{Q}}\sum_{m\leqslant x}d(m)\sum_{\substack{m+rQ<n\leqslant x\\ n\equiv m(\bmod r)}}d(n)$$

$J(x,Q)$ 最内层的和由应用 ① 计算的形式，得

$$J(x,Q)$$

$$=\sum_{r<\frac{x}{Q}}\sum_{m\leqslant x}d(m)\frac{1}{r}\sum_{t\mid r}\frac{c_t(m)}{t}\int_{m+rQ}^x\left(\log\frac{y}{t^2}+2\gamma\right)\mathrm{d}y+ O\left(\sum_{r<\frac{x}{Q}}\sum_{m\leqslant x}d(m)(\sqrt{x}+r)(\log 2r)\right)$$

上面的误差项是

$$O\left(\frac{x^{\frac{5}{2}}}{Q}(\log x)\left(\log\frac{x}{Q}\right)+\frac{x^3}{Q^2}(\log x)\left(\log\frac{x}{Q}\right)\right)$$

对于主项，我们有 $c_t(m)=\sum_{\substack{b=1\\(b,t)=1}}^{t}e\left(\frac{bm}{t}\right)$，改变求和的次序，得

$$\sum_{r<\frac{x}{Q}}\frac{1}{r}\sum_{t|r}\frac{1}{t}\sum_{\substack{b=1\\(b,t)=1}}^{t}\sum_{m\leqslant x}\int_{m+rQ}^{x}e\left(\frac{bm}{t}\right)\cdot$$
$$d(m)\left(\log\frac{y}{t^{2}}+2\gamma\right)\mathrm{d}y$$
$$=\sum_{r<\frac{x}{Q}}\frac{1}{r}\sum_{t|r}\frac{1}{t}\sum_{\substack{b=1\\(b,t)=1}}^{t}\int_{rQ}^{x}\sum_{m\leqslant y-rQ}e\left(\frac{bm}{t}\right)\cdot$$
$$d(m)\left(\log\frac{y}{t^{2}}+2\gamma\right)\mathrm{d}y$$

在上面的积分中，和是 $G\left(\frac{b}{t},y-rQ\right)$，由第 20 章引理得

$$\frac{y-rQ}{t}\left(\log\frac{y-rQ}{t^{2}}+2\gamma-1\right)+O((\sqrt{x}+t)(\log 2t))$$

因此

$$J(x,Q)=\sum_{r<\frac{x}{Q}}\frac{1}{r}\sum_{t|r}\frac{1}{t}\sum_{\substack{b=1\\(b,t)=1}}^{t}\int_{rQ}^{x}\left(\log\frac{y}{t^{2}}+2\gamma\right)\left(\frac{y-rQ}{t}\right)\cdot$$
$$\left(\log\frac{y-rQ}{t^{2}}+2\gamma-1\right)\mathrm{d}y+$$
$$O\Big(\sum_{r<\frac{x}{Q}}\frac{1}{r}\sum_{t|r}\frac{1}{t}\phi(t)(\sqrt{x}+t)(\log 2t)\cdot$$
$$\int_{rQ}^{x}\left|\log\frac{y}{t^{2}}+2\gamma\right|\mathrm{d}y\Big)+$$
$$O\left(\frac{x^{\frac{5}{2}}}{Q}(\log x)\left(\log\frac{x}{Q}\right)+\frac{x^{3}}{Q^{2}}(\log x)\left(\log\frac{x}{Q}\right)\right)$$

设 M 和 E 分别为 $J(x,Q)$ 的主项和误差项，第一个误差项为

$$\ll x\log x\sum_{r<\frac{x}{Q}}\frac{1}{r}\sum_{t|r}\frac{1}{t}\varphi(t)(\sqrt{x}+t)(\log 2t)$$

$$=x\log x\left(\sqrt{x}\sum_{r<\frac{x}{Q}}\frac{1}{r}\sum_{t\mid r}\frac{\varphi(t)\log t}{t}+\sum_{r<\frac{x}{Q}}\frac{1}{r}\sum_{t\mid r}\varphi(t)\log t\right) \quad ②$$

现在 $\sum_{t\mid r}\frac{\varphi(t)\log t}{t}\leqslant\sum_{t\mid r}\log t\ll d(r)\log r$，由第19章引理12

$$\sum_{t\mid r}\varphi(t)\log t\ll r\log r$$

由第19章引理10，因此②是 $O\left(x^{\frac{3}{2}}(\log x)\cdot\left(\log\frac{x}{Q}\right)^{3}+\frac{x^{2}}{Q}(\log x)\left(\log\frac{x}{Q}\right)\right)$. 结合第二个误差项，得

$$E\ll\frac{x^{\frac{5}{2}}}{Q}(\log x)\left(\log\frac{x}{Q}\right)+\frac{x^{3}}{Q^{2}}(\log x)\left(\log\frac{x}{Q}\right)+x^{\frac{3}{2}}(\log x)\left(\log\frac{x}{Q}\right)^{3} \quad ③$$

接下来，我们计算主项

$$M=\sum_{r<\frac{x}{Q}}\frac{1}{r}\sum_{t\mid r}\frac{\phi(t)}{t}\int_{rQ}^{x}\left(\log\frac{y}{t^{2}}+2\gamma\right)\left(\frac{y-rQ}{t}\right)\cdot\left(\log\frac{y-rQ}{t^{2}}+2\gamma-1\right)\mathrm{d}y$$

$$=Q\sum_{r<\frac{x}{Q}}\frac{1}{r}\sum_{t\mid r}\phi(t)\int_{rQ}^{x}\left(\log\frac{y}{t^{2}}+2\gamma\right)\left(\frac{\frac{y}{Q}-r}{t^{2}}\right)\cdot\left(\log\frac{\frac{y}{Q}-r}{t^{2}}+\log Q+2\gamma-1\right)\mathrm{d}y$$

$$=Q\sum_{r<\frac{x}{Q}}\frac{1}{r}\int_{rQ}^{x}\sum_{t\mid r}\phi(t)\left(\log\frac{y}{t^{2}}+2\gamma\right)\left(\frac{\frac{y}{Q}-r}{t^{2}}\right)\cdot$$

$$\left(\log \frac{\frac{y}{Q}-r}{t^2}+\log Q+2\gamma-1\right)\mathrm{d}y$$

$$=Q\int_0^x \sum_{r\leqslant \frac{y}{Q}} \frac{1}{r}\sum_{t\mid r}\phi(t)\left(\log \frac{y}{t^2}+2\gamma\right)\cdot$$

$$\left(\frac{\frac{y}{Q}-r}{t^2}\right)\left(\log \frac{\frac{y}{Q}-r}{t^2}+\log Q+2\gamma-1\right)\mathrm{d}y \quad ④$$

设 $\alpha\in\mathbf{R}$，$\alpha>0$，C_0 是围绕 0 的正方向的小圆，根据 Cauchy 积分公式，得

$$\frac{1}{2\pi\mathrm{i}}\int_{C_0}\alpha^{z+1}\left(\frac{1}{z^2}+\frac{A}{z}\right)\mathrm{d}z=\alpha(\log \alpha+A) \quad ⑤$$

$$\frac{1}{2\pi\mathrm{i}}\int_{C_0}\alpha^{z}\left(\frac{1}{z^2}+\frac{B}{z}\right)\mathrm{d}z=\log \alpha+B \quad ⑥$$

在 ⑥ 中令 $\alpha=\frac{y}{t^2}$，在 ⑤ 中令 $\alpha=\frac{\frac{y}{Q}-r}{t^2}$，得

$$\log \frac{y}{t^2}+2\gamma=\frac{1}{2\pi\mathrm{i}}\int_{C_0}\left(\frac{y}{t^2}\right)^{w}\left(\frac{1}{w^2}+\frac{2\gamma}{w}\right)\mathrm{d}w \quad ⑦$$

$$\frac{\frac{y}{Q}-r}{t^2}\left(\log \frac{\frac{y}{Q}-r}{t^2}+\log Q+2\gamma-1\right)$$

$$=\frac{1}{2\pi\mathrm{i}}\int_{C_0}\left(\frac{\frac{y}{Q}-r}{t^2}\right)^{z+1}\left(\frac{1}{z^2}+\frac{\log Q+2\gamma-1}{z}\right)\mathrm{d}z$$

⑧

将 ⑦ 和 ⑧ 代入 ④ 得

$$g(w)=\frac{1}{w^2}+\frac{2\gamma}{w}$$

$$h(z)=\frac{1}{z^2}+\frac{\log Q+2\gamma-1}{z} \quad ⑨$$

$$f(y,z,w)=\left(\sum_{r\leqslant\frac{y}{Q}}\frac{1}{r}\sum_{t\mid r}\frac{\phi(t)}{t^{2z+2w+2}}\left(\frac{y}{Q}-r\right)^{z+1}\right)y^{w}$$

我们得到

$$M=\frac{Q}{(2\pi\mathrm{i})^{2}}\int_{0}^{x}\sum_{r\leqslant\frac{y}{Q}}\frac{1}{r}\sum_{t\mid r}\phi(t)\cdot$$

$$\int_{C_0}\int_{C_0}\frac{g(w)h(z)y^{w}\left(\frac{y}{Q}-r\right)^{z+1}}{t^{2z+2w+2}}\mathrm{d}z\mathrm{d}w\mathrm{d}y$$

$$=\frac{Q}{(2\pi\mathrm{i})^{2}}\int_{0}^{x}\int_{C_0}\int_{C_0}\left(\sum_{r\leqslant\frac{y}{Q}}\frac{1}{r}\sum_{t\mid r}\frac{\phi(t)}{t^{2z+2w+2}}\left(\frac{y}{Q}-r\right)^{z+1}\right)\cdot$$

$$y^{w}g(w)h(z)\mathrm{d}z\mathrm{d}w\mathrm{d}y$$

$$=\frac{Q}{(2\pi\mathrm{i})^{2}}\int_{0}^{x}\int_{C_0}\int_{C_0}f(y,z,w)g(w)h(z)\mathrm{d}z\mathrm{d}w\mathrm{d}y$$

$$=\frac{Q}{(2\pi\mathrm{i})^{2}}\int_{C_0}\int_{C_0}g(w)h(z)\left(\int_{0}^{x}f(y,z,w)\mathrm{d}y\right)\mathrm{d}z\mathrm{d}w \quad ⑩$$

应用第 19 章引理 25，$a_r=\frac{1}{r}\sum_{t\mid r}\frac{\phi(t)}{t^{2z+2w+2}}$，$x=\frac{y}{Q}$，$\eta=z+1$，得

$$f(y,z,w)$$

$$=\frac{1}{2\pi\mathrm{i}}\int_{\sigma_0-\mathrm{i}\infty}^{\sigma_0+\mathrm{i}\infty}D(s,z,w)\frac{\left(\frac{y}{Q}\right)^{s+z+1}y^{w}\Gamma(s)\Gamma(z+2)}{\Gamma(s+z+2)}\mathrm{d}s$$

其中

$$D(s,z,w)=\sum_{r=1}^{\infty}\frac{1}{r^{1+s}}\sum_{t\mid r}\frac{\phi(t)}{t^{2z+2w+2}}$$

$$=\frac{\zeta(s+1)\zeta(s+2+2z+2w)}{\zeta(s+3+2z+2w)}$$

然后得到

$$\int_{0}^{x}f(y,z,w)\mathrm{d}y$$

$$=\frac{1}{2\pi i}\int_{\sigma_0-i\infty}^{\sigma_0+i\infty}\int_0^x D(s,z,w)y^{s+z+w+1}\ \frac{Q^{-s-z-1}\Gamma(s)\Gamma(z+2)}{\Gamma(s+z+2)}\mathrm{d}y\mathrm{d}s$$

$$=\frac{1}{2\pi i}\int_{\sigma_0-i\infty}^{\sigma_0+i\infty}\frac{D(s,z,w)Q^{-s-z-1}\Gamma(s)\Gamma(z+2)}{\Gamma(s+z+2)}\ \frac{x^{s+z+w+2}}{s+z+w+2}\mathrm{d}s$$

代入 ⑩,我们得

$$M=\frac{Q}{(2\pi i)^3}\int_{C_0}\int_{C_0}g(w)h(z)\cdot$$

$$\left(\int_{\sigma_0-i\infty}^{\sigma_0+i\infty}\frac{D(s,z,w)x^{s+z+w+2}}{(s+z+w+2)Q^{s+z+1}}\ \frac{\Gamma(s)\Gamma(z+2)}{\Gamma(s+z+2)}\mathrm{d}s\right)\mathrm{d}z\mathrm{d}w$$

$$=\frac{1}{(2\pi i)^3}\int_{\sigma_0-i\infty}^{\sigma_0+i\infty}\int_{C_0}\int_{C_0}\frac{D(s,z,w)x^{s+z+w+2}}{(s+z+w+2)Q^{s+z}}\cdot$$

$$\frac{\Gamma(s)\Gamma(z+2)}{\Gamma(s+z+2)}g(w)h(z)\mathrm{d}z\mathrm{d}w\mathrm{d}s$$

$$=\frac{1}{(2\pi i)^3}\int_{\sigma_0-i\infty}^{\sigma_0+i\infty}\zeta(s+1)\Gamma(s)\int_{C_0}\int_{C_0}h(z)g(w)\cdot$$

$$\frac{\zeta(s+2+2z+2w)}{\zeta(s+3+2z+2w)}\cdot$$

$$\frac{x^{s+z+w+2}\Gamma(z+2)}{(s+z+w+2)Q^{s+z}\Gamma(s+z+2)}\mathrm{d}z\mathrm{d}w\mathrm{d}s$$

对于这一点,M 的计算很长,但很简单.我们将代入 ⑨ 中定义的 $g(w)$ 和 $h(z)$,但没有提及.接下来,f,g,h 将被重新定义,但它们与 ⑨ 中不同.

设

$$f(z,w,s)=g(w)\left(\frac{\zeta(s+2+2z+2w)}{\zeta(s+3+2z+2w)}\right)\cdot\frac{x^{s+z+w+2}\Gamma(z+2)}{(s+z+w+2)Q^{s+z}\Gamma(s+z+2)}$$

由 Cauchy 积分公式,最内层的积分

$$\int_{C_0}f(z,w,s)\left(\frac{1}{z^2}+\frac{\log Q+2\gamma-1}{z}\right)\mathrm{d}z$$

$$=2\pi i\left.\frac{\partial f}{\partial z}\right|_{z=0}+2\pi i(\log Q+2\gamma-1)f(0,w,s)$$

$$f(0,w,s)=\left(\frac{1}{w^2}+\frac{2\gamma}{w}\right)\left(\frac{\zeta(s+2+2w)}{\zeta(s+3+2w)}\right)\cdot$$
$$\frac{x^{s+w+2}}{(s+w+2)Q^s\Gamma(s+2)}$$
$$=g_1(w,s)$$

为了估计$\frac{\partial f}{\partial z}$,我们使用第 19 章引理 22,并写

$$f(z,w,s)=\left(\frac{1}{w^2}+\frac{2\gamma}{w}\right)\frac{x^{s+w+2}}{Q^s}\frac{\zeta(s+2+2z+2w)}{\zeta(s+3+2z+2w)}\cdot$$
$$\frac{\left(\frac{x}{Q}\right)^z}{s+z+w+2}\frac{\Gamma(z+2)}{\Gamma(s+z+2)}$$

$$\frac{\partial f}{\partial z}=\left(\frac{1}{w^2}+\frac{2\gamma}{w}\right)\frac{x^{s+w+2}}{Q^s}\frac{\zeta(s+2+2z+2w)}{\zeta(s+3+2z+2w)}\cdot$$
$$\frac{\left(\frac{x}{Q}\right)^z}{s+z+w+2}\frac{\Gamma(z+2)}{\Gamma(s+z+2)}\cdot$$
$$\left[\frac{2\zeta'(s+2+2z+2w)}{\zeta(s+2+2z+2w)}+\log\frac{x}{Q}+\frac{\Gamma'(z+2)}{\Gamma(z+2)}-\right.$$
$$\frac{2\zeta'(s+3+2z+2w)}{\zeta(s+3+2z+2w)}-\frac{1}{s+z+w+2}-$$
$$\left.\frac{\Gamma'(s+z+2)}{\Gamma(s+z+2)}\right]$$

$$\left.\frac{\partial f}{\partial z}\right|_{z=0}=2\left(\frac{1}{w^2}+\frac{2\gamma}{w}\right)\frac{x^{s+w+2}}{Q^s}\frac{\zeta'(s+2+2w)}{\zeta(s+3+2w)}\cdot$$
$$\frac{1}{(s+w+2)\Gamma(s+2)}+$$
$$\left(\log\frac{x}{Q}\right)\left(\frac{1}{w^2}+\frac{2\gamma}{w}\right)\frac{x^{s+w+2}}{Q^s}\frac{\zeta(s+2+2w)}{\zeta(s+3+2w)}\cdot$$
$$\frac{1}{(s+w+2)\Gamma(s+2)}+\Gamma'(2)\left(\frac{1}{w^2}+\frac{2\gamma}{w}\right)\frac{x^{s+w+2}}{Q^s}\cdot$$

$$\frac{\zeta(s+2+2w)}{\zeta(s+3+2w)}\frac{1}{(s+w+2)\Gamma(s+2)}-$$

$$2\left(\frac{1}{w^2}+\frac{2\gamma}{w}\right)\frac{x^{s+w+2}}{Q^s}\cdot$$

$$\frac{\zeta(s+2+2w)\zeta'(s+3+2w)}{\zeta^2(s+3+2w)}\cdot$$

$$\frac{1}{(s+w+2)\Gamma(s+2)}-\left(\frac{1}{w^2}+\frac{2\gamma}{w}\right)\frac{x^{s+w+2}}{Q^s}\cdot$$

$$\frac{\zeta(s+2+2w)}{\zeta(s+3+2w)}\frac{1}{(s+w+2)^2\Gamma(s+2)}-$$

$$\left(\frac{1}{w^2}+\frac{2\gamma}{w}\right)\frac{x^{s+w+2}}{Q^s}\frac{\zeta(s+2+2w)}{\zeta(s+3+2w)}\cdot$$

$$\frac{\Gamma'(s+2)}{(s+w+2)\Gamma^2(s+2)}$$

$$=g_2(w,s)+g_3(w,s)+g_4(w,s)+g_5(w,s)+$$

$$g_6(w,s)+g_7(w,s)$$

因此最内层的积分 $=2\pi i\sum_{i=2}^{7}g_i(w,s)+2\pi i(\log Q+2\gamma-1)g_1(w,s)$. 所以

$$M=\frac{1}{(2\pi i)^2}\int_{\sigma_0-i\infty}^{\sigma_0+i\infty}\zeta(s+1)\Gamma(s)\int_{C_0}\sum_{i=2}^{7}g_i(w,s)+(\log Q+2\gamma-1)g_1(w,s)\mathrm{d}w\mathrm{d}s \tag{11}$$

接下来,我们估计

$$\int_{C_0}\sum_{i=2}^{7}g_i(w,s)+(\log Q+2\gamma-1)g_1(w,s)\mathrm{d}w$$

设

$$f_i(s)=\int_{C_0}g_i(w,s)\mathrm{d}w, i\in\{1,2,\cdots,7\} \tag{12}$$

$$f_1(s)=\int_{C_0}\left(\frac{1}{w^2}+\frac{2\gamma}{w}\right)\cdot$$

$$\left(\frac{\zeta(s+2+2w)}{\zeta(s+3+2w)}\frac{x^{s+w+2}}{(s+w+2)Q^s\Gamma(s+2)}\right)$$

$$=\int_{C_0}\left(\frac{1}{w^2}+\frac{2\gamma}{w}\right)h(w,s)\mathrm{d}w$$

$$=2\pi\mathrm{i}\left(\frac{\partial h}{\partial w}\bigg|_{w=0}+2\gamma h(0,s)\right)$$

$$h(0,s)=\frac{\zeta(s+2)x^{s+2}}{\zeta(s+3)(s+2)Q^s\Gamma(s+2)}=h_1(s)$$

为了估计$\frac{\partial h}{\partial w}\bigg|_{w=0}$,我们有

$$h(w,s)=x^2\left(\frac{x}{Q}\right)^s\frac{1}{\Gamma(s+2)}\frac{\zeta(s+2+2w)}{\zeta(s+3+2w)}\frac{x^w}{s+w+2}$$

$$\frac{\partial h}{\partial w}=x^2\left(\frac{x}{Q}\right)^s\frac{1}{\Gamma(s+2)}\frac{\zeta(s+2+2w)}{\zeta(s+3+2w)}\frac{x^w}{s+w+2}\cdot$$

$$\left(\frac{2\zeta'(s+2+2w)}{\zeta(s+2+2w)}+\log x-\right.$$

$$\left.\frac{2\zeta'(s+3+2w)}{\zeta(s+3+2w)}-\frac{1}{s+w+2}\right)$$

$$\frac{\partial h}{\partial w}\bigg|_{w=0}=2x^2\frac{\zeta'(s+2)}{\zeta(s+3)}\frac{\left(\frac{x}{Q}\right)^s}{(s+2)\Gamma(s+2)}+$$

$$x^2(\log x)\frac{\zeta(s+2)}{\zeta(s+3)}\frac{\left(\frac{x}{Q}\right)^s}{(s+2)\Gamma(s+2)}-$$

$$2x^2\frac{\zeta'(s+3)\zeta(s+2)}{\zeta^2(s+3)}\frac{\left(\frac{x}{Q}\right)^s}{(s+2)\Gamma(s+2)}-$$

$$x^2\frac{\zeta(s+2)}{\zeta(s+3)}\frac{\left(\frac{x}{Q}\right)^s}{(s+2)^2\Gamma(s+2)}$$

$$=h_2(s)+h_3(s)+h_4(s)+h_5(s)$$

得

$$f_1(s)=2\pi\mathrm{i}\Big(\sum_{i=2}^{5}h_i(s)+2\gamma h_1(s)\Big) \qquad ⑬$$

接下来

$$\begin{aligned}f_2(s)&=\int_{C_0}g_2(w,s)\mathrm{d}w\\&=2\int_{C_0}\left(\frac{1}{w^2}+\frac{2\gamma}{w}\right)\frac{x^{s+w+2}}{Q^s}\frac{\zeta'(s+2+2w)}{\zeta(s+3+2w)}\cdot\\&\quad\frac{1}{(s+w+2)\Gamma(s+2)}\mathrm{d}w\\&=2\int_{C_0}\left(\frac{1}{w^2}+\frac{2\gamma}{w}\right)A(w,s)\mathrm{d}w\\&=2\pi\mathrm{i}\left(2\frac{\partial A}{\partial w}\bigg|_{w=0}+4\gamma A(0,s)\right)\end{aligned}$$

$$A(0,s)=\frac{x^{s+2}}{Q^s}\frac{\zeta'(s+2)}{\zeta(s+3)}\frac{1}{s+2}\frac{1}{\Gamma(s+2)}=h_6(s)$$

$$A(w,s)=\frac{x^{s+2}}{Q^s}\frac{1}{\Gamma(s+2)}\frac{\zeta'(s+2+2w)}{\zeta(s+3+2w)}\frac{x^w}{s+w+2}$$

$$\begin{aligned}&\frac{\partial A}{\partial w}\\=&\frac{x^{s+2}}{Q^s}\frac{1}{\Gamma(s+2)}\frac{\zeta'(s+2+2w)}{\zeta(s+3+2w)}\frac{x^w}{s+w+2}\cdot\\&\Big(\frac{2\zeta''(s+2+2w)}{\zeta'(s+2+2w)}+\log x-\frac{2\zeta'(s+3+2w)}{\zeta(s+3+2w)}-\\&\frac{1}{s+w+2}\Big)\end{aligned}$$

$$\begin{aligned}\frac{\partial A}{\partial w}\bigg|_{w=0}=&\frac{2x^2\zeta''(s+2)}{\zeta(s+3)}\frac{\left(\frac{x}{Q}\right)^s}{(s+2)\Gamma(s+2)}+\\&x^2(\log x)\frac{\zeta'(s+2)}{\zeta(s+3)}\frac{\left(\frac{x}{Q}\right)^s}{(s+2)\Gamma(s+2)}-\end{aligned}$$

$$\frac{2x^2\zeta'(s+3)\zeta'(s+2)}{\zeta^2(s+3)}\frac{\left(\frac{x}{Q}\right)^s}{(s+2)\Gamma(s+2)}-$$

$$\frac{x^2\zeta'(s+2)}{\zeta(s+3)}\frac{\left(\frac{x}{Q}\right)^s}{(s+2)^2\Gamma(s+2)}$$

$$=h_7(s)+h_8(s)+h_9(s)+h_{10}(s)$$

因此

$$f_2(s)=2\pi\mathrm{i}\left(2\sum_{i=7}^{10}h_i(s)+4\gamma h_6(s)\right) \tag{14}$$

接下来

$$f_3(s)=\int_{C_0}g_3(w,s)\mathrm{d}w$$

$$=\int_{C_0}\left(\frac{1}{w^2}+\frac{2\gamma}{w}\right)\left(\log\frac{x}{Q}\right)\frac{x^{s+w+2}}{Q^s}\frac{\zeta(s+2+2w)}{\zeta(s+3+2w)}\cdot$$

$$\frac{1}{(s+w+2)\Gamma(s+2)}\mathrm{d}w$$

$$=\int_{C_0}\left(\frac{1}{w^2}+\frac{2\gamma}{w}\right)B(w,s)\mathrm{d}w$$

$$=2\pi\mathrm{i}\left(\frac{\partial B}{\partial w}\bigg|_{w=0}+2\gamma B(0,s)\right)$$

$$B(0,s)=\left(\log\frac{x}{Q}\right)\frac{x^{s+2}}{Q^s}\frac{\zeta(s+2)}{\zeta(s+3)}\frac{1}{(s+2)\Gamma(s+2)}$$

$$=h_{11}(s)$$

$$B(w,s)=\left(\log\frac{x}{Q}\right)\frac{x^{s+2}}{Q^s}\frac{1}{\Gamma(s+2)}\frac{\zeta(s+2+2w)}{\zeta(s+3+2w)}\frac{x^w}{(s+w+2)}$$

$$\frac{\partial B}{\partial w}=\left(\log\frac{x}{Q}\right)\frac{x^{s+2}}{Q^s}\frac{1}{\Gamma(s+2)}\frac{\zeta(s+2+2w)}{\zeta(s+3+2w)}\frac{x^w}{(s+w+2)}\cdot$$

$$\left(\frac{2\zeta'(s+2+2w)}{\zeta(s+2+2w)}+\log x-\frac{2\zeta'(s+3+2w)}{\zeta(s+3+2w)}-\right.$$

$$\left.\frac{1}{(s+w+2)}\right)$$

$$\left.\frac{\partial B}{\partial w}\right|_{w=0}=2x^2\left(\log\frac{x}{Q}\right)\frac{\zeta'(s+2)}{\zeta(s+3)}\frac{\left(\frac{x}{Q}\right)^s}{(s+2)\Gamma(s+2)}+$$

$$x^2\left(\log\frac{x}{Q}\right)(\log x)\frac{\zeta(s+2)}{\zeta(s+3)}\frac{\left(\frac{x}{Q}\right)^s}{(s+2)\Gamma(s+2)}-$$

$$2x^2\left(\log\frac{x}{Q}\right)\frac{\zeta'(s+3)\zeta(s+2)}{\zeta^2(s+3)}\frac{\left(\frac{x}{Q}\right)^s}{(s+2)\Gamma(s+2)}-$$

$$x^2\left(\log\frac{x}{Q}\right)\frac{\zeta(s+2)}{\zeta(s+3)}\frac{\left(\frac{x}{Q}\right)^s}{(s+2)^2\Gamma(s+2)}$$

$$=h_{12}(s)+h_{13}(s)+h_{14}(s)+h_{15}(s)$$

因此

$$f_3(s)=2\pi\mathrm{i}\left(\sum_{i=12}^{15}h_i(s)+2\gamma h_{11}(s)\right) \tag{15}$$

在下面，$C(w,s)$，$D(w,s)$，$E(w,s)$，$F(w,s)$ 被定义的方式与 $A(w,s)$ 和 $B(w,s)$ 相同.

接下来

$$f_4(s)=\int_{C_0}g_4(w,s)\mathrm{d}w$$

$$=\Gamma'(2)\int_{C_0}\left(\frac{1}{w^2}+\frac{2\gamma}{w}\right)C(w,s)\mathrm{d}w$$

$$=2\pi\mathrm{i}\Gamma'(2)\left(\left.\frac{\partial C}{\partial w}\right|_{w=0}+2\gamma C(0,s)\right)$$

$$C(0,s)=\frac{x^{s+2}}{Q^s}\frac{\zeta(s+2)}{\zeta(s+3)}\frac{1}{(s+2)\Gamma(s+2)}=h_{16}(s)$$

$$C(w,s)=\frac{x^{s+2}}{Q^s}\frac{1}{\Gamma(s+2)}\frac{\zeta(s+2+2w)}{\zeta(s+3+2w)}\frac{x^w}{(s+w+2)}$$

$$\frac{\partial C}{\partial w}=\frac{x^{s+2}}{Q^s}\frac{1}{\Gamma(s+2)}\frac{\zeta(s+2+2w)}{\zeta(s+3+2w)}\frac{x^w}{(s+w+2)}\cdot$$

$$\left(\frac{2\zeta'(s+2+2w)}{\zeta(s+2+2w)}+\log x-\frac{2\zeta'(s+3+2w)}{\zeta(s+3+2w)}-\frac{1}{(s+w+2)}\right)$$

$$\begin{aligned}\left.\frac{\partial C}{\partial w}\right|_{w=0}&=2x^2\frac{\zeta'(s+2)}{\zeta(s+3)}\frac{\left(\frac{x}{Q}\right)^s}{(s+2)\Gamma(s+2)}+\\&\quad x^2(\log x)\frac{\zeta(s+2)}{\zeta(s+3)}\frac{\left(\frac{x}{Q}\right)^s}{(s+2)\Gamma(s+2)}-\\&\quad 2x^2\frac{\zeta'(s+3)\zeta(s+2)}{\zeta^2(s+3)}\frac{\left(\frac{x}{Q}\right)^s}{(s+2)\Gamma(s+2)}-\\&\quad x^2\frac{\zeta(s+2)}{\zeta(s+3)}\frac{\left(\frac{x}{Q}\right)^s}{(s+2)^2\Gamma(s+2)}\\&=h_{17}(s)+h_{18}(s)+h_{19}(s)+h_{20}(s)\end{aligned}$$

因此

$$f_4(s)=2\pi\mathrm{i}\Gamma'(2)\left(\sum_{i=17}^{20}h_i(s)+2\gamma h_{16}(s)\right) \tag{16}$$

接下来

$$\begin{aligned}f_5(s)&=\int_{C_0}g_5(w,s)\mathrm{d}w\\&=-2\int_{C_0}\left(\frac{1}{w^2}+\frac{2\gamma}{w}\right)D(w,s)\mathrm{d}w\\&=2\pi\mathrm{i}\left(-2\left.\frac{\partial D}{\partial w}\right|_{w=0}-4\gamma D(0,s)\right)\end{aligned}$$

$$\begin{aligned}D(0,s)&=\frac{x^{s+2}}{Q^s}\frac{\zeta(s+2)\zeta'(s+3)}{\zeta^2(s+3)}\frac{1}{(s+2)\Gamma(s+2)}\\&=h_{21}(s)\end{aligned}$$

$$D(w,s)=\frac{x^{s+2}}{Q^s}\frac{1}{\Gamma(s+2)}\cdot$$

$$\frac{\zeta(s+2+2w)\zeta'(s+3+2w)}{\zeta^2(s+3+2w)}\frac{x^w}{(s+w+2)}$$

$$\frac{\partial D}{\partial w}=\frac{x^{s+2}}{Q^s}\frac{1}{\Gamma(s+2)}\frac{\zeta(s+2+2w)\zeta'(s+3+2w)}{\zeta^2(s+3+2w)}\cdot$$

$$\frac{x^w}{(s+w+2)}\cdot$$

$$\left(\frac{2\zeta'(s+2+2w)}{\zeta(s+2+2w)}+\frac{2\zeta''(s+2+2w)}{\zeta'(s+3+2w)}+\right.$$

$$\left.\log x-\frac{4\zeta'(s+3+2w)}{\zeta(s+3+2w)}-\frac{1}{(s+w+2)}\right)$$

$$\left.\frac{\partial D}{\partial w}\right|_{w=0}=2x^2\frac{\zeta'(s+2)\zeta'(s+3)}{\zeta^2(s+3)}\frac{\left(\frac{x}{Q}\right)^s}{(s+2)\Gamma(s+2)}+$$

$$2x^2\frac{\zeta''(s+3)\zeta(s+2)}{\zeta^2(s+3)}\frac{\left(\frac{x}{Q}\right)^s}{(s+2)\Gamma(s+2)}+$$

$$x^2(\log x)\frac{\zeta'(s+3)\zeta(s+2)}{\zeta^2(s+3)}\cdot$$

$$\frac{\left(\frac{x}{Q}\right)^s}{(s+2)\Gamma(s+2)}-$$

$$4x^2\frac{(\zeta'(s+3))^2\zeta(s+2)}{\zeta^3(s+3)}\frac{\left(\frac{x}{Q}\right)^s}{(s+2)\Gamma(s+2)}-$$

$$x^2\frac{\zeta'(s+3)\zeta(s+2)}{\zeta^2(s+2)}\frac{\left(\frac{x}{Q}\right)^s}{(s+2)^2\Gamma(s+2)}$$

$$=h_{22}(s)+h_{23}(s)+h_{24}(s)+h_{25}(s)+h_{26}(s)$$

因此

$$f_5(s)=2\pi\mathrm{i}\left(-2\sum_{i=22}^{26}h_i(s)-4\gamma h_{21}(s)\right)\qquad ⑰$$

接下来

$$\begin{aligned} f_6(s) &= \int_{C_0} g_6(w,s)\mathrm{d}w \\ &= -\int_{C_0}\left(\frac{1}{w^2}+\frac{2\gamma}{w}\right)E(w,s)\mathrm{d}w \\ &= 2\pi\mathrm{i}\left(-\frac{\partial E}{\partial w}\bigg|_{w=0} - 2\gamma E(0,s)\right) \end{aligned}$$

$$E(0,s)=\frac{x^{s+2}}{Q^s}\frac{\zeta(s+2)}{\zeta(s+3)}\frac{1}{(s+2)^2\Gamma(s+2)}=h_{27}(s)$$

$$E(w,s)=\frac{x^{s+2}}{Q^s}\frac{1}{\Gamma(s+2)}\frac{\zeta(s+2+2w)}{\zeta(s+3+2w)}\frac{x^w}{(s+w+2)^2}$$

$$\frac{\partial E}{\partial w}=\frac{x^{s+2}}{Q^s}\frac{1}{\Gamma(s+2)}\frac{\zeta(s+2+2w)}{\zeta(s+3+2w)}\frac{x^w}{(s+w+2)^2}\cdot \left(\frac{2\zeta'(s+2+2w)}{\zeta(s+2+2w)}+\log x-\frac{2\zeta'(s+3+2w)}{\zeta(s+3+2w)}-\frac{2}{(s+w+2)}\right)$$

$$\begin{aligned} \frac{\partial E}{\partial w}\bigg|_{w=0} &= 2x^2\frac{\zeta'(s+2)}{\zeta(s+3)}\frac{\left(\frac{x}{Q}\right)^s}{(s+2)^2\Gamma(s+2)}+ \\ &\quad x^2(\log x)\frac{\zeta(s+2)}{\zeta(s+3)}\frac{\left(\frac{x}{Q}\right)^s}{(s+2)^2\Gamma(s+2)}- \\ &\quad 2x^2\frac{\zeta'(s+3)\zeta(s+2)}{\zeta^2(s+3)}\frac{\left(\frac{x}{Q}\right)^s}{(s+2)^2\Gamma(s+2)}- \\ &\quad 2x^2\frac{\zeta(s+2)}{\zeta(s+3)}\frac{\left(\frac{x}{Q}\right)^s}{(s+2)^3\Gamma(s+2)} \\ &= h_{28}(s)+h_{29}(s)+h_{30}(s)+h_{31}(s) \end{aligned}$$

因此

$$f_6(s)=2\pi\mathrm{i}\left(-\sum_{i=28}^{31}h_i(s)-2\gamma h_{27}(s)\right) \tag{18}$$

接下来

$$\begin{aligned}f_7(s)&=\int_{C_0}g_7(w,s)\mathrm{d}w\\&=-\int_{C_0}\left(\frac{1}{w^2}+\frac{2\gamma}{w}\right)F(w,s)\mathrm{d}w\\&=2\pi\mathrm{i}\left(-\frac{\partial F}{\partial w}\bigg|_{w=0}-2\gamma F(0,s)\right)\end{aligned}$$

$$F(0,s)=\frac{x^{s+2}}{Q^s}\frac{\zeta(s+2)}{\zeta(s+3)}\frac{\Gamma'(s+2)}{(s+2)\Gamma^2(s+2)}=h_{32}(s)$$

$$F(w,s)=\frac{x^{s+2}}{Q^s}\frac{\Gamma'(s+2)}{\Gamma^2(s+2)}\frac{\zeta(s+2+2w)}{\zeta(s+3+2w)}\frac{x^w}{s+w+2}$$

$$\begin{aligned}\frac{\partial F}{\partial w}=&\frac{x^{s+2}}{Q^s}\frac{\Gamma'(s+2)}{\Gamma^2(s+2)}\frac{\zeta(s+2+2w)}{\zeta(s+3+2w)}\frac{x^w}{s+w+2}\cdot\\&\left(\frac{2\zeta'(s+2+2w)}{\zeta(s+2+2w)}+\log x-\right.\\&\left.\frac{2\zeta'(s+3+2w)}{\zeta(s+3+2w)}-\frac{1}{(s+w+2)}\right)\end{aligned}$$

$$\begin{aligned}\frac{\partial F}{\partial w}\bigg|_{w=0}=&2x^2\frac{\zeta'(s+2)}{\zeta(s+3)}\frac{\left(\frac{x}{Q}\right)^s\Gamma'(s+2)}{(s+2)\Gamma^2(s+2)}+\\&x^2(\log x)\frac{\zeta(s+2)}{\zeta(s+3)}\frac{\left(\frac{x}{Q}\right)^s\Gamma'(s+2)}{(s+2)\Gamma^2(s+2)}-\\&2x^2\frac{\zeta'(s+3)\zeta(s+2)}{\zeta^2(s+3)}\frac{\left(\frac{x}{Q}\right)^s\Gamma'(s+2)}{(s+2)\Gamma^2(s+2)}-\\&x^2\frac{\zeta(s+2)}{\zeta(s+3)}\frac{\left(\frac{x}{Q}\right)^s\Gamma'(s+2)}{\zeta(s+3)(s+2)^2\Gamma^2(s+2)}\\=&h_{33}(s)+h_{34}(s)+h_{35}(s)+h_{36}(s)\end{aligned}$$

因此

$$f_7(s)=2\pi\mathrm{i}\left(-\sum_{i=33}^{36}h_i(s)-2\gamma h_{32}(s)\right) \tag{19}$$

对于每一个 $i \in \{1,2,\cdots,36\}$，令

$$H_i(x)=\frac{1}{2\pi i}\int_{\sigma_0-i\infty}^{\sigma_0+i\infty}\zeta(s+1)\Gamma(s)h_i(s)\mathrm{d}s$$

由 ⑪，⑫ 以及 ⑬ 到 ⑲ 的每个等式，我们有

$$M=\frac{1}{(2\pi i)^2}\int_{\sigma_0-i\infty}^{\sigma_0+i\infty}\zeta(s+1)\zeta(s)\cdot$$

$$\Big(\sum_{i=2}^{7}f_i(s)+(\log Q+2\gamma-1)f_1(s)\Big)\mathrm{d}s$$

$$=\log Q\sum_{i=1}^{5}k_iH_i(x)+\sum_{i=1}^{36}l_iH_i(x)$$

参考文献

[1] ВИНОГРАДОВ И М. К вопросу о числе целых точек в заданной области[J]. Извесмця Ак. Наук СССР, Сер. матем, 1960(24):777-786.

[2] HUA LOO KENG. The lattice-points in a circle[J]. Quar Jour of Math., 1942, XIII:18-30.

[3] 越民义. 一个除数问题[J]. 数学学报, 1958(8):496-506;科学记录, 1958(2):385-386.

[4] 尹文霖. 三维除数问题[J]. 科学记录, 1959(3):169-173.

[5] 尹文霖. 关于三维除数问题[J]. 北京大学学报, 1959:193-196.

[6] 越民义, 吴方. 关于三维除数问题[J]. 数学学报, 1962(12):170-174.

[7] 邵品琮. 论某一类数论函数值的分布问题[J]. 北京大学学报(自然科学), 1956(3):261-276.

[8] 邵品琮. 论 Schinzel 的一个问题[J]. 数学进展, 1956(2):703-710.

[9] 王元. 论数论函数 $\varphi(n)$, $\sigma(n)$ 及 $d(n)$ 的一些性质[J]. 数学学报, 1958(1):1-11.

[10] 杨照华. 一类数论函数加权和误差项之积分平均阶估计[J]. 中国科学技术大学学报, 数学专辑, 1985(15):106-118.

编辑手记

本书的出版与张益唐的“意外”走红有些关系.

据一篇专访描述:人生就是如此奇妙.张益唐命运的改变并不是来自于他研究了20多年的朗道－西格尔零点猜想,而是源于一次旁逸斜出.

2008年的旧金山湾边上,世界最顶尖的一批数论专家聚在美国国家数学科学研究所,准备攻破一个“就差最后一步”的重要问题——是否存在孪生素数间最大间隔的常数.这是与黎曼猜想、哥德巴赫猜想齐名的世界级数学难题.在此之前,来自美国的Daniel Goldston、匈牙利的János Pintz和土耳其的Cem Yildirim已经投入多年,始终无法迈过最后一道坎.

一周之后,会议宣告失败.早在40年前,这个问题就看起来毫无希望,会议之后,数学家Goldston甚至绝望地认为,自己有生之年都不会得到答案了.

当时，还在新罕布什尔大学教书的张益唐，对远在西海岸会议中发生的一切悲观一无所知. 他继续一边教学，一边研究着自己一直致力的朗道－西格尔零点猜想以及其他一系列重要命题. 这一年，他还把自己写的一篇关于朗道－西格尔零点猜想的 50 多页的文章挂在数学公开网上等待讨论.

两年后的一天，他在浏览 Goldston，Pintz 和 Yildirim 3 人在 2005 年所做的工作时发现，距离得出最终结论——如一位数学家的比喻——似乎只有一根头发丝的距离了.

他于 2013 年 4 月在《数学年刊》上发表了《素数间的有界间隔》，首次证明了存在无穷多对间隔为有限的素数，具体间隔小于 7 000 万. 这一结果引起了轰动，后来又有了后续的故事. 2020 年 7 月 9 日的“量子认知”公众号以《一个以解“简单的难题”而出名的数学新星在冉冉升起》为题报道了一位以解决看起来最简单，然而却非常艰巨的数学难题而闻名的数学明星在冉冉升起. 他的名字叫詹姆士·梅纳德(James Maynard)，可能是因为太年轻，在中国鲜有人知，但是在国际数学界却是一位响当当的数论数学家明星.

梅纳德于 2009 年获得剑桥大学的学士、硕士学位后，在牛津大学获得博士学位，2017 年至今为牛津大学教授.

梅纳德具体有什么样的数学成就？为什么在国际数学界相当有名？下面简要介绍几个他的数学成就.

2013 年 11 月，梅纳德给出了张益唐定理的另一种证明. 在此不久后又给出了完全独立的另一种证明，并给出了比张益唐定理更为强大的方法，它确定了无限

多的质数对，最多相差 600. 该方法不仅适用于素数对，而且适用于三重对、四重对和更大的每个都有不同的界限的集合. 斯坦福大学数学教授坎南·桑达拉拉扬(Kannan Soundararajan) 评价道："这样的结果似乎令人惊讶，而且太好了，看起来无法实现".

梅纳德这一方法显著改善了所具有的质数对间隔范围. 随后，基于梅纳德这一方法，通过"Polymath8b"的共同努力，将此素数间隔的大小又减小到了 246.

Polymath，英文原意为博学家，"Polymath" 指的是众多数学家之间的合作项目，旨在在数学家们之间通过协调，在寻找最佳解决方案的途径中，相互交流来解决重要的难题. 该项目已发展成为了使用在线协作解决任何数学问题的特定平台.

Polymath8 为 Polymath 数学平台的第八个项目，专题是"以改善素数间隙的界限"，它目前包含两个组成部分：

Polymath8a："素数之间的有界间隔"，系通过张益唐的技术来改善无限次获得的连续素数之间最小间隙的界 H，该项目目前的结果为 H＝4 680；

Polymath8b："有许多素数的有界区间"，通过结合 Polymath8a 的结果进一步提高 H1 的项目，即为梅纳德的技术，目前的结果为 H＝246.

上述Polymath8项目的两个组成部分都产生了论文，其中 Polymath8b 的研究成果是以化名 D. H. J. Polymath 发表的.

根据 Polymath8b 记录，在张益唐的研究发布后的近一年里，即在 2014 年 4 月 14 日，"素数之间的有界间隔" 已减少到 246. 此外，Polymath8b 项目指出：假定 Elliott-Halberstam 猜想及其广义形式成立,“素数之间的有界间隔”已分别减少到了 12 和 6.

2014 年 8 月,梅纳德独立于 Kevin B. Ford,Ben Joseph Green,Sergei Konyagin 和著名华裔数学家陶哲轩,解决了著名数学家爱尔特希·保罗(Paul Erdös)关于在质数之间存在较大差距的长期猜想,获得保罗奖金.

当梅纳德和其他数学家组成大规模的合作以降低张益唐所证明的 7 000 万界限时,引起了陶哲轩的注意.陶哲轩在相同的时间范围内也得出了与梅纳德基本相同的结果,当得知一个鲜为人知的 26 岁的年轻人证明了同样的事情时,他为梅纳德的新结果感到自豪.陶哲轩说:“说实话,他的描述方式实际上比我做得更干净.”“事实证明他的说法还略强.”陶哲轩大方慷慨地将此准备发表的研究结果搁置下来,以免遮盖了这样一位年轻有为的数学家的成就,他知道,如果他和梅纳德联合撰写论文,许多数学家会以为是他在论文研究中所占的份额更大.

2014 年梅纳德获得 SASTRA 拉马努金奖(SASTRA Ramanujan Prize),2015 年获怀特海奖(Whitehead Prize),2016 年获欧洲数学学会奖(European Mathematical Society, 简称 EMS),2020 年获美国数学学会所颁发的科尔数论奖(Cole Prize).

在 2019 年,他与 Dimitris Koukoulopoulos 一起,解决了一个有着近 80 年历史的 Duffin-Schaeffer 猜想,该猜想是数学中的一个重要猜想,基于 R. J. Duffin 和 A. C. Schaeffer 在 1941 年提出的度量数论(metric number theory).

几年前,梅纳德解决了关于一个质数的极为易于陈述但难以证明的问题,即证明了无限多的质数没有7.梅纳德研究生时的导师罗杰·希思·布朗(Roger Heath-Brown)评价说:“这是人们很长一段时间以来一直想知道的事情,但是没人能证明这一点.”

梅纳德的研究还证明,对于任何给定的十进位数字,存在有无数个许多质数在十进制扩展中没有该数字.这一贡献以及其他的贡献在数论学界中引起了轰动和期待.

梅纳德通过简单的质数问题,为困扰了数学家们数个世纪的一些问题的解决,开辟了一条道路,迅速攀升到自己领域的顶峰.梅纳德的博士后导师安德鲁·格兰维尔评价说,“这显示出他作为数学家的绝对、非凡、强有力的力量.”“人们想知道,‘接下来他要做什么?’”“一切似乎都有可能.”

解析数论从20世纪末日益淡出主流视野,到近年又重拾辉煌与一个人的逆袭有很大的关系,他就是张益唐.

这一轰动世界的结果,带给张益唐的是他一生的高光时刻,也是解析数论的王者归来.

先来介绍一下书名中提到的Dirichlet.

迪利克雷(Dirichlet,Peter Gustav Lejeune,1805.2.13—1859.5.5),德国数学家.生于迪伦,卒于格丁根.早年在法兰西学院和巴黎理学院学习,深受傅立叶的影响.曾担任法国著名将领费伊的家庭教师.1826年回国,先后任教于布雷斯劳大学和柏林军事学院.1828年以后一直在柏林大学任教,1839年升任教授.1855年接替高斯的职位,受聘为格丁根大学教授.他是普鲁士科学院院士和伦敦皇家学会会员. Dirichlet 对 19 世纪数学的发展有重要贡献. 他是解析数论的创始人之一,其首篇论文是关于费马大定理当 $n=5$ 时的情形的证明:后来亦证明了 $n=14$ 时的情形. 他著有《数论讲义》(1863 年由戴德金出版),对高斯的《算术研究》作出清楚的解释并有自己的独创. 他在 1837 年的论文中, 首次使用了 Dirichlet 级数 $\sum_{n=1}^{\infty} a_n n^{-z}$($a_n$, z 为复数),证明了在任何算术序列 $\{a+nb\}$(a, b 互素)中,必定存在无穷多个素数,这就是著名的 Dirichlet 定理. 他的论文是解析函数论的第一篇重要论文. 他在数学分析和数学物理等方面也做了大量卓有成效的工作,并且他是最早倡导分析严格化方法的数学家之一. 1829 年发表《关于三角级数的收敛性》,得到给定函数 $f(x)$ 的傅立叶级数收敛的第一个充分条件. 后来,他首先提出函数关系 $y=f(x)$ 是 x 与 y 之间的一种对应的现代观念. 在数学物理方面,他修改了高斯提出的关于位势理论的一个原理,引入所谓 Dirichlet 原理,还论述了著名的第一边值问题(现称 Dirichlet 问题) 及其应用. 他的主要论文被收录在《迪利克雷论文集》(1889—1897) 中.

再介绍一下所谓的除数问题:它其实是一个数论中的格点问题.

格点(lattice point),又称整点,指坐标都是整数的点. 格点问题就是研究一些特殊区域甚至一般区域中的格点个数的问题. 格点问题起源于以下两个问题的研究:(1)Dirichlet 除数问题,即求 $x>1$ 时 $D_2(x)=$ 区域 $\{1\leqslant u\leqslant x, 1\leqslant v\leqslant x, uv\leqslant x\}$ 上的格点数. 1849

年,Dirichlet 证明了

$$D_2(x)=x\ln x+(2r-1)x+\Delta(x)$$

这里 r 为欧拉常数,$\Delta(x)=O(\sqrt{x})$,这一问题的目的是要求出使余项估计 $\Delta(x)=O(x^{\lambda})$ 成立的 λ 的下确界 θ;(2) 圆内格点问题:设 $x>1$,$A_2(x)=$圆内 $\mu^2+v^2\leqslant x$ 上的格点数. 高斯证明了

$$A_2(x)=\pi x+R(x)$$

这里 $R(x)=O(\sqrt{x})$. 求使余项估计 $R(x)=O(x^{\lambda})$ 成立的 λ 的下确界 α 的问题,被称为圆内格点问题或高斯圆问题. 1903 年,Г. Ф. 沃罗诺伊证明了 $\theta\leqslant 1/3$;1906 年,谢尔品斯基证明了 $\alpha\leqslant 1/3$;20 世纪 30 年代,J. G. 科普特证明了 $\alpha\leqslant 37/112$,$\theta\leqslant 27/82$;1934—1935 年,E. C. 蒂奇马什证明了 $\alpha\leqslant 15/46$;1942 年,华罗庚证明了 $\alpha\leqslant 13/40$;1963 年,陈景润、尹文霖证明了 $\alpha\leqslant 12/37$;1950 年迟宗陶证明了 $\theta\leqslant 15/46$,1953 年 H. 里歇证明了同样的结果;1963 年,尹文霖进而证明了 $\theta\leqslant 12/37$;1985 年,Г. A. 科列斯尼克证明了 $\theta\leqslant 139/429$;1985 年,W. G. 诺瓦克证明了 $\alpha\leqslant 139/429$. 在下限方面,1916 年,哈代已证明了 $\alpha\geqslant 1/4$;1940 年,A. E. 英厄姆证明了 $\theta\geqslant 1/4$. 人们还猜测 $\theta=\alpha=1/4$,但至今未能证明. 由此直接推广出 k 维除数问题,球内格点问题以及 k 维椭球内的格点问题等.

本套丛书的一个理念是试图揭示一个初等问题后面的高等背景. 因为许多貌似平凡的试题认真去探究都可能会发现一段不平凡的背景,这才是好试题的魅力.

我们还可以再举一个例子来说明:

在一个微信公众号中笔者见到这样一道求值问

题：

题目1 已知$\frac{a}{x}+\frac{b}{y}=3,\frac{a}{x^2}+\frac{b}{y^2}=7,\frac{a}{x^3}+\frac{b}{y^3}=16,\frac{a}{x^4}+\frac{b}{y^4}=42$，求$\frac{a}{x^5}+\frac{b}{y^5}$的值.

一位普通数学老师的解法如下：

解 令$m=\frac{1}{x},n=\frac{1}{y}$($m,n$不为0)，原题变为

$$\begin{cases}am+bn=3 & (1)\\ am^2+bn^2=7 & (2)\\ am^3+bn^3=16 & (3)\\ am^4+bn^4=42 & (4)\end{cases}$$

求am^5+bn^5的值.

式(3)·m可得

$$am^4+bn^3m=16m \tag{5}$$

式(3)·n可得

$$am^3n+bn^4=16n \tag{6}$$

式(5)+(6)可得

$$am^4+bn^4+am^3n+bn^3m=16(m+n)$$

将式(4)代入，即

$$42+mn(am^2+bn^2)=16(m+n)$$

将式(2)代入可得

$$42+7mn=16(m+n)$$

即

$$m+n=\frac{42+7mn}{16} \tag{7}$$

式(2)·m可得

$$am^3+bn^2m=7m \tag{8}$$

式(2)·n可得

$$am^2n + bn^3 = 7n \tag{9}$$

式(8)+(9)可得

$$am^3 + bn^3 + am^2n + bn^2m = 7(m + n)$$

$$(am^3 + bn^3) + mn(am + bn) = 7(m + n)$$

将式(1)(3)代入可得

$$16 + 3mn = 7(m + n)$$

即

$$m + n = \frac{16 + 3mn}{7} \tag{10}$$

由式(7)和(10)可得

$$m + n = \frac{42 + 7mn}{16} = \frac{16 + 3mn}{7} \tag{11}$$

解方程(11)

$$m + n = \frac{42 + 7mn}{16} = \frac{16 + 3mn}{7} = \frac{26 + 4mn}{9} = \frac{10 + mn}{2} \tag{12}$$

$$\frac{16 + 3mn}{7} = \frac{10 + mn}{2}$$

$$2(16 + 3mn) = 7(10 + mn)$$

$$32 + 6mn = 70 + 7mn$$

故

$$mn = -38$$

代入式(12)可得

$$m + n = -14$$

式(4)·m 可得

$$am^5 + bn^4m = 42m \tag{13}$$

式(4)·n 可得

$$am^4n + bn^5 = 42n \tag{14}$$

式(13)+(14)可得

$$am^5+bn^5+am^4n+bn^4m=42(m+n)$$

即

$$\begin{aligned}am^5+bn^5&=42(m+n)-mn(am^3+bn^3)\\&=42(m+n)-16mn\end{aligned}\tag{15}$$

由于

$$m+n=-14$$
$$mn=-38$$

代入式(15),可得

$$\begin{aligned}am^5+bn^5&=42\times(-14)-16\times(-38)\\&=-588+608=20\end{aligned}$$

因此,$\frac{a}{x^5}+\frac{b}{y^5}$ 的值为 20.

但对于数学奥林匹克选手来讲,这其实是一个成题的变形,而且也有不错的巧妙解法.

题目 2 设 $a,b,x,y\in\mathbf{R}$,满足方程组

$$\begin{cases}ax+by=3\\ax^2+by^2=7\\ax^3+by^3=16\\ax^4+by^4=42\end{cases}\tag{1}$$

求 ax^5+by^5 的值.(1990 年美国数学邀请赛)

该题解法所用知识不超过初中范围.

解法 1 由

$$ax^3+by^3=(ax^2+by^2)(x+y)-(ax+by)xy$$

得

$$16=7(x+y)-3xy\tag{2}$$

由

$$ax^4+by^4=(ax^3+by^3)(x+y)-(ax^2+by^2)xy$$

得

$$42=16(x+y)-7xy \tag{3}$$

由式(2)(3)解得

$$x+y=-14, xy=-38$$

故

$$\begin{aligned} ax^5+by^5 &= (ax^4+by^4)(x+y)-(ax^3+by^3)xy \\ &= 42\times(-14)-16\times(-38)=20 \end{aligned}$$

解法2 此题可以用递推数列的观点来处理. 二阶线性递推数列的通项为

$$a_n=ax^n+by^n$$

反过来,$\{ax^n+by^n\}$ 是二阶递推数列,递推关系为

$$a_{n+1}=ca_n+da_{n-1}$$

其中,$c=x+y, d=-xy$.

于是

$$\begin{cases} 16=7c+3d \\ 42=16c+7d \\ a_5=42c+16d \end{cases}$$

将其视为一个关于 $1, c, d$ 的三元方程组

$$\begin{cases} 16-7c-3d=0 \\ 42-16c-7d=0 \\ a_5-42c-16d=0 \end{cases} \tag{4}$$

将 $(1, c, d)$ 视为方程组(4)的非零解,则其系数行列式为0,即

$$\begin{vmatrix} 16 & -7 & -3 \\ 42 & -16 & -7 \\ a_5 & -42 & -16 \end{vmatrix}=0$$

解得 $a_5=20$.

这固然是一个巧妙的解法,但有学生会问是否有

直接的方法，可以用“蛮力”将 a,b,x,y 从方程组(1)中解出来，再代回 ax^5+by^5 中去. 当然，这对于普通人来说是一个复杂的途径，但对于印度数学家拉马努金，则显得轻而易举.

拉马努金提出并解决了下面的问题.

题目 3 解下面的 10 阶方程组

$$x+y+z+u+v=2$$
$$px+qy+rz+su+tv=3$$
$$p^2x+q^2y+r^2z+s^2u+t^2v=16$$
$$p^3x+q^3y+r^3z+s^3u+t^3v=31$$
$$p^4x+q^4y+r^4z+s^4u+t^4y=103$$
$$p^5x+q^5y+r^5z+s^5u+t^5v=235$$
$$p^6x+q^6y+r^6z+s^6u+t^6v=674$$
$$p^7x+q^7y+r^7z+s^7u+t^7v=1\ 669$$
$$p^8x+q^8y+r^8z+s^8u+t^8v=4\ 526$$
$$p^9x+q^9y+r^9z+s^9u+t^9v=11\ 595$$

解 拉马努金首先考虑了一般方程组

$$x_1+x_2+\cdots+x_n=a_1$$
$$x_1y_1+x_2y_2+\cdots+x_ny_n=a_2$$
$$x_1y_1^2+x_2y_2^2+\cdots+x_ny_n^2=a_3$$
$$\vdots$$
$$x_1y_1^{2n-1}+x_2y_2^{2n-1}+\cdots+x_ny_n^{2n-1}=a_{2n}$$

令

$$F(\theta)=\frac{x_1}{1-\theta y_1}+\frac{x_2}{1-\theta y_2}+\cdots+\frac{x_n}{1-\theta y_n}$$

但

$$\frac{x_i}{1-\theta y_i}=x_i(1+\theta y_i+\theta^2y_i^2+\theta^3y_i^3+\cdots)$$
$$(i=1,2,\cdots,n)$$

故

$$F(\theta)=\sum_{i=1}^{n}x_i\cdot\sum_{k=0}^{\infty}(\theta y_i)^k=\sum_{k=0}^{\infty}(\sum_{i=1}^{n}x_iy_i^k)\theta^k=\sum_{k=0}^{\infty}a_{k+1}\theta^k$$

把它化为有公分母的分式，求

$$F(\theta)=\frac{A_1+A_2\theta+A_3\theta^2+\cdots+A_n\theta^{n-1}}{1+B_1\theta+B_2\theta^2+\cdots+B_n\theta^n}$$

则

$$\sum_{k=0}^{\infty}a_{k+1}\theta^k\cdot\sum_{s=0}^{n}B_s\theta^s=\sum_{i=1}^{n}A_t\theta^{t-1}\quad(B_0=1)$$

故

$$A_t=\sum_{k=0}^{t-1}a_{k+1}B_{t-1-k}\quad(t=1,2,\cdots,n)$$

$$0=\sum_{s=0}^{n}B_sa_{n+t-s}\quad(t=1,2,\cdots,n)$$

因为 $a_1,a_2,\cdots,a_n,a_{n+1},\cdots,a_{2n}$ 是已知的，故可从后 n 个方程先求出 $B_1,B_2,\cdots,B_n$，然后代入前 n 个方程求出 $A_1,A_2,\cdots,A_n$，知道了 $A_i,B_i(i=1,2,\cdots,n)$，就能作出有理函数 $F(\theta)$，再把它展开成部分分式. 于是，得到

$$F(\theta)=\frac{p_1}{1-q_1\theta}+\frac{p_2}{1-q_2\theta}+\cdots+\frac{p_n}{1-q_n\theta}$$

显然，$x_i=p_i,y_i=q_i(i=1,2,\cdots,n)$.

这就是一般方程组的解.

对于所考虑的情况有

$$F(\theta)=\frac{2+\theta+3\theta^2+2\theta^3+\theta^4}{1-\theta-5\theta^2+\theta^3+3\theta^4-\theta^5}$$

展开成部分分式后得到以下未知数的值

$$x=-\frac{3}{5},p=-1$$

$$y=\frac{18+\sqrt{5}}{10},q=\frac{3+\sqrt{5}}{2}$$

$$z=\frac{18-\sqrt{5}}{10},r=\frac{3-\sqrt{5}}{2}$$

$$u=-\frac{8+\sqrt{5}}{2\sqrt{5}},s=\frac{\sqrt{5}-1}{2}$$

$$v=\frac{8-\sqrt{5}}{2\sqrt{5}},t=-\frac{\sqrt{5}+1}{2}$$

读者可以将此方法应用到题目 2 上去.

对于我们普通人来讲,解答下面这个 6 阶的就到极限了.

题目 4 解关于 x,y,z,p,q,r 的方程组

$$\begin{cases}x+y+z=a\\ px+qy+rz=b\\ p^2x+q^2y+r^2z=c\\ p^3x+q^3y+r^3z=d\\ p^4x+q^4y+r^4z=e\\ p^5x+q^5y+r^5z=f\end{cases}$$

其中 $a=2,b=3,c=4,d=6,e=12,f=32$.

解 设数列$\{a_n\}$满足 $a_{n+3}=sa_{n+2}+ta_{n+1}+ua_n$ 且 $a_0=2,a_1=3,a_2=4,a_3=6,a_4=12,a_5=32$,则应有

$$\begin{cases}6=4s+3t+2u\\ 12=6s+4t+3u\\ 32=12s+6t+4u\end{cases}$$

解得 $s=5,t=-6,u=2$,于是

$$a_{n+3}=5a_{n+2}-6a_{n+1}+2a_n$$

令

$$v^3=5v^2-6v+2$$

解得

$$v_1=1, v_2=2-\sqrt{2}, v_3=2+\sqrt{2}$$

则由特征方程的理论知 a_n 的通项必能写成

$$a_n=\lambda_1 v_1^n+\lambda_2 v_2^n+\lambda_3 v_3^n$$

于是应有

$$\begin{cases}2=\lambda_1+\lambda_2+\lambda_3\\3=\lambda_1 v_1+\lambda_2 v_2+\lambda_3 v_3\\4=\lambda_1 v_1^2+\lambda_2 v_2^2+\lambda_3 v_3^2\end{cases}$$

解得

$$\lambda_1=4, \lambda_2=-1-\frac{3}{2\sqrt{2}}, \lambda_3=-1+\frac{3}{2\sqrt{2}}$$

于是,我们得到

$$\begin{cases}\lambda_1+\lambda_2+\lambda_3=2\\\lambda_1 v_1+\lambda_2 v_2+\lambda_3 v_3=3\\\lambda_1 v_1^2+\lambda_2 v_2^2+\lambda_3 v_3^2=4\\\lambda_1 v_1^3+\lambda_2 v_2^3+\lambda_3 v_3^3=6\\\lambda_1 v_1^4+\lambda_2 v_2^4+\lambda_3 v_3^4=12\\\lambda_1 v_1^5+\lambda_2 v_2^5+\lambda_3 v_3^5=32\end{cases}$$

与原方程组对比,可知原方程组的解至少有如下的

$$(x,y,z,p,q,r)=(\lambda_i,\lambda_j,\lambda_k,v_i,v_j,v_k)$$

其中 i,j,k 为 1,2,3 的任意排列,共六组,又因为原方程组是六元六次方程组,既然有此六组解,它们就是全部解.

提到拉马努金,与之相关的初等数学问题不少.比如下面的这个小结论也是拉马努金最先得到的,后人重新给出了证明.

题目 5 求证

$$\sqrt[3]{\cos\frac{2\pi}{9}}+\sqrt[3]{\cos\frac{4\pi}{9}}+\sqrt[3]{\cos\frac{8\pi}{9}}=\sqrt[3]{\frac{3}{2}(\sqrt[3]{9}-2)}$$

证 设

$$a=\sqrt[3]{\cos\frac{2\pi}{9}},b=\sqrt[3]{\cos\frac{4\pi}{9}},c=\sqrt[3]{\cos\frac{8\pi}{9}}$$

易知：当 $\theta=\frac{2}{9}\pi,\frac{4}{9}\pi$ 和 $\frac{8}{9}\pi$ 时均有

$$\cos 3\theta=-\frac{1}{2}$$

即

$$4\cos^3\theta-3\cos\theta+\frac{1}{2}=0$$

故 a^3,b^3,c^3 是方程 $4t^3-3t+\frac{1}{2}=0$ 的三个不相等实根. 由根与系数的关系得

$$\begin{cases}\sum a^3=0\\ \sum a^3b^3=-\frac{3}{4}\\ abc=-\frac{1}{2}\end{cases} \tag{1}$$

又易知

$$\left(\sum x\right)^3\equiv\sum x^3+3\left(\sum x\right)\left(\sum xy\right)-3xyz \tag{2}$$

在式(2)中令 $x=a,y=b,z=c$，并利用式(1)可得

$$t^3=3ts+\frac{3}{2}$$

其中

$$t=\sum a,s=\sum ab \tag{3}$$

在式(2)中再令 $x=ab,y=bc,z=ca$，并利用式(1)可得

$$s^3=-\frac{3}{2}st-\frac{3}{2} \tag{4}$$

由式(3)(4)消去 s 得

$$54t^3(2t^3+3)+(2t^3-3)^3=0 \Rightarrow 8(t^3+3)^3-243=0$$

解得

$$t=\sqrt[3]{\frac{3}{2}(\sqrt[3]{9}-2)}$$

即

$$\sqrt[3]{\cos\frac{2\pi}{9}}+\sqrt[3]{\cos\frac{4\pi}{9}}+\sqrt[3]{\cos\frac{8\pi}{9}}=\sqrt[3]{\frac{3}{2}(\sqrt[3]{9}-2)}$$

注 顺便还可以得到

$$\sqrt[3]{\cos\frac{2\pi}{9}\cos\frac{4\pi}{9}}+\sqrt[3]{\cos\frac{4\pi}{9}\cos\frac{8\pi}{9}}+\sqrt[3]{\cos\frac{8\pi}{9}\cos\frac{2\pi}{9}}=\sqrt[3]{\frac{3}{4}(1-\sqrt[3]{9})}$$

只需由式(3) + 2 · (4),即得

$$t^3+2s^3=-\frac{3}{2}$$

$$\Rightarrow s=\sqrt[3]{\frac{3}{4}(1-\sqrt[3]{9})}$$

中国联通研究院院长张云勇教授在 2017 年 11 月 8 日提出了一个类似的问题.

题目 6 求证

$$\cos\frac{6\pi}{7}=\frac{-1-2\sqrt{7}\cos\left(\frac{1}{3}\arccos\left(-\frac{\sqrt{7}}{14}\right)\right)}{6}$$

$$\cos\frac{4\pi}{7}=\frac{-1+\sqrt{7}\left[\cos\left(\frac{1}{3}\arccos\left(-\frac{\sqrt{7}}{14}\right)\right)-\sqrt{3}\sin\left(\frac{1}{3}\arccos\left(-\frac{\sqrt{7}}{14}\right)\right)\right]}{6}$$

$$\cos\frac{2\pi}{7}=\frac{-1+\sqrt{7}\left[\cos\left(\frac{1}{3}\arccos\left(-\frac{\sqrt{7}}{14}\right)\right)+\sqrt{3}\sin\left(\frac{1}{3}\arccos\left(-\frac{\sqrt{7}}{14}\right)\right)\right]}{6}$$

证法 1(张云勇)　因为

$$\cos\frac{2\pi}{7}+\cos\frac{4\pi}{7}+\cos\frac{6\pi}{7}=-\frac{1}{2}$$

$$\cos\frac{2\pi}{7}\cos\frac{4\pi}{7}+\cos\frac{2\pi}{7}\cos\frac{6\pi}{7}+\cos\frac{4\pi}{7}\cos\frac{6\pi}{7}=-\frac{1}{2}$$

$$\cos\frac{2\pi}{7}\cos\frac{4\pi}{7}\cos\frac{6\pi}{7}=\frac{1}{8}$$

所以 $\cos\frac{2\pi}{7},\cos\frac{4\pi}{7},\cos\frac{6\pi}{7}$ 为三次方程 $8x^3+4x^2-4x-1=0$ 的三个根. 其中 $a=8,b=4,c=-4,d=-1$. 故由盛金公式可知

$$A=b^2-3ac=112, B=bc-9ad=56,$$
$$C=c^2-3bd=28$$

所以

$$\Delta=B^2-4AC=56^2-4\times112\times28=-3\times56^2<0$$

所以

$$T=\frac{2Ab-3aB}{2A\sqrt{A}}=-\frac{\sqrt{7}}{14}$$

所以

$$\theta=\arccos\left(-\frac{\sqrt{7}}{14}\right)$$

所以

$$x_1=\frac{-b-2\sqrt{A}\cos\frac{\theta}{3}}{3a}$$
$$=\frac{-1-2\sqrt{7}\cos\left(\frac{1}{3}\arccos\left(-\frac{\sqrt{7}}{14}\right)\right)}{6}$$

$$x_{2,3}=\frac{-b+\sqrt{A}\left(\cos\frac{\theta}{3}\pm\sqrt{3}\sin\frac{\theta}{3}\right)}{3a}$$

$$=\frac{-1+\sqrt{7}\left[\cos\left(\frac{1}{3}\arccos\left(-\frac{\sqrt{7}}{14}\right)\right)\pm\sqrt{3}\sin\left(\frac{1}{3}\arccos\left(-\frac{\sqrt{7}}{14}\right)\right)\right]}{6}$$

得证.

证法 2(邓朝发)　先记

$$A=\cos\frac{2\pi}{7}+\cos\frac{4\pi}{7}+\cos\frac{6\pi}{7}$$

$$B=\cos\frac{2\pi}{7}+\cos\frac{4\pi}{7}+\cos\frac{6\pi}{7}$$

$$C=\cos\frac{2\pi}{7}\cos\frac{4\pi}{7}+\cos\frac{6\pi}{7}\cos\frac{4\pi}{7}+\cos\frac{2\pi}{7}\cos\frac{6\pi}{7}$$

(1)先考虑 $A=\cos\frac{2\pi}{7}+\cos\frac{4\pi}{7}+\cos\frac{6\pi}{7}$. 容易知

$$2\sin\frac{2\pi}{7}\cdot A=2\sin\frac{2\pi}{7}\left(\cos\frac{2\pi}{7}+\cos\frac{4\pi}{7}+\cos\frac{6\pi}{7}\right)$$

则

$$2\sin\frac{2\pi}{7}\cdot A=\sin\frac{4\pi}{7}+\sin\frac{6\pi}{7}-\sin\frac{2\pi}{7}+\sin\frac{8\pi}{7}-\sin\frac{4\pi}{7}$$

所以

$$A=-\frac{1}{2}$$

(2)接着考虑 $B=\cos\frac{2\pi}{7}\cos\frac{4\pi}{7}\cos\frac{6\pi}{7}$. 不难知

$$B=\cos\frac{2\pi}{7}\cos\frac{4\pi}{7}\cos\frac{6\pi}{7}=-\cos\frac{\pi}{7}\cos\frac{2\pi}{7}\cos\frac{4\pi}{7}=$$

$$-\frac{2\sin\frac{\pi}{7}\cos\frac{\pi}{7}\cos\frac{2\pi}{7}\cos\frac{4\pi}{7}}{2\sin\frac{\pi}{7}}=-\frac{\sin\frac{8\pi}{7}}{2^3\sin\frac{\pi}{7}}=\frac{1}{8}$$

(3) 最后考虑

$$C=\cos\frac{2\pi}{7}\cos\frac{4\pi}{7}+\cos\frac{6\pi}{7}\cos\frac{4\pi}{7}+\cos\frac{2\pi}{7}\cos\frac{6\pi}{7}$$

不难发现

$$C=\frac{A^2-\cos^2\frac{2\pi}{7}-\cos^2\frac{4\pi}{7}-\cos^2\frac{6\pi}{7}}{2}$$

考虑到

$$\begin{aligned}&\cos^2\frac{2\pi}{7}+\cos^2\frac{4\pi}{7}+\cos^2\frac{6\pi}{7}\\&=\frac{3+\cos\frac{4\pi}{7}+\cos\frac{8\pi}{7}+\cos\frac{12\pi}{7}}{2}\\&=\frac{3+\cos\frac{4\pi}{7}+\cos\frac{6\pi}{7}+\cos\frac{2\pi}{7}}{2}\\&=\frac{5}{4}\end{aligned}$$

从而 $C=-\frac{1}{2}$.

记

$$\left(2\cos\frac{2\pi}{7},2\cos\frac{4\pi}{7},2\cos\frac{6\pi}{7}\right)\rightarrow(x_1,x_2,x_3).$$

综上所述，可知 x_1,x_2,x_3 是一元三次方程 $x^3+x^2-2x-1=0$ 的三个不同的根.

(4) 为了最终解决上述方程，下面介绍盛金公式，此处作为一个引理：

一般地，对于一元三次方程 $ax^3+bx^2+cx+d=0$，记

$$\begin{cases}A=b^2-3ac\\B=bc-9ad\\C=c^2-3bd\end{cases}$$

则当 $\Delta=B^2-4AC<0$ 时，此方程必有三个不同的实根，且它们是

$$x_1=\frac{-b-2\sqrt{A}\cos\frac{\theta}{3}}{3a}$$

$$x_{2,3}=\frac{-b+\sqrt{A}\left(\cos\frac{\theta}{3}\pm\sqrt{3}\sin\frac{\theta}{3}\right)}{3a}$$

其中

$$\theta=\arccos T, T=\frac{2Ab-3aB}{2\sqrt{A^3}}(A>0,-1<T<1)$$

按照以上公式：对于方程 $x^3+x^2-2x-1=0$，有

$$a=1,b=1,c=-2,d=-1$$

从而

$$\begin{cases}A=7\\B=7\\C=7\end{cases}$$

且

$$T=-\frac{\sqrt{7}}{14}$$

所以

$$x_1=\frac{-1-2\sqrt{7}\cos\left(\arccos\left(-\frac{\sqrt{7}}{14}\right)\right)}{3}$$

$$x_{2,3}=\frac{-1+\sqrt{7}\left[\cos\arccos\left(-\frac{\sqrt{7}}{14}\right)\pm\sqrt{3}\sin\arccos\left(-\frac{\sqrt{7}}{14}\right)\right]}{3}$$

又

$$\cos\frac{2\pi}{7}>0>\cos\frac{4\pi}{7}>\cos\frac{6\pi}{7}$$

从而

$$\cos\frac{6\pi}{7}=\frac{-1-2\sqrt{7}\cos\left(\arccos\left(-\frac{\sqrt{7}}{14}\right)\right)}{6}$$

$$\cos\frac{4\pi}{7}=\frac{-1+\sqrt{7}\left[\cos\arccos\left(-\frac{\sqrt{7}}{14}\right)-\sqrt{3}\sin\arccos\left(-\frac{\sqrt{7}}{14}\right)\right]}{6}$$

$$\cos\frac{2\pi}{7}=\frac{-1+\sqrt{7}\left[\cos\arccos\left(-\frac{\sqrt{7}}{14}\right)+\sqrt{3}\sin\arccos\left(-\frac{\sqrt{7}}{14}\right)\right]}{6}$$

证毕!

对于 $\cos\frac{2\pi}{7},\cos\frac{4\pi}{7},\cos\frac{6\pi}{7}$ 这三个值,人们又编出类似于拉马努金恒等式.

题目 7 求 $\sqrt[3]{\cos\frac{2\pi}{7}}+\sqrt[3]{\cos\frac{4\pi}{7}}+\sqrt[3]{\cos\frac{6\pi}{7}}$ 的值.

解 令 $\sqrt[3]{\cos\frac{2\pi}{7}}=a,\sqrt[3]{\cos\frac{4\pi}{7}}=b,\sqrt[3]{\cos\frac{6\pi}{7}}=c.$

记 $\omega=e^{\frac{2\pi i}{7}}$,则 $\omega\neq 1,\omega^7=1.$

由

$$0=\frac{1-\omega^7}{1-\omega}=1+\omega+\omega^2+\omega^3+\omega^4+\omega^5+\omega^6$$

$$=1+2\left(\cos\frac{2\pi}{7}+\cos\frac{4\pi}{7}+\cos\frac{6\pi}{7}\right)$$

可知

$$\cos\frac{2\pi}{7}+\cos\frac{4\pi}{7}+\cos\frac{6\pi}{7}=-\frac{1}{2}$$

故

$$a^3+b^3+c^3=-\frac{1}{2}$$

$$
\begin{aligned}
&a^3b^3+b^3c^3+c^3a^3\\
=&\cos\frac{2\pi}{7}\cos\frac{4\pi}{7}+\cos\frac{4\pi}{7}\cos\frac{6\pi}{7}+\cos\frac{6\pi}{7}\cos\frac{2\pi}{7}\\
=&\frac{1}{2}\left(\cos\frac{2\pi}{7}+\cos\frac{6\pi}{7}+\cos\frac{2\pi}{7}+\cos\frac{10\pi}{7}+\cos\frac{4\pi}{7}+\cos\frac{8\pi}{7}\right)\\
=&-\frac{1}{2}
\end{aligned}
$$

$$
a^3b^3c^3=\cos\frac{2\pi}{7}\cdot\cos\frac{4\pi}{7}\cdot\cos\frac{8\pi}{7}=\frac{\sin\frac{16\pi}{7}}{8\sin\frac{2\pi}{7}}=\frac{1}{8}
$$

可知

$$
abc=\frac{1}{2}
$$

令 $u=a+b+c,v=ab+bc+ca$.

注意到

$$
\begin{aligned}
-2&=a^3+b^3+c^3-3abc\\
&=(a+b+c)[(a+b+c)^2-3(ab+bc+ca)]\\
&=u^3-3uv
\end{aligned}
$$

故

$$
v=\frac{u^3+2}{3u}
$$

可推出

$$
\begin{aligned}
-\frac{5}{4}&=(ab)^3+(bc)^3+(ca)^3-3ab\cdot bc\cdot ca\\
&=(ab+bc+ca)[(ab+bc+ca)^2-3abc(a+b+c)]\\
&=v(v^3-\frac{3}{2}u)
\end{aligned}
$$

$$
4v^3-6uv+5=0
$$

$$
4\left(\frac{u^3+2}{3u}\right)^3-6u\left(\frac{u^3+2}{3u}\right)+5=0
$$

$$4(u^3+2)^3-2\times 27u^3(u^3+2)+125u^3=0$$

令 $u^3=t$,则

$$4(t+2)^3-54t(t+2)+135t=0$$

$$4t^3-30t^2+75t+32=0$$

$$8t^3-60t^2+150t+64=0$$

$$(2t-5)^3=-189=-7\times 3^3$$

可知

$$t=\frac{5-3\sqrt[3]{7}}{2}$$

因此

$$u=\sqrt[3]{\frac{5-3\sqrt[3]{7}}{2}}$$

美国国家研究委员会发布了题为《2025 年的数学科学》的报告.报告中指出:21 世纪的大部分科学与工程将建立在数学科学的基础上.

“音乐能激发或抚慰情怀,绘画使人赏心悦目,诗歌能动人心弦,哲学使人获得智慧,科学可改善物质生活,但数学能给予以上的一切.”这是 19 世纪德国数学家克莱因赞美数学的一句话,尽管充满诗意、深情款款,但对数学的推崇气势凌人,不容置疑.如果说克莱因的判断是一种历史经验,那在美国国家研究委员会(NRC)数学科学委员会眼中,数学则攸关一国经济乃至国家安全的现实利益.

在美国国家科学基金会的资助下,该委员会发布了一份题为《2025 年的数学科学》的报告.该委员会由美国国家研究委员会任命,而报告撰写历时 5 年.报告涉及三方面内容:一、数学科学研究的活力,数学科学

发展的统一性和连贯性、最近发展的意义、前沿发展速度和新趋势;二、数学科学研究和教育对工程科学、工业和技术、创新和经济竞争力、国家安全、与国家利益相关的其他领域的影响;三、为美国国家科学基金会数学科学部提供建议,如何通过调整其工作组合,提高本学科的活力和影响力. 2025 年远在四分之一世纪结束之时,美国数学界最高智囊团前瞻到了什么?

这不是该委员会第一次发布专门针对数学的研究报告. 20 世纪最后 10 年,该委员会就曾针对数学先后发布两份重要报告:一份叫作《人人关心数学教育的未来》,一份叫作《振兴美国数学 ——90 年代的计划》.

对数学情有独钟,绝非美国国家研究委员会心血来潮. 在以美国国民的名义发表的《人人关心数学教育的未来》中,该委员会认定,为充分参与未来世界,美国必须开发数学的力量. 这个结论的逻辑前提是:数学是科学和技术的基础,没有强有力的数学就不可能有强有力的科学.

对于数学正在发生的改变,该委员会给出这样的描述:

第一,数学的惊人应用已在自然科学、行为科学和社会科学的全部领域出现. 现代民航客机的设计、控制和效率方面的一切发展,都依赖于在制造样机前就能模拟其性能的先进数学模型. 从医学技术到经济规划,从遗传学到地质学,在现代科学的任何部分都已带上抹不掉的数学印记,就像科学本身也推动了许多数学分支的发展一样.

第二,数学的一部分应用到另一部分 —— 几何用于分析,概率论用于数论 —— 提供了数学基本统一性的新证据.

报告最后谈到,科学和数学在问题、理论和概念方面的互相交叉,几乎从未达到最近四分之一世纪这样大的规模,且将数学教育的发展与改革上升到国家战略高度.而在《振兴美国数学——90年代的计划》中,该委员会强调了对于数学的投入和许多现代科学技术对数学科学带来的挑战,以及对于数学交叉研究带来的新机遇,和数学应更多更有价值地应用于其他科学和技术.

著名作家王鼎钧曾指出:先有诗,后有词,词里面有诗;后来又有曲,曲包括诗也包括了词;后来出现了小说,小说基本上是散文,但是包括诗词戏剧.我们都说艺术有八种:诗,舞蹈,戏剧,美术,音乐,建筑,雕塑,电影.电影最后出现,前面的七种艺术电影里面都有.

数学在今天的地位某种程度就像电影之于艺术.因为其他那些在数学中全都有!

刘培杰

2020年7月15日

于哈工大